메카트로닉스를 위한

자동화기구설계 입문

손 일 선 저

도서출판 상 학 당

欲爲大者 當爲人役

크고자 하거든 남을 섬기라

Preface

머리말

자동화는 기계적인 능력을 가진 기구에 전자적인 기술을 이용하여 상황을 감지하고, 판단하여 미리 정해진 명령을 수행하는 지능화된 시스템을 구축하는 것이다. 이러한 것을 이루기 위한 자동화 기술은 시스템 기술이다. 시스템 기술이란 각 요소들의 적절한 조합을 통해 그들 요소 하나하나의 가치 총합보다 월등히 높은 고부가가치를 창출하는 기술이다.

즉, 기계분야의 전문지식과 더불어 전기·전자에 관한 기술을 유기적으로 결합시켜줄 때 보다 효율적인 자동화 시스템을 구축할 수 있고, 고부가가치를 창출할 수 있다.

기존의 기구학은 메커니즘과 기계 해석능력을 배양하기 위한 교육이 주로 이루어져왔다. 이러한 기구학은 기계의 정확한 원리를 이해하고, 기계 부품의 상호 조합방법과 운동에 대한 분석 및 종합에 필요한 기초지식 배양에 힘써왔다.

하지만, 요즘처럼 정보화시대에서 자동화된 시스템의 이해를 위해서 기존의 기구학적인 지식만으로는 한계가 있다.

현재와 같은 고도화된 산업사회에서 전기·전자에 대한 지식이 있다면, 자동화 시스템으로 구성된 메커니즘과 기계를 더 쉽게 이해하고, 설계하는 능력을 갖출 수 있을 것이다.

이 책의 목적은 기계설계를 공부하는 학생들이 첨단 전자·전기장치로 작동되고 응용되고 있는 각종 자동화된 기계설비 및 로봇에 대한 학습의 기초단계로서 전기회로, 전자기초, 시퀀스 제어 및 센서공학을 습득한 뒤 기구해석, 기구운동 등을 용도별로 구분하여 학습한 다음, 간이 자동 메커니즘을 자체 제작함으로써 기초적인 자동화 기구설계 능력을 배양할 수 있도록 도움이 되는 교재를 만들고자 하는 데 있다.

이 책을 위하여 여러 가지로 도움을 주신 도서출판 상학당의 남승우 사장님과 편집을 위하여 고생한 직원 여러분께 깊이 감사드린다. 또한, 방학중에 그림을 CAD로 그리기 위하여 고생을 많이 한 김현정 학생에게 감사하고, 항상 곁에서 성원을 보내준 집사람 이연용과 석연, 석준 남매에게 사랑을 전하며 이 책을 바친다.

저자 씀

Contents
차　례

제Ⅰ편　전기의 이해

제Ⅱ편 자동화를 위한 센서

제 Ⅲ 편 기구학의 이해

제 Ⅳ 편 제어 시스템

제Ⅰ편

전기의 이해

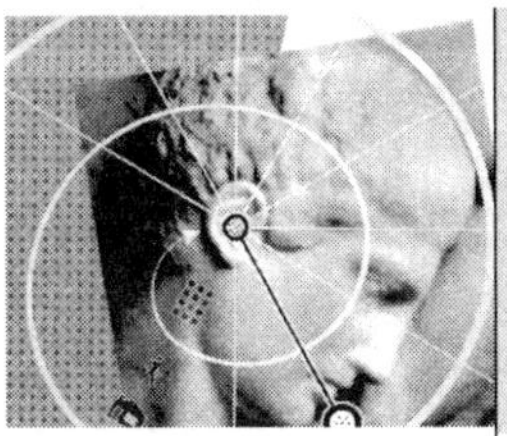

제 1 장 직류회로

전기는 우리생활에 큰 영향을 주고 있는 문명의 이기이다. 하지만, 전기는 눈에 보이지 않기 때문에 막연한 두려움을 가지고 전기장치를 대하게 된다. 산업의 발달과 컴퓨터 응용이 증가함에 따라서 대부분의 기계나 기구는 전기회로를 이용하여 제어되는 구조로 제작되어 있기 때문에 전기에 대한 지식을 갖추는 것은 기계학도의 필수적인 교양이 되었다.

이 장에서는 주위에서 리모컨의 건전지와 같이 기계장치이 제어전원으로 자주 사용하는 건전지를 이용하는 직류회로에 대한 기초지식을 습득하기 위하여 전기회로에 대하여 알아보고, 전압과 전류 및 전위의 정의 및 단위에 대하여 살펴보기로 하자.

1.1 전기회로

전기회로의 한 예로서 가정에서 가장 많이 사용하고 있는 전구의 회로에 대하여 살펴보고, 전압과 전류에 대하여 살펴보기로 하자.

1. 전 압

전구의 회로를 살펴보면서 전압에 대하여 알아보자. 먼저 전구・건전지・구리선 및 스위치를 준비한 다음, 준비된 전구와 전지와 스위치를 각각 구리선으로 연결하여 보자. 전기회로에 스위치를 누르면 전지의 양극에 접속된 전구가 점등된다. 그 이유는 전류가 흐르기 때문이다.

전류는 전자의 흐름이다. 전자가 흐르는 것은 양극 사이의 전기적인 높이가 서로 다르기 때문이다.

이러한 전기적인 높이를 전위(electric potential), 전위의 차를 전위차(potential difference) 또는 전압(voltage)이라고 부른다. 또한, 전압을 발생시켜 양극간의 전위차를 유지하여 연속적으로 전류를 흐르게 하는 원동력이 되는 전압을 기전력(electro-motive force)이라 한다. 기전력을 발생시켜 전류를 공급하는 장치를 전원(electric power)이라 한다.

또한, 전류가 흐르는 통로를 전기회로(electric circuit), 전류를 흐르게 하기 위하여 사용된 전기배선을 도체(conductor)라 하고, 전류가 흘러 전등이 점등된 것처럼 전기가 일을 수행하는 것을 부하(load)라 한다.

그림 1.1 전구의 회로

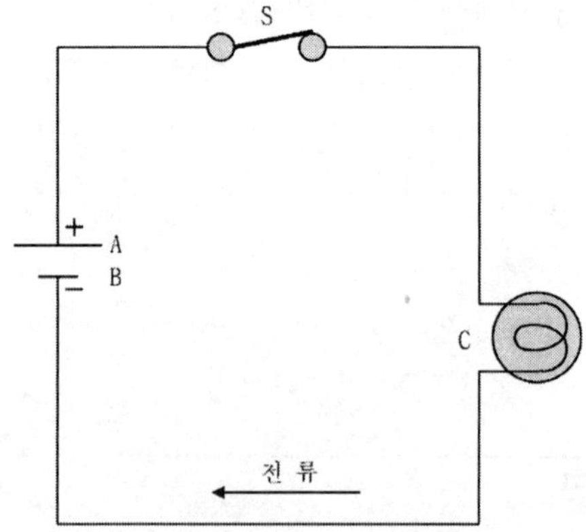

우리는 물은 눈으로 보이기 때문에 수도관의 압력이나 댐의 수압에 대하여 이해하기 쉽지만, 전기는 눈에 보이지 않아서 이해하기에 어려움을 느끼고 있다. 하지만 다행스럽게 수압과 전압은 아주 유사한 성질을 보이기 때문에 수압을 이해한다면 전압에 대해서도 쉽게 이해할 수 있다.

그림 1.2 수압과 전압의 비교

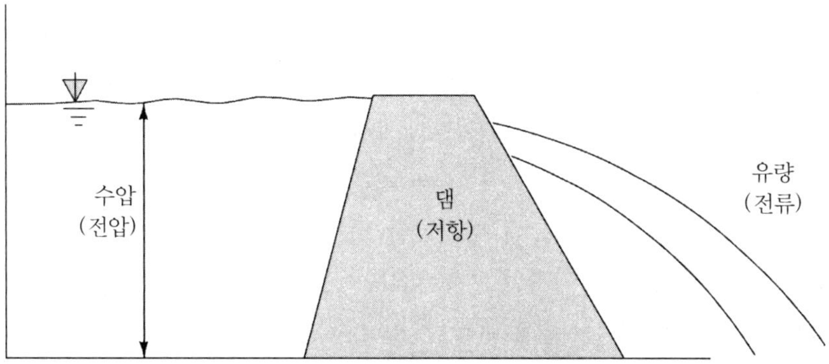

우선 물은 높은 곳에서 낮은 곳으로 흐른다. 즉, 수압이 높은 곳에서 낮은 곳으로 물이 흐른다. 이와 같이 전기도 전위가 높은 곳에서 전위가 낮은 곳으로 전기가 흐르게 되는데 이 현상을 다시 말하면, 전압이 높은 곳에서 낮은 곳으로 전기가 흐르게 된다.

2. 직류와 교류

건전지에서 흐르는 전류는 흐르는 방향이 시간적으로 일정하다 이와 같은 전류를 직류(DC : Direct Current)라 하고, 전류의 방향과 크기가 시간에 따라 주기적으로 변화하는 전류를 교류(AC : Alternating Current)라 한다.

그림 1.3 교류와 직류

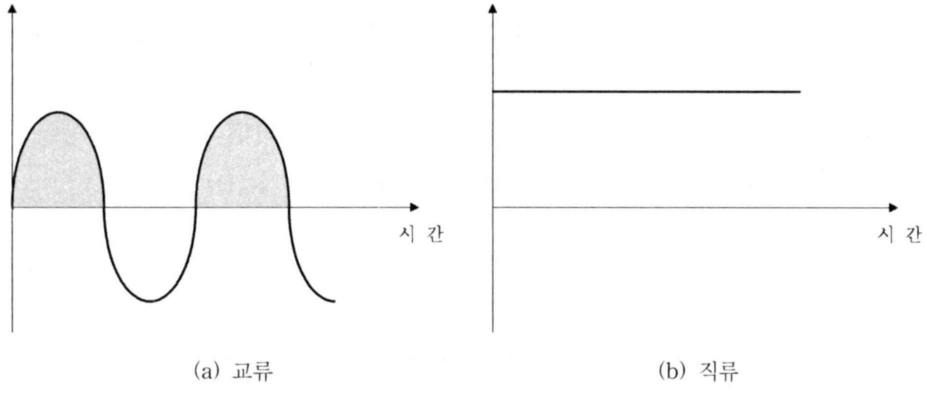

(a) 교류　　(b) 직류

3. 전기단위

전류와 전압의 단위를 살펴보기로 하자.

어떤 도체의 단면을 1초 동안에 흐르는 전기의 양을 전류의 크기 또는 전류라고 부르고, 그 단위는 암페어(A : Ampere)이다. 또한, 매초의 전류에 의하여 이동하는 전기량의 크기를 1쿠롱(C : Coulomb)이라 부른다. 전압의 단위는 볼트(V : Volt)를 사용한다.

전류 및 전압의 단위는 너무 크거나 너무 작아서 정확히 표기할 수 없는 경우가 종종 발생한다. 이러한 경우, 접두어를 붙여서 원하는 크기를 표현한다. 사용하는 접두어로는 킬로(k), 밀리(m), 마이크로(μ) 등이 주로 사용된다.

〈표 1.1〉 SI 접두어

배 수	접두어	기 호	배 수	접두어	기 호
10^{18}	엑사(exa)	E	10^{-1}	데시(deci)	d
10^{15}	페타(peta)	P	10^{-2}	센티(centi)	c
10^{12}	테라(tera)	T	10^{-3}	밀리(mili)	m
10^{9}	기가(giga)	G	10^{-6}	마이크로(micro)	µ
10^{6}	메가(mega)	M	10^{-9}	나노(nano)	n
10^{3}	킬로(kilo)	k	10^{-12}	피코(pico)	p
10^{2}	헥토(hecto)	h	10^{-15}	펨토(femto)	f
10^{1}	데카(deca)	da	10^{-18}	아토(atto)	a

4. 전기저항

도체에 전류가 흐르는 것을 방해하는 성질을 전기저항 또는 저항(resistance)이라 한다. 사용되는 단위는 옴(Ω : ohm)이다. 일반적으로 도체의 저항은 재질에 따라 다르며, 같은 재질에서는 길이에 비례하며, 단면적에 반비례한다.

길이 L[m], 단면적 S[m^2]인 도체의 저항 R[Ω]은 식 (1)과 같다.

$$R = \rho \frac{L}{S} \tag{1}$$

여기서 ρ는 비례정수이며, 단면적 1[m^2], 길이 1[m]인 도체의 저항에 상당하며, 재질과 온도에 따라 결정되는 물질 특유의 값이다. 이것을 물질의 저항률(resistivity) 또는 고유저항이라 부른다. 그리고 저항률의 역수 $\sigma=1/\rho$는 도전률(conductivity)이라고 부른다.

고유저항이 낮은 금속으로는 금 · 은 · 구리 등이 있으며, 높은 금속으로는 니크롬 등이 있다.

물과 전기의 성질을 비교해보기로 하자.

생수통의 경우를 살펴보자. 같은 조건에서, 생수통에 연결되어 있는 관의 단면적이 넓으면 물이 많이 나오고, 단면적이 작다면 물이 적게 나올 것이다. 단면적이 넓은 경우에는 물이 나오는 저항이 적어서 그만큼 많은 물이 나오게 된 것이다. 단면적이 적은 경우에는 관을 통과하는 저항이 상대적으로 크기 때문에 물이 천천히 나오게 된다.

그림 1.4 생수통과 저항의 비교

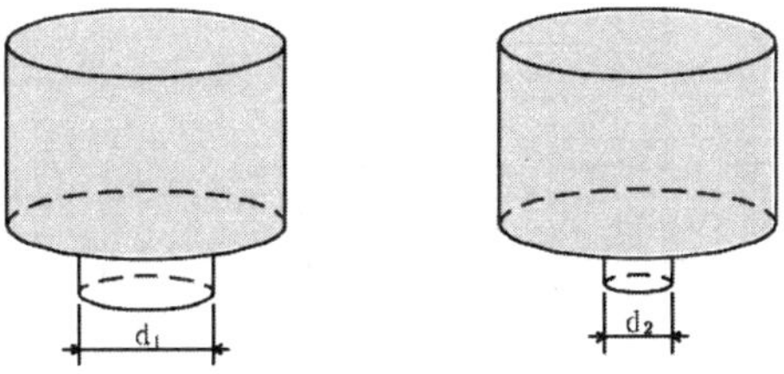

저항이 작다 저항이 크다

이와 동일한 원리가 전기에 적용된다. 저항이 크다는 것은 물이 나오는 관의 단면적이 적다는 것과 동일하고, 저항이 작다는 것은 물이 나오는 관의 단면적이 크다는 것을 의미한다.

1.2 옴의 법칙

전구가 장착된 전기회로에서 전원의 전압을 높이면 전구의 밝기가 더 밝아짐을 경험적으로 알 수 있다. 따라서 전압과 전류의 크기 사이에 일정한 관계가 있음을 알 수 있다. 이 전류와 전압의 관계에 대하여 알아보자.

1. 전압과 전류의 관계

전압의 크기는 전압계(voltmeter)를 사용하여 측정한다. 전류의 크기는 전류계(ammeter)를 사용하여 측정한다.

그림 1.5 전압과 전류의 관계 측정회로

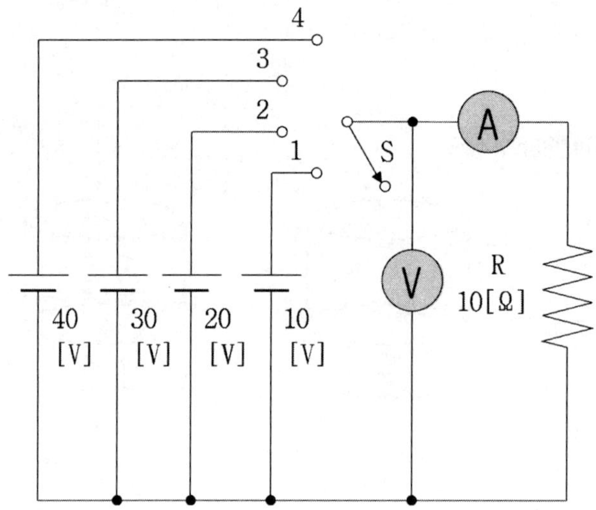

[그림 1.5]와 같이 여러 가지 크기가 다른 전압을 가진 전원과 스위치(S), 전압계(V), 전류계(A), 저항(R) 등을 회로로 연결하여, 저항에 가해진 전압과 저항에 흐르는 전류와의 관계를 조사해보자.

스위치를 0, 1, 2, 3, 4의 순서로 변환시켜가면서 저항에 가하는 전압을 0[V], 10[V], 20[V], 30[V], 40[V]로 단계적으로 변화시켜 각각의 전류를 측정하여 전압과 전류의 관계를 그래프로 나타내면 [그림 1.6]과 같다.

이 그래프에서 전압을 0[V]에서 40[V]까지 증가시키면 전류는 0[A]에서 4[A]까지 역시 증가되는 것을 알 수 있다. 이 결과로부터 전압과 전류의 비를 조사하여 보면, 전압이 10[V]일 경우, 전류는 1[A]이며 그 비율은

$$\frac{10[V]}{1[A]} = 10\frac{[V]}{[A]}$$

이다. 또한 전압이 40[V]일 경우에는 전류는 4[A]이며, 그 비율은 다음과 같다.

$$\frac{40[V]}{4[A]} = 10\frac{[V]}{[A]}$$

그림 1.6 전압과 전류의 관계

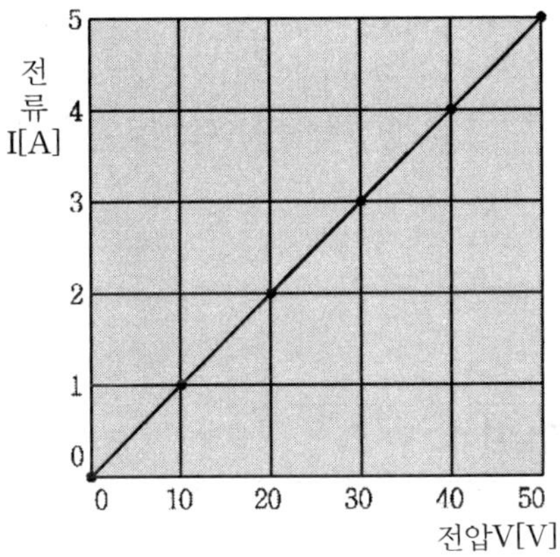

이와 같이 전압과 전류의 비는 전압의 크기에 관계없이 일정하다는 것을 보여준다. 이 전압과 전류의 비를 전기저항(electric resistance), 또는 저항이라 한다. 전기저항의 단위는 옴(Ω : Ohm)이 사용되고, 그 크기를 R[Ω]과 같이 나타낸다.

1옴(Ω : Ohm)은 1볼트(V : Volt)의 전압을 가할 때 1암페어(A : Ampha)의 전류가 전기회로에 흐르는 전기저항이다.

[그림 1.6]은 전기회로에서 전압, 전류 및 저항의 관계를 도식화시킨 것이다. 일반적으로 전류 [I]는 전압 [V]에 비례하며 다음과 같은 관계를 갖는다.

$$I[A] = \frac{V[V]}{R[\Omega]} \quad (2)$$

$$V[V] = I[A] \cdot R[\Omega] \quad (3)$$

〈표 1.2〉 전기저항의 단위

단 위	단위기호	비 고
옴	Ω	
킬로옴	kΩ	$1\text{k}\Omega = 1000\Omega = 10^3\Omega$
메가옴	MΩ	$1\text{M}\Omega = 1000000\Omega = 10^6\Omega$

여기서 $R[\Omega]$은 전기저항이다. 위의 식 (2~4)의 관계는 독일의 물리학자인 옴(Georg Simon Ohm : 1787~1854)에 의하여 실험적으로 증명되어 그의 이름을 따서 옴의 법칙(Ohm's law)이라고 부른다. 이 식은 전기이론 중에서 가장 중요한 공식이다.

전압, 전류 및 저항 중에서 2개의 값을 알면 나머지 1개의 값을 구할 수 있다.

1.3 저항의 접속

전기회로를 연결할 때 부하로서 저항을 1개만 사용하는 경우도 있지만 일반적으로 몇 개의 저항을 접속시켜 사용한다. 저항의 접속방법은 직렬접속과 병렬접속 및 혼합한 직 · 병렬접속이 있다.

1. 직렬접속 회로

가정에서 주로 사용하는 건전지의 경우, 2개의 건전지를 연결할 수 있는 방법은 2가지 형태가 있다. 먼저 2개의 건전지를 일렬로 배치한 다음 순서대로 연결하여 사용하는 경우가 있다.

그림 1.7 직렬접속

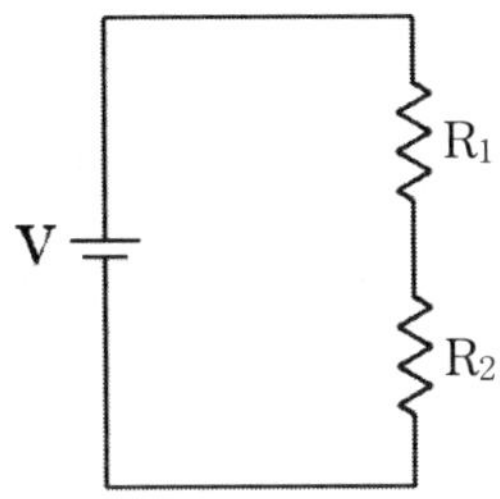

이러한 연결을 직렬접속(series connection)이라고 한다. 이와 동일하게 저항의 연결에서도 2개 이상의 저항을 일렬로 배치하고 순서적으로 연결하는 경우, 이를 직렬 저항접속이라 한다.

그림 1.8 직렬접속 저항회로

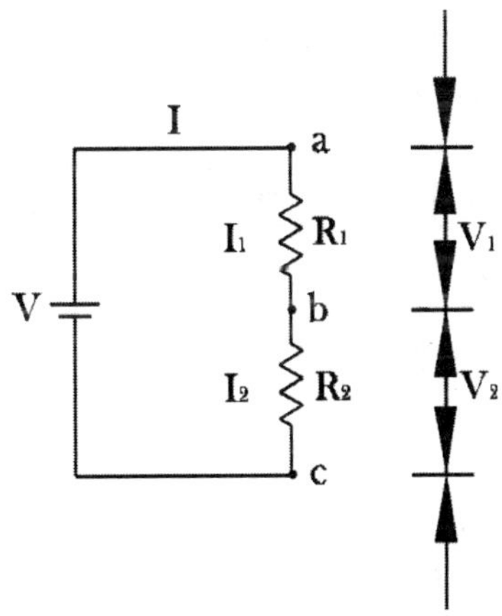

[그림 1.8]은 2개의 저항 R_1, R_2를 직렬로 연결한 직렬접속 저항회로이다. 여기서 전원전압 $V[V]$를 [그림 1.8]의 직렬접속 저항회로에 연결할 때, 전기회로에서의 회로전체 전류 I 및 각 저항을 흐르는 전류 I_1, I_2 및 각 저항에서의 전압 V_1, V_2를 구해보기로 하자.

이 회로 전체에 흐르는 전류를 $I[A]$라고 하면, 이 전류는 저항 R_1, R_2에 동일하게 흐른다.

직렬접속 저항회로에 흐르는 전체전류 I는

$$I = I_1 = I_2 \tag{5}$$

이때 ab 구간 및 bc 구간에서 측정한 전압을 각각 V_1, V_2라고 하면, 직렬접속 저항회로에 흐르는 전체전압은 V[V]이기 때문에 다음과 같은 식이 성립하게 된다.

$$V = V_1 + V_2 \tag{6}$$

한편, 옴의 법칙으로부터, ab 구간에 흐르는 전압 V_1 및 bc 구간에서 흐르는 전압 V_2는

$$V_1 = I_1 \cdot R_1$$
$$V_2 = I_2 \cdot R_2$$

와 같은 식이 성립하게 된다.

따라서, 상기 계산결과로부터

$$V = V_1 + V_2 = I_1 \cdot R_1 + I_2 \cdot R_2 = I \cdot R_1 + I \cdot R_2 = I \cdot (R_1 + R_2)$$
$$(\because I = I_1 + I_2)$$

의 계산식이 성립하게 된다.

따라서,

$$I = \frac{V}{R_1 + R_2}$$

이 식을 변형시켜 다시 정리하면,

$$\frac{V}{I} = R_1 + R_2 = R$$

과 같은 식을 구할 수 있다. 여기서, $R[\Omega]$은 각각 저항의 합으로 이 직렬접속 저항회로의 합성저항이라 한다.

연습문제 1

[그림 1.8]의 직렬접속 저항회로에서 전원전압 $V=100[\text{V}]$, 각각의 저항 $R_1=52[\Omega]$, $R_2=48[\Omega]$인 경우에 회로 전체에 흐르는 전류 $I[\text{A}]$와 각각의 저항에 걸리는 전압 V_1 및 V_2를 구하시오. 또한, a점, b점, c점의 전압을 각각 구하시오.

문제풀이

직렬접속 전기저항 회로 전체전류 $I[\text{A}]$

$$I[\text{A}]=\frac{V}{R_1+R_2}=\frac{100}{52+48}=1[\text{A}]$$

ab 구간의 전압 V_1

$$V_1=I_1\cdot R_1=I\cdot R_1=1\times 52=52[\text{V}]$$

bc 구간의 전압 V_2

$$V_2=I_2\cdot R_2=I\cdot R_2=1\times 48=48[\text{V}]$$

a점, b점, c점의 전압

a점의 전압 V_a

$$V_a=V=100[\text{V}]$$

b점의 전압 V_b

$$V_b=V-V_1=100-I_1\cdot R_1=100-1\times 52=100-52=48[\text{V}]$$

c점의 전압 V_c

$$V_c=V-(V_1+V_2)=V-(I_1\cdot R_1+I_2\cdot R_2)=100-(1\times 52+1\times 48)=0[\text{V}]$$

그림 1.9 저항의 직렬접속 회로

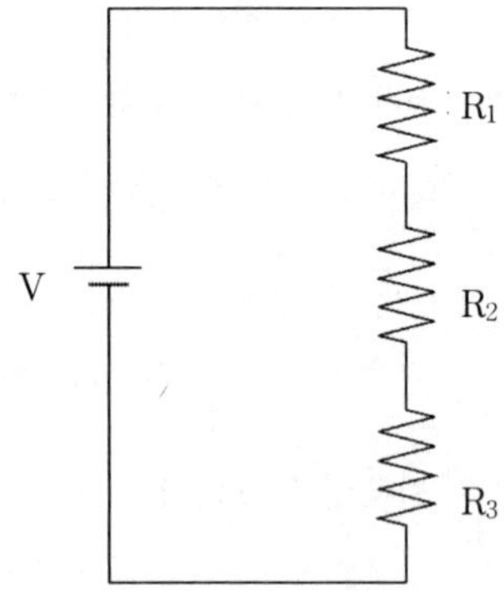

[그림 1.9]는 3개의 저항 R_1, R_2, R_3을 직렬로 접속한 회로이다. 여기서 직렬로 접속한 3개의 저항에 전원전압 V[V]를 연결할 때 전기회로에 걸리는 전류 및 각각의 저항 양단에서 측정되는 전압에 대하여 알아보자.

이 회로에 흐르는 전류를 I[A]로 가정하면, 이 전류는 저항 R_1, R_2, R_3[Ω]에 동일하게 흐른다. 이때에 각각의 저항 양단에서 측정한 전압을 V_1, V_2, V_3[V]라 하면 옴의 법칙으로부터

$$\begin{aligned} V_1 &= R_1 I \\ V_2 &= R_2 I \\ V_3 &= R_3 I \end{aligned} \tag{7}$$

와 같이 되어 각각의 전압 V_1, V_2, V_3[V]의 합은 전원전압 V[V]이므로

$$V = V_1 + V_2 + V_3 \tag{8}$$

과 같은 식이 성립된다. 식 (7)과 (8)로부터

$$\begin{aligned} V &= R_1 I + R_2 I + R_3 I \\ &= (R_1 + R_2 + R_3) I \end{aligned}$$

와 같이 되며 다음과 같은 식을 얻을 수 있다.

$$I = \frac{V}{R_1 + R_2 + R_3} \tag{9}$$

즉, 식 (9)를 변형시키면

$$\frac{V}{I} = R_1 + R_2 + R_3 = R \tag{10}$$

과 같은 식을 얻을 수 있다. 여기서 R[Ω]은 각각의 저항의 합으로 이 회로의 **합성저항**이라고 한다.

다음은 전류 I[A]가 저항 R_1을 통과할 때 저항 양단에서 측정된 전압 V_1[V]을 구해보자. 먼저 전압 V_1을 구하여보면

$$V_1 = R_1 I = R_1 \frac{V}{R} = \frac{R_1}{R} V \tag{11}$$

와 같이 된다. 동일한 방법으로 전압 V_2, V_3을 구하여보면

$$V_2 = \frac{R_2}{R} V \tag{12}$$

$$V_3 = \frac{R_3}{R} V \tag{13}$$

와 같이 구할 수 있다.

연습문제 2

[그림 1.9]의 회로에서 전원전압 V=100[V]이고, 각각의 저항이 R_1=10[Ω], R_2=15[Ω], R_3−25[Ω]일 경우 전류 I[A]를 계산하시오.

문제풀이

$$I = \frac{V}{R_1 + R_2 + R_3} = \frac{100}{10 + 15 + 25} = \frac{100}{50} = 2\,[\text{A}]$$

연습문제 3

[그림 1.9]의 회로에서 전체저항 R과 저항을 통과할 때 각각의 전압강하 $V1$, $V2$, $V3$을 계산하시오.

문제풀이

$$R = R_1 + R_2 + R_3 = 10 + 15 + 25 + 50\,[\Omega]$$

$$V_1 = \frac{R_1}{R} V = \frac{10}{50} \times 100 = 20\,[\text{V}]$$

$$V_2 = \frac{R_2}{R} V = \frac{15}{50} \times 100 = 30\,[\mathrm{V}]$$

$$V_3 = \frac{R_3}{R} V = \frac{25}{50} \times 100 = 50\,[\mathrm{V}]$$

2. 병렬접속 회로

가정에서 주로 사용하는 건전지의 경우, 2개의 건전지를 연결할 수 있는 방법은 2가지 형태가 있다. 먼저 언급한 직렬연결과 다른 방법으로서 2개의 건전지를 병렬로 배치한 다음 각각 연결하여 사용하는 경우가 있다.

이러한 연결을 병렬접속(parallel connection)이라고 한다. 이와 동일하게 저항의 연결에서도 2개 이상의 저항을 일렬로 배치하고 순서적으로 연결하는 경우, 이를 병렬 저항접속이라 한다.

그림 1.10 병렬접속 회로(2개 저항)

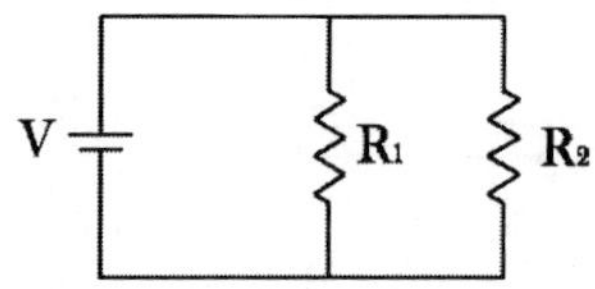

[그림 1.10]은 저항 R_1, R_2를 병렬로 접속한 회로이다. 이 회로의 각각의 저항에 흐르는 전류 I 및 저항 R에 대하여 알아보기로 하자.

상기회로는 다음과 같이 변형시킬 수 있다.

그림 1.11 병렬저항 회로(2개 저항)

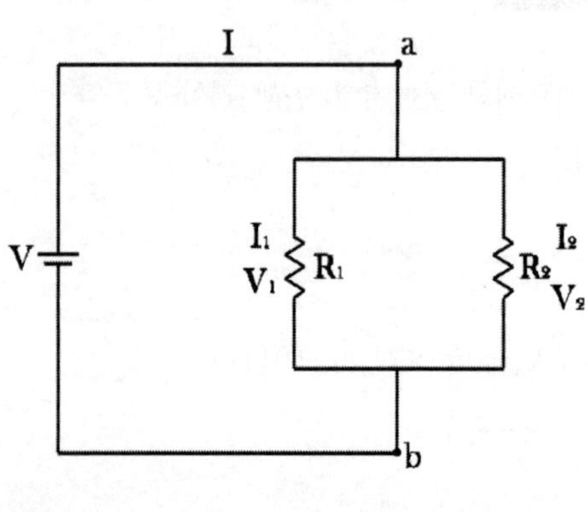

[그림 1.11]과 같이 각각의 저항에는 동일한 전압이 흐르고 있다.

따라서, $V = V_1 = V_2$

각각의 저항 R_1, R_2에 흐르는 전류를 각각 I_1, I_2라고 하면

옴의 법칙으로부터 전류는

$I_1 = \frac{V_1}{R_1}$, $I_2 = \frac{V_2}{R_2}$가 되고

회로 전체를 흐르는 전류 $I[A]$는 각각의 전류 I_1, I_2의 합이므로

$I = I_1 + I_2$가 된다.

따라서, 상기의 식들을 정리하면

$$I = I_1 + I_2 = \frac{V_1}{R_1} + \frac{V_2}{R_2} = \frac{V}{R_1} + \frac{V}{R_2} = \left(\frac{1}{R_1} + \frac{1}{R_2}\right)V$$

$(\because V = V_1 = V_2)$

이 식을 다시 정리하면

$$\frac{I}{V} = \left(\frac{1}{R_1} + \frac{1}{R_2}\right)$$

$$\frac{V}{I} = \frac{1}{\left(\frac{1}{R_1} + \frac{1}{R_2}\right)} = R$$

$$\therefore R = \frac{1}{\left(\frac{1}{R_1} + \frac{1}{R_2}\right)}$$

여기서, 저항 R은 병렬접속으로 연결한 합성저항이고, 그 크기는

$$R = \frac{1}{\left(\frac{1}{R_1} + \frac{1}{R_2}\right)} = \frac{1}{\frac{R_1 + R_2}{R_1 \cdot R_2}} = \frac{R_1 \cdot R_2}{R_1 + R_2}$$

이다.

연습문제 1

[그림 1.11]의 회로의 전압이 $V=100\,[V]$이고, 각각의 저항이 $R_1=20[\Omega]$, $R_2=20[\Omega]$인 경우의 전기회로에서 전체 회로저항 R과 각각의 저항에 흐르는 전류 I_1, I_2 및 전체 회로전류 I를 계산하시오.

문제풀이

전체저항

$$R=\frac{1}{\left(\frac{1}{R_1}+\frac{1}{R_2}\right)}=\frac{1}{\frac{R_1+R_2}{R_1\cdot R_2}}=\frac{R_1\cdot R_2}{R_1+R_2}=\frac{20\cdot 20}{20+20}=\frac{400}{40}=10[\Omega]$$

전압은 $V=V_1=V_2$이므로

회로 전체의 전류는

$$I=I_1+I_2$$

$$I=\frac{V}{R}=\frac{100}{10}=10\,[A]$$

각각의 저항을 흐르는 전류 I_1, I_2는

$$I_1=\frac{V_1}{R_1}=\frac{V}{R_1}=\frac{100}{20}=5\,[A]$$

$$I_2=\frac{V_2}{R_2}=\frac{V}{R_2}=\frac{100}{20}=5\,[A]$$

검증해보기 위하여 $I=I_1+I_2$가 성립하는지 확인해보기로 하자.

$$I=I_1+I_2=5+5=10\,[A]$$

따라서, 공식과 계산결과가 잘 일치함을 알 수 있다.

연습문제 2

[그림 1.11]에서 전기저항 회로의 전체전압이 $V=100\,[V]$이고, 각각의 저항이 $R_1=10\,[\Omega]$, $R_2=40[\Omega]$인 경우, 전체 회로의 저항 R과 각각의 저항에 흐르는 전류

I_1, I_2 및 전체 회로전류 I를 계산하시오.

문제풀이

전체저항

$$R=\frac{1}{\left(\frac{1}{R_1}+\frac{1}{R_2}\right)}=\frac{1}{\frac{R_1+R_2}{R_1\cdot R_2}}=\frac{R_1\cdot R_2}{R_1+R_2}=\frac{10\cdot 40}{10+40}=\frac{400}{50}=8[\Omega]$$

전압은 $V=V_1=V_2$이므로
회로 전체의 전류는

$$I=I_1+I_2$$

$$I=\frac{V}{R}=\frac{100}{8}=12.5\,[\mathrm{A}]$$

각각의 저항을 흐르는 전류 I_1, I_2는

$$I_1=\frac{V_1}{R_1}=\frac{V}{R_1}=\frac{100}{10}=10\,[\mathrm{A}]$$

$$I_2=\frac{V_2}{R_2}=\frac{V}{R_2}=\frac{100}{40}=2.5\,[\mathrm{A}]$$

검승해보기 위하여 $I=I_1+I_2$가 성립하는지 확인해보기로 하자.

$$I=I_1+I_2=10+2.5=12.5\,[\mathrm{A}]$$

따라서, 공식과 계산결과가 잘 일치함을 알 수 있다.

그림 1.12 저항의 병렬접속 회로

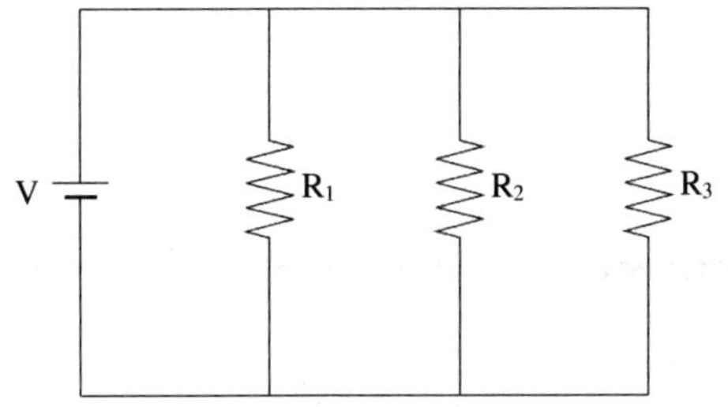

[그림 1.12]는 저항 R_1, R_2, R_3[Ω]을 병렬로 접속한 회로이다. 이 회로의 각각의 저항에 흐르는 전류 및 전체전류 그리고 합성저항에 대하여 알아보자.

[그림 1.12]에서 각 저항에는 같은 전원전압 V[V]가 작용하고 있으므로 각각의 저항 R_1, R_2, R_3[Ω]에 흐르는 전류를 각각 I_1, I_2, I_3[A]라 하면, 옴의 법칙으로부터

$$I_1 = \frac{V}{R_1},\ \ I_2 = \frac{V}{R_2},\ \ I_3 = \frac{V}{R_3} \tag{14}$$

가 된다. 회로 전체에 흐르는 전류 I[A]는 I_1, I_2, I_3[A]의 합이므로

$$I = I_1 + I_2 + I_3 \tag{15}$$

과 같이 된다. 식 (15)에 식 (14)를 대입하면

$$I = \frac{V}{R_1} + \frac{V}{R_2} + \frac{V}{R_3} = \left(\frac{1}{R_1} + \frac{1}{R_2} + \frac{1}{R_3}\right)V \tag{16}$$

와 같이 된다. 식 (16)을 약간 변형하면

$$\frac{V}{I} = \frac{1}{\dfrac{1}{R_1} + \dfrac{1}{R_2} + \dfrac{1}{R_3}} = R \tag{17}$$

과 같이 된다. 여기서 R[Ω]은 회로 전체에 걸리는 전원전압 V[V]와 회로의 전체 전류 I[A]의 비이며, 병렬접속 회로의 **합성저항**이라 부른다.

2개의 저항을 병렬로 접속한 합성저항은

$$R = \frac{1}{\dfrac{1}{R_1} + \dfrac{1}{R_2}} = \frac{1}{\dfrac{R_1 + R_2}{R_1 \cdot R_2}} = \frac{R_1 \cdot R_2}{R_1 + R_2} \tag{18}$$

으로 계산된다.

연습문제 3

[그림 1.12]의 회로에서 각각의 저항 R_1=20[Ω], R_2=25[Ω], R_3=100[Ω]일 경우, 합성

저항 $R[\Omega]$을 구하시오.

문제풀이

$$R = \frac{1}{\frac{1}{R_1} + \frac{1}{R_2} + \frac{1}{R_3}} = \frac{1}{\frac{1}{20} + \frac{1}{25} + \frac{1}{100}} = \frac{100}{10} = 10[\Omega]$$

3. 직 · 병렬 접속회로

[그림 1.13]의 (a)와 같이 저항 R_1, R_2, $R_3[\Omega]$을 직렬접속과 병렬접속이 동시에 접속되어 있는 회로를 직 · 병렬 접속회로라 한다.

이와 같은 직 · 병렬 접속회로에서 각 부위의 전압, 전류는 직렬접속 회로와 병렬접속 회로 계산에서 구한 방법을 응용하여 구할 수 있다. 그 방법은 등가회로 개념을 도입하는 것이다. 직 · 병렬 접속회로를 같은 저항을 가진 직렬회로 혹은 병렬회로로 치환한 다음 각각의 전류 및 전압을 계산하는 것이다.

같은 방법으로 [그림 1.13](b)의 회로는 [그림 1.13](a)의 회로와 등가회로이고, [그림 1.13](c)의 회로는 [그림 1.13](a) 및 [그림 1.13](b)의 회로와 등가회로이기 때문에 간단한 회로가 되어 쉽게 전압과 저항을 구할 수 있다.

그림 1.13 저항의 직 · 병렬회로 및 등가회로

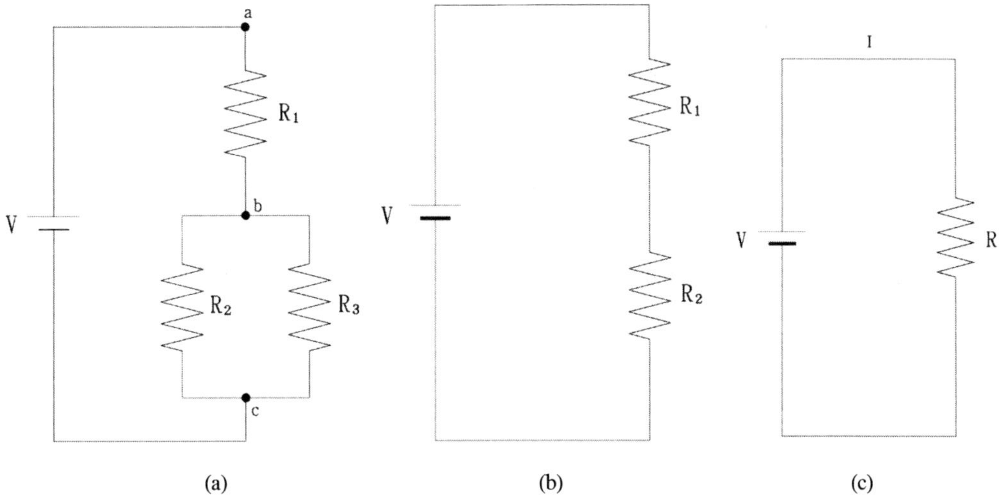

연습문제 4

[그림 1.13]의 회로에서 저항 R_1=52[Ω], R_2=120[Ω], R_3=80[Ω]일 경우, 회로에 흐르는 각각의 전류 I_1, I_2, I_3[A]을 구하시오. 단, 공급전망 $V=100$[V]이다.

문제풀이

저항 R_2, R_3의 병렬접속 회로의 합성저항 R'는

$$R' = \frac{R_2 \cdot R_3}{R_2 + R_3} = \frac{120 \times 80}{120 + 80} = 48[\Omega]$$

따라서 [그림 1.13](b)와 같은 등가회로를 얻을 수 있다. 같은 방법으로 회로의 합성저항 R은

$$R = R_1 + R' = 52 + 48 = 100[\Omega]$$

그러므로 [그림 1.13](b)의 회로는 [그림 1.13](c)와 같은 등가회로가 된다. 따라서 회로전체를 흐르는 전류 I[A]는

$$I = \frac{V}{R} = \frac{100}{100} = 1[A]$$

가 된다. 여기서

$$V_1 = R_1 I = 52[V], \quad V_2 = R_2 I = 48[V]$$

이므로

$$I_2 = \frac{V_2}{R_2} = 0.4[A]$$

$$I_3 = \frac{V_3}{R_3} = 0.6[A]$$

가 된다.

1.4 전위와 평형

1. 전위 및 전위차

전기회로에 전압이 가해지고 있을 때 두 점 사이에 전기가 흐르지 않는 경우가 발생한다. 그 원인을 살펴보면 두 점의 전압이 같은 경우이다. 이런 경우 두 점의 전압이 평형을 이룬 상태이고, 전위가 같다고 한다. 여기서는 전위, 전위차에 대하여 알아보고 전위의 평형에 대해서도 공부해보자.

[그림 1.14](a)과 같이 2개 이상의 전지를 접속할 때 일렬로 배열된 전지의 한쪽은 양극, 다른 한쪽은 음극에 순서대로 접속하는 것을 전지의 직렬접속이라 한다. [그림 1.14](b)는 이것을 기호로 나타낸 것이다.

예를 들어 단자 1을 기준으로 각각의 단자 사이의 전압을 살펴보면, [그림 1.14](c)와 같이 +1.5[V], +3[V], +4.5[V]가 됨을 알 수 있다. 여기서 기준 단자 1을 0[V], 단자 2를 +1.5[V], 단자 3을 +3[V], 단자 4를 +4.5[V]라고 하는 것과 같이 기준 단자 1과 비교하여 각 점의 전압을 그 기준에 대하여 전위(electric potential)라 한다.

그림 1.14 전지의 직렬접속과 전위

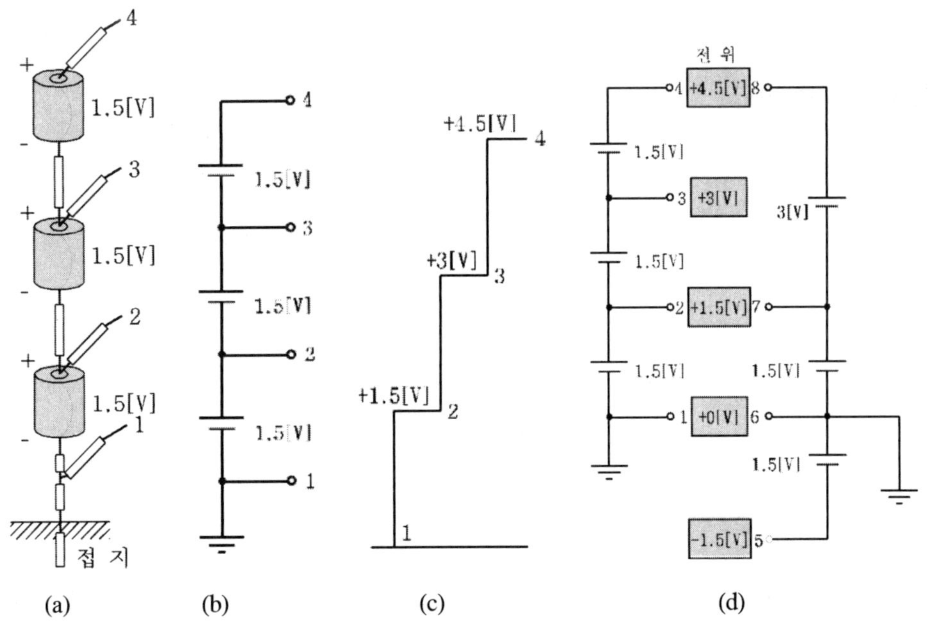

지구 혹은 지표는 아무리 큰 전기가 흘러 들어가도 그 전위에 변화가 없다. 그래서 지구의 전위를 기준 전위로 선택하는 것이 일반적이다. 우리가 배선을 할 때 접지(ground)라고 부르며 땅에 전선을 연결하여 과전류가 흘러가는 통로를 만드는 것이나, 벼락을 피하는 피뢰침의 선을 땅속으로 연결하는 원리가 바로 이것이다.

[그림 1.14](d)와 같이 전지가 접지되어 있을 경우 단자 2, 3, 4, 7, 8의 전위는 정(+)이며, 단자 5의 전위는 영전위보다 낮으므로 부(−) 전위이다. 두 단자 사이의 전위의 차를 전위차(electric potential difference)라 한다.

두 단자의 전위를 알면 그 사이의 전위차를 구할 수 있다. 예를 들면, 단자 8과 단자 3 사이의 전위차는

$$V_{83} = V_8 - V_3 = 4.5 - 3 = 1.5\,[\mathrm{V}]$$

이고,

단자 2와 단자 5 사이의 전위차는

$$V_{25} = V_2 - V_5 = 1.5 - (-1.5) = 3\,[\mathrm{V}]$$

가 된다. 또한, 단자 2와 단자 7 사이의 전위차는 0[V]이므로 같은 전위이다.

2. 전압강하

그림 1.15 전압강하

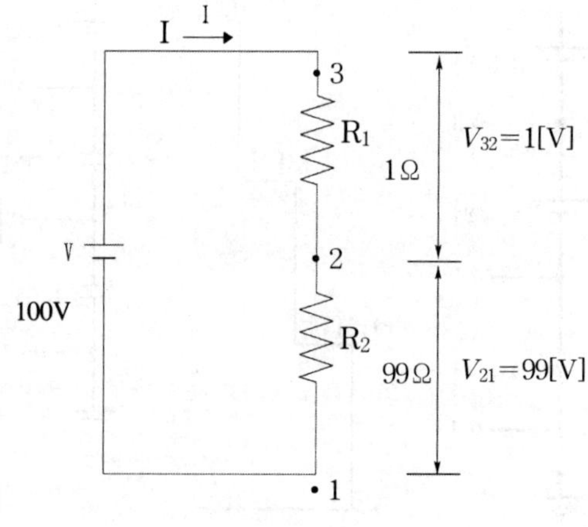

[그림 1.15]의 회로에서 전류는 전지의 (+)극에서 흘러나와 저항을 통과한

뒤 (−)극으로 들어간다. 즉 전위가 높은 곳에서 나와 낮은 곳으로 흐른다.

전기회로에서 $V_{21}=99$[V]인 이유는 전원의 전압 $V=100$[V], 전류 $I=1$[A]가 저항 $R_1=1$[Ω]에 흘렀기 때문에 전압이 1[V] 줄어들었다고 할 수 있다. 이러한 것을 전압강하라고 부른다. 일반적으로 I[A]의 전류가 흐를 때 저항 R[Ω]의 전압강하는 RI[V]로 표현된다.

연습문제 5

오른쪽 그림의 회로에서 저항 $R_1=R_2=20$[kΩ], $R_3=10$[kΩ]일 때 합성저항 R, 전류 I 및 각 저항의 전압강하 V_1, V_2, V_3를 구하시오.

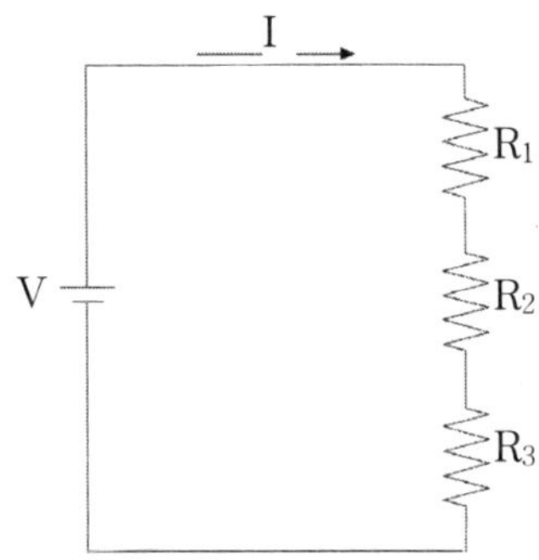

문제풀이

합성저항 $R=R_1+R_2+R_3=50$ [kΩ]

전류 $I=\dfrac{V}{R}=\dfrac{100}{50\times10^3}=2$ [mA]

전압강하 $V_1=V_2=20\times10^3\times2\times10^{-3}=40$ [V]

$V_3=10\times10^3\times2\times10^{-3}=20$ [V]

3. 평형회로

[그림 1.16]의 단자 2, 4 사이의 전위차 V_{24}[V]는

$$V_{24}=\left(\frac{R_2}{R_1+R_2}-\frac{R_4}{R_3+R_4}\right)V \tag{19}$$

와 같이 된다. 그러므로 $\dfrac{R_2}{R_1+R_2}$와 $\dfrac{R_4}{R_3+R_4}$가 같지 않은 경우에는 단자 2와

4 사이에 전위차가 있기 때문에 단자 2와 4를 연결하면 전류는 흐른다.

만일 같은 전위라면, 단자 2와 4를 연결하여도 전류는 흐르지 않는다.

단자 2와 4를 접속하는 것은 다리를 연결하는 것과 같은 모양으로 보이므로 **브리지 회로**(bridge circuit)라 한다.

그림 1.16 평형회로

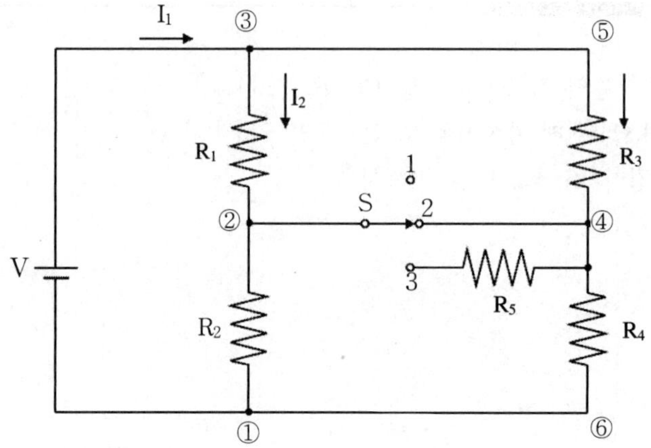

단자 2와 4의 전위가 같을 때

$$\frac{R_2}{R_1+R_2}I=\frac{R_4}{R_3+R_4}I$$

$$\frac{R_2}{R_1+R_2}=\frac{R_4}{R_3+R_4}$$

$$R_2(R_3+R_4)=R_4(R_1+R_2)$$

즉,

$$R_1R_4=R_2R_3 \tag{20}$$

과 같이 된다. 식 (20)을 **브리지 평균조건**이라 한다.

1.5 키르히호프의 법칙

복잡한 전기회로를 쉽게 이해하기 위하여 키르히호프의 법칙(Kirchhoff's law)을 이용하여 방정식을 정립한 뒤 계산을 하면 편리하게 구할 수 있다. 키르히호프의 법칙에는 두 가지 법칙이 있는데, 제1법칙은 전류에 관한 법칙이고, 제2법칙은 전압에 관한 법칙이다.

1. 전류의 법칙(키르히호프 제1법칙)

> 접속점에 유입되는 전류의 합은 접속점에서 유출되는 전류의 합과 동일하다.

[그림 1.17](a)와 같이 저항 R_1, R_2, R_3[Ω]이 전원전압 V[V]에 병렬로 접속되어 있는 경우, 각 저항에 흐르는 전류는

$$I = I_1 + I_2 + I_3 \tag{21}$$

그림 1.17 접속점에 들어오는 전류와 나가는 전류

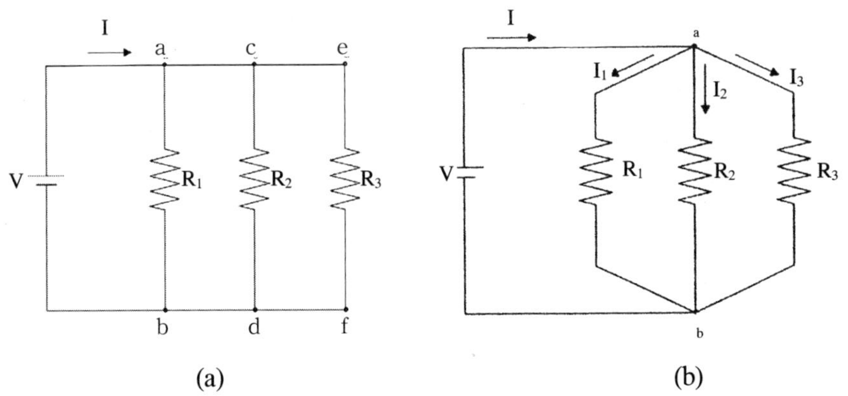

이 된다. [그림 1.17](a)의 회로도 [그림 2.17](b)와 같이 변경할 수 있으며, 이때 a점에 유입되는 전류와 유출되는 전류의 관계는 식 (21)을 변형시켜

$$I + (-I_1) + (-I_2) + (-I_3) = 0 \tag{22}$$

이 되며, 식 (22)를 정리하여 보면

$$\Sigma I=0 \tag{23}$$

이 된다.

[그림 1.17]에서 접속점 a를 주시하여 보면, 전체전류 I[A]는 접속점 a에 유입되는 전류 (+)이며, 전류 I_1, I_2, I_3[A]는 유출되는 전류 (−)이다.

2. 전압의 법칙(키르히호프의 제2법칙)

> 전원전압의 합은 전압강하의 합과 동일하다.

[그림 1.18](a)와 같은 회로가 있다. 이 회로의 전압 V_1, V_2[V]의 전원은 [그림 1.18](c)와 같이 $V=V_1+V_2$[V]의 한 개의 전원과 같은 동작을 한다. 각각의 저항 R_1, R_2, R_3[Ω]의 합성저항 $R=R_1+R_2+R_3$[Ω]이며, 회로에 흐르는 전류 $I=V/R$[A]이다.

그림 1.18 전원전압의 합과 전압강하의 합

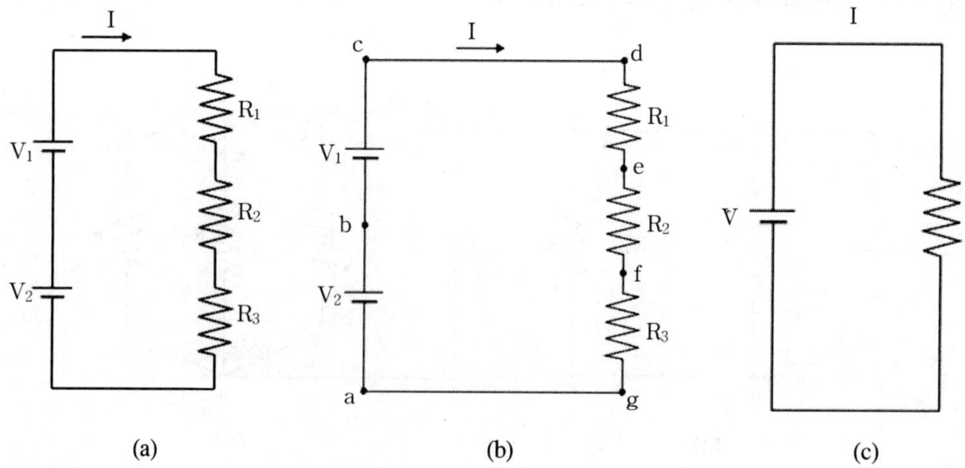

[그림 1.18](b)의 접속점 c와 a 사이의 전원전압 V[V]는 각 전원전압의 합 V_1+V_2[V]와 같다. 그리고 각각의 저항 R_1, R_2, R_3[Ω]에 흐르는 전류는 어느 점이든지 I[A]이므로 접속점 d와 g 사이의 전압은 각 저항의 전압강하의 합인 R_1I+

$R_2I + R_3I$[V]이며, 이것은 접속점 c와 a 사이의 전원전압과 같다.

이상의 설명을 식으로 표현하면

$$V_1 + V_2 = R_1I + R_2I + R_3I \tag{24}$$

$$\Sigma V = \Sigma RI \tag{25}$$

이다.

연습문제 6

오른쪽 그림의 회로에서 각부에 흐르는 전류의 방향이 그림과 같을 때 각각의 전류 I_1, I_2, I_3를 구하시오.

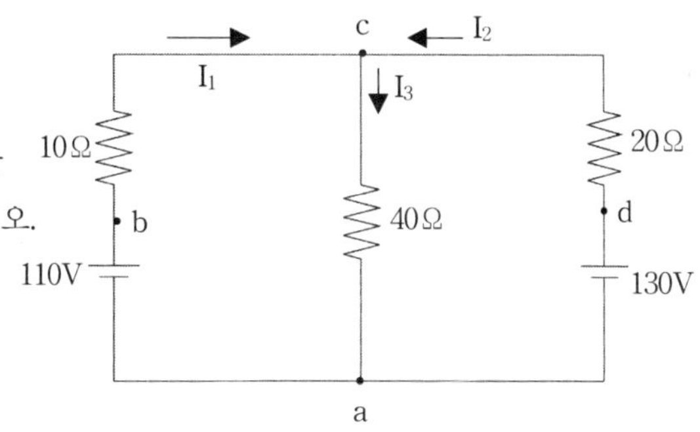

문제풀이

$$I_1 + I_2 = I_3 \tag{1}$$

좌측 전원을 중심으로 점 a→b→c→a의 회로에서 제2법칙을 적용하면

$$110 = 10I_1 + 40I_3 \tag{2}$$

우측 전원을 중심으로 점 a→d→c→a의 회로에서 제2법칙을 적용하면

$$130 = 20I_2 + 40I_3 \tag{3}$$

식 (1)을 식 (2), (3)에 대입하여 I_3를 제거하면

$$110 = 50I_1 + 40I_2 \tag{2)'}$$

$$130 = 40I_1 + 60I_2 \tag{3)'}$$

식 (2)′와 식 (3)′에서 I_2를 제거하면

$I_1 = 1\,[\mathrm{A}]$

I_1의 값을 식 (2)에 대입하면

$I_2 = 1.5\,[\mathrm{A}]$

I_1, I_2의 값을 식 (1)에 대입하면

$I_3 = 2.5\,[\mathrm{A}]$

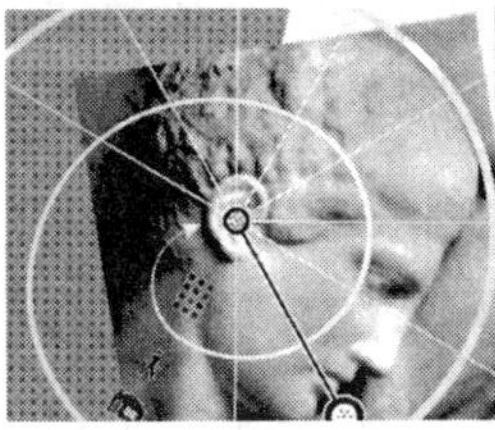

제 2 장 교류회로

일반가정이나 산업현장에서 사용하고 있는 가전제품이나 산업기계는 특수한 경우를 제외하고는 시간에 따라서 크기와 방향이 변화하는 교류전원에 의하여 동작되고 있다. 전기가 만들어지는 발전소에서 맨 처음 생성되어지는 전기가 교류전기이고, 이 교류전기가 각 지역의 가정이나 산업현장으로 송전되어 에너지원으로 이용되고 있다. 따라서, 산업기계에서 동력원으로 사용되는 교류전원에 대한 이해가 기계설계를 위하여 반드시 필요하다.

이 장에서는 가정이나 산업현장에서 동력원으로 널리 사용되고 있는 교류전원의 발생원리 및 교류회로에 대하여 알아보고, 변압기의 원리에 대해서도 살펴보기로 하자.

2.1 교 류

1. 교류의 발생

[그림 2.1](a)와 같이 자극 **N**, **S**를 배치하고 일정한 속도로 회전시키면 고정되어 있는 도체 **A**에는 각 자극이 통과할 때에 방향이 반대인 교류기전력이 유도된다. 교류발전기는 이 원리를 이용한 것이며, 도체로는 권수가 많은 코일이

사용된다. 발전소에서는 이러한 원리로 생성된 교류를 가정이나 산업체 공장에 공급하며, 이 교류를 정현파 교류(sine wave)라 한다.

[그림 2.1]에서 자극이 일정한 각속도 ω[rad/s]로 회전하며, 도체 A가 최대밀도의 자속을 끊을 때 최대의 기전력을 E_m[V]라 하면 자극이 [그림 2.1](a)의 $\theta=0$ 위치에서 $\theta=\omega t$ 위치까지 회전한 임의의 시간 t[S] 후에 도체 A에 유도된 기전력 e[V]는

$$e=E_m \sin\theta=E_m \sin\omega t \tag{1}$$

가 된다. 여기서 e는 교류기전력의 순시값, E_m을 교류기전력의 최대값이라 한다. 이와 같은 기전력에 의하여 저항에 흐르는 교류전류의 순시값 i[A]는 그 최대값을 I_m[A]이라고 한다. 따라서

$$i=I_m \sin\omega t \tag{2}$$

가 된다.

그림 2.1 정현파 교류 발생

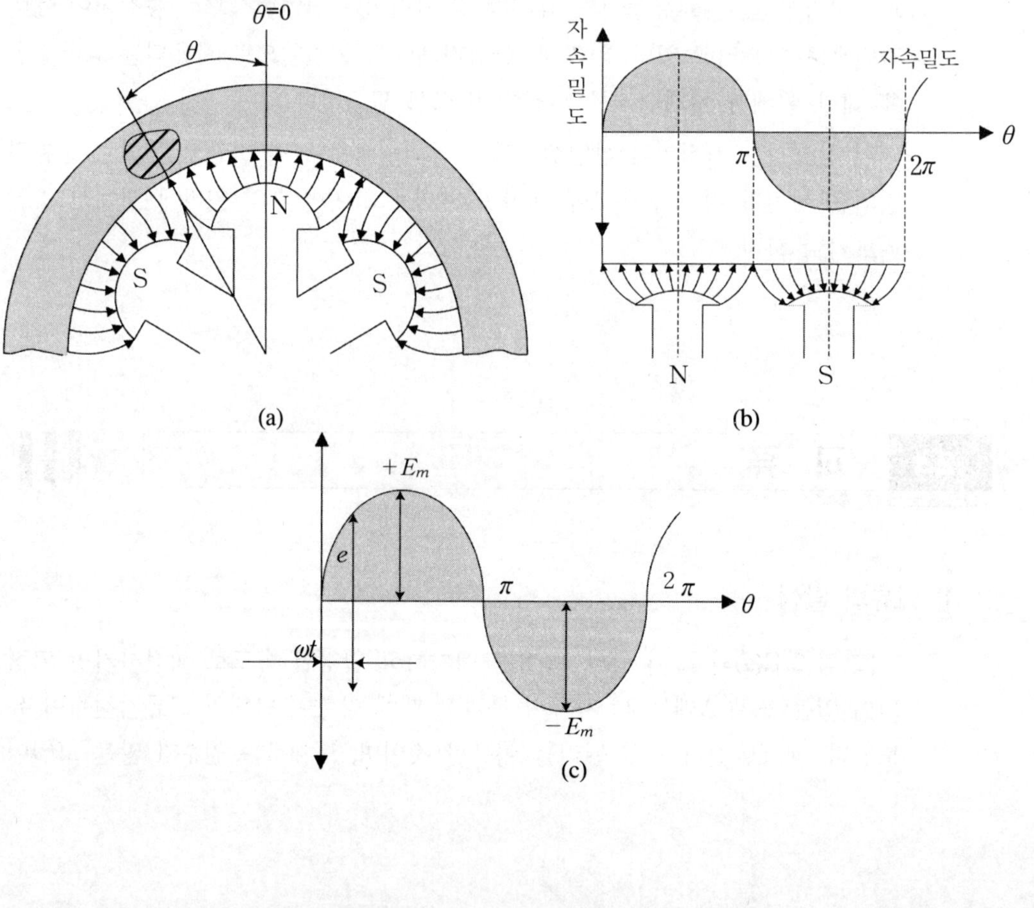

2. 주파수와 주기

교류발전기는 N극과 S극이 한 조인 자극이 도체를 통과하므로 반쪽의 정(+)파와 반쪽의 부(−)파가 한 조를 이루는 교류의 파형 변화를 얻을 수 있다.

이때에 정 및 부의 반파가 한 조가 되는 교류의 파형 변화를 1주파 또는 사이클이라고 한다. 1주파가 완료하는 데 걸리는 시간을 주기, 1초 동안 반복되는 사이클의 수를 주파수(frequency)라 한다. 주파수 단위는 헤르츠(Hz : hertz)이다.

교류의 주파수 f[Hz], 주기 T[s], 각속도 ω[rad/s]라고 하면, 자극의 회전각 2π[rad]에 1주파가 생성되므로

$$f = \frac{1}{T} = \frac{\omega}{2\pi} \tag{3}$$

$$\omega = \frac{2\pi}{T} = 2\pi f \tag{4}$$

의 식이 성립된다. 여기서 $\omega[=2\pi f]$를 각주파수(angular frequency)라 한다.

교류발전기의 전체 자극의 수를 P, 회전속도를 n_s[rpm]이라 하면, 1회전에 $P/2$ 주파수가 발생하므로

$$f = \frac{P}{2} \cdot \frac{n_s}{60} = \frac{Pn_s}{120} \tag{5}$$

$$n_s = \frac{120f}{P} \tag{6}$$

의 식을 얻을 수 있다.

3. 교류의 크기 표시

교류의 크기를 나타내는 방법으로는 일반적으로 5가지 방법이 있다. 특별한 지시가 없는 한 교류의 크기는 실효값으로 표현한다.

1) 순시값

전압 및 전류가 시간적으로 어떻게 변화하고 있는지를 표현할 때 사용하며, 일반적으로 전압 및 전류를 영어의 소문자를 사용하여 e, v, i 등으로 표시한다.

$$e = E_m \sin(\omega t + \theta)$$

2) 최대값

순시값이 최대일 때의 값을 나타내며, 대문자에 첨자 m을 붙여 표시한다. 진폭(amplitude)이라고도 한다.

$$E_m,\ I_m,\ V_m$$

3) 첨두값

순시의 정(+)의 최대값에서 부(−)의 최소값까지의 크기를 첨두값(peak to peak value)이라 하며, 대문자에서 첨자 p−p를 붙여 표시한다.

$$V_{p-p},\ V_{pp}$$

4) 평균값

순시값의 반주기 동안의 평균적인 값으로, 대문자에 첨자 a 또는 ave를 붙여 표시한다.

$$E_a,\ E_{ave},\ I_a,\ I_{ave}$$

5) 실효값

직류와 동등한 일량을 하는 교류의 값을 실효값이라 한다. 기호는 대문자를 사용한다.

E, I, V

정현파의 실효값 **E, I**는 $\frac{1}{\sqrt{2}}$ ×최대값으로 표시되며,

$$E = \frac{E_m}{\sqrt{2}} \fallingdotseq 0.707 E_m [\text{V}] \tag{7}$$

$$I = \frac{I_m}{\sqrt{2}} \fallingdotseq 0.707 I_m [\text{V}] \tag{8}$$

이 된다.

4. 위상과 위상차

교류의 순시값 $e = E_m \sin \omega t$의 식에서 πt는 그 시간적 경과를 각도로 표시한 것이다.

그림 2.2 위 상

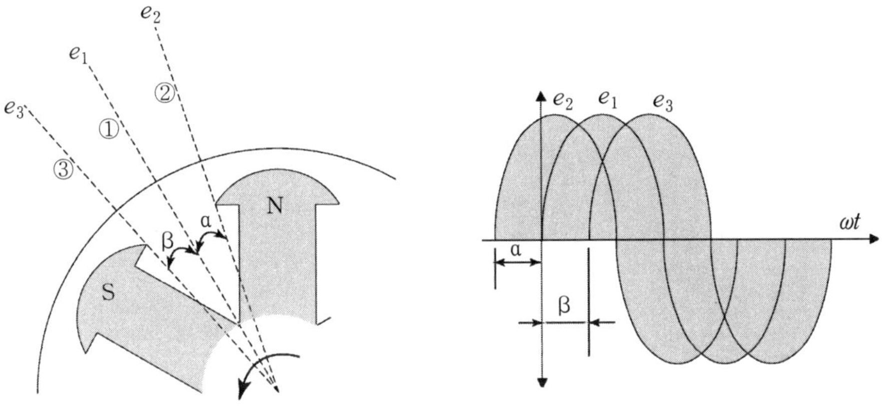

(a) (b)

[그림 2.2]에서 e_1을 기준으로 e_2, e_3를 표시하면

$$e_1 = E_m \sin \omega t$$
$$e_2 = E_m \sin(\omega t + \alpha)$$
$$e_3 = E_m \sin(\omega t - \beta)$$

로 나타낼 수 있다. 여기서 e_2는 e_1보다 위상(phase)이 α「rad」 빠르며, e_3는 e_1보다 위상이 β「rad」 늦다고 한다. α 및 β를 위상각(phase angle)이라 하며, e_1과 e_2, e_3는 위상차가 있다고 말한다.

위상차가 없는 경우, 또는 2π 및 2π 배수의 위상차의 경우를 동상(inphase)이라고 한다.

5. 교류의 벡터 표시

먼저 벡터와 복소수의 개념에 대하여 공부해보자.

2개의 실수 a_1, a_2를 사용하여 a_1+ja_2로 표현하는 수를 복소수(complex number)라 한다. 여기서, 복소수의 a_1을 실수부, a_2를 허수부라 한다.

허수 중에서 $\sqrt{-1}$을 허수단위라 하며 일반적으로 i로 표시한다. 하지만 전기에서 전류의 표시도 i로 하기 때문에 혼란을 피하기 위하여 j로 표현한다.

그림 2.3 벡터와 복소수

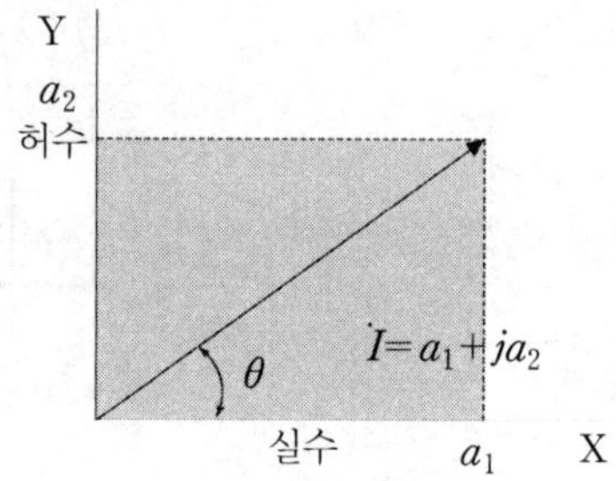

벡터를 표시할 때는 시작점 O과 끝점의 기호 A를 사용하여 $\overline{OA}$ 또는 기호를 사용하여 $\overline{E}$, $\dot{E}$, $\overline{I}$, $\dot{I}$ 등으로 표시하지만, 일반적으로 교류에서는 문자 위에 ·(도트)를 붙인 $\dot{E}$, $\dot{I}$로 표현한다.

[그림 2.3]과 같이 전류 벡터 $\dot{I}$는 직각 좌표 X축에 실수, Y축에 허수부로 하면 복소수와 대응시킬 수 있으며 이때의 복소수는

$$\dot{I}=a_1+ja_2 \tag{9}$$

와 같이 표현할 수 있다. $\dot{I}$의 크기 I와 위상각 θ는 다음과 같이 구할 수 있다.

$$I=\sqrt{a_1^{\,2}+a_2^{\,2}}=\sqrt{\text{실수부}^2+\text{허수부}^2} \tag{10}$$

$$\theta=\tan^{-1}\frac{a_2}{a_1}=\tan^{-1}\frac{\text{허수부}}{\text{실수부}}$$

복소수의 덧셈·뺄셈은 a_1+ja_2의 형, 즉 직각좌표계를 사용하는 것이 계산하기 쉽고, 곱셈·나눗셈의 경우에는 극좌표계를 사용하여 계산하는 것이 편리하다.

이상과 같이 전류 등의 벡터를 복소수로 표현하여 계산하는 방법을 기호법이라 한다.

복소수의 기본 성질을 정리하면 다음과 같다.

① $j^2 = (\sqrt{-1})^2 = -1$

② $j^3 = j^2 \cdot j = -1(j) = -j$

③ $\dfrac{1}{j} = \dfrac{j}{j^2} = \dfrac{j}{-1} = -j$

④ $A \times j = jA$, $A \div j = -jA$

⑤ $(A+jB) + -(C+jD) = (A+C) + -j(B+D)$

그림 2.4 교류의 벡터 표시

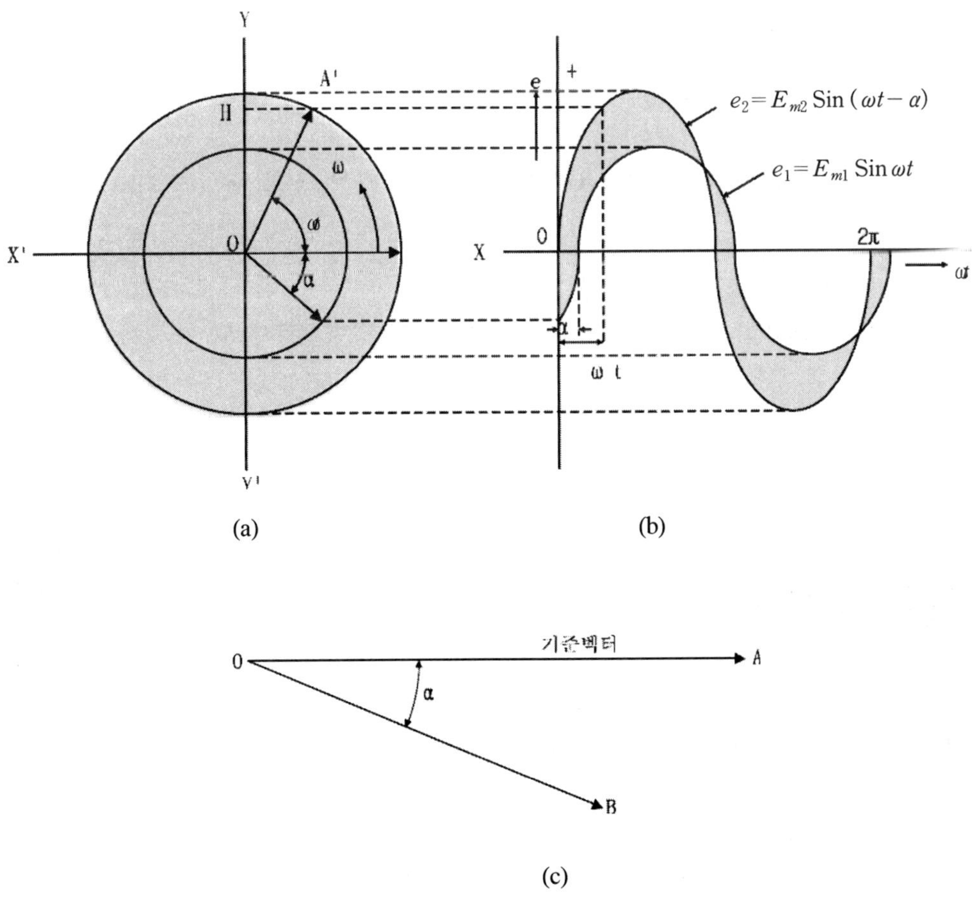

⑥ $(A+jB)\times(C+jD)=AC+jBC+jAD+j^2BD$

$$=(AC-BD)+j(BC+AD)$$

⑦ $\dfrac{A+jB}{C+jD}=\dfrac{AC+jBC-jAD+BD}{C^2+D^2}$

$$=\frac{AC+BD}{C^2+D^2}+j\frac{BC-AD}{C^2+D^2}$$

[그림 2.4](a)와 같이 반경 OA를 O를 중심으로 하여 각속도 ω[rad/s]로 시계의 반대방향으로 회전시키면 임의의 시간 t[s] 후의 반경 OA, 즉 OA'의 Y축선의 정 투영선은

$$OH=OA\sin\omega t \tag{11}$$

로 표현할 수 있다. 여기서 OH를 종축, 회전각 ωt를 횡축으로 하여 [그림 2.4](b)와 같이 그리면 OA를 최대값 E_m[V], OH를 순시값 e_1[V]로 하는 교류파형을 그릴 수 있다.

$$e_1=E_m\sin\omega t$$

이상과 동등한 방법으로 OA보다 α[rad]각 늦은 교류 $e_2=E_m\sin(\omega t-\alpha)$를 나타낼 수 있다. 따라서 이 두 개의 교류는 [그림 2.4](c)와 같은 벡터 그림으로 표현할 수 있다.

[그림 2.4](c)의 경우 OA를 X축의 정(+)의 방향으로 하고, 이것을 기준으로 OB의 위치를 나타내므로 OA를 기준 벡터라 한다.

2.2 교류회로의 계산

1. 저항만으로 구성되어 있는 교류회로

[그림 2.5]와 같이 저항 R[Ω]만으로 구성된 회로에 교류전압 $v=\sqrt{2}V\sin\omega t$[V]가 걸리면, 흐르는 전류의 순시값 i[A]는 옴의 법칙에 의하여 계산할 수 있다.

그림 2.5 저항만으로 구성되어 있는 교류회로

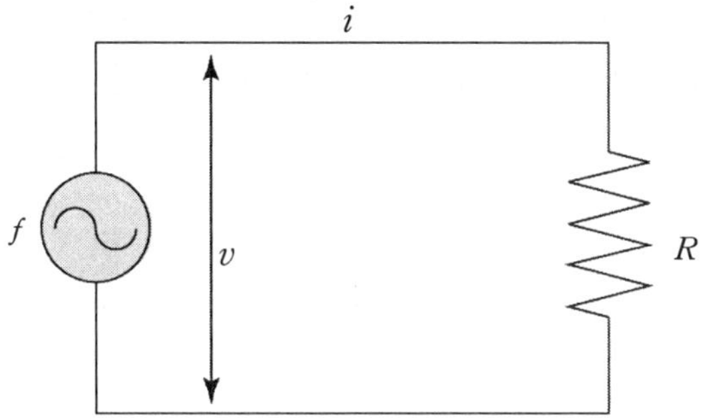

$$i = \frac{v}{R} = \sqrt{2}\frac{V}{R}\sin\omega t \tag{12}$$

가 된다. 즉, 전압과 전류는 같은 위상이 되며 **V/R**는 전류의 실효값을 나타내는 것이 된다. 따라서 실효값 I[A]와 V[V]는

$$I = \frac{V}{R} \tag{13}$$

가 된다. 기호법을 이용하여 $\dot{V}$[V], $\dot{I}$[A]를 표현해보면

$$\dot{V} = R\dot{I}$$
$$\dot{I} = \frac{\dot{V}}{R} \tag{14}$$

이것을 벡터 그림으로 그려보면 [그림 2-6]과 같다.

그림 2.6 전류와 전압의 벡터 표기

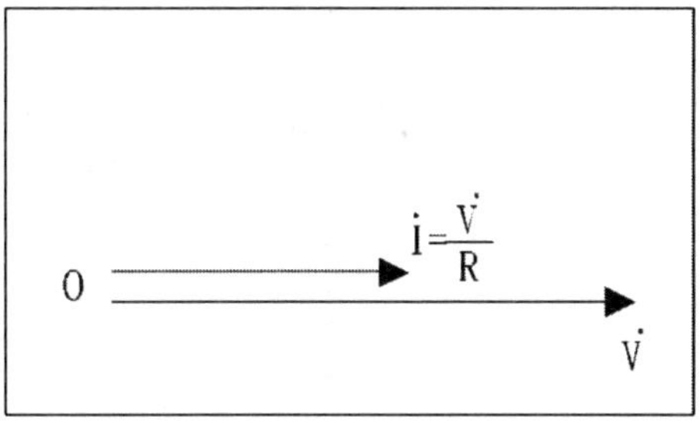

2. 코일만으로 구성된 교류회로

[그림 2.7]과 같이 인덕턴스 L [H]뿐인 회로에 교류 $i=\sqrt{2}I\sin\omega t$[A]를 흐르게 하면 역기전력 e_L[V]가 생긴다. 이 e_L[V]는

$$e_L=-L\frac{\triangle i}{\triangle t}=-\sqrt{2}\omega LI\cos\omega t \tag{14}$$

가 된다. 여기서 전원전압 V는 역기전력 V과 크기가 같고, 방향이 역의 전압이므로

$$\begin{aligned} v=-e_L&=\sqrt{2}\omega LI\cos\omega t \\ &=\sqrt{2}\omega LI\sin\left(\omega t+\frac{\pi}{2}\right) \\ &=\sqrt{2}V\sin\left(\omega t+\frac{\pi}{2}\right) \end{aligned} \tag{15}$$

가 된다. 그리고 주파수를 f[Hz]라 하면 실효값 I[A]와 V[V]는

$$V=2\pi fLI=\omega LI \tag{16}$$

$$I=\frac{V}{2\pi fL}=\frac{V}{\omega L}=\frac{V}{X_L} \tag{17}$$

그림 2.7 코일만으로 구성된 교류회로

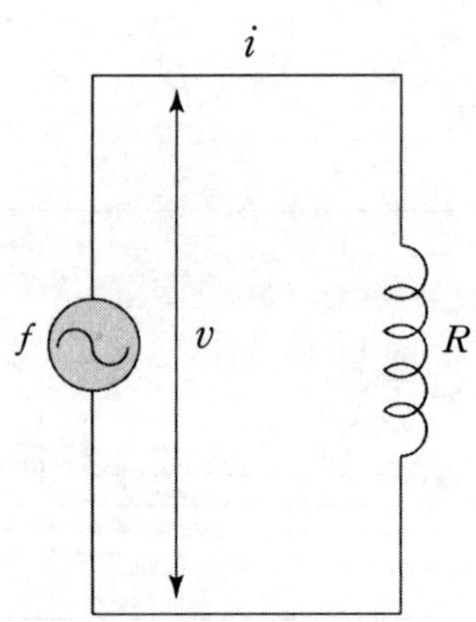

여기서 $X_L = \omega_L$이며, X_L은 직류회로의 저항에 해당하며, 교류가 흐르는 것을 방해하는 값으로 유도 리액턴스(inductive reluctance)라 하며, 단위는 옴[Ω]을 사용한다.

식 (15)에서 교류전류 i를 기준으로 한다면, 교류전압 v의 위상은 전류 i보다 $\pi/2$ 앞선 것을 알 수 있다.

기호법을 이용하여 $\dot{V}$[V], $\dot{I}$[A]를 표현하면

$$\dot{V} = j\omega L \dot{I}$$

$$\dot{I} = \frac{\dot{V}}{j\omega L} = -j\frac{\dot{V}}{\omega L} \tag{18}$$

이것을 벡터 그림으로 그려보면 [그림 2-8]과 같다.

그림 2.8 코일뿐인 회로의 벡터 표기

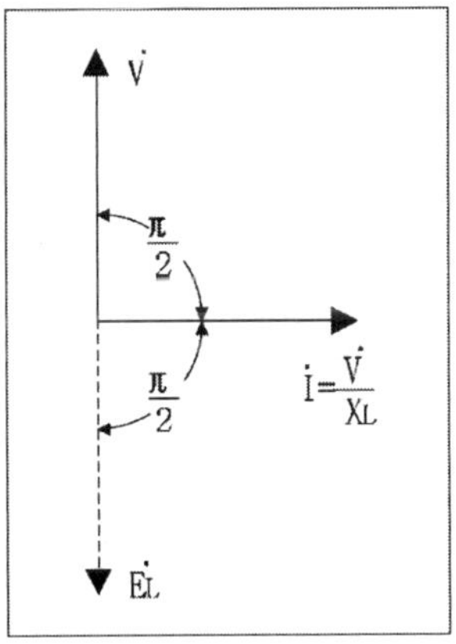

연습문제 1

[그림 2.7]에서 유도 리액턴스 $\omega L = 100$ [Ω], 가하는 전압 $V = 100$ [V]일 때 회로에 흐르는 전류 $\dot{I}$[A] 및 그 크기 I[A]와 위상을 구하시오.

문제풀이

$$\dot{I}=\frac{\dot{V}}{j\omega L}=\frac{100}{j100}=-j=1\angle-\frac{\pi}{2}$$

$$i[\mathrm{A}]=1[\mathrm{A}]$$

전류 $\dot{I}$의 위상은 전압 $\dot{V}[\mathrm{V}]$보다 $\frac{\pi}{2}[\mathrm{rad}]$ 늦다.

3. 콘덴서만으로 구성된 교류회로

[그림 2.9]와 같이 정전용량 $C[\mathrm{F}]$를 가진 콘덴서 뿐인 회로에 교류전압 $v=\sqrt{2}V\sin\omega t[\mathrm{V}]$를 가하면 콘덴서에 저장되는 전하 q는 $q=Cv[\mathrm{C}]$이므로

$$q=\sqrt{2}CV\sin\omega t \tag{19}$$

가 된다. 콘덴서에 흐르는 전류 i는 전하 q의 시각적인 변화의 비율로 정해지므로

$$i=\frac{\triangle q}{\triangle t}[\mathrm{A}] \tag{20}$$

가 된다. 식 (19)와 (20)으로부터

$$i=\frac{\triangle q}{\triangle t}=\sqrt{2}CV\sin\omega t$$

그림 2.9 콘덴서만으로 구성된 교류회로

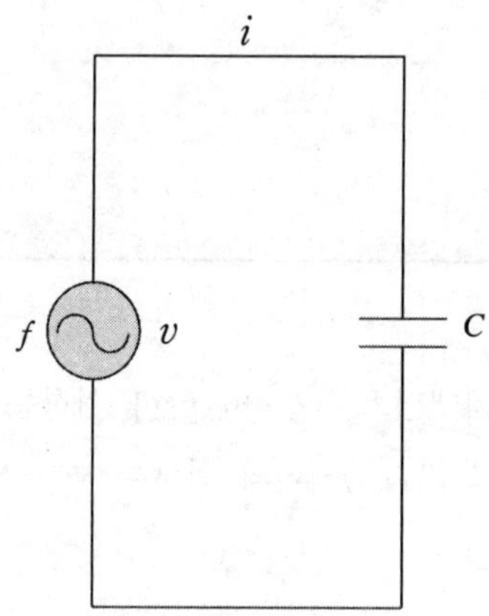

$$=\sqrt{2}\,\omega CV\cos\omega t$$

$$=\sqrt{2}\,\omega CV\sin\left(\omega t+\frac{\pi}{2}\right)$$

$$=\sqrt{2}\,I\sin\left(\omega t+\frac{\pi}{2}\right) \tag{21}$$

여기서 주파수를 f[Hz]라 하면 실효값 I[A]와 V[V]는

$$I=2\pi fCV=\frac{V}{\frac{1}{2\pi fC}}=\frac{V}{X_C} \tag{22}$$

여기서 $X_C=\frac{1}{2\pi fC}\frac{1}{\omega C}$ 이며 X_C도 전류를 제한하는 동작이 있으므로 용량 리액턴스(capacitive reluctance)라 하며, 단위는 옴[Ω]을 사용한다.

식 (21)에서 전류 i[A]는 전압 v[V]보다 위상이 $\pi/2$ [rad] 앞선 것을 알 수 있다. 기호법을 이용하여 $\dot{V}$[V], $\dot{I}$[A]를 표현해보면

$$\dot{V}=-j\frac{1}{\omega C}\dot{I}$$

$$\dot{I}=j\omega C\dot{V} \tag{23}$$

가 된다. 이것을 벡터 그림으로 그려보면「그림 2-10]과 같다.

그림 2.10 콘덴서뿐인 회로의 벡터 표기

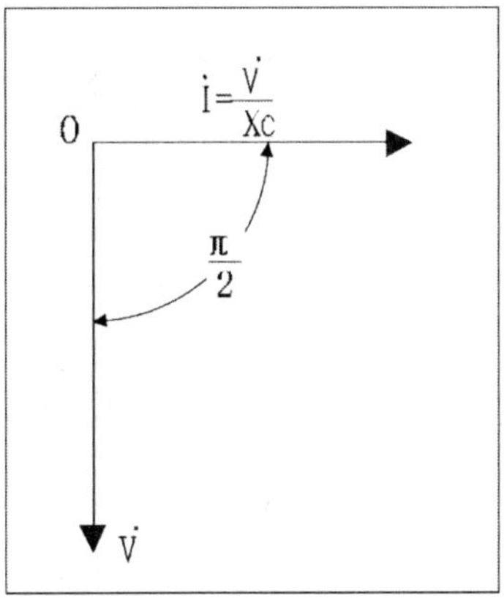

연습문제 2

[그림 2.9]에서 전압 $V=100\,[\mathrm{V}]$, 정전용량 $C=1\,[\mu\mathrm{F}]$, 각주파수 $\omega=100\pi\,[\mathrm{rad/s}]$일 때 회로에 흐르는 전류의 크기 I를 구하시오.

문제풀이

$$I=\omega CV=100\pi\times1\times10^{-6}\times100=3.14\times10^{-2}\,[\mathrm{A}]$$

4. 저항, 자기 인덕턴스 및 정전용량으로 구성된 직렬회로

[그림 2.11]과 같이 저항 $R\,[\Omega]$, 자기 인덕턴스 $L\,[\mathrm{H}]$, 정전용량(RFC) $C\,[\mathrm{F}]$를 직렬로 접속하여 전류 $I\,[\mathrm{A}]$를 흐르게 한다. 전류를 기준으로 하여 같은 위상의 저항에서의 전압 $V_R=IR\,[\mathrm{V}]$, 위상이 $\pi/2\,[\mathrm{rad}]$ 앞선 자기 인덕턴스의 전압 $V_L=IX_L\,[\mathrm{V}]$, 위상이 $\pi/2\,[\mathrm{rad}]$ 늦은 정전용량의 전압 $V_C=IX_C\,[\mathrm{V}]$의 3개 전압의 벡터 합에 동등한 전압 $V\,[\mathrm{V}]$, 전류 $I\,[\mathrm{A}]$는

$$\begin{aligned} V&=\sqrt{V_R^2+(V_L-V_C)^2}\\ &=\sqrt{IR^2+(IX_L-IX_C)^2}\\ &=I\sqrt{R^2+(X_L-X_C)^2} \end{aligned} \tag{24}$$

그림 2.11 RLC 직렬회로

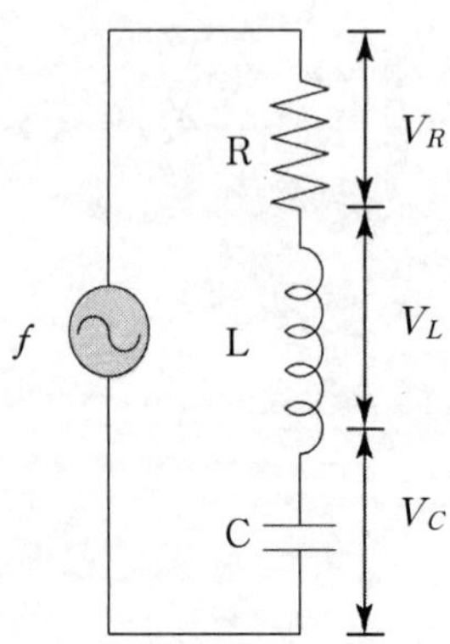

$$I=\frac{V}{\sqrt{R^2+(X_L-X_C)^2}}=\frac{V}{Z} \tag{25}$$

여기서

$$Z=\sqrt{R^2+(X_L-X_C)^2}$$
$$=\sqrt{R^2+\left(\omega L-\frac{1}{\omega C}\right)^2}$$

가 된다. 이 Z는 전류가 흐르는 것을 방해하는 양으로 임피던스(impedance)라 부르고, 단위는 옴[Ω]을 사용한다. 그리고

$$X=X_L-X_C=\omega L-\frac{1}{\omega C}\,[\Omega] \tag{26}$$

여기서 X는 리액턴스(reluctance)라 부른다. 전압과 전류와의 위상차 θ[deg]를 임피던스 각이라고 한다. 임피던스 각 θ[deg]는

$$\tan\theta=\frac{V_L-V_C}{V_R}=\frac{X_L-X_C}{R}$$
$$\therefore \theta=\tan^{-1}\frac{X_L-X_C}{R} \tag{27}$$

가 된다.

이것을 벡터 그림으로 그려보면 [그림 2.11]과 같다.

그림 2.12 RLC 직렬회로의 벡터 표시

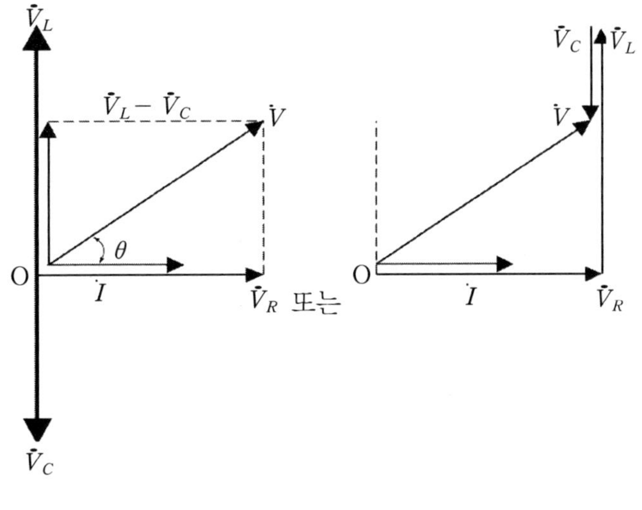

[그림 2.11]에서 $X_L > X_C$의 경우, 전류 I[A]는 전압 V[V]보다 위상이 θ[rad]만큼 늦으므로 이와 같은 회로를 유동성이라 부른다. 또한, $X_L < X_C$인 경우라면, 전류는 전압보다 위상이 θ[rad]만큼 앞서므로 이와 같은 회로를 용량성이라 부른다.

RLC 직렬회로에서는 전류가 어느 점에서나 공통이므로 전류를 기준으로 하여 벡터 표시를 [그림 2.11]과 같이 나타낸다.

연습문제 3

[그림 2.10]과 같은 교류회로에서 저항 $R=8$[Ω], 유도 리액턴스 $\omega L=10$[Ω], 용량 리액턴스 $\frac{1}{\omega C}=4$[Ω]일 때 100[V]의 전압이 회로에 걸릴 때의 임피던스 Z[Ω], 전류 I[A] 및 전압과 전류의 위상차 θ[deg]를 구하시오.

문제풀이

$$Z=\sqrt{8^2+(10-4)^2}=\sqrt{100}=10\,[\Omega]$$

$$I=\frac{V}{Z}=\frac{100}{10}=10\,[\text{A}]$$

$$\theta=\tan^{-1}\frac{10-4}{8}=36.9^\circ$$

5. 저항, 자기 인덕턴스 및 정전용량으로 구성된 병렬회로

[그림 2.13]과 같이 임피던스 $\dot{Z}_1$, $\dot{Z}_2$[Ω]의 병렬회로에 흐르는 전체전류 $\dot{I}$[A]는

$$\dot{I}=\dot{I}_1+\dot{I}_2=\left(\frac{1}{\dot{Z}_1}+\frac{1}{\dot{Z}_2}\right)\dot{V} \tag{28}$$

가 된다. 여기서 임피던스 $\dot{Z}$의 역수 $\dot{Y}$를 적용하면 식 (28)은

$$\frac{1}{\dot{Z}_1}=\dot{Y}_1,\ \frac{1}{\dot{Z}_2}=\dot{Y}_2$$

그림 2.13 임피던스 병렬회로

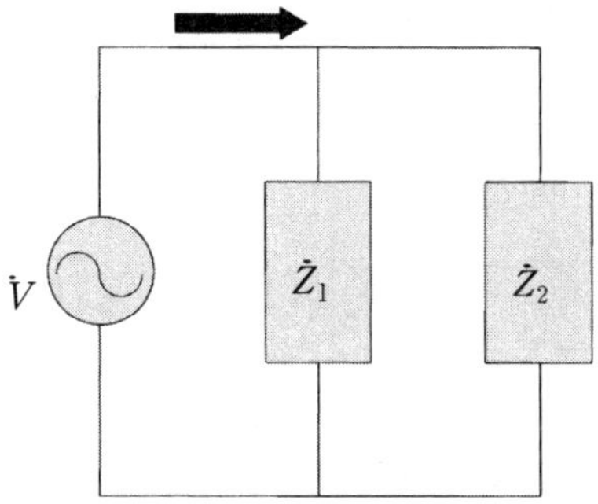

$$\dot{I} = (\dot{Y}_1 + \dot{Y}_2)[\dot{V}] \tag{29}$$

로 변형이 되어 생각하기 간편해지므로 전류의 계산을 쉽게 할 수 있다. 이와 같은 경우 임피던스의 역수를 어드미턴스(admittance)라 부르며, 단위는 지멘스(S : siemens)를 사용한다.

그림 2.14 합성 어드미턴스 회로

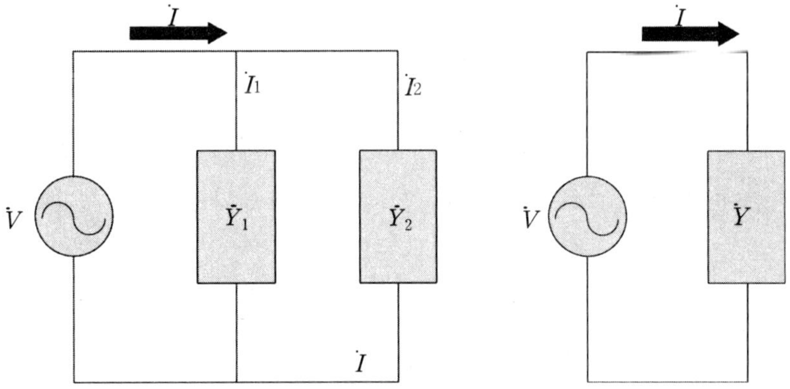

(a) 어드미턴스 병렬회로 (b) 합성 어드미턴스 회로

[그림 2.14]과 같이 어드미턴스 $\dot{Y}_1$, $\dot{Y}_2$를 합성 어드미턴스 $\dot{Y}$[S]로 표현하면 전류 $\dot{I}_1$, $\dot{I}_2$[A] 및 회로에 흐르는 전체 전류 $\dot{I}_1$[A]는

$$\dot{I}_1 = \dot{Y}_1\dot{V},\quad \dot{I}_2 = \dot{Y}_2\dot{V},\ \dot{I}_3 = \dot{Y}_3\dot{V} \tag{30}$$

$$\dot{I}=\dot{I}_1+\dot{I}_2=\dot{Y}_1\dot{V}+\dot{Y}_2\dot{V}=(\dot{Y}_1+\dot{Y}_2)\dot{V}=\dot{Y}\dot{V} \quad (31)$$

와 같이 된다. 합성 어드미턴스 $\dot{Y}$[S]는

$$\dot{Y}=\dot{Y}_1+\dot{Y}_2 \quad (32)$$

가 된다.

그림 2.15 RLC 병렬회로의 합성 어드미턴스

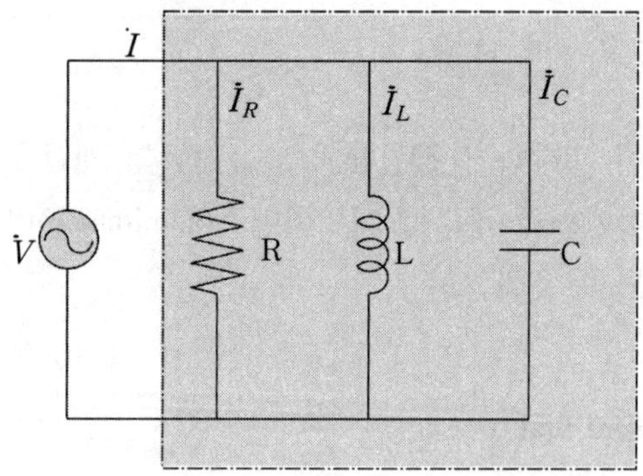

[그림 2.15]와 같은 RLC 병렬회로의 합성 어드미턴스를 구하여보자. 이 회로에 흐르는 전체 전류 $\dot{I}$[A]는 저항 R[Ω], 자기 인덕턴스 L[H], 정전용량 C[F]를 각각 흐르는 전류 $\dot{I}_R$, $\dot{I}_L$, $\dot{I}_C$[A]의 합과 같으며, 다음과 같이 계산된다.

$$\begin{aligned}\dot{I}&=\dot{I}_R+\dot{I}_L+\dot{I}_C=\frac{\dot{V}}{R}+\frac{\dot{V}}{j\omega L}+j\omega C\dot{V}\\&=\left(\frac{1}{R}=\frac{1}{j\omega L}+j\omega C\right)\dot{V}\end{aligned} \quad (33)$$

전압, 전류의 벡터 그림은 $I_L > I_C$일 경우 [그림 2.16]과 같이 나타난다. 이 회로의 합성 어드미턴스 $\dot{Y}$[S]는

$$\dot{Y}=\frac{1}{\dot{Z}}=\frac{\dot{I}}{\dot{V}}$$

그림 2.16 RLC 병렬회로의 합성 어드미턴스 벡터 표시

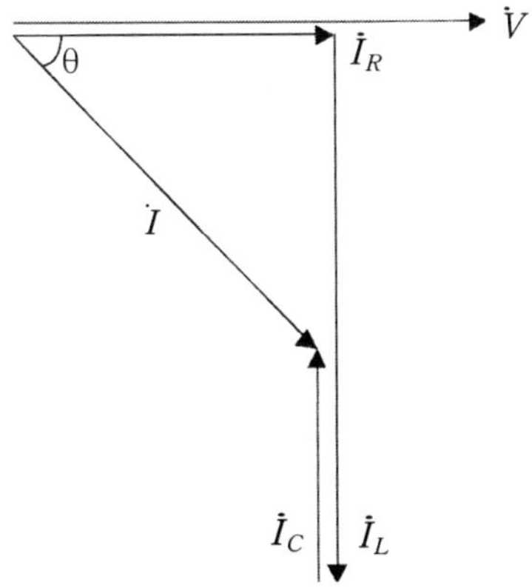

이므로 식 (33)을 변형하여 정리하면

$$\dot{Y}=\frac{\dot{I}}{\dot{V}}=\frac{1}{R}+\frac{1}{j\omega L}+j\omega C=\frac{1}{R}-j\left(\frac{1}{\omega L}-\omega C\right)=G-jB \tag{34}$$

와 같다. 따라서, [그림 2.14]는 [그림 2.16]과 같이 변경할 수 있다. 병렬회로에서는 각각의 소자에 가하여지는 전압이 공통이므로, 전압을 기준으로 벡터 그림을 그린 것이 [그림 2.17]에 나타나 있다.

그림 2.17 GB로 표현된 교류회로

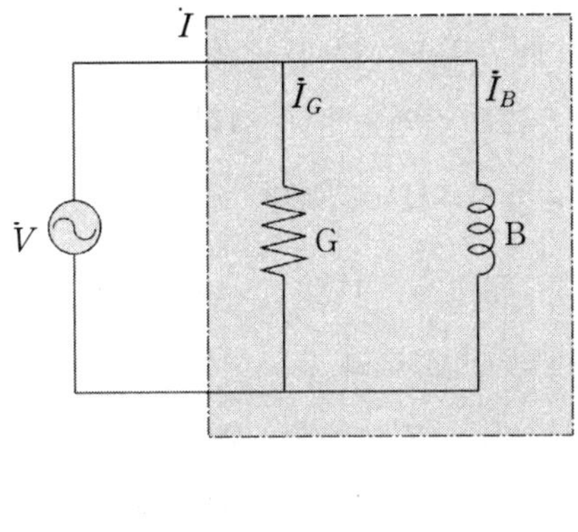

그림 2.18 GB로 표현된 교류회로의 벡터 표시

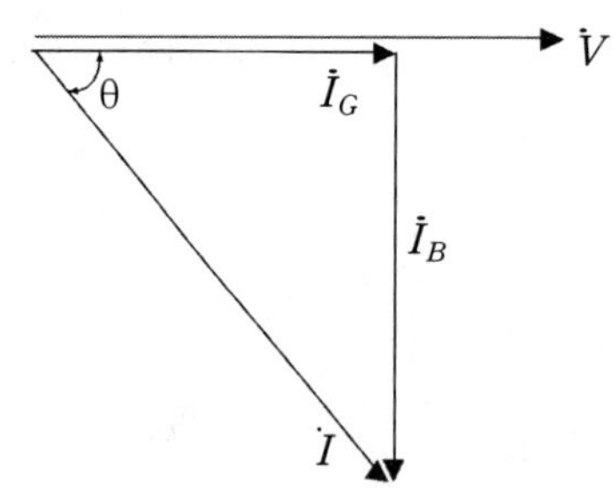

일반적으로 어드미턴스의 실수부 $G(\frac{1}{R})$를 컨덕턴스(conductance)이라고 하고, 허수부 $B\left(\frac{1}{\omega L}-\omega C\right)$를 서셉턴스(susceptance)라 한다.

어드미턴스 $\dot{Y}[\mathrm{S}]$의 크기 $Y[\mathrm{S}]$ 및 위상각 $\theta[\mathrm{deg}]$을 컨덕턴스 $G[\mathrm{S}]$와 서셉턴스 $B[\mathrm{S}]$를 사용하여 표현하면 다음과 같다.

$$Y=\sqrt{\left(\frac{1}{R}\right)^2+\left(\frac{1}{\omega L}-\omega C\right)^2}=\sqrt{G^2+B^2} \tag{35}$$

$$\theta=\tan^{-1}\frac{B}{G}$$

(36)

6. 공진주파수

RLC의 직렬회로에서 유도 리액턴스와 용량 리액턴스가 같은 경우, 즉 $X_L=X_C$인 경우에, 유도 리액턴스에 걸리는 전압 V_L은 용량 리액턴스에 걸리는 전압 V_C와 동등하게 되므로 벡터 그림에서 방향이 서로 반대이며 크기가 동등한 $\dot{V}_L$과 $\dot{V}_C$는 서로 삭제할 수 있다.

이 회로에서는 저항뿐인 회로와 동등하게 되고, 전압 $\dot{V}$와 전류 $\dot{I}$는 같은 위상을 갖는다. 즉, 임피던스 Z는 저항 R로서 최소가 되고, 전류 I는 V/R로 최대가 된다. 이러한 상태를 공진현상(resonance)이라 부르고, 그 회로를 공진회로라고 한다.

공진일 때 유도 리액턴스와 용량 리액턴스가 같은 경우, 즉 $X_L = X_C$인 경우

$$I = \frac{V}{\sqrt{R^2 + (X_L - X_C)^2}}$$

$X_L = X_C$인 경우

$$X_L = \omega L$$

$$X_C = \frac{1}{\omega} C$$

가 성립한다. 이때 주파수 및 각주파수를 각각 f_0, ω_0라 하면

$$\omega_0 L = \frac{1}{\omega_0 C}$$

$$\omega_0{}^2 = \frac{1}{LC}$$

$$\therefore \omega_0 = \frac{1}{\sqrt{LC}} \tag{37}$$

이 된다. 따라서 주파수 f_0는

$$f_0 = \frac{1}{2\pi\sqrt{LC}} \tag{38}$$

이다. 여기서 f_0를 공진주파수라 한다.

연습문제 4

RLC가 직렬로 접속된 회로에서 저항 $R=100$ [Ω], 자기 인덕턴스 $L=5$ [H], 정전용량 $C=3$ [μF]일 때 공진주파수 f_0를 계산하시오.

문제풀이

$$f_0 = \frac{1}{2\pi\sqrt{LC}}$$

$$= \frac{1}{2\times\pi\times\sqrt{5\times3\times10^{-6}}} \fallingdotseq 41.2\,[\text{Hz}]$$

2.3 교류전력

교류전력은 전압과 전류의 순시값의 곱을 1사이클 동안 평균값으로 하여 나타낸다.

그림 2.19 교류의 전력

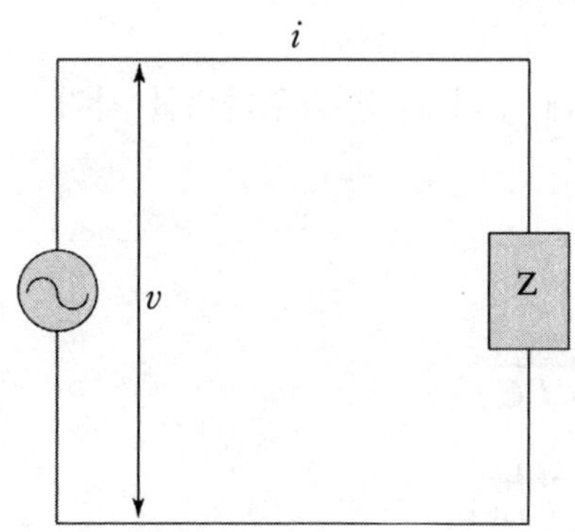

즉, 부하 $Z[\Omega]$에 전압 $v=\sqrt{2}V\sin\omega t[V]$를 가하며 전류 $i=\sqrt{2}I\sin(\omega t-\theta)[A]$가 흐른다고 하면, 교류전력 $P[W]$는

$$P= VI\cos\theta \tag{39}$$

가 된다. θ는 전압과 전류의 위상차이고 θ가 변화하면 VI가 일정하더라도 전력 $P[W]$는 비례하여 변화한다. $\cos\theta$가 전력이 되는 비율을 나타내는 것으로 역률(power factor)이라 한다.

$$\cos\theta= \frac{P}{VI} \tag{40}$$

여기서 역률은 최대가 1이고, 0~1 사이의 값을 취하므로 백분율(%)로 표시한다.

연습문제 5

저항 $R=10\,[\Omega]$, 용량 리액턴스 $X_C=10\sqrt{3}=17.3\,[\Omega]$이 직렬로 접속된 회로에 전압 $V=100\,[V]$의 교류전압을 가할 때 역률 및 전력 $P[W]$을 구하시오.

문제풀이

역률각 θ는

$$\tan\theta=\frac{X_C}{R}=10\frac{\sqrt{3}}{10}=\sqrt{3}$$

즉,

$$\theta=60^\circ$$

$$\therefore \cos\theta=\cos 60^\circ=0.5(\text{역률 }50\%)$$

회로에 흐르는 전류 $I[A]$는

$$I=\frac{V}{\sqrt{R^2+X_C^2}}=\frac{100}{\sqrt{10^2+(10\sqrt{3})^2}}=5\,[A]$$

전력 $P[W]$는

$$P=VI\cos\theta=100\times5\times0.5=250\,[W]$$

2.4 변압기

변압기(tansformer)는 [그림 2.20]과 같이 철심에 코일(coil)을 감은 것으로서 전원에 연결되는 코일을 1차 코일(primary coil), 부하에 연결하는 코일을 2차 코일(secondary coil)이라 한다.

철심의 재료는 자화특성을 가지며 철손(소용돌이 전류손실+히스테리시스 손실)이 적은 규소 강판이 사용된다. 일반적으로 규소함유율 4~4.5[%], 두께 약 0.35[㎜] 정도의 S급 규소 강판이 사용된다.

1차 · 2차 코일의 저항 및 손실을 무시한 변압기를 이상 변압기(ideal

transformer)라 한다. 이상 변압기는 실제로는 제작이 불가능하지만 변압기의 동작을 쉽게 이해하기 위하여 중요하다.

그림 2.20 변압기의 원리

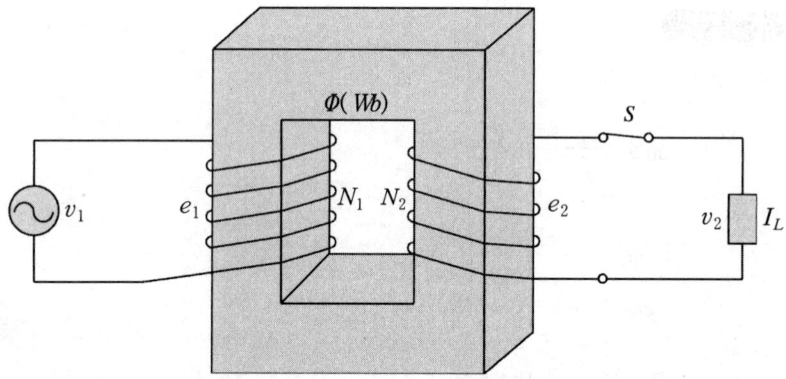

[그림 2.19]에서 철심 중의 자속 Φ[Wb]가, $\triangle t$ 사이에 $\triangle \Phi$[Wb]의 비율로 변화했다고 하면, 전자유도에 관한 패러디와 렌츠의 법칙으로 1차 및 2차 코일의 코일 감은 수 N_1, N_2에 유도되는 기전력 e_1, e_2[V]는 자속 Φ를 방해하는 방향으로 생겨

$$e_1 = -N_1 \frac{\triangle \Phi}{\triangle t}, \quad e_2 = -N_2 \frac{\triangle \Phi}{\triangle t} \tag{41}$$

와 같이 된다. 그리고 1차 코일에 가해진 전압 v_1[V]와 1차 코일의 유도기전력 e_1[V]과의 관계는 다음과 같다.

$$v_1 = -e_1 = N_1 \frac{\triangle \Phi}{\triangle t} \tag{42}$$

또한, 2차 코일에 나타나는 단자전압 v_2[V]과 2차 코일의 유도기전력 e_2[V]의 관계는

$$v_2 = -e_2 = N_2 \frac{\triangle \Phi}{\triangle t} \tag{43}$$

가 된다. v_1, v_2[V] 및 i_1, i_2[A]의 실효값은 각각 E_1, E_2 및 I_1, I_2라 하면

이상 변압기의 전압과 전류의 비는

$$\frac{E_1}{E_2} = \frac{N_1}{N_2} = \frac{I_2}{I_1} = a \tag{44}$$

가 된다. 여기서 a를 코일 권수비(coil turn ratio)라 한다.

연습문제 6

코일 권수비가 10인 이상 변압기(ideal transformer)가 있다. 이 변압기의 1차 코일의 전압이 $v_1 = 220\,[\mathrm{V}]$이라면, 2차 코일의 전압은 얼마인가 계산하시오.

문제풀이

$$E_2 = \frac{N_2}{N_1} E_1 = \frac{1}{10} \times 220 = 22\,[\mathrm{V}]$$

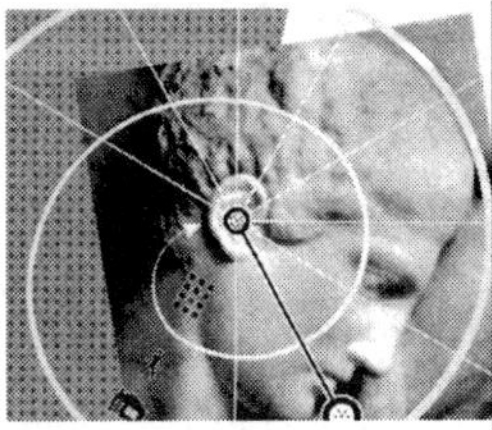

제 3 장 전기와 자기

도체에 전류가 흐르면 그 주위에는 자기가 발생한다. 그리고 자기가 있는 공간에 전류가 흐르는 도체가 존재하면 그 도체에는 자기장의 영향에 의하여 힘이 발생한다. 이 힘을 이용하여 제작된 것이 모터이다. 가정에서 사용하는 세탁기, 선풍기, 전기면도기 등이 이 원리에 의하여 제작된 것이다.

이와 유사하게 도체 주위에 영구자석을 움직이면 영구자석의 움직임을 방해하려는 힘이 발생하게 되고, 이 발생하려는 힘을 유발하는 자기장으로부터 전기가 발생하게 된다. 이러한 원리를 이용하여 제작한 것이 발전기이다. 또한, 전선을 감은 코일 속에 자기가 변화하면 코일에 전압이 생긴다.

이 장에서는 이러한 원리에 대하여 자세히 알아보기 위하여 자기와 자력선, 전기의 발생원리 및 전기의 저장원리에 대하여 살펴보기로 하자.

3.1 자 기

1. 자 극

자석(magnet)이 철을 부착시키거나 남북을 가르키는 원인이 되는 것을 자기(magnetic)라 한다. 자기의 양을 자기량 또는 자하(magnetic charge)라 하며,

정 · 부의 2종류가 있다.

자하가 집중하여 있는 자석의 양단을 자극이라고 하며, 북쪽을 가리키는 정의 자하를 가진 자극을 N극, 남쪽을 가리키며 부의 자하를 가진 자극을 S극이라 한다.

자석은 같은 극끼리는 반발하고, 다른 극은 잡아당긴다. 이러한 힘을 자력(magnetic force)이라 한다. [그림 3.1]은 자극과 자력을 보여준다.

진공중에서 1 [m]의 거리에 전하가 같은 두 개의 전극 사이에 당기는 힘이 6.33×10^4 [N]일 때 각 자극의 크기 또는 자하의 단위로서 1웨버(Wb : weber)라 한다.

그림 3.1 자극과 자력

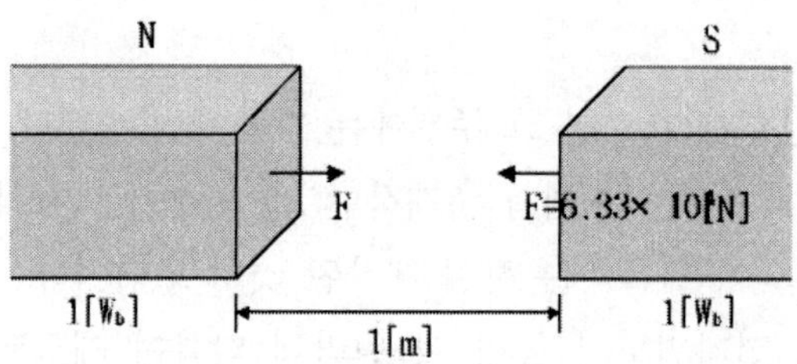

2. 쿠롱의 법칙

자하 m_1 [Wb], m_2 [Wb]를 가진 두 개의 자극 사이에 생기는 자력 F [N]은

$$F=\frac{1}{4\pi\mu}\cdot\frac{m_1 m_2}{r^2}=6.33\times10^4\frac{m_1 m_2}{\mu_r r^2} \tag{1}$$

와 같다. 이것을 쿠롱의 법칙(Coulomb's law)이라 한다.

여기서 r [m]은 두 극 사이의 거리, μ는 투자율(permeability)이라 하며 진공의 투자율 μ_0($4\pi\times10^{-7}$ [H/m])와 비투자율(relative permeability) μ_r(진공의 경우 $\mu_r=1$이며, 공기중에서는 $\mu_r≒1$)과의 사이에는

$$\mu=\mu_0\cdot\mu_r \tag{2}$$

의 관계가 있다.

연습문제 1

각각의 자하는 크기가 $m_1=4\times10^{-5}$[Wb], $m_2=6\times10^{-3}$[Wb]이고, 양극간의 거리 $r=10$[cm]일 때, 양 극 사이에 발생하는 자력 F[N]을 구하시오.

문제풀이

$$F=\frac{1}{4\pi\mu}\cdot\frac{m_1m_2}{r^2}=6.33\times10^4\frac{m_1m_2}{\mu_r r^2}=6.33\times10^4\frac{4\times10^{-5}\times6\times10^{-3}}{(10^{-1})^2}=1.52\,[\mathrm{N}]$$

3. 자력선

자력이 작용하는 공간을 자계(magnetic filed)라 한다. 자계의 세기는 1[Wb]의 자극에 1[N]의 힘이 동작되는 자계의 세기를 단위로 하며, 이것을 암페어/미터[A/m]라 한다.

[그림 3.2]와 같이 단위 전극은 자극의 N극에서 반발되어 S극에 흡인될 때까지 그려진 괘적을 자력선(magnetic line of force)이라 한다.

그림 3.2 자력선

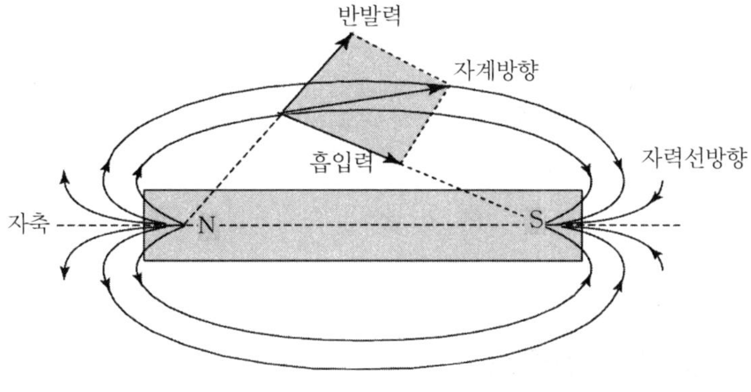

자력선은 다음과 같은 성질을 가지고 있다.

- 자력선은 N극에서 나와서 S극으로 들어간다.
- 자력선은 당겨진 고무와 같이 그 자신은 신축하려고 하는 성질이 있으며,

같은 방향으로 통하고 있는 자력선(N, N극 및 S, S극)은 서로 반발하는 성질이 있다.

1 [Wb]의 자극에서는 진공중에 $1/\mu_0$선, 비투자율 μ_r의 물질에서는 $1/[\mu_0\mu_r]$선의 자력선이 나오지만, 같은 자극에서 나오는 자력선의 수도 매질에 의하여 다르다. 자력선 $1/\mu$선을 한 선의 자속(magnetic fluy)이라 한다.

따라서 m [Wb]의 자속에서는 주위의 매질에 관계없이 m선의 자속이 나오는 것을 결정하여 자속의 방향과 직각인 1 [m^2]를 통과하는 자속의 수를 자속밀도라 한다. 자속밀도의 단위는 테스라(T : tesla)이다.

자계 내에 있는 물체가 자기를 띠는 현상을 자기유도(magnetic induction)라 하며, 이 물체는 자화되었다고 한다.

물질 중에서 자극이 가까이 있는 쪽이 다른 극, 멀리 있는 쪽이 같은 극으로 되는 강한 자석에 자화되는 것을 강자성체라 하며, 이것과 같은 현상으로 약하게 자화되는 것을 상자성체라 한다. 반대방향에 약하게 자화되는 것을 반자성체라 구분한다. 〈표 3.1〉은 각자성체의 분류를 나타낸다.

〈표 3.1〉 자성체 분류

강자성체	철, 코발트, 니켈, 망간 등
상자성체	알루미늄, 주석, 백금 등
반자성체	금, 은, 동, 아연, 수은, 탄소 등

3.2 전류의 자기작용

[그림 3.3]과 같이 전류가 흐르고 있을 때 주위에 자력선, 즉 자계를 만드는 일을 전류의 자기작용이라 한다.

그림 3.3 전류의 자기작용

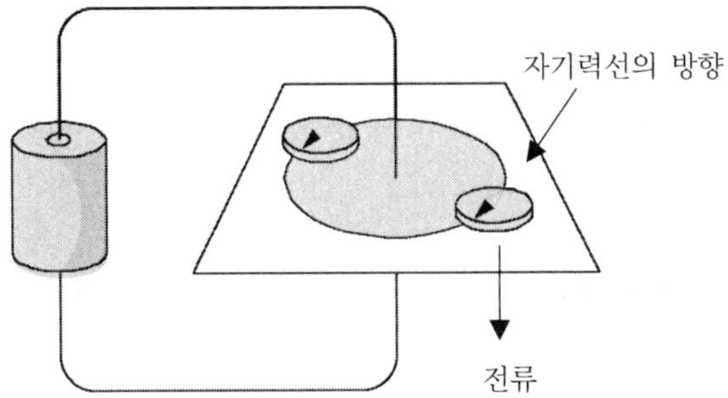

막대처럼 생긴 도체에 흐르는 전류 I[A]가 만드는 자계 H[A/m]를 구해보자. 흐르는 전류에서의 거리 r[m]이라고 하면 자계 H[A/m]는

$$H = \frac{I}{2\pi r} \qquad (3)$$

전류에 의하여 생기는 자력선의 방향을 살펴보면, 오른 나사를 조이기 위하여 나사를 회전시키는 방향과 같다. 이 관계를 암페어의 오른 나사 법칙(Ampere's right hand crew law)이라 부른다.

전류의 빙향을 나타내는 방법은 [그림 3.4]와 같이 평면을 기준으로 하여 평면의 위쪽으로 튀어나오는 방향으로 흐르는 전류는 기호 ◉를 사용하고, 반대로 평면의 아래쪽으로 통과하여 사라지는 방향으로 흐르는 전류는 기호 ⊗를 사용한다.

그림 3.4 전류의 방향

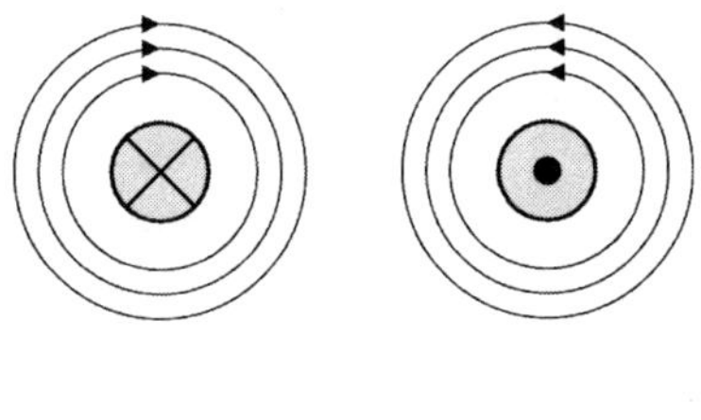

전류가 흐르는 솔레노이드 내부에 철심을 넣으면 철심이 자화되어 그 자속이 솔레노이드의 자속과 합하여 강한 자석이 된다. 이것을 전자석이라 한다. 철심에 생기는 자속은 솔레노이드의 감긴 코일 수 N과 흐르는 전류 I[A]의 곱, 즉 $N \cdot I$에 비례한다. $N \cdot I$는 자력을 발생시키는 능력을 나타내는 것으로 기자력(magnetomotive force)이라 한다. 단위는 암페어[A]를 사용한다.

연습문제 2

솔레노이드에 감긴 코일의 평균 반경 $r=10$ [cm], 코일 감긴 수 $N=1000$회인 원형 코일에 6.28[A]의 전류가 흐르고 있을 때 발생하는 자계 H를 구하시오.

문제풀이

$$H=\frac{N \cdot I}{2\pi r}=\frac{1,000\times 6.28}{2\times\pi\times 0.1}=10,000\,[\mathrm{A/m}]$$

3.3 전자력

[그림 3.5]와 같이 자계 내에 전류가 흐르고 있는 도체가 존재하면 도체는 자장의 영향으로 힘 F를 받는다. 이 힘을 전자력(electromagnetic force)이라 한다. 이것은 자계의 자력선과 전류에 의한 자력선과의 합성 자력선이 생성되면서 도체에 힘을 가하기 때문이다.

자속밀도 B[T]가 균일한 자계 속에 길이가 l[m]인 도체를 자속방향과 직각방향에서 θ정도 경사지게 배치하여 놓고, 도체에 전류 I[A]를 흘렸을 때 발생하는 전자력 F[N]은

$$F=BIl\cos\theta \tag{4}$$

가 된다.

그림 3.5 전자력

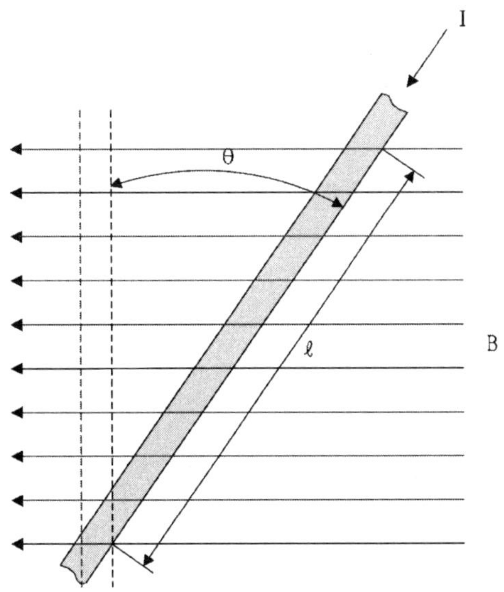

전자력의 방향은 [그림 3.6]과 같이 플레밍의 왼손법칙(Fleming's left hand rule)에 의하여 엄지손가락의 방향이 전자력의 방향을 나타낸다. 왼손의 엄지손가락, 집게손가락, 장지를 서로 직각으로 만들어서 집게손가락의 방향을 자속의 방향과 일치시키고, 장지의 방향을 전류가 흐르는 방향과 일치시키면, 전자력이 작용하는 방향은 엄지손가락 방향으로 작용한다.

그림 3.6 플레밍의 왼손법칙

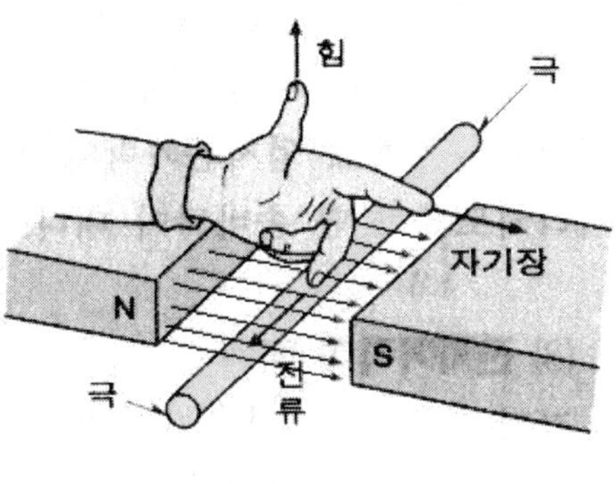

연습문제 3

[그림 3.5]에서 자속밀도 $T=1\,[\text{Wb/m}^2]$인 자계에 길이 $l=1\,[\text{m}]$인 도체를 자계방향의 45°로 설치하고, 여기에 $I=10\,[\text{A}]$의 전류를 흘려보낼 때 도체에 가해지는 전자력을 구하시오.

문제풀이

$$F = BIl\cos\theta$$
$$= 1 \times 10 \times 1 \times \cos 45^\circ$$
$$\fallingdotseq 7.07\,[\text{N}]$$

3.4 전자유도

1. 전자유도

전자유도를 이해하기 위하여 2가지 경우를 살펴보자. 먼저, 막대형 영구자석과 유도전류가 흐를 수 있도록 코일이 감겨진 회로를 준비하고, U자형 영구자석과 도체를 준비하여 보자.

영구자석을 코일에 가까이 이동시키면 코일에서 발생하는 자속수가 변화함을 알 수 있다. 이 경우 막대자석의 N극을 코일에 접근시키면, 코일에서는 영구자석의 N극이 쉽게 다가오지 못하도록 방해하는 힘을 갖도록 N극에 해당하는 자장이 발생하게 되고, 이 자장을 발생할 수 있도록 전류가 흐르게 된다.

반대로 N극을 코일로부터 멀리 움직이면, 코일에는 N극이 멀리 움직이지 못하도록 잡을 수 있는 S극에 해당하는 자장이 발생하게 되고, 역시 이 자장을 발생할 수 있도록 전류가 흐르게 된다.

도체를 가지고 U자형 영구자석의 자속이 흐르는 부분을 관통시켜보자. U자형 영구자석의 자속을 도체가 끊으면서 지나가게 되면, 끊긴 동안만 기전력이

유도된다.

이러한 현상을 전자유도(electromagnetic induction)라 한다. 이때 유도되는 기전력을 유도기전력, 흐르는 전류를 유도전류라 한다.

유도기전력의 크기는 자속변화의 빠르기와 감긴 코일의 수의 곱에 비례한다. N번 감긴 코일을 관통하고 있는 자속이 $\triangle t$[s]동안에 $\triangle \Phi$[Wb] 변화하였다고 하면 유도기전력 e[V]의 크기는

$$e = N\frac{\triangle t}{\triangle \Phi} \quad (5)$$

가 된다.

유도기전력의 방향은 렌츠의 법칙(Lenz's law)에 의하여 자속이 감소할 때는 증가 방향으로 이동하고, 증가할 때는 감소시키는 것과 같이 전류가 흐르는 방향에 발생한다.

유도기전력의 크기는 도체가 자속을 끊는 속도와 자속밀도의 곱에 비례한다. 자속밀도 B[T]가 균등한 자계에 직각으로 놓인 유효길이가 l[m]인 도체가 v[m/s]의 속도로 자속을 직각으로 끊으면서 이동할 때, 이 경우 발생하는 유도기전력은

$$e = Blv \quad (6)$$

가 된다. 여기서 전단의 방향이 자계와 직각의 방향에서 경사각 θ만큼 기울어져 있는 경우의 유도기전력은

$$e = Blv\cos\theta \quad (7)$$

가 된다.

유도기전력의 방향은 [그림 3.6]과 같이 플레밍의 오른손 법칙(Flemings right hand's rule)을 따른다.「그림 3.6」과 같이 오른쪽 엄지손가락, 집게손가락과 장지를 각각 직각이 되게 만든다. 그리고 자력선의 방향과 일치하도록 집게손가락을 일치시키고, 도체의 운동방향으로 엄지손가락을 일치시키면, 기전력의 방향은 검지의 방향과 일치하게 된다. 이 방법은 매우 편리하게 사용할 수 있고, 매우 중요한 법칙이다.

그림 3.7 플레밍의 오른손법칙

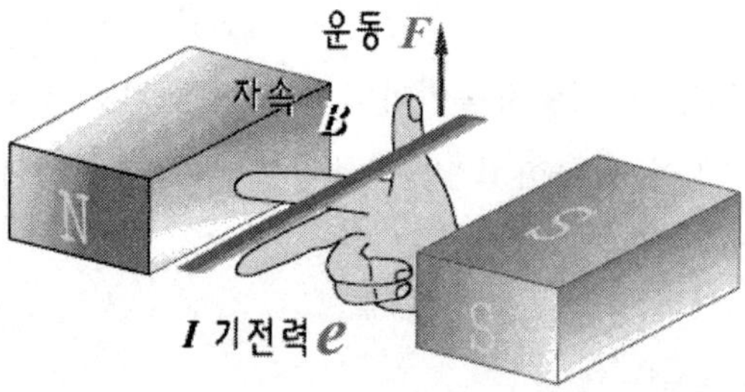

2. 자기유도와 상호유도

감겨 있는 코일에 흐르는 전류를 증가 또는 감소시키면 코일 속의 자속이 변화하므로 코일 자신에 유도기전력이 발생한다.

이와 마찬가지로 2개의 감겨 있는 코일을 가까이 위치시키고, 하나의 코일에서 흐르는 전류를 증가 또는 감소시키면 코일 속의 자속이 변화하므로 가까이 있는 코일에 유도기전력이 발생한다.

유도기전력이 감긴 코일 자신에 발생하는 경우를 자기유도(self-induction)라 하고, 가까이 있는 상대편 코일에 발생하는 경우를 상호유도(mutual induction)라 한다. 변압기는 상호유도의 원리를 응용한 것이다.

그림 3.8 자기유도와 상호유도

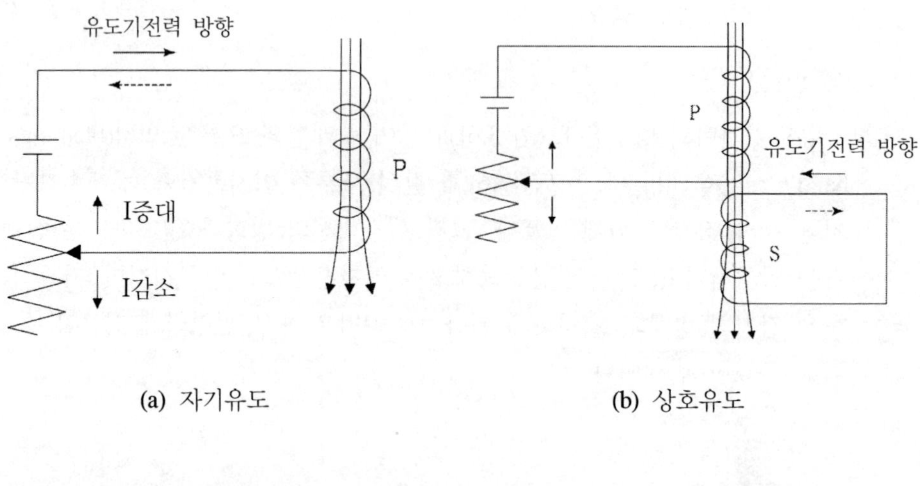

(a) 자기유도 (b) 상호유도

유도기전력의 크기는 자속이 변화하는 시간적 비율, 즉 전류의 변화율에 비례한다. 자속이 $\triangle t$[s] 시간 동안에 전류가 $\triangle I$[A] 변화하였다고 하면 유도기전력 e[V]의 크기는

$$e = -L\frac{\triangle I}{\triangle t} \qquad (8)$$

가 된다. 여기서 L은 자기 인덕턴스라고 하고, 단위는 헨리[H]를 사용한다. (−)는 자속의 변화가 방해하는 방향을 의미한다.

연습문제 4

원형으로 감긴 코일에 흐르는 전류가 0.001[s]초 사이에 0.5[A]가 변화하였을 때, 전압이 2[V] 발생하였다. 이때의 자기 인덕턴스를 구하시오.

문제풀이

$$L = \frac{e}{\frac{\triangle I}{\triangle t}} = \frac{2}{\frac{0.5}{0.001}} = 4\times10^{-3}\,[\mathrm{H}]$$

3.5 콘덴서

1. 정전용량

[그림 3.9]와 같이 도체에 전하를 부여하면 물통에 물을 저장하는 것과 동일하게 도체에 전하가 저장되게 된다. 많은 전위를 부여하면 수면이 상승하면서 물통이 많은 물을 저장하는 것과 동일한 원리로 도체의 전위도 올라간다.

크기가 서로 다른 2개의 도체에서 각각의 전위가 같아지기 위해서는 큰 도체는 작은 도체에 비하여 많은 전하를 필요로 하게 된다. 이렇게 많은 전하를 필요로 하는 도체는 전하의 수용능력이 크다고 생각하여 이것을 정전용량(electrostatic capacity)이 크다고 한다.

그림 3.9 도체의 정전용량

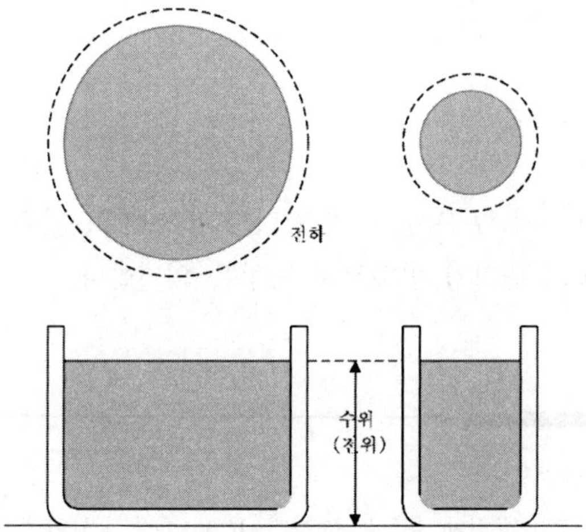

정전용량의 단위는 패러드(F : farad)를 사용한다. 1[F]의 물리적 의미는 도체에 1[V]의 전압이 걸릴 때 1[C]의 전기량을 축적하는 정전용량을 의미한다. 여기서, 정전용량 C[F]는

$$C=\frac{Q}{V} \tag{9}$$

이다. 여기서 Q[C]는 전하, V[V]는 전위를 나타낸다.

2. 콘덴서의 접속

큰 정전용량을 갖는 것을 목적으로 2개의 금속판을 서로 평행으로 배치하고 그 사이에 절연물을 넣어 만든 장치를 콘덴서(condensor) 또는 커패시터(capacitor)라 한다.

[그림 3.10]과 같이 도체 사이에 정전용량을 갖는 콘덴서를 사용하면 정전용량 C[F]는 면적 S[m^2], 거리 t[m]의 사이에 다음과 같은 관계식을 얻는다.

$$c=\frac{Q}{V}=8.855\times10^{-12}\varepsilon_r\frac{S}{t} \tag{10}$$

그림 3.10 콘덴서

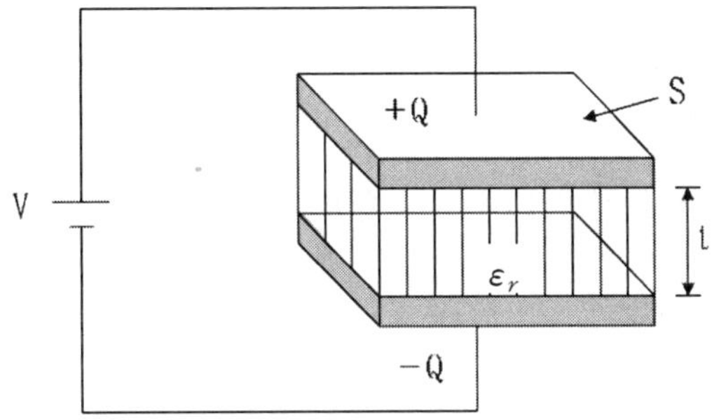

즉, 비유전율 ε_r이 큰 유전체를 사용하고, 면적 $S[\mathrm{m}^2]$를 크게, 거리 $t[\mathrm{m}]$를 적게 하면 정전용량은 크게된다.

콘덴서의 접속에는 저항과 같이 직렬 접속과 병렬접속이 있다. 먼저 콘덴서의 병렬접속에 대하여 알아보기로 하자.

그림 3.11 콘덴서의 병렬접속

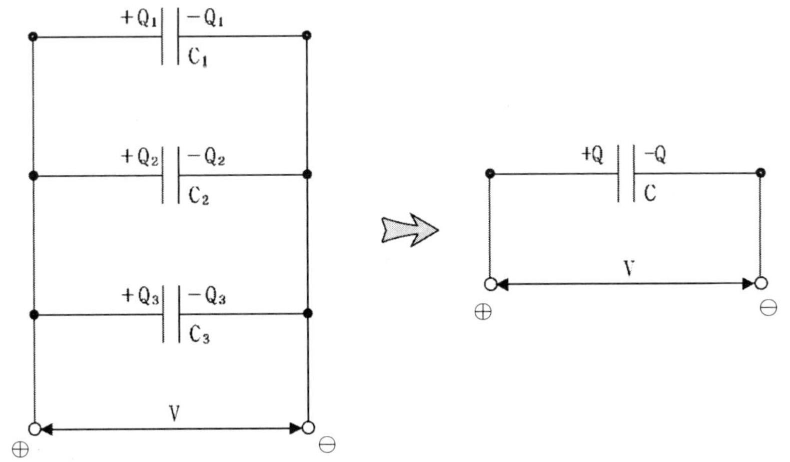

[그림 3.11]은 콘덴서의 병렬접속을 나타낸다. 정전용량이 각각 $C_1, C_2, C_3[\mathrm{F}]$인 콘덴서를 병렬로 접속하고 단자 사이에 전압 $V[\mathrm{V}]$를 가할 때, 각 콘덴서의 정전용량은

$$Q_1 = C_1 V, \quad Q_2 = C_2 V, \quad Q_3 = C_3 V \tag{11}$$

가 된다. 여기서 전체의 정전용량 Q는

$$Q = Q_1 + Q_2 + Q_3 \tag{12}$$

가 되며 식 (12)에 식 (11)을 대입하면

$$\begin{aligned} Q &= C_1 V + C_2 V + C_3 V \\ &= V(C_1 + C_2 + C_3) \end{aligned} \tag{13}$$

가 된다. 콘덴서의 병렬접속의 합성 정전용량 C[F]는

$$C = C_1 + C_2 + C_3 \text{[F]} \tag{14}$$

가 된다.

다음은 콘덴서의 직렬접속에 대하여 알아보기로 하자.

그림 3.12 콘덴서의 직렬접속

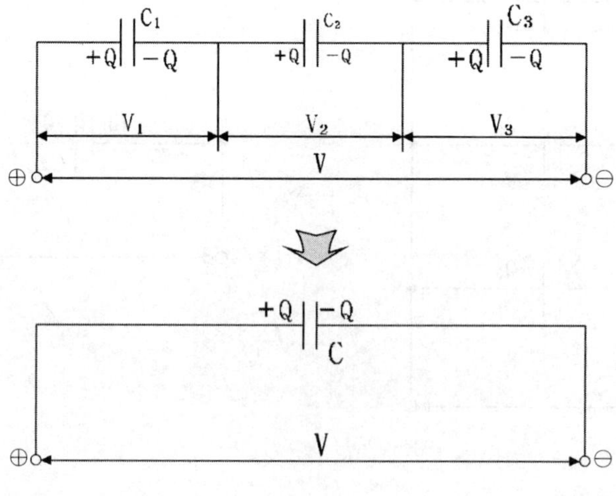

[그림 3.12]와 같이 정전용량이 각각 C_1, C_2, C_3 [F]인 콘덴서를 병렬로 접속하고 단자 사이에 전압 V[V]를 가할 때, 각 콘덴서의 전압은

$$V_1=\frac{Q}{C_1},\ V_2=\frac{Q}{C_2},\ V_3=\frac{Q}{C_3} \tag{15}$$

가 된다. 전압 V[V]는

$$V=V_1+V_2+V_3 \tag{16}$$

이므로, 식 (16)에 식 (15)를 대입하여 정리하면

$$\begin{aligned} V&=\frac{Q}{C_1}+\frac{Q}{C_2}+\frac{Q}{C_3} \\ &=Q\left(\frac{1}{C_1}+\frac{1}{C_2}+\frac{1}{C_3}\right) \end{aligned} \tag{17}$$

가 된다. 콘덴서의 직렬접속의 합성 정전용량 C[F]는

$$C=\frac{Q}{V}=\frac{Q}{Q\left(\frac{1}{C_1}+\frac{1}{C_2}+\frac{1}{C_3}\right)}=\frac{1}{\frac{1}{C_1}+\frac{1}{C_2}+\frac{1}{C_3}} \tag{18}$$

가 된다. 콘덴서 C가 n개 있는 경우

$$C=\frac{Q}{V}=\frac{1}{\frac{1}{C_1}+\frac{1}{C_2}+\frac{1}{C_3}\cdots\frac{1}{C_n}} \tag{19}$$

가 된다.

마지막으로 콘덴서의 직렬·병렬 접속의 합성 정전용량에 대하여 알아보자. 지금까지 콘덴서의 직렬접속과 병렬접속을 구하는 방법을 알아보면서 저항의 직렬접속과 병렬접속을 구하는 방법과 정반대로 계산하는 것을 알 수 있었다. 따라서, 콘덴서의 직렬·병렬 접속의 합성 정전용량의 공식은 저항의 합성저항을 구하는 공식과 정반대가 된다.

연습문제 5

콘덴서의 정전용량이 각각 $C_1=2$[μF], $C_2=3$[μF], $C_3=6$[μF]일 때, 직렬접속 회로의 합성 정전용량 C[F]를 구하시오.

문제풀이

$$C=\frac{Q}{V}=\frac{Q}{Q\left(\frac{1}{C_1}+\frac{1}{C_2}+\frac{1}{C_3}\right)}=\frac{1}{\frac{1}{C_1}+\frac{1}{C_2}+\frac{1}{C_3}}=\frac{1}{\frac{1}{2}+\frac{1}{3}+\frac{1}{6}}=1\,[\mu\text{F}]$$

연습문제 6

아래 그림과 같이 정전용량이 각각 C_1, C_2, C_3[F]인 콘덴서를 접속한 경우에 합성 정전용량 C[F] 및 각 부위의 전압 V_1, V_2[V]를 구하시오.

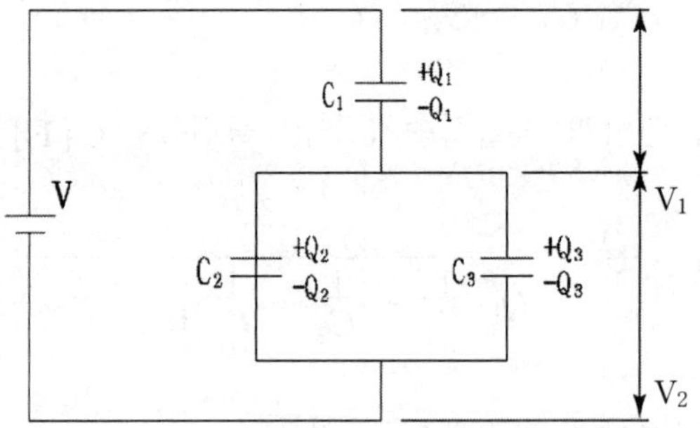

문제풀이

합성 정전용량 C[F]은

$$C=\frac{1}{\frac{1}{C_1}+\frac{1}{C_2+C_3}}=\frac{C_1(C_2+C_3)}{C_1+C_2+C_3}\,[\text{F}]$$

$$\frac{V_1}{V_2}=\frac{C_2+C_3}{C_1}$$

이므로

$$V_1=\frac{C}{C_1}\,V=\frac{C_2+C_3}{C_1+C_2+C_3}\,V[\text{V}]$$

$$V_2=\frac{C}{C_2+C_3}\,V=\frac{C_1}{C_1+C_2+C_3}\,V[\text{V}]$$

3. 콘덴서의 용량 표시

실제 콘덴서의 표면을 자세히 들여다보면 정전용량 및 정격 사용전압이 숫자로 표기되어 있다. 콘덴서의 용량이 큰 것은 표면에 단위가 적혀 있지만, 생략되어 있는 것도 있다. 이러한 경우의 단위는 [pF]이다.

예를 들면 콘덴서의 표면에 16 [V], 1000 [μF]라고 표시가 되어 있는 경우에는 정격 사용전압과 정전용량을 쉽게 알 수 있다. 하지만, **104**라고 표기되어 있는 경우에는 단위가 생략되어 있는 것이다. 이 경우 정격용량은 10×10^4 [pF]이다. 만일 표면에 **223**이라고 표기되어 있는 경우에 정격용량은 22×10^3 [pF]이라는 의미이다.

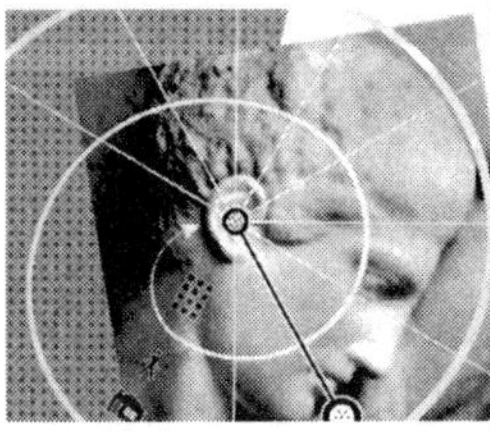

제 4 장 반도체 소자

주위에서 많이 볼 수 있는 전자제품은 많은 반도체 소자로 구성되어 있다. 이러한 부품은 아날로그 회로나 디지털 회로의 구성에 필수적인 요소로서, 마이크로 컴퓨터의 주변 회로에서도 널리 사용되기 때문에 각 부품의 특성과 사용방법에 관련된 지식을 이해하는 것이 제어장치를 개발해야 하는 기계학도의 필수적인 교양이 되었다.

이 장에서는 반도체의 기본원리 및 구성, 다이오드 및 트랜지스터의 원리와 종류를 공부함으로써 전기회로를 이해하는 기초능력을 키워보도록 하자.

4.1 반도체

규소(silicon)와 게르마늄(germanic)을 반도체(semi-conductor)라 한다. 반도체는 자유전자와 정공(hole)에 의하여 전기를 전달하는 도전성이 온도에 따라 크게 변화하는 특징이 있다. 반도체에는 진성 반도체와 불순물 반도체가 있으며, 불순물 반도체에는 n형 반도체와 p형 반도체가 있다.

1. 진성 반도체

규소와 게르마늄 등에서 불순물이 섞이지 않은 것을 진성 반도체라 한다. 이들은 높은 순도가 필요하다. 일반적으로 99.9999999999%(9가 10개, ten-nine)의 순도를 가지고 있는 반도체를 진성 반도체(intrinsic semi-conductor)라 한다.

규소의 경우 가전자는 4개이다. 규소의 구조를 살펴보면, 이웃한 원자가 가전자를 서로 내어서 가전자를 공유하는 형태로 결합하여 결정을 구성하고 있다. 따라서, 이 가전자는 원자핵과 결합력이 약하기 때문에 열, 빛 등 외부 에너지가 가해지거나 일상의 상온 온도에서도 소수의 원자가 원자핵에서 이탈하여 결정을 자유롭게 돌아다니는 전자가 된다. 이러한 전자를 자유전자(free electron)라 한다.

가전자가 자유전자로 바뀐 뒤에 남은 부분은 전자가 이탈한 빈 구멍이 되어 있다. 전기적인 중성상태에서 (－)전기를 가지고 있는 전자가 이탈한 것이므로, 그 구멍은 (＋)전기를 가지는 구멍으로 된다. 따라서, 이 구멍을 정공이라 한다.

결정 내부의 자유전자는 (－)전기를 운반하고, 정공은 (＋)전기를 운반한다. 이 자유전자와 정공의 이동에 의하여 전류가 흐르므로 이들을 캐리어(carrier)라고 한다.

2. 불순물 반도체

원자가 나란히 정렬해 있는 결정을 단결정이라 부른다. 진성 반도체의 규소 및 게르마늄의 단결정에 불순물을 1/100만～1/1,000만 정도 혼합한 것을 불순물 반도체(impurity semi-conductor)라 부른다.

불순물 반도체는 불순물 원자의 가전자 수에 따라서 n형 반도체가 되기도 하고, p형 반도체가 되기도 한다. 불순물 반도체는 진성 반도체보다도 전도성이 높아서 반도체 소자로 많이 사용되고 있다.

3. n형 반도체

규소 진성 반도체의 단결정 속에 극히 소량의 5족의 원소를 불순물로 혼합한 것을 n형 반도체라 한다. 규소의 경우에 가전자가 4개인데 비하여, Sb는 가전자가 5개이므로 결합할 수 없는 가전자가 1개 남는다. 이 가전자가 자유전자가 되므로, 전체의 캐리어는 정공보다 (－)전기를 갖는 자유전자가 더 많이 발생한다. 이와 같은 반도체를 영어 negative의 머리글자를 따서 n형 반도체라고 한다.

4. p형 반도체

규소 진성 반도체의 단결정 속에 극히 소량의 3족의 원소를 불순물로 혼합한 것을 p형 반도체라 한다. 규소의 경우에 가전자가 4개인데 비하여, In은 가전자가 3개이므로 결합할 수 있는 가전자가 1개 부족하다. 이 부족한 곳이 정공이 되고, 전체의 캐리어는 자유전자보다 정공이 더 많이 발생한다. 이와 같은 반도체를 영어 positive의 머리글자를 따서 p형 반도체라 부른다.

4.2 다이오드

다이오드(diode)란 전류를 한쪽 방향으로만 흘리는 반도체 부품이다. 반도체란 반쪽만 도체란 의미가 아니고, 전류를 한쪽 방향으로만 흘리는 성질을 가지고 있기 때문에 반도체라 부르는 것이다.

빈도체의 내표석인 부품은 다이오드, 트랜지스터 등이 있다. 특히, 다이오드는 한쪽 방향으로만 전류가 흐르도록 만드는 것을 목적으로 하고 있다. 다이오드의 용도는 전원장치에서 교류전류를 직류전류로 바꾸는 정류기로서의 용도, 라디오 고주파에서 신호를 꺼내는 검파용 등 매우 광범위하게 사용되고 있다.

1. 다이오드의 동작

다이오드는 가하는 전압의 극성에 의하여 전류가 흐르기도 하고, 흐르지 않기도 한다. 즉, 다이오드는 순방향으로 전압을 걸 때에만 전류를 흐르게 한다. 일반적으로 다이오드라고 부르는 것은 pn접합 다이오드를 의미한다.

pn접합 다이오드는 규소 또는 게르마늄의 단결정 내부에 p형 반도체 부분과 n형 반도체 부분이 서로 접할 수 있도록 만들어진 것이다. [그림 4.1](a)는 다이오드 내부구조를 나타낸 것이며, [그림 4.1](b)는 기호를 보여준다. 「그림 4-1」에서와 같이 p측의 단자가 양극(anode), n측의 단자가 음극(cathode)이 된다.

그림 4.1 다이오드 내부구조 및 기호

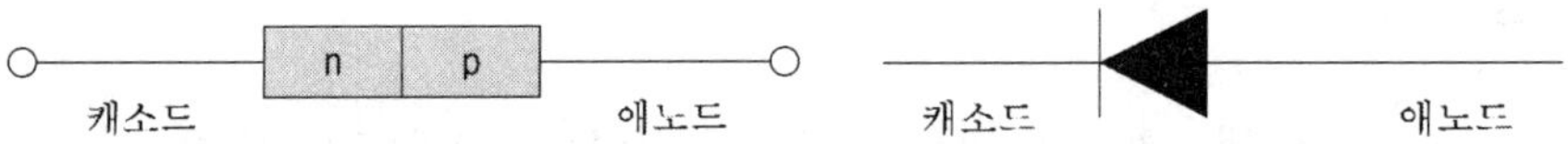

(a) 다이오드 내부구조 (b) 다이오드 기호

2. 다이오드의 사용법

다이오드는 종류에 따라서 대전류 정류용, 소전류 정류용, 소전류 검파용 등 여러 가지 종류가 있다. [그림 4.2]는 다이오드 외관의 예를 보여주고 있다.

다이오드를 안전하게 사용하기 위하여 제작회사의 품명과 형상에 따른 최대 정격 전압, 전류 등을 충분히 고려하여, 이들 값을 초과하여 사용하지 않아야 한다. 〈표 4.1〉은 다이오드의 최대정격을 보여주고 있다.

그림 4.2 다이오드의 외관

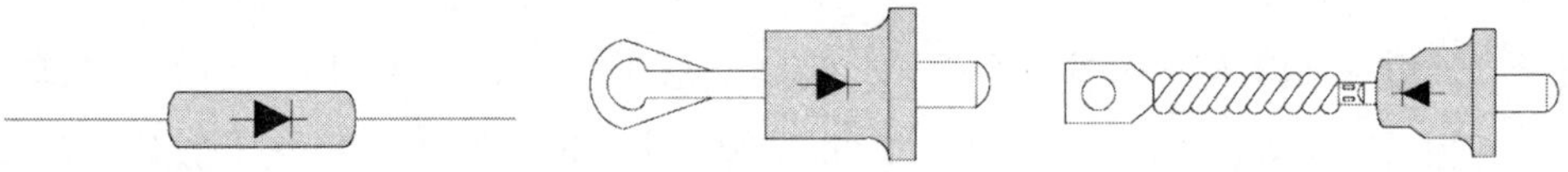

(a) (b) (c)

〈표 4.1〉 다이오드의 최대정격

항 목	내 용	사 례
최대 직류 역방향 전압	역방향 전압의 최대값	150[V]
최대 평균정류 전류	저항 부하의 반파 전류회로에서 빼낼 수 있는 평균 정류전압의 최대값	3[A]
최대 서어지 전류	다이오드에 흐르는 순간 최대전류	
접합부 온도		150[℃]

3. 전기적 특성

[그림 4.3]은 pn접합형 규소 다이오드의 전압-전류 특성을 나타낸 것이다. 순방향 전압을 높이기 시작하여 임의의 전압 $V_{th}≒0.7\,[V]$를 넘으면 급격히 전류 I가 흐른다. 이와 같은 경계선이 되는 전압을 임계전압(threshold voltage)이라 한다.

게르마늄 다이오드의 임계전압은 규소 다이오드의 임계전압보다 낮으며, 그 값은 $V_{th}≒0.3\,[V]$ 정도이다.

4. 다이오드의 종류

1) 발광 다이오드

발광 다이오드(LED : Light Emitted Diode)는 여러 종류가 있기 때문에 용도에 맞추어 선택이 가능하다. 주로 적색 · 녹색이 많이 사용되지만, 청색을 발광하는 발광 다이오드도 있으며, 이들 세 가지를 조합하여 백색의 빛을 발하는 것도 있다.

그림 4.3 다이오드의 전압과 전류 특성

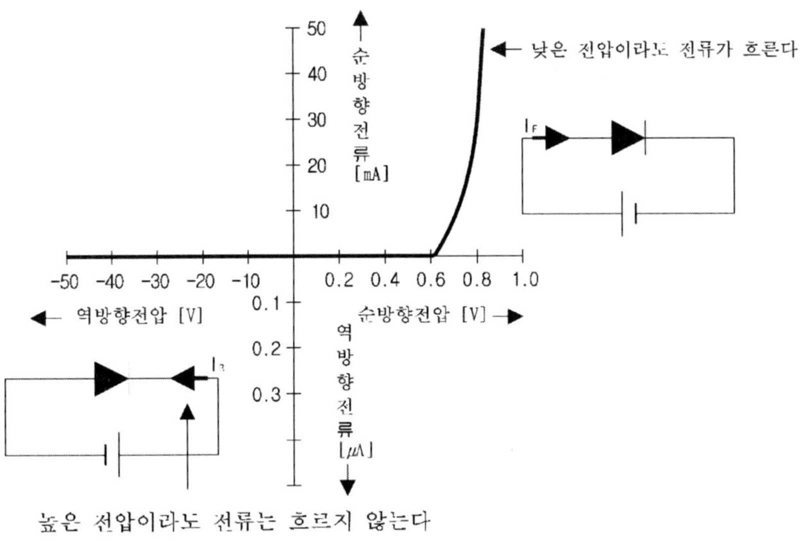

발광 다이오드의 극성을 확인하기 위하여 사용되는 방법은 신품의 경우 리드 선이 긴 쪽이 양극(+), 짧은 쪽이 음극(−)이며, 극성을 모르는 경우 전지를 접속하여 확인하거나, 테스터를 저항 측정 모드로 변환 후 계측하여 확인할 수 있다.

2) 정전압 다이오드(제너 다이오드)

다이오드에 역방향으로 전압을 가했을 경우에 어떤 전압에서 안정하는 성질을 이용하여, 일정한 전압을 얻기 위해 사용한다.

3) 가변용량 다이오드

전압을 역방향으로 가했을 경우에 다이오드가 가지고 있는 콘덴서 용량이 변화하는 것을 이용하여, 전압의 변화에 따라 발진주파수를 변화시키는 등의 용도에 사용하는 것을 가변용량 다이오드(varactor), 반도체 다이오드 저항기라고도 한다.

4.3 트랜지스터

트랜지스터(transistor)는 작은 전류 또는 작은 진폭의 파형을 입력으로 하여 출력으로 큰 전류, 큰 진폭의 파형을 낼 수 있는 증폭 작용과 스위칭 작용을 한다. 이러한 트랜지스터의 기본적인 성질과 그 사용법에 관하여 알아보기로 하자.

1. 트랜지스터 구조

트랜지스터는 npn형과 pnp형의 2 종류가 있다. npn형은 양측이 n형 반도체이며, 중앙에 p형 반도체로 되어 있다. [그림 4.4]는 npn형 반도체의 구조를 보여주고 있다.

pnp형은 양단에 p형 반도체로 되어 있고, 중앙에 n형 반도체가 있다. [그림 4.5]는 pnp형 반도체의 구조를 나타내고 있다.

그림 4.4 npn형 반도체의 구조

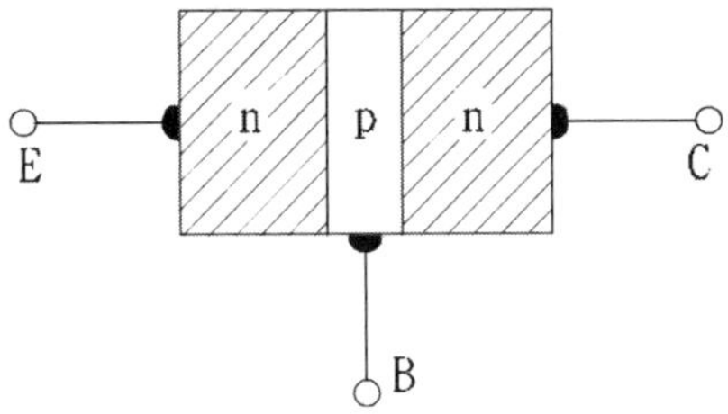

그림 4.5 pnp형 반도체의 구조

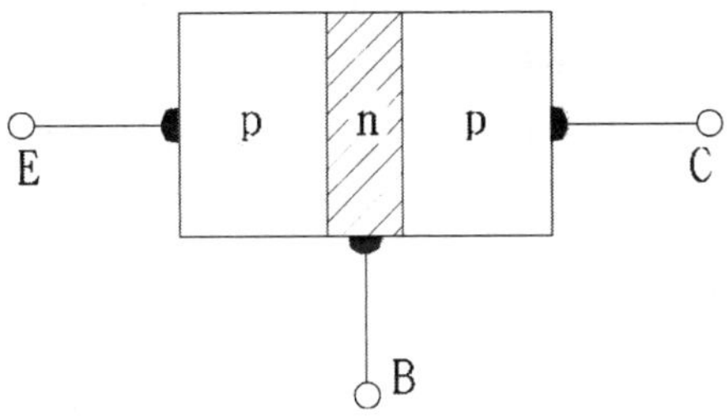

[그림 4.4]와 [그림 4.5]에서 보여지는 반도체의 중앙에 위치한 부분은 두께가 수 μm의 매우 얇은 판이며, 이 부분을 베이스(B : basc)라 부른다. 베이스를 사이에 둔 2개의 반도체의 한편을 이미터(E : emitter), 반대쪽의 다른 한편을 컬렉터(C : collector)라고 한다.

그림 4.6 npn형 기호와 pnp형 기호

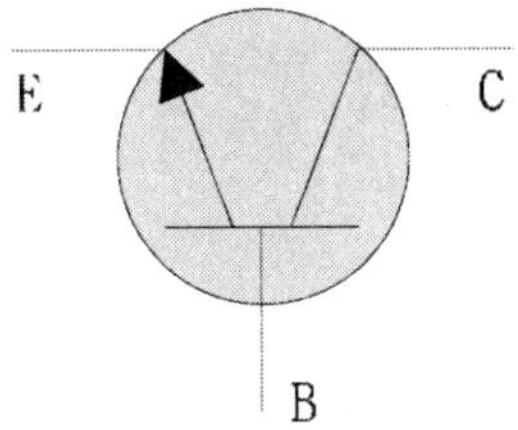

(a) npn형 기호

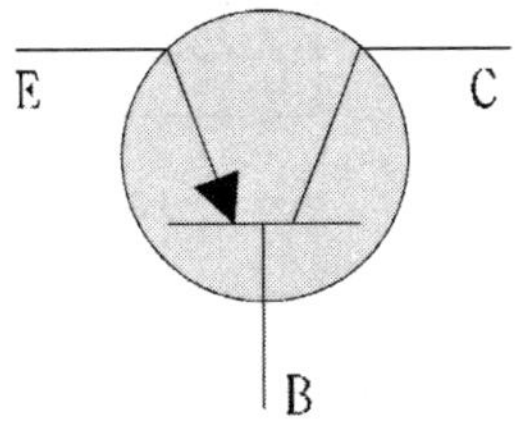

(b) pnp형 기호

이미터와 컬렉터는 동일종류의 반도체이지만, 불순물의 농도와 접합부 면적, 역내전압 등 구조상 다르게 제작되고 있다.

npn형 반도체 pnp형 반도체의 그림 기호가 [그림 4.6](a), (b)에 나타나 있다. 그림 기호에서 전류가 흐르기 쉬운 방향을 나타내는 화살표를 붙이고, npn형일 때는 바깥쪽을, npn형일 때는 안쪽을 향하게 한다.

2. 트랜지스터 내부 전자이동

불순물 반도체의 자유전자나 정공이 캐리어가 된다는 사실을 알고 있다. 이 캐리어의 동작에 대하여 알아보자.

npn형의 경우 이미터, 베이스 사이에는 순방향의 전압이 걸려 있으므로 전위장벽은 낮게 되어 있다. 따라서, 이미터의 정공은 전위장벽을 넘을 수 있다. 그러나, 베이스와 컬렉터 사이에는 역방향 전압이 걸려 있으므로 베이스의 자유전자는 컬렉터 방향으로 이동하기가 어렵다. 또한, 이미터에서 베이스 쪽으로 들어간 정공은 컬렉터의 전압에 의하여 당겨진다.

베이스의 층은 아주 얇은 층으로 되어 있기 때문에 정공은 베이스의 자유전자와 결합하지 않고 많은 정공이 컬렉터 쪽으로 모인다. 이로 인하여 이미터 전류의 대부분은 컬렉터 전류로 되며, 베이스 전류로 되는 것은 극소수에 불과하다.

그림 4.7 트랜지스터의 실제 구조

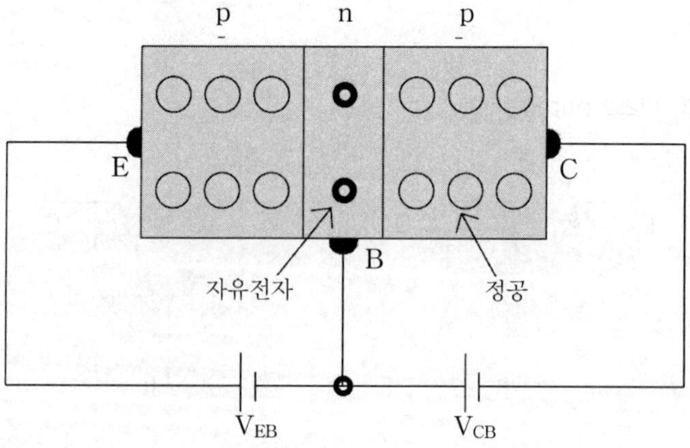

3. 트랜지스터 스위칭 동작원리

트랜지스터를 스위칭 소자(switching element)로 사용하고 있는 경우의 회로가 [그림 4.8]에 나타나있다.

이미터 접지에서 동작점을 차단영역과 포화영역으로 이동시켜 사용하면 스위치로 사용할 수 있다. 예를 들면, 입력전압이 $0\,[\mathrm{V}]$일 때 트랜지스터의 동작점은 차단영역이 되어 트랜지스터에 전류가 흐르지 않는다. 이미터와 컬렉터 사이이는 마치 스위치가 off 된 상태와 같은 상태가 된다. 따라서 출력전압은 가해진 전압 V_{cc}와 같이 되어 High 상태가 된다.

마찬가지로 입력전압이 $0.7\,[\mathrm{V}]$에서 충분한 베이스 전류 I_B를 흐르게 하면, 트랜지스터의 동작점은 포화영역이 되어 트랜지스터에는 전류가 흐르게 된다. 이미터와 컬렉터 사이에는 마치 스위치가 on 상태와 동일하다. 따라서, 출력전압은 접지 레벨과 같이 되고 Low 상태가 된다. 이것을 트랜지스터 스위칭 작용이라고 부른다.

그림 4.8 트랜지스터 스위칭 작용

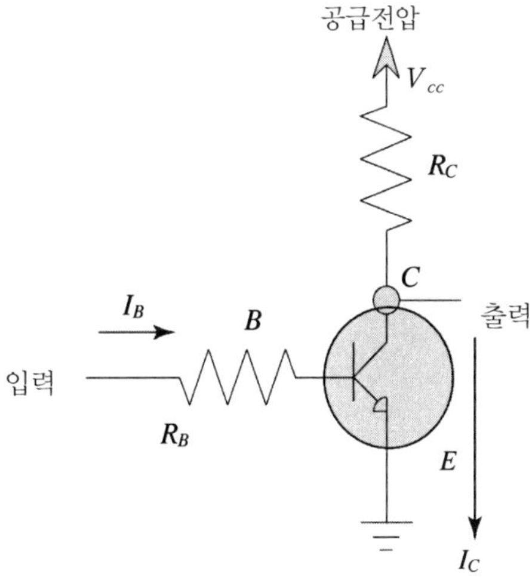

제 Ⅱ 편

자동화를 위한 센서

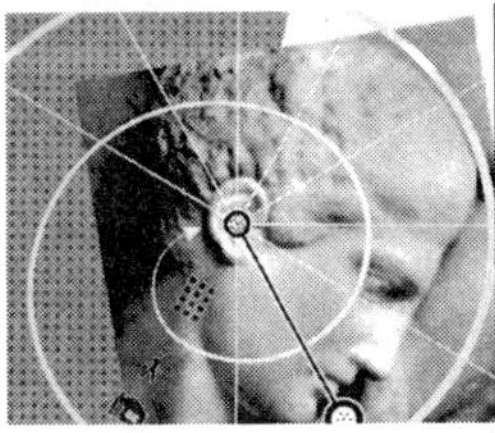

제 5 장 센싱공학

센싱(sensing)이라는 것은 측정한다는 것을 의미한다. 공학분야에서 측정이라는 분야는 가장 기본이 되는 것으로 과학 · 기술 분야의 발전에 기여함이 크다고 할 수 있다. 센싱 기술의 향상은 전자제어 기술에 크게 의존하고 있다. 최근의 계측장치는 마이크로프로세서의 소형화 · 경량화에 따라 높은 정밀도를 가지면서, 소형화되는 경향을 보이고 있다. 이러한 높은 정밀도를 가진 계측장치에 의하여 아주 미약한 신호도 센싱이 가능해짐에 따라 새로운 현상의 원리를 규명하거나 장치를 개발하는 것이 가능하게 되었다.

최근에는 센싱공학이라는 학문 분야가 센서기술을 체계화시키고 있으며, 센싱공학은 센서의 재료와 물성치 및 센서에 관한 물리적 현상, 신호처리 기술 등을 포함하여 점차 그 영역을 넓혀가고 있다. 제어장치를 설계해야 하는 기계학도에게 센싱공학의 이해는 필수적인 교양이 되었다.

이 장에서는 센서의 정의와 기능, 정보량의 분류, 센싱방식의 분류와 역할에 대하여 살펴봄으로써 제어장치 설계에 필요한 기초지식을 습득하기로 하자.

5.1 센서의 정의

제조공장에서 주로 사용되는 생산자동화 시스템을 제어 및 운용을 위하여 각 생산공정의 처리단계에 관한 정보를 대상물로부터 입수하여야 하는데, 예를 들면, 온도, 압력, 힘, 길이, 회전각, 물체의 존재유무, 유량 등과 같은 물리적인 정보뿐만 아니라 화학적인 값에 대한 정보를 필요로 한다.

이러한 역할을 담당하는 것을 센서(sensor)라 하고, 센서는 생산공정에 응용된 자동화 시스템의 제어계통을 서로 연결시켜 자동화 시스템를 구축하는 데 중요한 역할을 담당하고 있다.

1. 정 의

센서의 정의를 살펴보면, 현재까지 엄격한 의미로서 통일된 정의는 아직 없지만 대체적으로 다음과 같이 정의하고 있다.

① 측정 대상물로부터 물리량이나 화학량의 절대값 또는 변화량을 검출하여 이를 인간이 용이하게 활용할 수 있도록 전기적인 신호로 변화하는 장치
② 측정 대상물의 신호나 정보를 인간이 (컴퓨터로) 처리하기 편리하도록 전기신호로 변환하는 장치

2. 센서의 기능

센서의 기능을 동물의 감각기관과 비교하여 보았다. [그림 5.1]은 동물의 감각 기관과 센서의 비교를 보여준다.

어떤 기계장치나 측정 대상물의 센서를 생명체의 감각기관과 비교하여 살펴보면, 생명체의 감각기관은 외부로부터 감각기관에 주어지는 자극(stimulation)은 생체 전류를 이용한 전기적 신호로 변환되고, 이 신호는 신경을 통하여 뇌로 전달되어 판단할 수 있도록 하는 정보가 된다.

이에 반하여, 센서는 외부로부터의 작용하는 외부 부하(load)는 트랜스듀서에 의하여 적당한 에너지 형태의 신호로 변환되고, 신호전송 라인을 경유하여 정보처리 장치인 컴퓨터에 전달되어, 여기서 제어나 감시에 사용되는 정보로 변환된다.

그림 5.1 동물의 감각기관과 센서의 비교

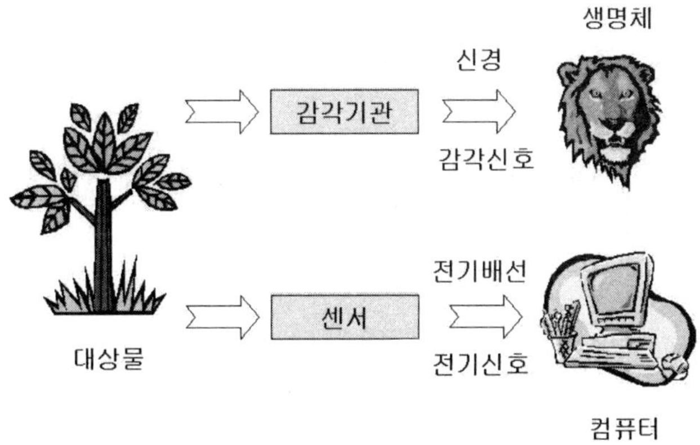

다시 정리하면, 동물의 오감과 같이 측정 대상물의 특성을 나타내는 물리량이나 화학량을 전기적인 신호로 변환하여 이용 가능한 정보를 제공하는 기능을 가진다.

3. 센서 정보량의 분류

이러한 센서에는 정보화 기능의 단계, 작용 시스템 또는 장치에서의 위치 혹은 구성의 규모에 따라서 몇 개의 계층이 있을 수 있다.

센서가 어느 계층에 속하는가는 상대적인 것으로서 확연하게 구분하기 어렵지만, 다양한 센서를 센싱기술의 체계화라는 측면에서 센서 정보량을 분류해 보기로 하자.

〈표 5.1〉 센서 정보량의 분류

구 분	대 상 정 보 량
기계 분야	길이, 각도, 변위, 유량, 유속, 속도, 가속도, 회전각, 회전수, 질량, 중량, 힘, 모멘트, 진공도, 압력, 음압, 소음, 주파수, 시간, 온도, 습도, 비열, 열량
전기 분야	전압, 전류, 저항, 전위, 전하, 임피던스, 인덕턴스
방사선 및 광 분야	조도, 광도, 색, 자외선, 적외선
습도 및 화학 분야	습도, 수분, 순도, 농도, 성분, PH, 점도, 입도, 밀도, 비중, 상분석
생체 분야	혈압, 혈액, 맥파, 체온, 심전도, 뇌파
정보 분야	아날로그량, 디지털량, 연산, 전송

5.2 센싱의 방식

1. 센싱의 목적

사람은 일상생활 중에도 그 목적에 따라 외부의 상황을 시각・청각・미각・후각 등과 같은 오감을 통하여 센싱을 하고 있는 것이다.

센싱의 가장 큰 목적은 정보를 수집하는 것이다. 이것에는 과학연구나 제조업에 있어서 정확한 정량적 수치정보의 계측이나 측량, 목표물의 존재 여부 탐지, 이상 여부의 검출, 위험 예측을 위한 상태 감시, 제품의 적격성 판정, 생체 이상 유무 판정에 필요한 검사 등이 포함된다.

또다른 하나는 제어정보의 수집이다. 예를 들면, 여름철 집에서 사용하는 에어컨의 온도를 제어하기 위하여 센서를 이용하여 실내 및 실외 온도를 측정한 다음, 덥다고 판단되면 에어컨을 가동시켜 일정한 온도가 유지되도록 작동하게 하기 위한 제어를 수행한다. 이런 과정을 수행하기 위하여 제어대상이 놓여 있는 환경의 상태를 검출해서 대상의 상태를 안정하기 제어하기 위한 수단으로 제어정보를 수집하는 것도 센싱의 목적이다.

우리가 일상생활에서 주로 사용하는 편의점에서 쉽게 볼 수 있는 바코드(bar code)는 바의 굵기와 간격으로 상품명 · 종류 등과 같은 해당상품에 관련된 정보를 표시하고, 바코드 리더(bar code reader)라고 하는 광센서로 바코드를 읽어서 정보를 판독하고 수집한다. 이렇게 기호나 문자를 컴퓨터 등으로 쉽게 정보로 변환하는 것도 센싱 목적 중의 하나이다.

2. 센싱의 분류

대상물로부터 필요한 물리량을 검출하기 위하여, 먼저 검출장치 및 검출방식을 선택하여야 한다. 검출방식은 검출장치를 선택하면 대부분 결정되지만, 반대로 그 방식에 따라서 검출장치를 선택하는 경우도 있다. 검출방식을 구분하여 보면 다음과 같다.

(1) 직접측정과 간접측정

측정은 기준량의 비교가 기본이지만, 이 기준량의 비교 성격을 분류해보면 직접측정과 간접측정으로 대별할 수 있다.

직접측정은 검출하고 싶은 물리량을 직접 비교해서 측정하는 방법이다. 간접측정은 측정하고 싶은 물리량과 일정관계가 있는 다른 양을 이용해서 간접적으로 측정하는 방법이다.

박찬호 선수가 공을 던질 때 공의 스피드를 계측하는 것으로 생각을 해보면, 스피드건으로 공의 속도를 측정하는 방법이 직접측정이고, 스피드건이 없을 때, 줄자와 초시계를 가지고 박찬호가 공을 던져서 투수가 공을 받을 때까지의 시간을 계측한 다음, 홈플레이트에서 투수 마운드까지 거리를 계측하여 속도를 계산하는 방법을 사용한다면 박찬호 선수의 공 속도를 간접측정을 한 것이다.

(2) 절대측정과 상대측정

측정결과를 기준량에 대하여 어떻게 할당하는가를 기준으로 절대측정과 상대측정으로 분류할 수 있다.

절대측정은 측정해야 할 측정결과가 그 절대값을 계측하는 방법이고, 상대측정은 어떤 기준량에 대한 상대적인 차이를 표시하는 방법이다. 이 경우 기준값이 일정한 것이 측정값의 정확도를 보증한다. 만일 어떤 원인에 의하여 기준값이 변동하는 경우 절대측정에 의한 기준값 보정이 반드시 필요하다.

통학버스를 예로 들면, 서울에서 학교까지 3대의 버스가 동시에 출발한다고 가정할 때, 버스가 주행하는 속도를 속도계로 계측한 것이 절대측정이고, 1호차와 2호차가 거리를 속도차이를 두고 달렸다면, 그때 "1호차가 2호차보다 5킬로 더 빨리 달렸다"고 말하는 것을 상대측정이라고 한다.

(3) 능동법과 피동법

측정대상으로부터 필요한 정보를 구하기 위하여 대상물에 적극적으로 움직여서 계측하는 경우를 능동법(active method)이라 하고, 대상물이 내는 신호를 받아서 계측하는 경우를 피동법(passive method)이라 한다.

예를 들면, 레이저를 이용하여 산란광을 대상물에서 발생시켜 그 스펙트럼 분포로부터 해당물체의 밀도나 온도를 구하는 법이 능동법이고, 방사된 적외선을 검출해서 온도를 측정하는 방법이 피동법이다. 피동법의 경우 대상물에서 신호를 검출하지 못하는 경우도 발생한다.

(4) 접촉형과 비접촉형

측정 대상물에 직접적으로 접촉해서 계측하는 경우와 접촉하지 않고 계측하는 경우의 차이로 센싱 방법을 분류할 때 접촉식과 비접촉식으로 분류할 수 있다.

접촉형 검출방법에는 전자저울에 부착된 스트레인 게이지를 이용하여 응력이나 하중을 측정하는 경우가 예가 될 수 있다. 비접촉성 검출의 예를 들자면 레이저 유속계에 의한 유속의 측정을 들 수 있다. 비접촉 검출법은 측정대상의 분위기를 변화시키지 않는 이점이 있기 때문에 최근에는 비접촉 센싱의 사용이 증가하고 있다.

3. 센서의 계층

센서는 외부 부하조건을 검출하여야 하기 때문에 외부에 직접 노출되어 있어야 한다. 따라서, 가혹한 조건에서도 장시간 안정적으로 동작하여야 한다.

센서를 이용할 경우 해당분야에 따라서 센서 선정시 고려해야 할 일반적인 사항은 정확성과 감지능력, 신뢰성과 내구성, 단위시간당 사이클 시간을 나타내는 반응속도 및 해상도 등이 있다.

특히, 제어계의 기본요소로서 사용될 때 고장이 발생하는 경우라면, 그 영향은 매우 심각하다. 따라서 고안정성, 고신뢰성, 장수명, 고내구성 등이 센서의 기본 요구조건이다.

센서는 정보화 가능의 단계와 작용 시스템에서의 위치와 구성에 따라서 몇 개의 계층으로 구분할 수 있다. 물론, 센서의 계층을 명확하게 구분할 수는 없겠지만, 체계화를 위하여 센서의 계층을 〈표 5.2〉와 같이 구분하여 나타낼 수 있다.

〈표 5.2〉 센서의 계층

구 분	정 의	적 용 예
독립 시스템	완전히 독립된 검출장치	레이더, X선 촬영기
부분 시스템	장치의 검출 서버 시스템	로봇의 시각장치
유닛(unit)	각종 장치에 장착할 수 있는 독립센서	TV 카메라, 광도전 스위치
콤포넌트(component)	장치에 부착되는 전용부품	압력센서, 거리센서, 광디스크 헤더
파트(part)	기본 부품	포토 다이오드

4. 센서의 역할

센서의 기능을 인간의 5감(시각 · 청각 · 후각 · 미각 · 촉각)의 역할을 대신하는 것으로 일반적으로 비유하고 있다. 하지만, 센서는 인간이 오감으로 느낄 수 없는 무색 · 무취한 가스의 양이나 농도, 자기의 세기, 적외선, 파장 등을 검출할 수 있다.

그림 5.2 센서 시스템의 흐름도

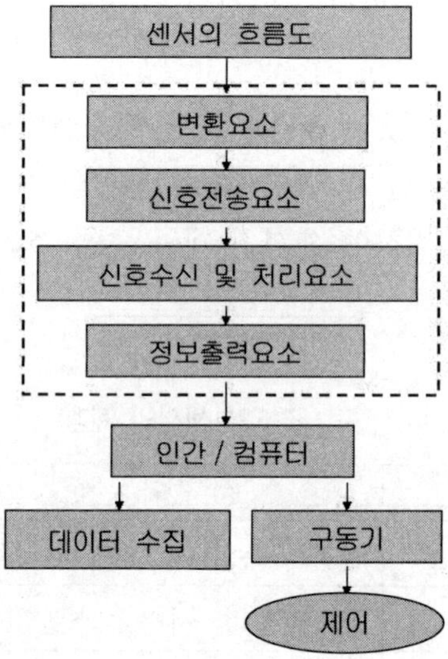

센서는 측정 대상물로부터 검출한 신호를 트랜스듀서에서 적당한 신호로 변환한 후에, 신호 전송로를 경유하여 제어기에 전달하며 예정된 작업순서나 내용에 따라 처리 후 출력 단을 구동하게 된다.

센서 시스템의 흐름도는 [그림 5.2]에 나타나 있다.

[그림 5.2]에서 변환요소는 트랜스듀서를 의미하고, 신호전송 요소는 트랜지스터와 케이블 및 수신기를 각각 의미한다. 또, 신호처리 요소란 신호처리를 위한 마이크로프로세서를 말하며, 정보출력 요소란 디스플레이로 된 출력장치를 말한다. 이러한 부분을 센서 시스템이라 부른다.

센서의 역할은 크게 3가지로 구분할 수 있다.

1) 정보의 수집

수치정보, 패턴정보 및 지식정보의 취득 및 수집을 목적으로 한다.

- **계량계측** : 과학연구의 계측이나 제조나 상거래에 필요한 계량에 의한 정확한 수치정보를 필요로 할 때 제공한다.
- **탐지 · 탐사** : 특정목적을 위하여 측정 대상물의 존재 여부 및 상태를 탐지하여 정보화한다.

- **감시 · 경보 · 보호** : 시스템이나 장치에 대한 상태를 감시하여 이상을 검출, 위험의 예고, 보호장치를 가동시키기 위한 신호를 발생한다.
- **검사 · 진단** : 생산제품 특성의 적격성, 인체의 이상 정도 등 판정을 필요로 하는 계측을 실시하는 경우 사용한다.

2) 정보의 변환

- 문자 · 기호, 코드 등의 형식으로 종이나 필름에 기록된 정보를 컴퓨터나 팩시밀리 등에 이용할 수 있는 신호로 변환한다.
- 자기디스크, 광디스크 등의 각종 정보매체에 기록된 정보를 해독할 수 있도록 변환한다.

3) 제어정보의 취급

- 제어 대상장치, 제어장치 등이 놓여 있는 환경의 상태를 검출해서 제어정보를 활용함으로써, 이들 장치의 상태를 안정되게 제어하거나 변화하는 목표값에 접근하도록 한다.

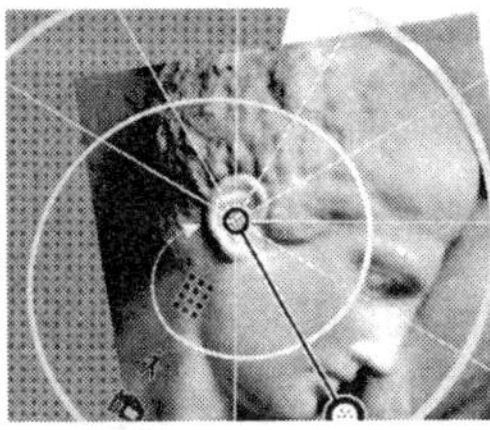

제 6 장 센서의 종류

센싱공학에서 센서에 대한 기초지식을 습득하였지만, 실제로 제어장치를 설계하다보면 유사한 특성의 많은 센서 중에서 어떠한 센서를 이용하는 것이 설계목적에 가장 적합한 센서인지에 대하여 많은 고민을 하게 된다. 이러한 문제를 해결하기 위하여는 각각의 센서에 대한 장점과 단점 및 원리의 명확한 파악이 필수적이다.

이 장에서는 일상생활 및 산업기계에 주로 사용되는 19종류의 센서에 대한 각각의 종류, 원리 및 형상에 대하여 살펴봄으로써 기계설계 및 제어에 필요한 센서 기초지식을 습득해보기로 하자.

6.1 서 론

센서(sensor)는 검출 대상물에서 발생하는 물리량 또는 화학량 등을 감지하여 전기적인 신호로 변환하는 소자를 말한다. 자동화 시스템의 감시 및 요소기술의 제어에는 시스템에 적합한 센서기술을 필요로 하며, 센서의 신뢰성은 시스템의 신뢰성에 중요한 영향을 미치게 된다.

센서의 이용분야는 공장자동화, 공해감시, 에너지 절약용 엔진 제어, 건강진단, 도난방지, 화제예방 및 구조물 안전진단에 이르기까지 다양하다.

여기서는 주로 생산자동화를 위하여 필요한 센서에 대하여 중점적으로 살펴보도록 하자. 센서는 검출하고자 하는 대상이 물리량이나 화학량, 아니면 역학적인 값인가에 따라서 물리센서, 화학센서 및 역학센서로 구분할 수 있다.

- **화학센서** : 효소센서, 미생물센서, 면역센서, 가스센서, 습도센서, 매연센서
- **물리센서** : 온도센서, 방사선센서, 색상센서, 광센서, 자기센서, 전기센서
- **역학센서** : 길이센서, 변위센서, 압력센서, 속도센서, 진동센서, 음향센서, 하중센서

센서의 종류는 너무 다양하다. 비록, 실제로 요구되는 센서는 한 가지일지라도 세분하면 다양한 종류가 있다. 우리는 이 중에서 해당 목적에 적합한 센서를 결정하여 사용해야만 한다. 따라서, 센서의 분류법을 관점에 따라 분류하면 〈표 6.1〉과 같이 분류가 가능하다.

〈표 6.1〉 센서의 기본적 분류

분류방법	기본적 구분
구성방법에 따른 분류	기본센서, 조립센서, 응용센서
기구에 따른 분류	기구형, 물성형, 혼합형
검출신호에 따른 분류	아날로그 센서, 디지털 센서, 주파수형 센서
감지기능에 따른 분류	공간량, 역학량, 공학량, 화학량, 열역학량
변환원리에 따른 분류	역학적. 전기적, 자기적, 광학적, 전기화학적, 미생물학적
재료에 따른 분류	반도체 센서, 세라믹 센서, 금속 센서, 고분자 센서
용도에 따른 분류	계측용, 감시용, 검사용, 제어용
구성의 특징에 따른 분류	다차원 센서, 다기능 센서
용도분야별에 따른 분류	산업용, 의료용, 우주용, 군사용

6.2 센 서

1. 마이크로 스위치

제품의 생산에 있어서 경량화 · 소형화를 실현하기 위한 방법으로 마이크로 스위치(micro switch)를 주로 사용한다. 마이크로 스위치는 스냅(snap) 액션기구와 액추에이터(actuator)로 구성되어 있고, 검출신호는 on/off로 출력된다.

스냅의 동작은 스위치의 가동접점이 고정접점에서 다른 쪽의 고정접점으로 이동되는 것이며, 접점의 이동은 스위치의 동작속도와는 무관하게 동작한다. 스냅의 액션기구는 판스프링 방식과 코일 스프링 방식이 적용되며, 고감도 및 고정밀도를 요구하는 경우에는 주로 판스프링 방식을 사용한다.

그림 6.1 마이크로 스위치

2. 리밋 스위치

리밋 스위치(limit switch)는 자동화 시스템의 구현에 있어서 검출 스위치의 대표적인 요소일 뿐만 아니라, 자동화 설비에 없어서는 안 될 중요한 위치를 점유하고 있다.

리밋 스위치는 대상물에 의하여 작동의 힘을 받는 엑추에이터부, 액추에이터의 움직임을 내장 스위치에 전달하는 구동부 및 구동부에 의하여 스위칭되는 내장형 스위치로 구성되어 있다. 그리고 바깥쪽에는 스위치 동작에 의한 on/off

신호를 외부로 출력할 수 있는 배선용 단자가 달려 있다.

[그림 6.2]는 리밋 스위치의 한 종류이다.

그림 6.2 리밋 스위치

3. 근접 스위치

근접 스위치(proximity switch)는 대상물을 센서 주변에 접근시키는 것만으로 물체의 유무를 확인할 수 있는 비접촉 검출센서 중의 하나로 자기 및 전기장을 이용한 무접촉 방식을 채택하고 있다.

근접 스위치는 NC 공작기계의 가공물 검출 위치, 산업용 로봇의 팔(arm) 위치나 대상물의 거리판정 등에 이용되고 있다.

근접센서의 원리는 고주파 발진, 자기, 정전용량, 초음파, 공압기, 광전효과 등을 이용한 것이 적용중이며, 이 중에서 초음파 방식과 광전효과를 이용한 방식은 각각 고유의 명칭으로 불린다. 일반적인 방식으로는 고주파 발진형과 정전용량형이 널리 사용되고 있다.

고주파 발진형은 코일에 금속이 가까워질 때, 인덕턴스가 변화하는 것을 발진회로에서 검출하도록 제작되어 있다. 일반적으로 검출거리는 1~10[mm]이고, 로봇의 물체 유무 확인, 용접봉의 대상물과 거리확인 등에 사용된다.

즉, 검출 코일에 근접한 위치에서 금속물체가 없는 경우에는 항상 발진상태에 있다. 이때 물체가 접근하면 코일에서 발생하는 자력선에 의하여 금속물체에 와전류가 발생하게 된다. 발생된 와전류의 영향으로 발진 코일의 저항성분이 커지게 되어 발진이 정지됨과 동시에 출력신호를 보낸다.

정전용량형은 금속 이외에도 검출이 가능하며, 전극과 대지 사이에서 콘덴서를 형성하고, 그 사이에 물체가 들어갈 때의 정전용량 변화를 검출한다. 정전용량형 근접 스위치도 고주파 발진형과 유사한 회로구조를 가지고 있다. 정전용량형은 수백[kHz]~수[MHz]에 달하는 고주파 발진회로에 의하여 전극판에서 고주파 전기장이 발생한다. 이 전기장 중에 검출대상물이 접근하면 전극판과 대상물 사이에 정전용량이 변하게 된다. 이 정전용량의 변화를 검출하여 출력신호를 발생한다. 따라서, 검출물은 금속뿐만 아니라 플라스틱·도자기·유리·물 등과 같은 유전체도 검출이 가능하다.

또한, 검출물체의 이동을 영구자석으로 계측 후, 검출물체의 유무를 자속의 밀도변화를 변환하여 스위치의 개폐나 전압을 발생시키는 자기형도 사용한다.

자기형 근접 스위치는 검출물이 자성체나 영구사석만으로 제한된다. 일반적으로 검출소자는 리드(lead) 스위치, 홀(hole) 스위치, 자기저항 소자, 자기코일 등이 있으며, 이 중에서 리드 스위치 방식이 널리 이용된다.

리드 스위치는 자성재료로 만들어진 접촉판이 외부로부터 주어지는 자기의 영향에 의해 서로 흡인하여 흡착함으로써 접촉판이 통전상태로 되는 것을 이용한다.

[그림 6.3]은 근접 스위치의 한 종류이다.

그림 6.3 근접 스위치

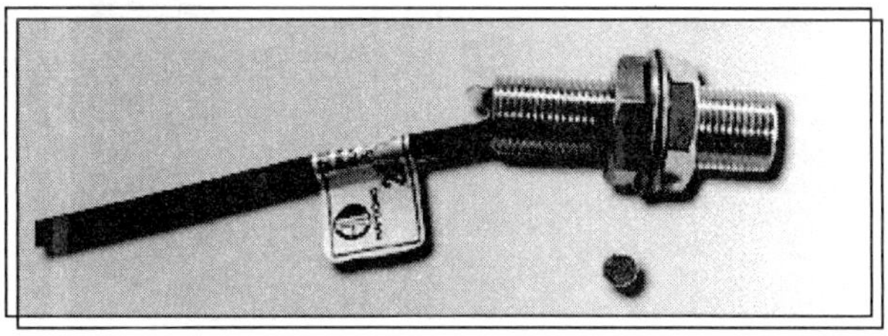

근접 스위치를 사용할 경우 고주파 전기장를 발생하는 초음파 세척장치, 고주파 발생장치 등이 가까이 있는 경우나 2개 이상의 근접스위치를 서로 마주보게 설치하거나 병렬로 설치하는 경우에는 주파수의 간섭 등에 의한 오작동이 발생할 수 있으므로 주의가 필요하다.

또한, 주위 물체가 금속 등 도체일 경우에는 성능에 영향을 미칠 수 있다.

4. 광전 스위치

(1) 종 류

광전 스위치(photo sensor)는 빛을 전기적 신호로 변환시키는 광전효과에 기인한 센서를 말하며, 물체의 유무, 검출로부터 치수검사 및 형태판별 등과 같은 다양한 분야에 활용되고 있다.

접촉식 검출센서는 값이 염가인 반면에, 제품에 손상을 줄 염려가 있다. 따라서, 비접촉으로 검출함으로써 불량률을 줄일 수 있다. 검출대상으로는 투명유리를 비롯하여 금속 · 플라스틱 · 목재 · 액체 · 기체 등 거의 제약이 없다.

또한 리밋 스위치 등과는 비교할 수 없을 만큼 긴 거리의 사용범위를 가지고 있고, 응답시간도 발광 다이오드를 사용한 변조방식인 경우에 수 [ms], 램프식인 비변조 방식은 수십 [μs] 정도의 고속 응답 특성을 갖고 있기 때문에 상당히 높은 정도의 정밀도를 얻을 수 있고, 접촉식과 기계식에 비하여 반영구적으로 사용이 가능하다.

그림 6.4 광전 스위치

사용되는 광원은 램프식과 발광 다이오드식이 사용되며, 이 중에서 일반적으로 발광 다이오드식이 외부환경의 영향이 적고, 수명이 길며, 진동과 충격에 강하고 전류가 적게 사용되기 때문에 널리 사용된다.

광원과 수광소자를 한 조로 구성하며, 광원에는 LED(발광 다이오드), 수광소자에는 포토 트랜지스터가 널리 사용된다.

사용되는 형태를 살펴보면, 반사형 · 투과형 그리고 복사형 등 3가지가 있다.

반사형 광전 스위치는 광원으로부터의 빛을 대상물에 쬐여 반사광을 수광소자로 검출하는 방식으로 투광부 및 수광부가 일체형으로 구성되어 있다.

투과형 광전 스위치는 투광기와 수광기를 동일축 상에 서로 마주보게 설치함으로써 대상물의 차광에 의하여 발생되는 빛의 광량 변화를 검출한다. 투과형은 광원과 수광소자 사이에 대상물이 오면 빛의 차단을 검출하는 방식이기 때문에 컨베이어 라인을 통과하는 물체의 이상유무 검출, 또는 통과수량의 계수 등에 사용된다.

복사형은 열을 가진 물체에서 방사하는 적외선을 직접 수광기에서 감지하여 물체의 통과 및 위치를 검출할 수 있다. 따라서, 복사형은 수광부로만 구성되어 있고, 제철소나 중공업에서 주로 사용한다.

(2) 원　리

넓은 의미의 광전 스위치는 1차원 또는 2차원의 상을 검출하는 이미지 센서도 포함되지만, 일반적으로 하나의 스포트(spot)에서 광을 검출하는 소자를 의미한다. 광센서의 동작원리를 물리적 현상에 따라서 분류하면 다음과 같다.

1) 광전자 배출

광진 음극에 빛을 쪼이면 광전자가 방출되는 현상을 이용한 것으로 광전관이 이 원리에 해당된다. 미약한 빛이라도 검출할 수 있고 반응도 빠르므로 정밀한 광학 측정기나 미세한 광검출기로 사용된다.

2) 광도전 효과

빛을 쪼이면 저항값이 크게 떨어지는 재료를 사용하여 두 개의 전극으로 구성한 광도전 셀(cell)이라는 소자가 있다. 소형으로 값이 저렴하면서 감도가 우수하여 카메라의 노출계나 포토 릴레이 등에 사용되고 있다.

3) 광기전력 효과

어떤 종류의 반도체에 빛이 닿으면 광량에 비례한 출력전류가 얻어지는 현상을 이용한 것으로, 포토 다이오드, 포토 트랜지스터, 포토 사이리스터 등이 여기에 속한다.

4) 초전 효과

강유전체(强誘電體)가 적외선을 받으면 그 열에너지를 흡수하여 자발분극(自發分極)의 변화를 일으키고 그 변화량에 비례하여 전하(電荷)가 유기(誘起)된다. 그 현상을 초전효과(焦電效果)라고 한다. 적외선용으로서 저감도, 저속응답이지만, 냉각할 필요가 없으므로 사용하기 쉽다.

5. LVDT

차동변압기(LVDT : Linear Variable Differential Transformer)는 구조가 강건하고 정밀도가 우수하기 때문에 비교적 널리 사용되고 있는 변위센서이다. [그림 6.5]는 차동변압기의 사진과 원리를 보여주고 있다.

차동변압기는 1차 코일에 전압을 가하면 2차 코일의 전압은 1차와 2차 코일 사이에 있는 코어의 이동 위치에 따라 전압이 변화한다. 이때 2차 출력 전압은 차동으로 동작하도록 되어 있고, 코어의 위치 이동에 따른 변위량은 전기신호로 변환된다. 측정범위는 수[㎛]～수백[㎜]이고, 감도는 0.01[㎛]인 것도 있다. 변위 · 치수 등의 계측장치로 널리 사용된다.

그림 6.5 LVDT

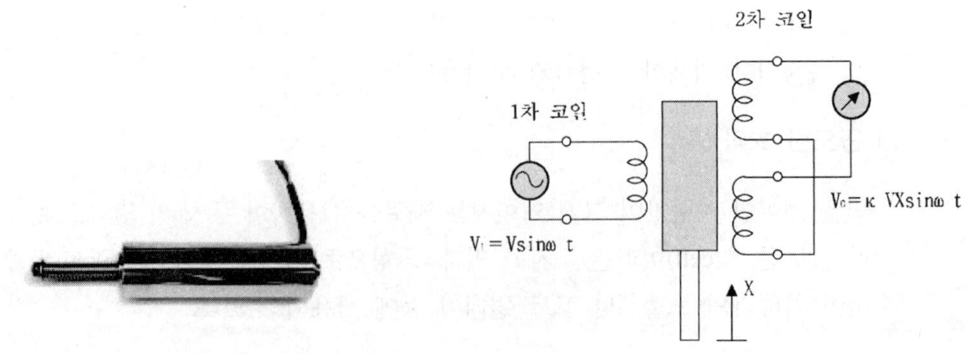

(a) 사진 (b) 원리

6. 포텐쇼 미터

포텐쇼 미터(potentio meter)는 검출하고자 하는 위치와 전기 저항값이 선형적인 관계를 가지고 있는 특징을 이용하고 있다.

일반적으로 가변 저항기의 양단에 전압을 가하고, 저항체 부분에 브러시(brush)를 이용하여 저항의 크기를 조절하는 원리를 이용한 것으로, 이 원리를 이용하면 저항 조절기로서 사용이 가능하여 회로의 전압조정 또는 음향회로의 음량조정 등에 사용할 수 있다.

통상 포텐셔 미터의 분해능은 낮기 때문에 계측장비의 기록장치나 조그 다이얼(jog dial)의 위치를 파악하기 위하여도 사용하지만, 공작기계 등에는 일반적으로 잘 사용하지 않는다.

그림 6.6 포텐쇼 미터

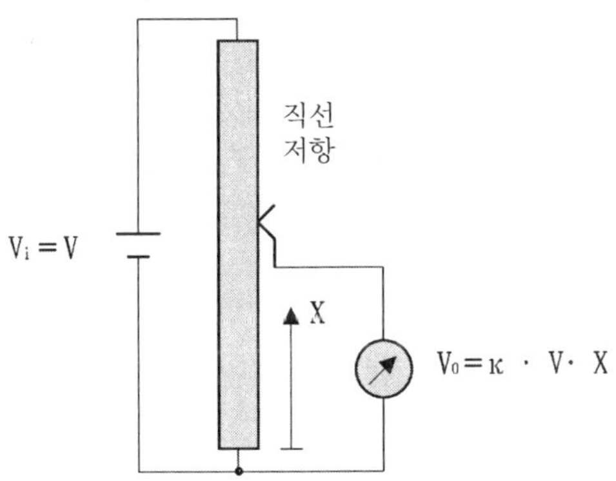

(a)

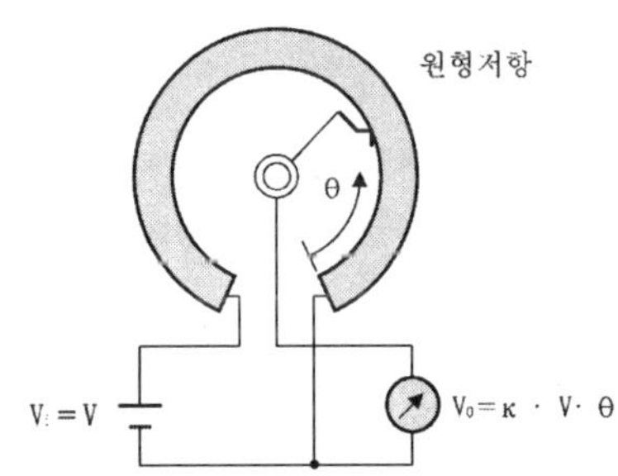

(b)

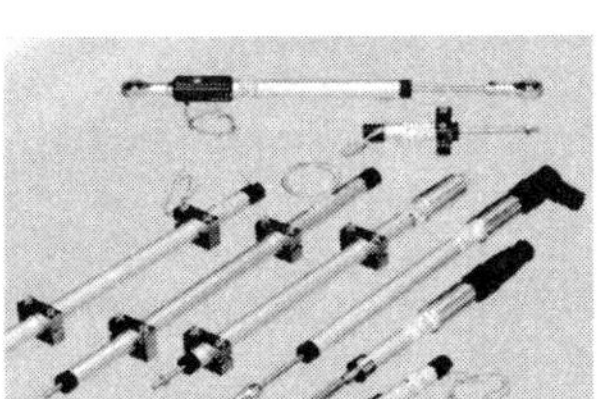

(c)

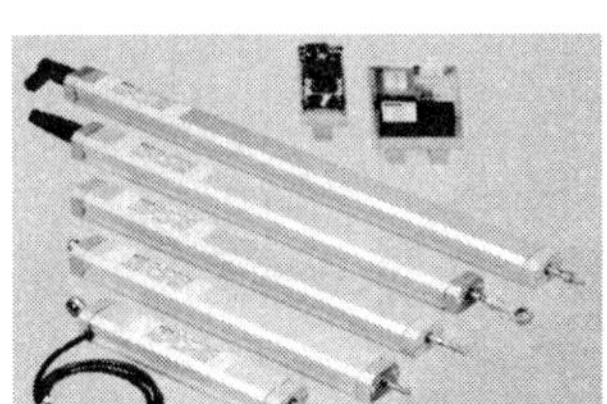

(d)

(e)

7. 인코더

아날로그량인 길이나 회전각을 임의 미소량을 단위로 하는 디지털 신호로 변환하는 것을 말한다. 직선에 대하여 리니어 인코더(linear encorder), 각도에 관하여 로터리 인코더(rotary encorder)가 사용된다.

컴퓨터를 포함한 관련산업의 급속한 발전에 의한 정보처리 능력의 향상은 센서분야에서도 고속·소형·내구성 등을 요구하고 있다. 특히 고속응답을 요구하는 분야는 인코더와 스테핑모터, 인코더와 직류모터를 조합하여 사용하는 방식이 널리 적용되고 있다.

인코더는 초기의 브러시 방식으로부터 자기방식과 광학식으로 점차 발전되어왔다.

(1) 광학식 인코더

광학식 인코더는 빛을 이용하여 축의 회전정보를 전기신호인 펄스로 변환하는 방식으로서, 회전판에 각도를 분할하는 슬롯(slot)이 배치되어 있고, 회전판은 광원인 발광 다이오드와 수광소자인 포토 다이오드 사이에 배치되고, 회전판이 회전하면 슬롯에 의하여 명암이 반복하게 된다.

이때 수광소자에 의하여 검출된 명암은 파형 정형회로에 의하여 펄스로 변환된다.

그림 6.7 광학식 인코더

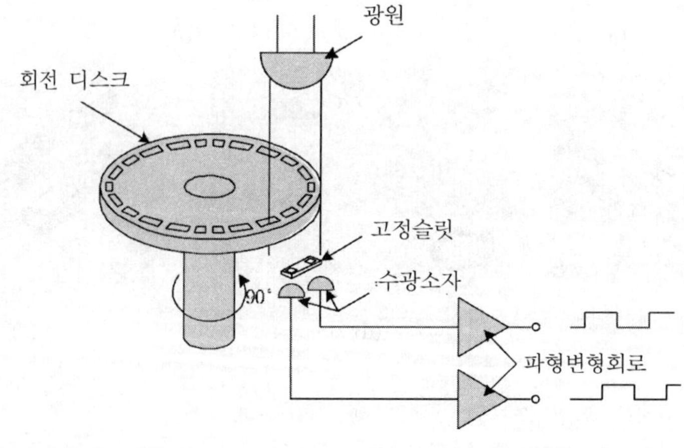

[그림 6.7]은 광학식 인코더의 구조를 나타낸다. 광학식은 회전축에 직결된 회

전원판과 고정 슬롯 그리고 이들을 사이에 두고 마주보게 배치된 발광소자(LED)와 수광소자(포토 다이오드)로 구성되어 있다.

입력축이 회전하면 발광 다이오드로부터의 빛이 회전원판상의 슬롯과 고정 슬롯을 거쳐 정현파(sine wave) 형태의 광량의 변화로 되어 수광소자에 입력되며, 수광소자 출력을 파형 정형 회로에서 일정 전압레벨에서 잘라 펄스 파형으로 변환시킨다.

광학식 인코더에는 절대형(absolute type)과 증분형(incremental type)으로 구분할 수 있다.

〈표 6.2〉는 절대형 인코더와 증분형 인코더의 특징을 비교한 것이다.

〈표 6.2〉 절대형 인코더와 증분형 인코더의 특징

	절대형 인코더	증분형 인코더
장점	· 잡음에 강하고 오차가 누적되지 않는다. · 전원 차단에도 정보가 보존된다. · 방향판별이 불필요하다.	· 임의 위치에서 영점, 리셋이 쉽다. · 신호전송 체계가 단선이다. · 구조가 간단하다. · 가격이 저렴하다. · 고분해능이 쉽게 구해진다.
단점	· 영점, 리셋을 위해서 연산이 필요하다. · 신호의 전송제계가 병렬로 복잡하다. · 구조가 복잡하다. · 고분해능을 위해 많은 트랙이 필요하다. · 가격이 고가이다.	· 잡음 등의 오차가 누적된다. · 전원 차단시 정보가 사라진다. · 방향판별 회로가 필요하다.

(2) 자기 인코더

자기 인코더는 축의 회전에 의하여 자기센서부에 생기는 자속의 변화량을 검출하여 사각파(square wave) 출력신호로 변환하는 방식이며, NS극을 입력 축에 붙인 자기드럼형과 자성체 기어와 자기센서측에 설치한 자석에 의한 자속의 변화를 검출하는 리액턴스(reactance)형 두 종류가 있다.

검출될 펄스의 처리는 광학식 인코더와 동일하다. 광학식 인코더와 마찬가지로 절대형과 증분형의 2종류가 사용된다. 자기 인코더의 특징은 광원이 필요없기 때문에 저소비 전력 형태이고, 기름이나 물의 침투에 대한 내환경성이 우수하지만, 고분해능을 구하기는 어렵다.

그림 6.8 자기식 인코더

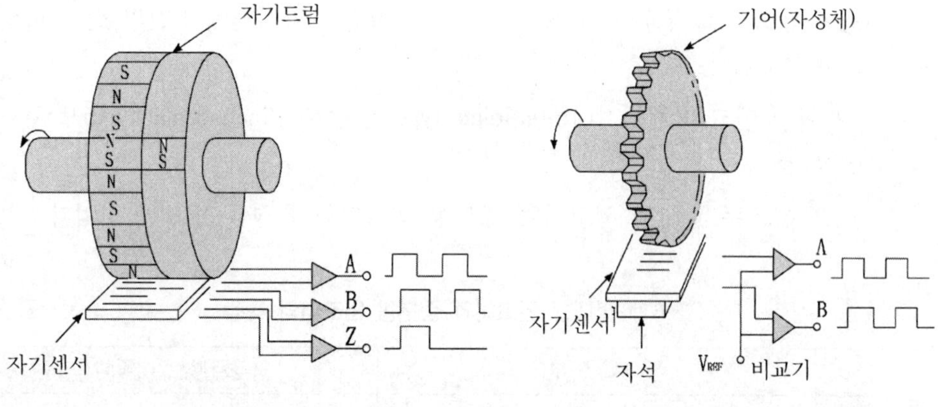

(a) 자기드럼형 (b) 리액턴스형

8. 변형률 게이지

변형률 게이지(strain gage)는 스트레인 게이지라고도 하며, 금속의 가는 저항체를 베이클라이트나 에폭시 수지 등과 같은 얇은 베이스면에 붙이고, 리드선을 가진 구조로 되어 있다. 이것을 측정할 대상물의 표면에 접착제로 고정시키면, 대상물이 외력에 의하여 변형이 발생할 때 그 변형과 동일한 변형이 변형률 게이지에 발생하여 전기 저항의 변화를 일으킨다.

휘스톤 브리지 회로의 성질을 이용하여 기계적 변형량에 따른 저항의 차이를 감지하여 전기적인 신호로 변환시킨다.

반도체 변형률 게이지는 실리콘의 피에조(piezo) 저항효과를 이용한 것으로서, 금속제와 비교하면 높은 감도를 가지고 있지만, 온도의 영향이 크고 접착이 어렵기 때문에 특수한 용도에만 사용한다.

변형률 게이지의 응용은 다양하며 중량, 압력, 토크, 변위 및 가속도 등의 검출에 사용된다. 특히 산업용 로봇의 손 끝에 부착하여 대상물의 잡는 힘을 검출하여 제어하도록 하는 등에 활용할 수 있다.

그림 6.9 변형률 게이지

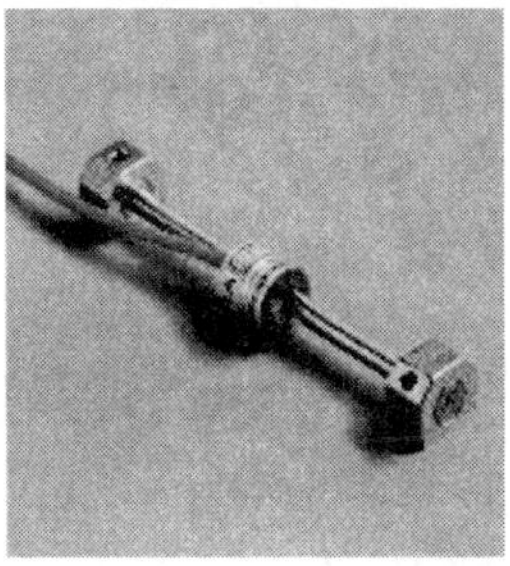

9. 적외선 센서

적외선은 크기가 0.72～1.000[㎛]인 파장으로서, 적외선을 검출하기 위하여 광전효과를 이용한 양자형 적외선 센서와 초전효과를 이용한 열형 적외선 센서로 대별할 수 있다.

적외선 센서는 물체가 방사하는 적외선을 검출한다. 사람은 평균 36.5[℃]이므로 9～10[㎛]의 적외선 파장, 400～700[℃]로 가열된 노(furnace)는 3～5[㎛]의 적외선이 방사한다. 적외선이 센서에 감지되면, 열에 의하여 표면전하가 발생하고, 이 전하는 전압으로 증폭되어 출력신호를 얻게 된다. 적이선 센서는 미사일의 추적장치, 노의 열원 누설 진단 및 온도측정, 유방 검진이나 백혈병의 진단 등과 같은 인체 검사, 경보 시스템 등에 이용한다.

또한, 적외선 센서는 비접촉 온도센서로 활용 가능하고, －50[℃]～3,000[℃] 영역의 측정이 가능하다.

그림 6.10 적외선 센서

10. 바코드 리더

굵은 선과 가는 선의 조합에 의하여 코드를 표시한 바코드를 판독하는 장치이다. 램프나 LED, 레이저 등의 빛을 쬐어 이미지 센서로 판독하는 방식이 일반적이다.

바코드란 굵은 선과 가는 선의 조합으로 숫자를 표기한 것으로, 제품 정보를 컴퓨터에서 쉽게 활용하기 쉬운 정보로 변환해주기 위하여 사용한다. 바코드 리더(barcode reader)는 이러한 정보를 읽어들이는 장치로서, 빛을 조사하여 반사광을 포토 다이오드나 CCD(Charge Coupled Device)로 검출하여 전용 LSI로 처리하고 있다. 사람이 손으로 바코드를 더듬어 찾는 펜형 리더는 편의점이나 가게의 POS(판매시점 정보관리) 시스템에서 많이 볼 수 있으며, 고정식의 자동주사방식은 공장이나 물류 또는 대형 슈퍼마켓 등에서 사용하고 있다.

바코드는 메이커나 대형 유통업자가 등록기관에 등록하고 사용하는 '소스마킹'과 소매점 등이 개인적으로 사용하는 '인 스토어 마킹' 두 가지가 사용된다.

KS규격에도 'korean article number'라고 불리는 표준화된 바코드가 제정되어 있다.

그림 6.11 바코드 리더

11. 누수 · 누유 센서

누수 · 누유 센서(leakage sensor)는 건물 내부의 누수, 송유관의 누유 등을 검출하는 장치이다. 물 또는 기름에 의하여 전극 사이의 저항이 변화하거나, 흐르는 전류가 변화하는 것을 검출하는 방식이 주로 사용된다.

누수센서의 원리는 두 개의 금속판을 병렬로 위치시키고, 그 사이에 전압을 가하면 물이 누수되어 2개의 금속판 사이에 전류가 흐르게 되는 것을 검출할 수 있는 데 있다.

누수센서의 금속판도 시판되고 있으며, 2개의 금속판을 띄워서 감싼 것으로 폭 3[㎝] 정도의 테이프 형상을 하고 있다. 이것은 테이프의 어느 곳에 물이 묻어도 누수검출이 가능하다. 하지만, 누수장소의 정확한 판별을 위하여 짧은 테이프를 여러 개 사용할 필요가 있다.

누유센서는 누수센서보다 더 어려운 문제가 있어서, 기름만을 선택적으로 침투시키는 재료가 필요하게 된다. 고어택스 재료는 물방울은 관통하지 못하지만, 기름은 통과하기 때문에 누유센서의 베이스 재료로 많이 사용된다. 누유센서의 주요 용도는 송유관이나 연료탱크, 유압기기 등의 누유를 검출하는 것이다.

그림 6.12 누유센서

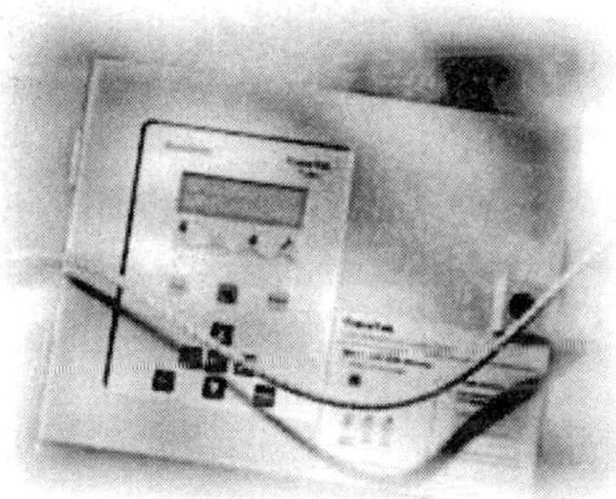

12. 유량센서

유량센서(flow sensor)는 관로 내의 유체의 유량을 검출하는 장치로서, 유속을 압력으로 환산하는 원리를 이용한 것과 임펠러의 회전수를 검출하는 방법, 초음파의 도플러 효과를 이용하는 방법, 전자유도 방법에 의한 것 등 많은 종류가 있다.

유압을 압력으로 환산하는 원리를 이용한 것으로는 벤추리계, 오리피스 등이 오래 전부터 사용되고 있다.

임펠러의 회전수를 검출하는 방법은 상수도관의 미터계로 보급되어 있기 때문에 가정에서 쉽게 확인할 수 있다. 이 방식은 기계적인 방식뿐만 아니라 자기적인 검출방법도 흔히 사용되고 있다.

예를 들면, 임펠러의 회전부에 자석을 부탁한 뒤 회전여부를 자기센서로 검출하는 방법으로 주유소의 주유 미터기가 주로 이러한 방식을 채택하고 있다.

전자유도를 이용한 것은 도전성 유체에 적용하는 방식으로서, 흐름과 직각인 방향에 일정한 세기의 자계를 가하고, 다시 자계와 흐름에 대하여 직각인 방향에 전극을 배치하면 유로 내부에 와류를 발생시켜 초음파 센서로 와류의 발생빈도를 측정하는 방식도 사용된다.

그림 6.13 유량센서

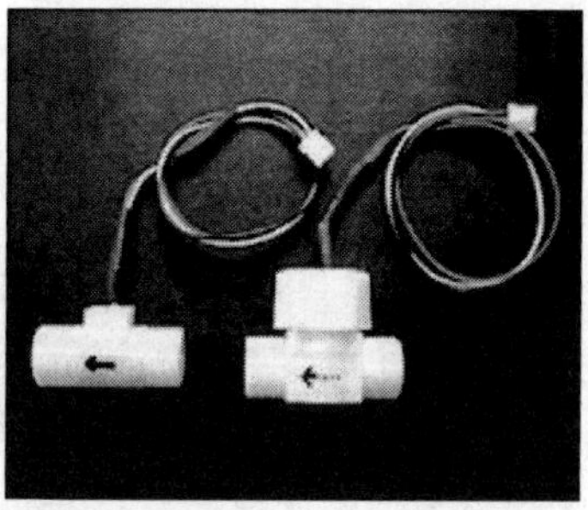

13. 이미지 센서

화상센서, 시각센서라고도 불리며, 대상물의 1차원 또는 2차원 화상을 검출하는 장치이다. 이미지 센서의 종류는 다양하지만, 기본적인 기능면에서 1차원 장치와 2차원 장치로 구분할 수 있다.

1차원 소자는 리니어 이미지 센서(linear image sensor)라고 부르며, 1차원적인 길이에 따른 광에너지의 분포를 검출하는 것으로서, 각종 광학 스펙트럼의 판독과 2차원 화상의 한 단면 판독 등에 사용된다. 예를 들면, 팩시밀리, OCR 카드 등이 대표적인 예이다.

2차원 소자는 에리어 이미지 센서(area image sensor)라 불리며, 비디오 카메라에 많이 사용되고 있다.

그림 6.14 이미지 센서

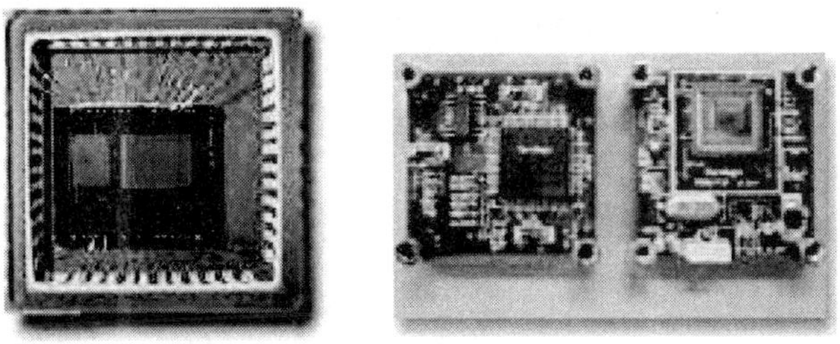

14. 자기센서

자계 중에 놓으면 전기적 성질이 변하는 재료들을 이용하여 자계의 유무나 자계의 강도 변화를 전기적 신호로 검출하는 것이 가능하다. 자기센서는 이러한 효과를 이용하여 단순히 자기를 검출하는 것이 아니라 근접 스위치, 회전 스위치, 전류센서로도 이용되고 있다.

자기센서에서 홀 효과(hall effect)를 이용한 홀 센서(hall sensor)와 자기저항 효과를 이용한 자기저항 센서가 있다. 이러한 자기센서는 직류모터의 브러시리스(brushless)화, 로터리 인코더의 부품, 용접선의 검출장치, 지폐의 자기잉크 식별장치 등에 이용되고 있다.

(1) 홀 센서

「그림 6.15」는 홀 센서(hall sensor)의 원리를 나타낸다. 홀 소자에 전압 E를 걸어 일정 전류 I를 흘리고, 전류의 방향에 수직으로 자속밀도 B의 자계를 가하면 홀 소자의 출력 단에는 전류 I 및 자속밀도 B에 비례하는 홀 전압 V_h가 얻어진다.

$$V_h = \frac{R_h}{t} \cdot I \cdot B$$

여기서 R_h는 홀 계수, t는 홀 소자 두께이다.

홀 센서는 전선에 흐르는 전류량을 비접촉으로 측정하는 데 주로 사용되며, 근접 스위치로도 사용한다. 홀 소자의 재료로는 InAs, InAsP, InSb, GaAs 등이 사용된다. 홀 소자는 전자 이동도가 높은 반도체를 수 [mm] 각의 칩으로 제작한 것으로, 제어전류를 자계 내에 놓으면 전류와 직각방향으로 자기의 세기에 비례한 전압이 발생하는 원리를 이용한 것이다.

그림 6.15 홀 센서의 원리

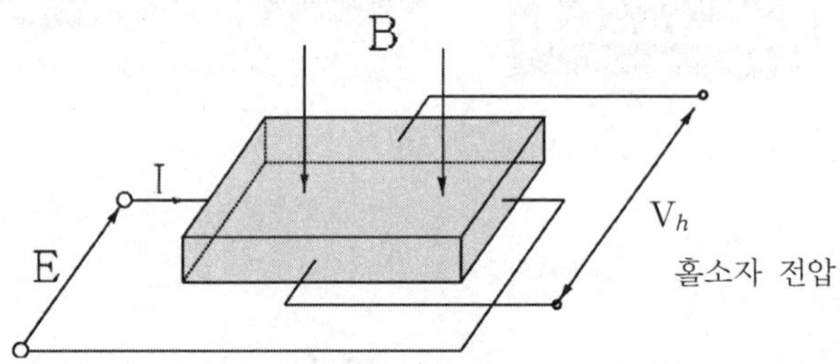

(2) 자기저항 소자

똑같은 반도체에 사용하여 같은 현상을 이용한 것으로 자기저항 소자가 있다. 자기저항 소자는 자계에 의해서 전자 또는 정공의 흐름이 구부러져 반도체의 양쪽 전극을 직선상으로 맺은 흐름보다도 경로가 길게 되어 저항이 증가하는 것을 검출하는 구조이다.

그림 6.16 자기센서

자기저항 센서는 소자에 걸리는 자계의 크기를 바꾸었을 때 전기저항이 변화하는 현상을 이용하고 있는데, 자기감도가 크고 2단자 구조이기 때문에 자계의 크기만 소자의 전기저항을 결정하므로 사용하기 편리하다.

자기저항 소자의 종류에는 고밀도 자기센서, 리니어 위치센서, 마그네틱 스위치 등이 있다.

15. 압력센서

입력센서(pressure sensor)는 용기 내의 압력을 검출하기 위한 센서로서 압전 소자와 같이 압력을 전기신호로 직접 변환하는 방식과 다이아프램 등으로 변위량과 같은 물리량으로 변환 후 전기신호로 출력을 하는 방식이 작용되고 있다.

일반적으로 널리 사용하는 방식은 간접 변환방식으로 저항형, 인덕턴스형, 커패시턴스형 등이 있다.

그림 6.17 압력센서

16. 습도센서

습도센서(humidity sensor)는 습도를 검출하는 소자로서, 고분자나 세라믹 재료를 이용한다. 고분자 재료는 흡습에 의한 유전율의 변화를 콘덴서의 용량변화로 변환시키고, 세라믹 재료는 저항의 변화로 습도를 각각 검출한다.

고분자를 이용한 습도센서는 유리와 같은 기판에 금속을 증착시켜서 하부 전극을 형성하고, 그 위에 아세테이트, 셀룰로이드 등의 감습성이 있는 고분자 재료를 용해시킨 다음 도포하여 박판을 만든다. 다시 그 위에 금속을 증착하여 상부 전극을 형성하고, 전체에 2개의 콘덴서를 직렬로 접속한 회로를 구성한다.

상부 전극은 수증기가 투과할수록 얇고, 그것을 통하여 고분자가 흡습하면 유전율이 변화하여 콘덴서 용량의 변화에 따라 습도를 측정할 수 있다.

세라믹 재료에서는 산화 티탄과 산화 바륨을 소결한 것 등이 흡습에 의하여 저항이 낮아지므로 센서의 재료로 사용된다.

습도센서의 응용분야로서는 가정용 에어컨, 식품이나 종이 등의 제조 조건 관리, 부식감시용 등으로 사용된다.

그림 6.18 습도센서

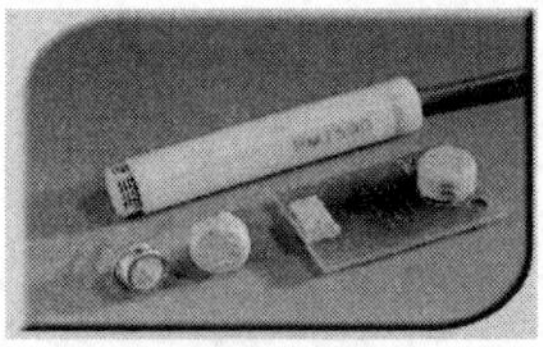

17. 온도센서

온도센서(thermo sensor)는 대상물의 온도를 감지하는 장치로서 서미스터, 서모 라벨 및 열전대 등의 접촉형 센서와 적외선을 이용한 비접촉형 센서가 있다.

(1) 접촉형 센서

접촉형 센서의 대표적인 것으로 서미스터(thermally sensitive resistor)가 있다. 이것은 망간 · 니켈 · 코발트 등의 산화물을 최소한 0.5[mm] 각형 칩에 소결한 반도체로서 온도가 상승하면 전기저항이 작게 되는 특성이 있다. 저항의 변화를 발진회로의 주파수 변화에 귀착시켜 온도 측정을 한다. 측정온도의 범위는 −30[℃]~150[℃] 정도로서 비교적 사용범위가 좁으나 응용범위는 넓다. 예를 들면, 전자 체온계, IC 보호를 위한 과열 경고장치 등이 대표적인 것이다.

열전대는 두종류의 금속을 접합할 때 생기는 열기전력을 이용한 것으로서, 재료에 따라서는 1,400[℃]의 고온까지 측정이 가능하다.

또 서모 라벨(thermo label)은 맥주회사의 광고처럼 온도변화에 따라서 색이 변화하는 성질을 이용한 것이다.

(2) 비접촉형 센서

비접촉형 센서는 적외선을 방출하는 방사형 온도센서가 대표적이다. 이것은 적외선의 양에 따라서 전류가 발생하는 초전재료를 이용한 것인데, 적외선량이 변화하지 않으면 전류가 발생하지 않으므로 회전 원판이나 진동자에 따라서 입

사광을 일정 주기로 차단할 필요가 있다.

대표적인 사용 예로는 화재 경보기나 무인 침입 경보기, 도난방지 시스템에 널리 이용되고 있다.

그림 6.19 온도센서

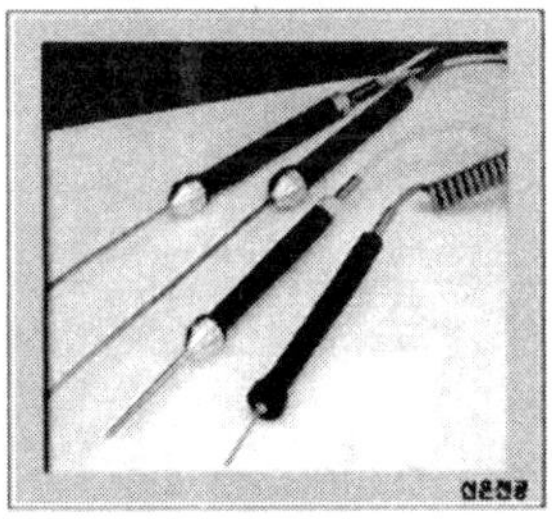

(a)

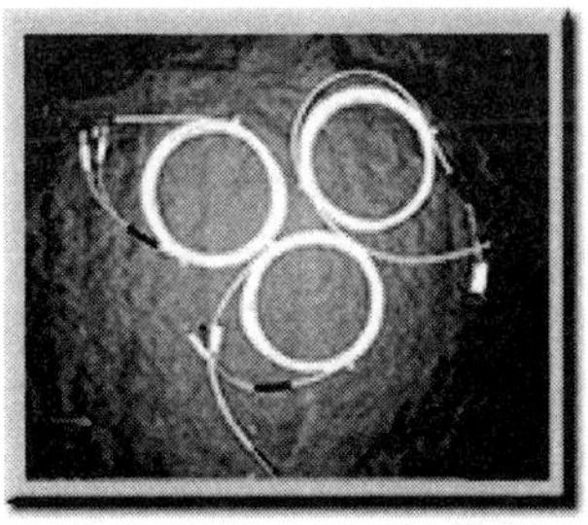

(b)

18. 초음파 센서

초음파 센서(ultrasonic wave sensor)는 대상물에 초음파를 방사하여 그 반사파를 검출하여 거리나 형상을 알아내는 장치로서 산업용 · 의학용으로 광범위하게 사용하고 있다.

초음파 센서는 신농자에서 나온 초음파를 대상물에 부딪치게 하여 반사시킨 후, 다시 돌아올 때까지의 시간을 측정하여 거리를 알아내는 원리를 이용한 것이다. 진동자는 지름 1~3[㎝], 두께 수[㎛] 정도의 세라믹제 압전소자 등이 사용 된다. 또한, 발생하는 초음파는 수십 「kHz」에서 300「kHz」 정도의 범위로 사용하며, 고주파수인 경우에는 음파의 회절이 작아서 정밀도가 우수하게 된다.

그림 6.20 초음파 센서

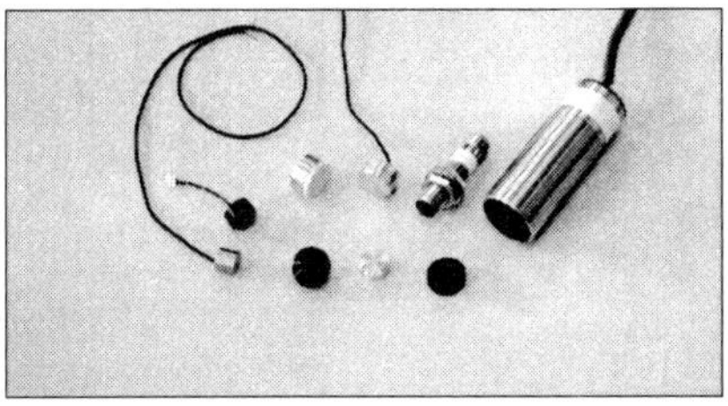

구체적인 응용 예로는 병원에서 진단용으로 사용하는 3차원 이미지 초음파 검사기, 초음파 비파괴 검사기, 카메라 초점 자동조절 장치, 도로의 과속차량 감시기 등이 사용되고 있고, 산업용으로는 컨베이어 물체의 검출과 식별, 가공 대상물의 위치결정 등에 적용되고 있다.

19. 가속도 센서

가속도 센서(acceleration sensor)는 가속도를 측정하는 센서로 공업 계측분야에서 기기의 진동, 구조물의 떨림, 공구의 파손여부, 항공기의 관성 항법장치 등 다양한 분야에 이용되고 있다.

가속도 센서의 종류를 살펴보면 압전형, 동전형, 서보형 및 스트레인 게이지형 등 4가지로 구분할 수 있다. 〈표 6.3〉은 검출방식과 원리를 나타낸다.

가속도를 선정할 때에는 가속도의 검출범위, 정밀도, 주파수 범위, 사용온도 범위 및 측정대상의 중량 등을 고려하여 사용목적에 알맞은 종류를 선정하여야 한다.

압전형 가속도 센서는 구조에 따라 압축형과 전단형으로 구분한다. 압축형은 압전소자를 끼워넣고 나사 등을 이용하여 고정시킨 구조로서, 구조가 간단하고 기계적 강도가 크므로 큰 가속도나 충격 등의 계측에 적합하나, 초전효과의 영향을 받기 쉽기 때문에 저진동, 미소진폭의 진동 계측에는 부적절하다.

그림 6.21 가속도 센서

〈표 6.3〉 가속도센서 검출방식과 원리

<table>
<tr><th colspan="2">방 식</th><th>원 리</th></tr>
<tr><td colspan="2">압전형</td><td>압전소자에 힘을 가했을 때 발생하는 전하를 검출해서 가속도를 구한다.</td></tr>
<tr><td colspan="2">동전형</td><td>자계 속에 도체가 움직일 때 그 속도에 비례한 기전력이 발생한다. 이 기전력을 검출해서 가속도를 구한다.</td></tr>
<tr><td colspan="2">서보형</td><td>정전용량의 변화를 전류로 검출하여 가속도를 구한다.</td></tr>
<tr><td rowspan="2">스트레인 게이지형</td><td>저항선 타입</td><td>다이아프램 등에 스트레인 게이지를 부착하고, 가해진 힘과 저항의 변화로부터 가속도를 구한다.</td></tr>
<tr><td>반도체 타입</td><td>Si, Ge 단결정 피에조 압전효과를 이용하여 가해진 힘과 저항의 변화로부터 가속도를 구한다.</td></tr>
</table>

전단형은 압전소자 좌우 측면에 무게와 베이스를 두고 나사 등으로 고정시킴으로써 압전소자에 전단이 생기도록 만든 구조이다. 전단형은 초전효과의 영향을 거의 받지 않고, 잡음이 적기 때문에 일반적으로 기계의 진동뿐만 아니라 구조물, 지진 등의 저주파 계측 및 미소진폭의 계측에 적합하다. 또한, 소형・경량화가 가능하기 때문에 고주파 신호 계측에도 적합하다.

최근에는 IC화된 FET 엠프를 센서 내부에 내장시킨 전류 출력형 압전 가속도 센서도 개발되었다.

회전기계의 진동측정을 위하여 동전형이 주로 사용되며, 고정밀도가 요구되는 항공기・지진계・분석계 등에는 주로 서보형이 사용된다.

제 7 장 논리대수

제어를 수행하기 위해서는 여러 가지 조건에 대하여 각각 반응하는 단계적인 명령수행이 필요하다. 예를 들면 가로등은 일정 밝기 이하면 자동으로 불이 켜지고, 일정 밝기 이상이면 자동으로 소등된다. 이러한 것은 가로등에 센서장치와 제어장치가 부착되어 일정 전원을 차단하여 가로등을 소등하게 하는 제어장치가 가로등을 제어하기 때문이다.

이러한 것처럼 특정조건을 수치적으로 표현하는 것을 논리대수라고 한다. 이러한 논리대수는 기계설계를 제어하는 컴퓨터 프로그램을 개발하거나, 전기적인 신호를 이용하여 작동하는 기계설계를 수행하는 기계학도에 반드시 필요한 지식이다.

이 장에서는 기계제어에 대한 기초지식을 습득하기 위하여 논리의 기호 및 논리대수의 법칙에 대하여 살펴보기로 한다.

7.1 논리기호와 전압

디지털 회로는 전압의 High와 Low 상태를 2진수의 '1'과 '0'으로 표현하는 논리기호(logic signal)로 처리한다. 이와 같이, 각종의 논리연산을 수행하는 전자회로를 논리회로 또는 로직회로(logic curcuit)라 한다.

[그림 7.1]은 스위치에 의한 논리회로를 나타낸다.

그림 7.1 스위치에 의한 논리회로

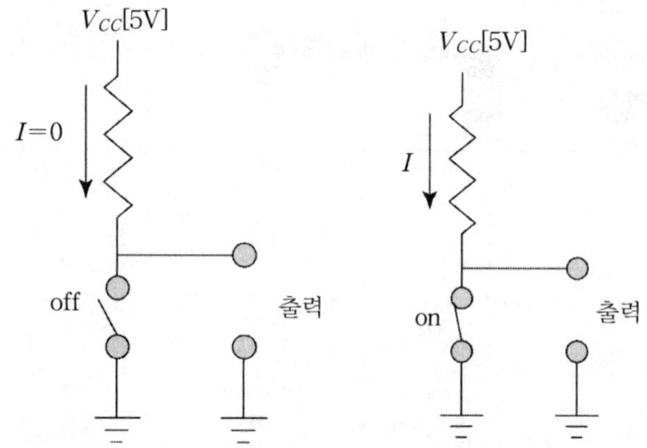

(a) 스위치 off 상태 (b) 스위치 on 상태

스위치가 off일 경우, 전류 $I=0$이기 때문에, 저항에 의한 전압강하는 없다. 따라서, 출력 X는 전원전압 V_{cc}와 같은 5 [V]가 된다. 그러나, 스위치를 on시킨 경우에는 출력 X는 접지전압과 동일한 0 [V]가 된다.

디지털 회로에서는 높은 전압값을 H레벨(High level)이라 한다. 현재 대부분의 시스템이서는 미군 규격인 MIL(Military Standard Specification) 규정에 따라서 전압의 높고 낮음에 따라, 0과 1을 논리기호로 사용하고 있다. H레벨을 논리 '1'로, L레벨(Low level)을 논리 '0'에 대응시키는 표현을 주로 사용하고 있는데 이러한 표현을 정논리(positive logic)라 한다.

이와 반대로 H레벨을 논리 '0'로, L레벨을 논리 '1'에 대응시키는 표현을 사용하고 있는데 이러한 표현을 부논리(negative logic)라 한다. 〈표 7.1〉은 정논리의 표현이 나타나 있다.

〈표 7.1〉 정논리의 표현

전 압	0[V]	5[V]
레벨(level)	Low	High
논리기호	0	1

1. AND 회로

[그림 7.2]와 같이 2개의 스위치가 직렬로 연결되어 있을 때 램프가 점등되기 위하여는 2개의 스위치 모두가 on 상태이어야 한다. 이와 같은 회로를 AND 회로라 하며, 스위치 A, B의 개폐에 따라 변수가 갖는 값이 결정되는데 이것을 표로 만든 것을 진리표라 한다.

그림 7.2 AND 회로

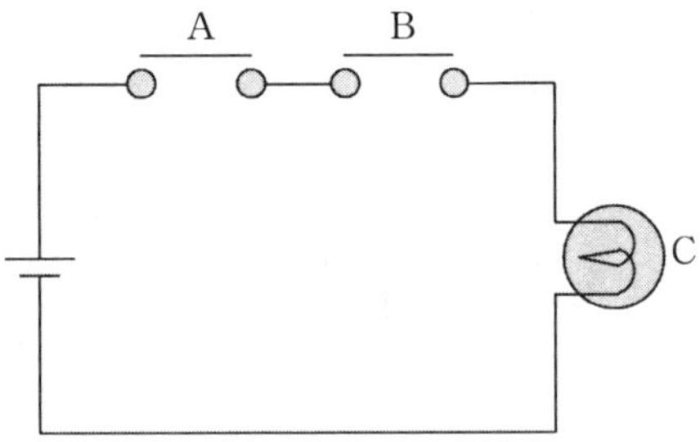

스위치가 on일 경우 1, off일 경우를 0으로 생각한다면 AND 회로의 진리표는 〈표 7.2〉와 같이 된다.

AND 회로의 기호는 [그림 7.3]에 나타나 있다.

그림 7.3 AND 회로 기호

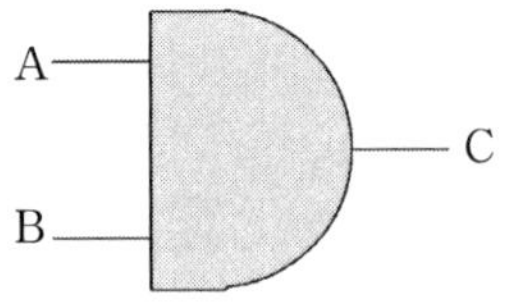

〈표 7.2〉 AND 회로 진리표

입 력		출 력
A	B	A · B = C
0	0	0
0	1	0
1	0	0
1	1	1

여기서 $A \cdot B = C$를 논리곱(logical product)이라 하며, 이와 같은 식을 논리식(logical formula)이라 한다.

다이오드를 이용한 경우 무접점 AND 회로를 구성할 수 있다. [그림 7.4]는 다이오드를 이용한 무접점 AND 회로를 나타내고 있다.

그림 7.4 무접점 AND 회로

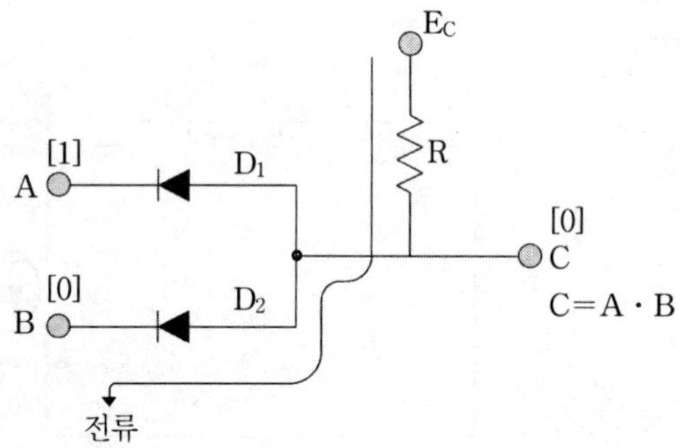

2. OR 회로

2개의 스위치가 병렬로 연결되어 있을 때 램프 C가 점등되기 위하여는 스위치 A, B 중 어느 하나만이라도 on 되어야 한다. 이와 같이 스위치 A, B 중 어느 하나, 또는 전부가 on 되어 출력 C가 얻어지는 회로를 OR 회로라 한다.

[그림 7.5]는 OR 회로를 나타낸다. OR 회로의 기호는 [그림 7.6]에 나타나 있다.

그림 7.5 OR 회로

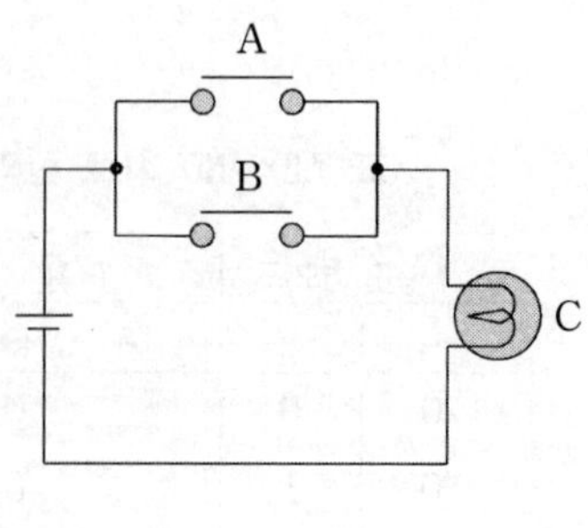

그림 7.6 OR 회로의 기호

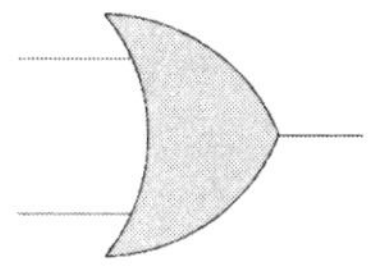

스위치 A, B의 개폐에 따라 변수가 갖는 값이 결정되는데 이것을 표로 만든 것을 진리표라 한다.

스위치가 on일 경우 1, off일 경우를 0으로 생각한다면 OR 회로의 진리표는 〈표 7.3〉과 같이 된다.

〈표 7.3〉 OR 회로의 진리표

입 력		출 력
A	B	$A + B = C$
0	0	0
0	1	1
1	0	1
1	1	1

여기서 $A+B=C$를 논리합(logical sum)이라 하며, 이와 같은 식을 논리식(logical formula)이라 한다.

다이오드를 이용한 경우 무접점 OR 회로를 구성할 수 있다. [그림 7.7]은 다이오드를 이용한 무접점 OR 회로를 나타내고 있다.

그림 7.7 무접점 OR 회로

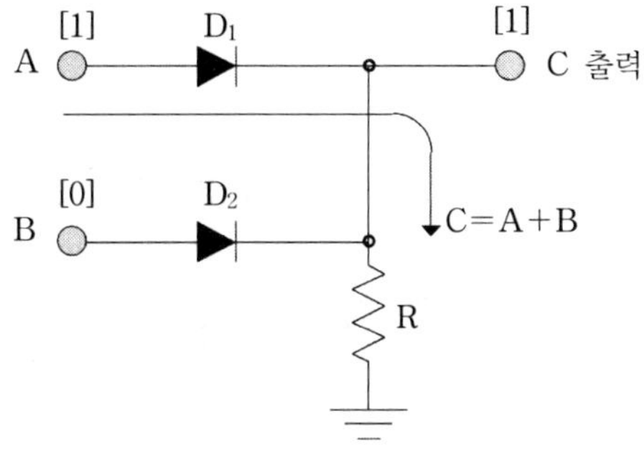

3. NOT 회로

[그림 7.8]과 같이 스위치 *A*가 on 되면 전자석이 동작하여 램프 *C*에 흐르는 전류가 차단되고, 스위치 *A*가 off 되면 전자석 위에 있는 스위치 *S*가 복귀되어 램프 *C*가 점등한다. 이것은 입력 스위치 *A*에 대하여 출력램프 *C*가 부정되므로 이러한 회로를 NOT 회로라 하며, 인버터(inverter)라 부르기도 한다.

[그림 7.9]는 NOT 회로의 기호를 나타낸다.

그림 7.8 NOT 회로

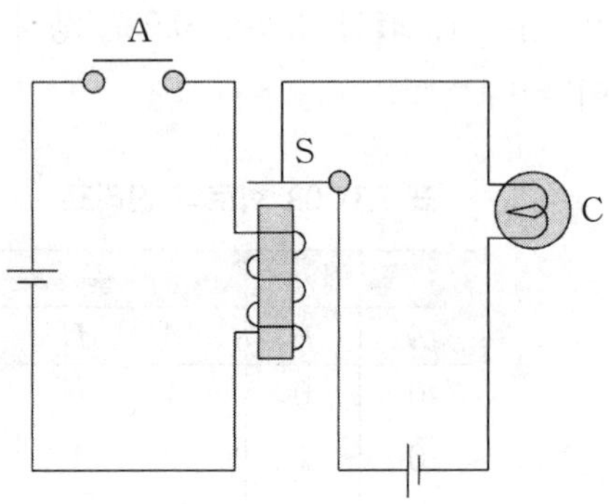

그림 7.9 NOT 회로의 기호

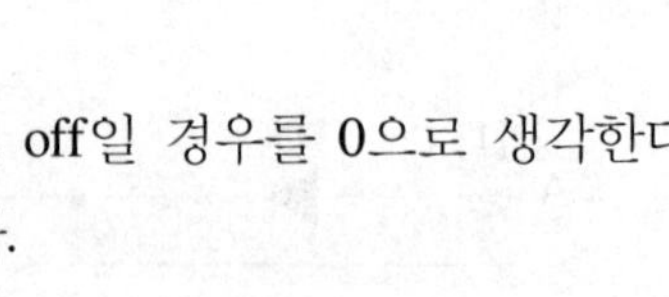

스위치 A의 개폐에 따라 변수가 갖는 값이 결정되는데 이것을 표로 만든 것을 진리표라 한다.

스위치가 on일 경우 1, off일 경우를 0으로 생각한다면 NOT 회로의 진리표는 〈표 7.4〉와 같이 된다.

〈표 7.4〉 NOT 회로의 진리표

입 력	출 력
A	$\overline{A}=C$
0	1
1	0

여기서를 논리식은 $\overline{A}$=C이고, 이를 논리부정이라 한다. A문자 위에 '−' 표시는 A의 조건을 부정하는 의미로 논리부정의 기호이다.

그림 7.10 무접점 NOT 회로

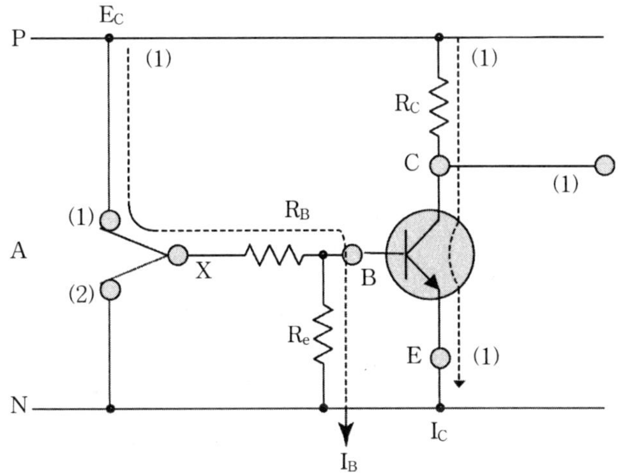

무접점 NOT 회로를 구성하기 위하여는 다이오드를 사용하지 않고 트랜지스터를 사용해야 무접점 NOT 회로를 구성할 수 있다. [그림 7.9]는 트랜지스터를 이용한 무접점 NOT 회로를 나타내고 있다.

4. NAND 회로

NAND 회로는 AND 회로와 NOT 회로를 조합한 회로이며, NOT+AND=NAND와 같이 생각할 수 있다. 즉, AND 회로를 부정한다는 의미를 가지고 있다. NAND 회로의 논리식은 $C=\overline{A \cdot B}$가 된다.

[그림 7.11]은 NAND 회로의 기호를 나타난다. 〈표 7.5〉는 NAND 회로의 진리표를 나타내고 있다.

그림 7.11 NAND 회로의 기호

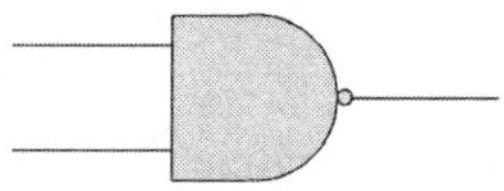

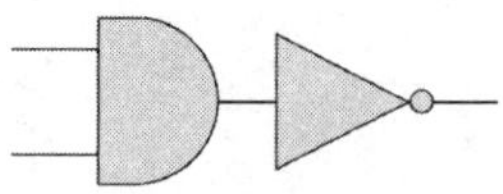

AND + NOT

〈표 7.5〉 NAND 회로의 진리표

입 력		출 력
A	B	$C=\overline{A\cdot B}$
0	0	1
0	1	1
1	0	1
1	1	0

5. NOR 회로

NOR 회로는 OR 회로에 NOT 회로를 조합한 회로이며, NOT + OR = NOR와 같이 생각할 수 있다. 즉, OR 회로를 부정한다는 의미를 지니고 있다. 논리식은 $C=\overline{A+B}$가 된다.

[그림 7.12]는 NOR 회로의 기호를 나타난다. 〈표 7.6〉은 NOR 회로의 진리표를 나타내고 있다.

그림 7.12 NOR 회로의 기호

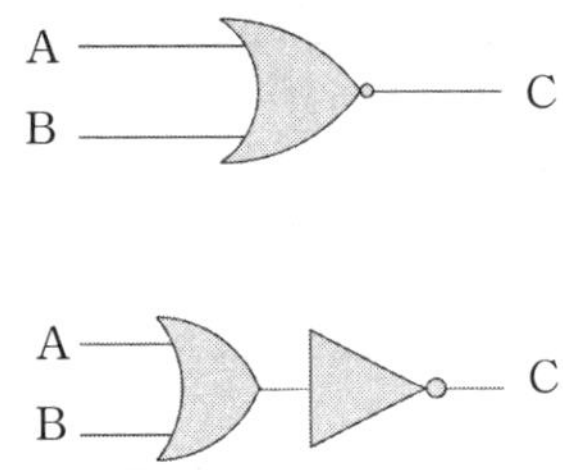

〈표 7.6〉 NOR 회로 진리표

입 력		출 력
A	B	$C=\overline{A+B}$
0	0	1
0	1	0
1	0	0
1	1	0

7.2 논리대수

논리대수는 보통대수와 달리 두 가지 상태 '0'과 '1'의 주변수로 나타낸다. 이 2진 변수(binary variable)는 스위치 혹은 접점의 on, off 또는 무접점의 통전(on), 차단(off) 등의 스위치 체계에 대응시킬 수 있다.

1. 0과 1의 법칙

'0'과 '1'에 관한 법칙의 논리식, 접점회로, 논리회로를 〈표 7.7〉에 나타낸다.

〈표 7.7〉 0과 1의 법칙

		접점회로		논리회로
		좌	우	
1a	A+0=*A*	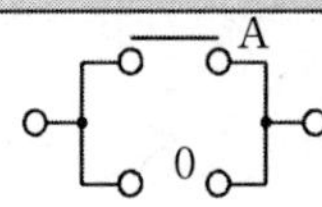	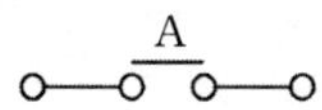	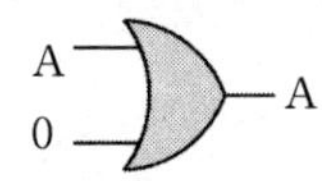
1b	A · 1=A	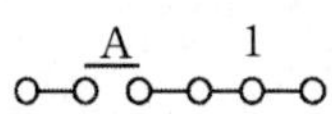	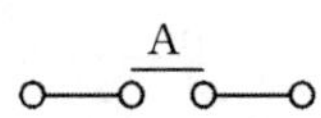	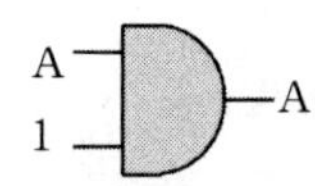
2a	A+1=1	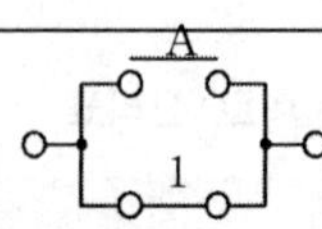	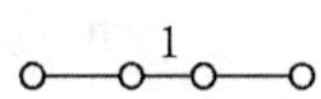	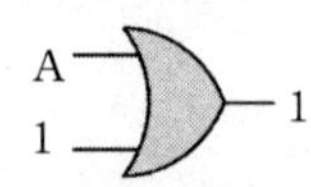
2b	A · 0=0	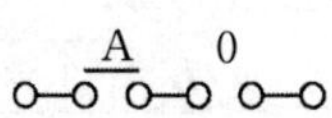	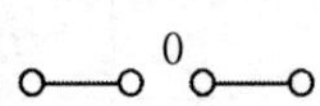	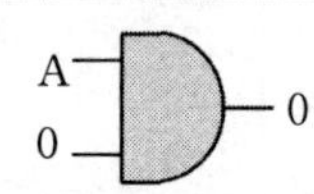

〈표 7.7〉의 법칙을 설명하면 다음과 같다.

- 1a〉 이 논리식은 OR 회로이다. 접점 *A*와 0의 병렬회로이며, 0은 항상 off이므로 이것은 접점 *A*만 있는 것과 같은 의미이다.
- 1b〉 이 논리식은 AND 회로이다. 접점 *A*와 1의 직렬회로이며, 1은 항상 on 상태이므로 이것은 접점 *A*만 있는 것과 같은 의미이다.
- 2a〉 이 논리식은 OR 회로이다. 접점 *A*와 1의 병렬회로이며, 1은 항상 on 상태 이므로 이것은 접점 *A*와 관계없이 1이 된다.
- 2b〉 이 논리식은 AND 회로이다. 접점 *A*와 0의 직렬회로이며, 0은 항상 off 상태이므로 이것은 접점 *A*와 관계없이 0이 된다.

2. 동일의 법칙

동일의 법칙에 관한 논리식, 접점회로, 논리회로를 〈표 7.8〉에 나타낸다. 〈표 7.8〉의 법칙을 설명하면 다음과 같다.

- 3a〉 이 논리식은 OR 회로이다. 두 접점 *A*의 병렬회로이므로 당연히 접점 *A*의 개폐는 동시에 행하여지므로 하나의 접점 *A*로 묶을 수 있다.

• 3b〉 이 논리식은 AND 회로이다. 두 접점 *A*의 직렬회로이며, 3a와 동일하게 동시에 *A*접점이 개폐되므로 하나의 접점 *A*로 묶을 수 있다.

〈표 7.8〉 동일의 법칙

		접점회로 좌	접점회로 우	논리회로
3a	A+A=A	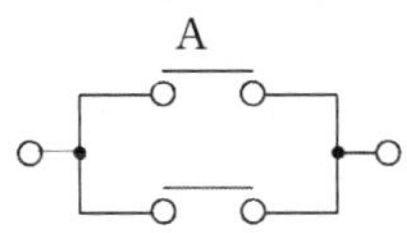	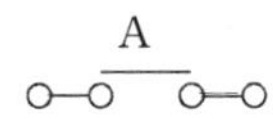	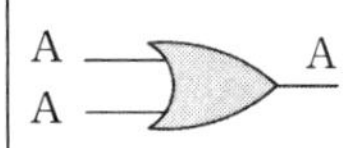
3b	A · A=A	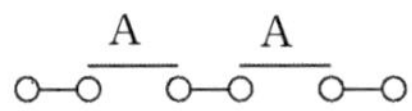	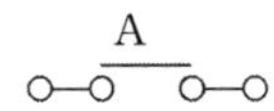	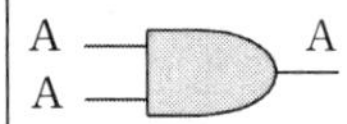

3. 부정의 법칙

〈표 7.9〉에 부정의 법칙에 관한 논리식, 접점회로, 논리회로를 나타낸다.

〈표 7.9〉 부정의 법칙

		접점회로 좌	접점회로 우	논리회로
4a	$A+\overline{A}=A$	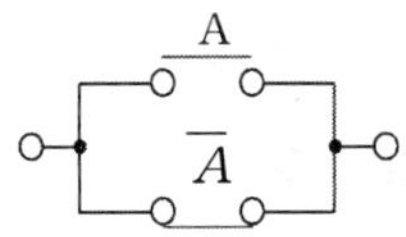	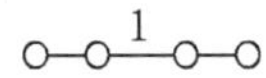	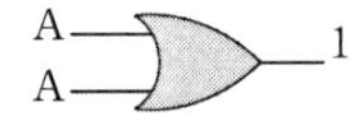
4b	$A\cdot\overline{A}=A$	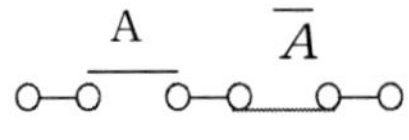	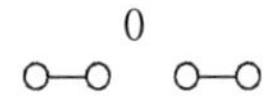	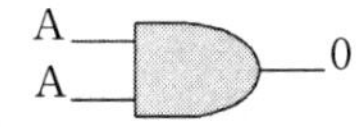

〈표 7.9〉의 법칙을 설명하면 다음과 같다.

• 4a〉 이 논리식은 OR 회로이다. 접점 *A*와 $\overline{A}$는 서로 역동작을 하므로, 이것을 병렬로 접속한 회로의 단자 사이에는 항상 on 되어 있는 상태 1이 된다.

• 4b〉 이 논리식은 AND 회로이다. 4a와 동등하게 서로 역동작을 하는 접점을 직렬로 접속한 회로의 단자 사이에는 항상 off 되어 있는 상태 0이 된다.

4. 교환의 법칙

교환의 법칙에 관한 논리식, 접점회로, 논리회로를 〈표 7.10〉에 나타낸다.

〈표 7.10〉 교환의 법칙

		접점회로		논리회로	
		좌	우	좌	우
5a	A+B=B+A	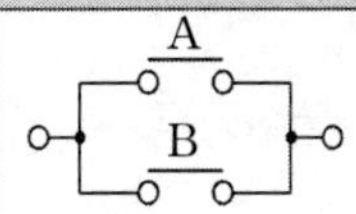	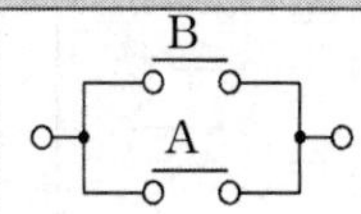	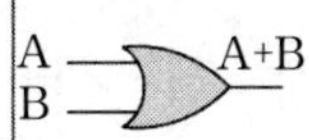	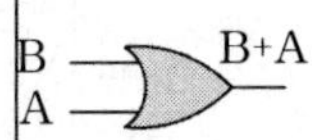
5b	A·B=B·A	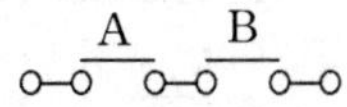	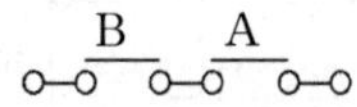	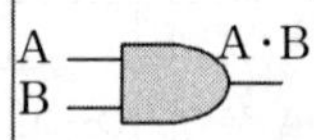	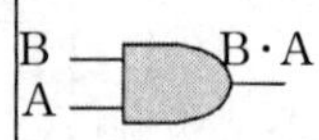

〈표 7.10〉의 법칙을 설명하면 다음과 같다.

- 5a〉 이 논리식은 **OR** 회로이다. 접점 ***A***와 ***B***의 병렬회로에서 접점 ***A***와 ***B***를교환하여도 단자 사이에서 본 동작은 변화가 없다.
- 5b〉 이 논리식은 **AND** 회로이다. 접점 ***A***와 ***B***의 직렬회로에서 접점 ***A***와 ***B***를 교환하여도 단자 사이에서 본 동작은 변화가 없다.

5. 결합의 법칙

결합의 법칙에 관한 논리식, 접점회로, 논리회로를 〈표 7.11〉에 나타낸다.

〈표 7.11〉 결합의 법칙

		접점회로		논리회로	
		좌	우	좌	우
6a	(A+B)+C =A+(B+C)	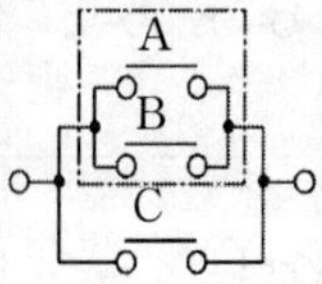	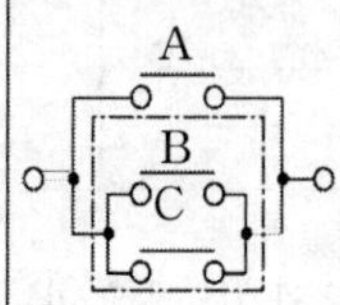	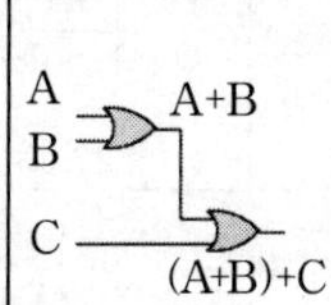	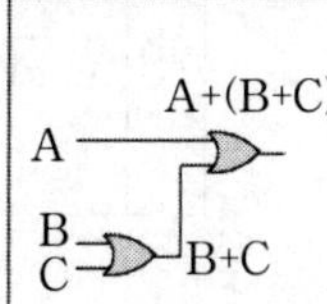
6b	(A·B) ·C =A·(B·C)	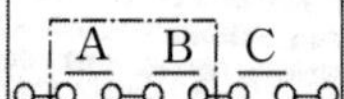	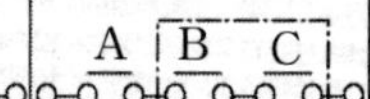	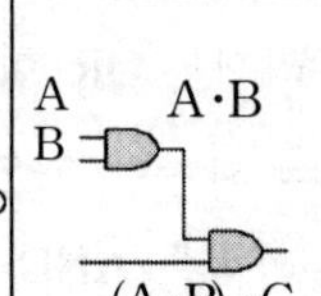	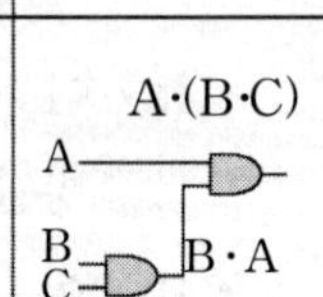

〈표 7.11〉의 법칙을 설명하면 다음과 같다.

- 6a〉 접점 *A*와 *B*를 병렬로 접속하면 중간출력으로 $A+B$를 얻을 수 있다. 여기에 접점 *C*를 병렬로 한 회로는 접점 *B*와 *C*를 병렬로 접속하여 중간출력으로 $B+C$를 얻은 것에 남은 접점 *A*를 병렬로 접속한 것과 동등하다.
- 6b〉 접점 *A*와 *B*를 직렬로 접속하여 중간출력 $A \cdot B$를 얻어 여기에 남은 접점 *C*를 직렬로 한 회로는 접점 *B*와 *C*를 직렬로 접속하여 중간출력 $B \cdot C$를 얻은 것에 남은 접점 *A*를 직렬로 접속한 것과 동등하다.

6. 분배의 법칙

분배의 법칙에 관한 논리식, 접점회로, 논리회로를 〈표 7.12〉에 나타낸다.
〈표 7.11〉의 법칙을 설명하면 다음과 같다.

- 7a〉 좌변의 $A \cdot B+A \cdot C$에 의해 *A*는 공통이므로 접점 *A*를 공통으로 한 우변의 회로와 동등한 회로이다.
- 7b〉 $(A+B) \cdot (A+C) = A \cdot A+A \cdot B+A \cdot C+B \cdot C$

$$
\begin{aligned}
&= (A+A)+A \cdot B+A \cdot C+B \cdot C \ (\because A \cdot A = A+A) \\
&= A+A \cdot C+A+A \cdot B+B \cdot C \\
&= A \cdot (1+C)+A \cdot (1+B)+B \cdot C \\
&= A+A+B \cdot C \ (\because (1+C)=1, (1+B)=1) \\
&= A+B \cdot C \ (\because A+A=A)
\end{aligned}
$$

〈표 7.12〉 분배의 법칙

		접점회로		논리회로	
		좌	우	좌	우
7a	A·B+A·C =A·(B+C)	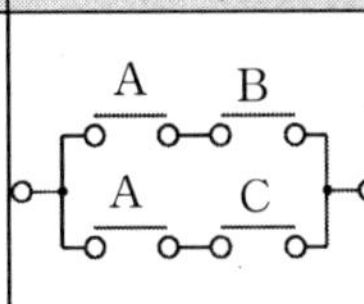	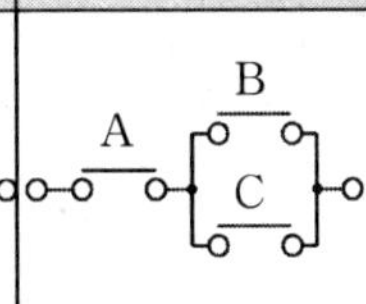	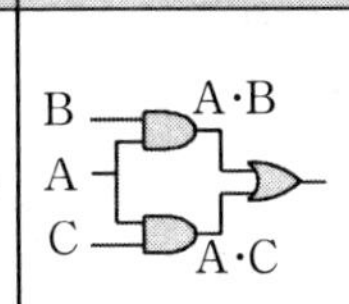	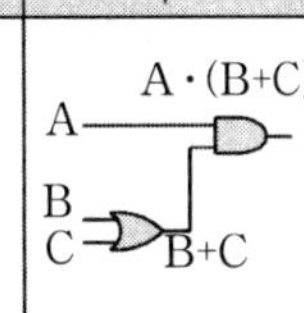
7b	(A+B)·(A+C) =A+B·C	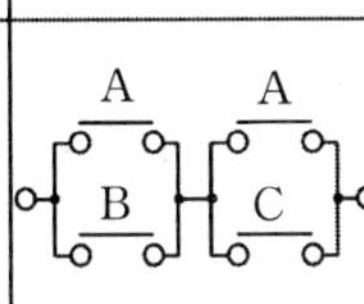	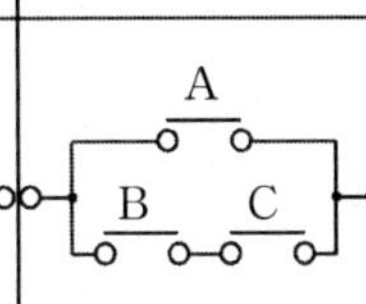	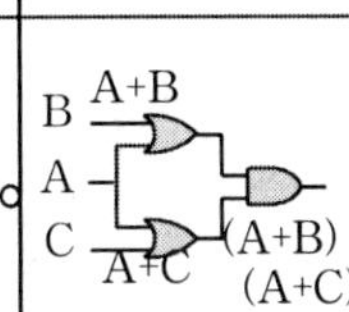	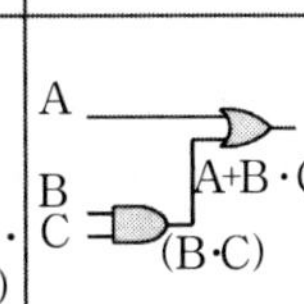

7. 흡수의 법칙

흡수의 법칙에 관한 논리식, 접점회로, 논리회로를 〈표 7.13〉에 나타낸다. 〈표 7.13〉의 법칙을 설명하면 다음과 같다.

- 8a〉 $A+A\cdot B=A\cdot(1+B)$

  $=A\ (\because (1+B)=1,\ (A\cdot 1)=A)$

- 8b〉 $A\cdot(A+B)=A\cdot A+A\cdot B$

  $=A+A\cdot B\ (\because A\cdot A=A)$

  $=A\cdot(1+B)$

  $=A\ (\because (1+B)=1)$

- 9a〉 $A\cdot\overline{B}+B=A\cdot\overline{B}+(A+1)\cdot B\ (\because (A+1)=1)$

  $=A\cdot\overline{B}+A\cdot B+B$

  $=A\cdot(\overline{B}+B)+B$

  $=(A+B)\ (\because (\overline{B}+B)=1)$

- 9b〉 $(A+\overline{B})\cdot B=A\cdot B+\overline{B}\cdot B$

  $=A\cdot B\ (\because \overline{B}\cdot B=0)$

〈표 7.13〉 흡수의 법칙

		접점회로		논리회로	
		좌	우	좌	우
8a	$A+A\cdot B=A$	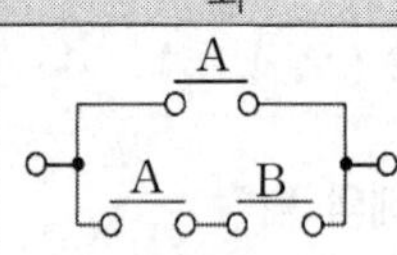	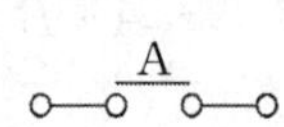	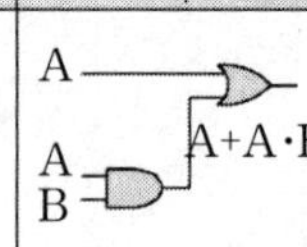	
8b	$A\cdot(A+B)$ $=A$	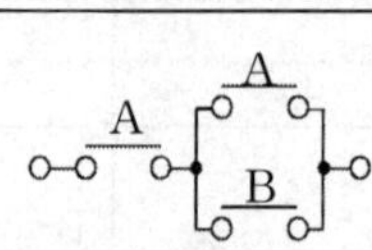	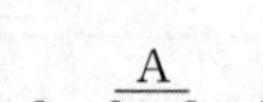	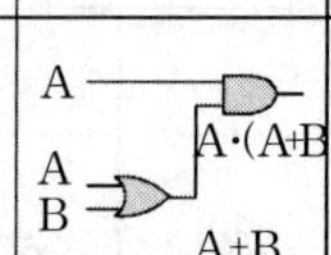	
9a	$A\cdot\overline{B}+B=$ $A+B$	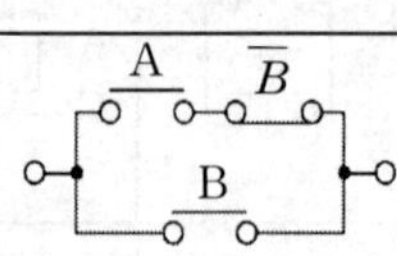	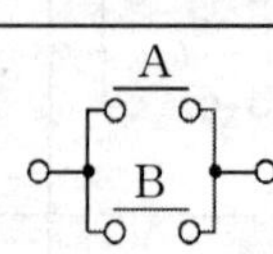	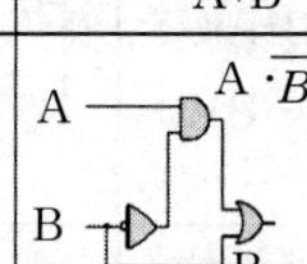	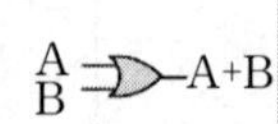
9b	$(A+\overline{B})\cdot B$ $=A\cdot B$	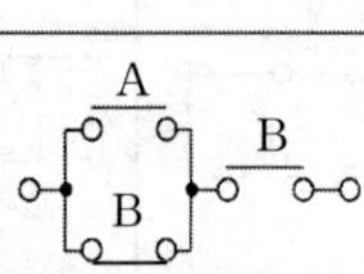	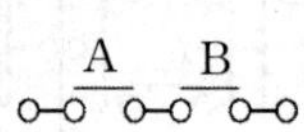	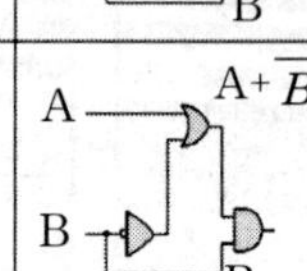	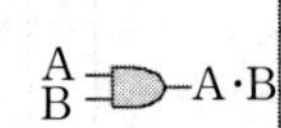

연습문제 1

다음 논리식을 증명하시오.

① $A \cdot (A+B+C)=A$

② $A+\overline{A} \cdot B=A+B$

문제풀이

① $A \cdot (A+B+C)=A \cdot A+A \cdot B+A \cdot C$

$=A+A \cdot B+A \cdot C \ (\because A \cdot A=A)$

$=A(1+B+C)$

$=A \cdot 1 \ (\because (1+B)=1, (1+C)=1)$

$=A \ (\because A \cdot 1=A)$

② $A+\overline{A} \cdot B=(1+B) \cdot A+\overline{A} \cdot B \ (\because (1+B)=1)$

$=A+A \cdot B+\overline{A} \cdot B$

$=A+B(A+\overline{A})$

$=A+B \ (\because (A+\overline{A})=1)$

연습문제 2

다음 식이 성립할 때의 *A*, *B*의 값을 구하시오.

$A \cdot \overline{0} \cdot \overline{B} \cdot 1=1$

문제풀이

$A \cdot \overline{0} \cdot \overline{B} \cdot 1=A \cdot 1 \cdot \overline{B} \cdot 1=1$

따라서 위의 식이 성립하기 위하여는 $A=1, \overline{B}=1$를 만족하여야 한다.

$\therefore A=1, B=0$

연습문제 3

다음 식을 간단히 계산하시오.

① $0+1+0+1$

② $\overline{1}+0+\overline{0}+1$

③ $\overline{1}+\overline{1}\cdot 0+0$

④ $1\cdot 0+\overline{1}\cdot\overline{0}+1\cdot 1+1$

문제풀이

① $0+1+0+1=1+1=1$

② $\overline{1}+0+\overline{0}+1=0+0+1+1=1+1=1$

③ $\overline{1}+\overline{1}\cdot 0+0=0+0\cdot 0+0=0$

④ $1\cdot 0+\overline{1}\cdot\overline{0}+1\cdot 1+1=1\cdot 0+0\cdot 1+1\cdot 1+1=0+0+1+1=1+1=1$

연습문제 4

[그림 7.13]의 릴레이 접점회로를 논리대수의 식으로 표시하여라.

그림 7.13 릴레이 접점회로

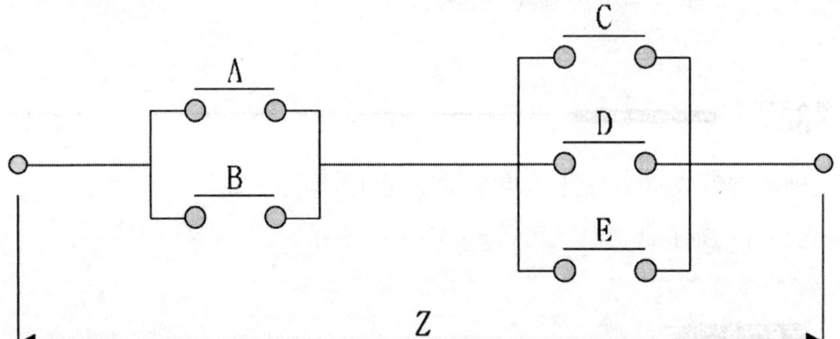

문제풀이

좌측의 A, B는 병렬회로이므로 $Z_1=A+B$

우측의 C, D, E 회로도 병렬이므로 $Z_2=C+D+E$

따라서, Z_1과 Z_2는 직렬회로이므로

논리대수 Z는

$$Z=Z_1\cdot Z_2=(A+B)\cdot(C+D+E)$$

연습문제 5

[그림 7.14]의 릴레이 접점회로를 논리대수를 이용하여 간단히 하시오.

그림 7.14 릴레이 접점회로

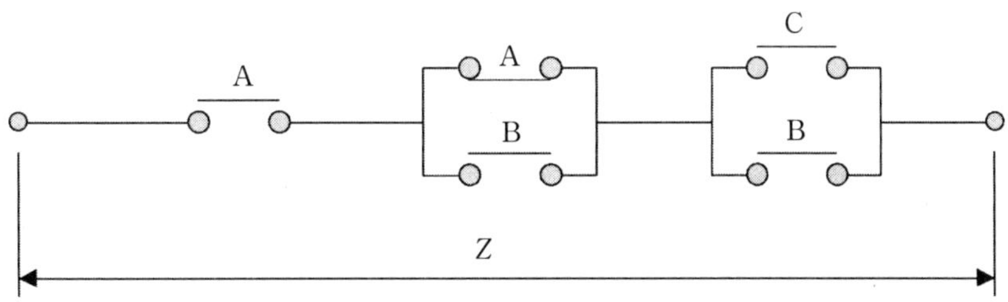

$Z = A \cdot (\overline{A} + B) \cdot (C + B)$

문제풀이

[그림 7.13]의 릴레이 접점회로를 논리대수로 표현하면

$Z = A \cdot (\overline{A} + B) \cdot (B + C)$

이것을 간단히 하면

$$
\begin{aligned}
Z &= A \cdot (\overline{A} + B) \cdot (B + C) \\
&= A \cdot (B + \overline{A} \cdot C) \quad (\because (A + B) \cdot (A + C) = A + B \cdot C) \\
&= A \cdot B + A \cdot \overline{A} \cdot C \\
&= A \cdot B \quad (\because A \cdot \overline{A} = 0, C \cdot 0 = 0)
\end{aligned}
$$

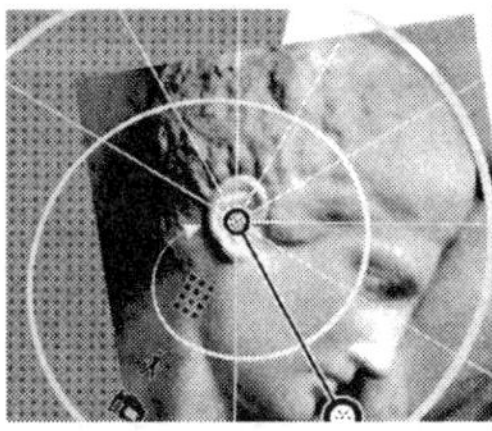

제 8 장 정보표현 형식

인간이 컴퓨터를 이용하려면 인간의 의사를 컴퓨터에 이해시켜 작업시킬 수 있는 방법이 필요하다. 하지만, 컴퓨터는 0과 1의 숫자만 인식하도록 개발되어 있기 때문에 인간의 언어나 숫자를 직접 컴퓨터에서 인식하도록 0과 1의 수사로 변경시키는 것이 필요하다.

따라서, 인간과 컴퓨터가 원활하게 정보를 교환하기 위하여 많은 노력이 경주되어왔다. 특히 컴퓨터는 미국에서 개발되었기 때문에 정보처리 방식에 대한 이해가 필요히디.

이 장에서는 인간과 컴퓨터가 원활하게 정보를 교환하기 위하여 주로 사용되는 2진수와 16진수에 대해 알아보고, 컴퓨터의 계산법에 대하여 살펴보기로 하자.

8.1 정보표현 형식

인간과 컴퓨터가 정보를 교환하는 방법에 대하여 생각해보기로 하자. 컴퓨터는 외부기기나 다른 컴퓨터 및 인간과 정보를 주고받기 위하여 문자와 숫자를 사용한다. 이들 문자와 숫자는 컴퓨터 내부에서는 0과 1의 형식으로 인식되는데 0인 경우는 전기가 흐르지 않는다. 1인 경우는 전기가 흐른다로 구분한다.

이러한 형식을 2진 코드라고 부르는데, 문자와 숫자는 표시형식도 다르고 사용 용도도 다르다.

문자의 경우에 공통으로 사용하는 것은 알파벳과 아라비아 숫자 그리고 부호이다. 컴퓨터는 미국에서 개발되어 널리 보급되었기 때문에 서로 다른 회사 컴퓨터의 상호 정보교환에 문제가 많이 발생하여 이러한 문제를 개선하기 위한 노력으로 표준화를 이루었다.

정보교환의 표준화 방법은 미국 정보변환 표준규격인 **ASCII(American Standard Code for Information Interchange)** 코드를 전세계적으로 통용하여 사용하고 있다.

ASCII 코드에서는 7개의 비트(bit)를 사용한다. 따라서 $2^7 = 128$ 종류의 문자, 숫자 및 특수기호를 나타낼 수 있다.

〈표 8.1〉 ASCII 코드

상위3비트 / 하위4비트	b_6 b_5 b_4	0 0 0	0 0 1	0 1 0	0 1 1	1 0 0	1 0 1	1 1 0	1 1 1
b_3 b_2 b_1 b_0		0	1	2	3	4	5	6	7
0 0 0 0	0 (0)	NUL	DLE	SP	0	@	P	″	p
0 0 0 1	1 (1)	SOH	DC1	!	1	A	Q	a	q
0 0 1 0	2 (2)	STX	DC2	″	2	B	R	b	r
0 0 1 1	3 (3)	ETX	DC3	#	3	C	S	c	s
0 1 0 0	4 (4)	EOT	DC4	$	4	D	T	d	t
0 1 0 1	5 (5)	ENQ	NAK	%	5	E	U	e	u
0 1 1 0	6 (6)	ACK	SYN	&	6	F	V	f	v
0 1 1 1	7 (7)	BEL	ETB	′	7	G	W	g	w
1 0 0 0	8 (8)	BS	CAN	(	8	H	X	h	x
1 0 0 1	9 (9)	HT	EM	)	9	I	Y	I	y
1 0 1 0	10[A]	LF	SUB	*	:	J	Z	j	z
1 0 1 1	11(B)	VT	ESC	+	;	K	[	k	{
1 1 0 0	12(C)	FF	FS	,	<	L	\	l	|
1 1 0 1	13(D)	CR	GS	_	=	M	]	m	}
1 1 1 0	14(E)	SO	RS	.	>	N	^	n	~
1 1 1 1	15(F)	SI	US	/	?	O	–	o	DEL

〈표 8.2〉 제어문자

약 어	의 미	약 어	의 미
NULL	NULL	DLE	Data Link Escape
SOH	Start of Heading	DC1	Device Control 1
STX	Start of Text	DC2	Device Control 2
ETX	End of Text	DC3	Device Control 3
EOT	End of Transmission	DC4	Device Control 4
ENQ	Enquiry	NAK	Negative Acknowledge
ACK	Acknowledge	SYN	Synchronous Idle
BEL	Bell	ETB	End of Transmission block
BS	Backspace	CAN	Cancel
HT	Horizontal Tab	EM	End of Medium
LF	Line Feed	SUB	Substitute
VT	Vertical Tab	ESC	Escape
FF	Form Feed	FS	File Separator
CR	Carriage Return	GS	Group Separator
SO	Shift Out	RS	Record Separator
SI	Shift In	US	Unit Separator
SP	Space	DEL	Delete

〈표 8.1〉에 ACSII 코드가 나타나 있다. 여기서 0~32와 128이 제어문자이고, 33~127까지가 표준문자이다. 〈표 8.2〉는 제어문자 34종류를 정리한 것이다. 제어문자는 정부 분류, 출력형태 제어 등 정보통신의 제어에 사용된다.

8.2 수의 표현 및 형식

인간이 일상생활에서 사용하는 숫자는 0~9의 조합으로 이루어진 10진수를 사용하고 있다. 하지만, 컴퓨터는 전기를 사용하기 때문에 전기가 흐르는지 흐르지 않는지를 구분하는 0, 1로 구성된 2진수를 사용한다.

대표적인 수의 체계를 살펴보면 일상생활에서 주로 사용하는 10진수, 16진수 등이 있고, 컴퓨터 내부에서 사용하는 2진수가 있다.

10진수는 0~9의 숫자로 구성되어 있고, 16진수는 0~15의 숫자로 구성되어 있으며, 2진수는 0, 1로 구성되어 있다.

각각의 진수는 가지고 있는 최대숫자가 진수보다 반드시 작음을 알 수 있다. 이러한 진수를 보다 일반적인 표현으로 표시해보기로 하자.

B진수로 자릿수가 n개인 수의 일반적인 표현은

$$C_{n-1}\ C_{n-2}\ C_{n-3}\ C_{n-4}\cdots C_1\ C_0\ C_{-1}\ C_{-2}\cdots C_{-m}\ \ /_B$$

라고 표기한다.

이것을 10진수로 나타내면

$$C_{n-1}\cdot B^{n-1}+C_{n-2}\cdot B^{n-2}+C_{n-3}\cdot B^{n-3}\cdots C_1\cdot B^1+C_0\cdot B^0+\cdots$$
$$C_{-m}\cdot B^{-m}\ \ /_{10}$$

256이라는 숫자를 가지고 표시할 수 있는 진수에 대하여 생각해보기로 하자.

256의 경우에는 6진수 이하는 진수 사용이 불가능하다. 왜냐하면 6이라는 숫자가 사용되었기 때문이다. 따라서, 사용 가능한 진수를 표기해보면 다음과 같다.

$$256/_7\ \ 256/_8\ \ 256/_9\ \ 256/_{10}\ \ 256/_{16}$$

이들 숫자를 10진수로 표기해보면 다음과 같이 계산할 수 있다.

$$256/_7=2\cdot 7^2+5\cdot 7^1+6\cdot 7^0=2\times 49+5\times 7+6\times 1=139/_{10}$$
$$256/_8=2\cdot 8^2+5\cdot 8^1+6\cdot 8^0=2\times 64+5\times 8+6\times 1=174/_{10}$$
$$256/_9=2\cdot 9^2+5\cdot 9^1+6\cdot 9^0=2\times 81+5\times 9+6\times 1=204/_{10}$$
$$256/_{16}=2\cdot 16^2+5\cdot 16^1+6\cdot 16^0=2\times 256+5\times 16+6\times 1=512+80+6$$
$$=598/_{10}$$

연습문제 1

다음의 수를 각각 10진수로 변환하시오.

① $134/_5$ ② $1011101/_2$ ③ $122/_3$

문제풀이

① $134/_5 = 1 \cdot 5^2 + 3 \cdot 5^1 + 4 \cdot 5^0 = 1\times25 + 3\times5 + 4\times1 = 25 + 15 + 4 = 44/_{10}$

② $1011101/_2 = 1 \cdot 2^6 + 0 \cdot 2^5 + 1 \cdot 2^4 + 1 \cdot 2^3 + 1 \cdot 2^2 + 0 \cdot 2^1 + 1 \cdot 2^0$

$= 1\times64 + 1\times16 + 1\times8 + 1\times4 + 1 = 93/_{10}$

③ $122/_3 = 1 \cdot 3^2 + 2 \cdot 3^1 + 2 \cdot 3^0 = 1\times9 + 2\times3 + 2\times1 = 9 + 6 + 2 = 17/_{10}$

상기의 예제에서 확인한 것처럼, $1011101/_2$와 같은 2진수 표기 수는 자릿수가 너무 많아서 표기하기 상당히 불편하다. 좀더 표기하기 쉬운 방법을 찾아보다가 인간이 인식하기 쉬운 진법표기에 대하여 관심을 가지게 되었다.

인간은 어떤 숫자를 가장 잘 인식할까? 이러한 문제는 많은 연구자들이 궁금해하는 문제였다. 동물학자들의 연구사례를 인용해보기로 하자.

까마귀는 3의 숫자를 인식할 수 있다고 한다. 시골마을에 까마귀 둥지가 전선 위에 설치되어 감전사고로 많은 문제를 야기하고 있다. 이 문제의 둥지를 치우기 위하여 낯선 인간이 까마귀 둥지 근처에 접근하면 까마귀는 경계신호를 보낸다.

얼마나 많은 사람이 왔는지 확인하기 위하여 1명이 접근해보았다. 까마귀는 경계신호를 보냈다가 사람이 사라지고 난 뒤에 경계해지 신호로 울음을 달리 울었다. 2명이 접근해보았다. 역시 까마귀는 같은 반응을 보였다. 3명이 접근했을 때도 역시 같은 반응을 보였다. 그런데 4명이 접근하여 1명을 남기고 3명이 사라지자 까마귀는 경계해지 신호를 보냈다.

이러한 실험으로부터 동물학자들은 까마귀는 3의 수를 인식할 수 있다는 것을 알 수 있었다.

인간의 경우는 어떨까? 까마귀와는 비교할 수 없을 정도로 고등생물이기 때문에 단순비교하기에는 많은 무리가 있다. 하지만, 동시에 얼마나 많은 수를 인식할 수 있을까를 확인해본다면 재미있는 사실을 알 수 있다.

우선 주머니에서 동전을 꺼낸다. 그리고 한 개씩 들어서 몇 개의 동전이 있는지 확인하는 실험을 해보자.

1개의 동전을 들면 우리는 1개인 것을 금방 알 수 있다. 2개의 동전을 들어도 마찬가지로 우리는 2개라는 사실을 한눈에 파악할 수 있다. 동전 3개를 들었을 경우도 마찬가지다. 동전 4개를 들었을 때도 동일한 반응을 느낄 수 있다. 하지만, 동전 5개를 들면 한눈에 파악이 어려워져서 반드시 세어봐야만 5개인 것을 확인할 수 있다는 사실을 알 수 있다. 왜냐하면, 인간은 한눈에 4개의 숫자를 동시에 파악할 수 있기 때문이다.

진수의 표기에 이러한 인간의 능력을 고려한다면 좀더 쉽게 숫자를 인식할 수 있을 것이다. 컴퓨터 내부에서 사용되는 2진수를 가지고 4개의 자리수로 표기할 수 있는 최대 숫자는 얼마일까?

$1111/_2$ 및 $111/_2$를 10진수로 계산해보기로 하자.

$$1111/_2 = 1\cdot 2^3 + 1\cdot 2^2 + 1\cdot 2^1 + 1\cdot 2^0 = 1\times 8 + 1\times 4 + 1\times 2 + 1\times 1$$
$$= 8 + 4 + 2 + 1 = 15/_{10}$$
$$111/_2 = 1\cdot 2^2 + 1\cdot 2^1 + 1\cdot 2^0 = 1\times 4 + 1\times 2 + 1\times 1 = 4 + 2 + 1 = 7/_{10}$$

$1111/_2$을 10진수로 계산하면 15이다. 또한, $111/_2$를 10진수로 계산하면 7이다.

인간이 한눈에 인식할 수 있는 최대 개수는 4개이기 때문에 4자리로 구성된 2진수를 최대로 표기하면 0~15의 숫자로 구성된 16진수를 사용할 수 있다. 16진수의 경우에는 4자리씩 구분하여 표기하면 인간이 쉽게 인식할 수 있다. 16진수를 표기할 때는 0~9의 숫자와 A~F의 6개 문자를 사용하며, A~F의 6개 문자는 10~15를 의미한다.

ASCII 코드에서 상위비트와 하위비트가 각각 4개와 3개의 자릿수로 구성된 것을 기억할 것이다. 그 이유는 컴퓨터에서 8비트의 데이터를 전송하는 데 맨처음 자리는 극성(polarity)를 나타내기 때문에 맨처음 자리를 제외한 7자리를 데이터 표시에 사용할 수 있다.

따라서 인간이 가장 잘 인식할 수 있는 4개 이하의 자릿수를 하나의 묶음으로 하여 상위비트 3자리, 하위비트 4자리로 구분하여 ASCII 코드에서는 7개의 비트(bit)를 사용한다. 따라서 $2^7 = 128$ 종류의 문자, 숫자 및 특수기호를 나타낼 수 있음을 알 수 있다.

연습문제 2

다음의 숫자를 8진수 및 16진수로 변환하시오.

① $1011101/_2$ ② $100.1011/_2$

문제풀이

① $1011101/_2 = 1\ 011\ 101 = 1\ 3\ 5 = 135/_8$

$1011101/_2 = 101\ 1101 = 5\ D = 5D/_{16}$

② $100.1011/_2 = 100.101\ 1 = 4.5\ 4 = 4.54/_8$

$100.1011/_2 = 100.1011 = 4.B/_{16}$

8.3 보 수

뺄셈이나 음수의 표현에서 보수(complement)가 사용된다. 보수란 개념은 특정 숫자에 나머지를 더하여 한 단위가 큰 수를 만들 때 필요한 수이다.

외국, 특히 백인들이 사는 나라를 여행해본 사람들은 물건을 구매하고 거스름돈을 받을 때 우리와 다른 계산법을 보고 신기해하거나 당황한 경험을 하게 된다. 백인들이 물건을 구매하는 경우를 가지고 보수의 개념을 이해해보도록 하자.

우리나라에서 7,500원짜리 물건을 구매하고 10,000원을 지불하면, 우리들은 2,500원 거스름돈을 뺄셈을 통하여 쉽게 인식하고 2,500원을 거슬러받는 것이 일상적인 생활이다.

하지만 미국이나 유럽에 가서 75달러짜리 물건을 구입하고 100달러를 지불하였다면, 카운터의 계산원은 다음과 같이 계산을 하면서 잔돈을 거슬러주게 된다. 손에 1달러를 하나씩 올려놓으면서 76달러, 77달러, 78달러, 79달러, 80달러를 그 다음에는 10달러짜리를 올려놓으면서 90달러, 100달러 이렇게 셈을 하면서 거스름돈을 지불한다.

두 사례의 경우를 살펴보면, 우리나라에서는 거스름돈을 계산할 때 뺄셈을 사용하지만, 미국이나 유럽과 같은 백인들은 보수의 개념을 이용하여 덧셈을 하면서 잔돈을 거슬러준다는 사실을 알 수 있다.

컴퓨터는 미국에서 개발되어 백인들의 사고가 그대로 적용되어 있기 때문에, 컴퓨터를 이용한 계산에서 덧셈은 수행하지만, 뺄셈은 보수의 개념을 이용하여 덧셈처럼 계산을 수행한다.

보수에는 제1보수와 제2보수가 있다. 좀더 일반적인 형태로 표시해보면, B진법에서 보수는 B의 보수와 (B-1)의 보수가 존재한다.

정수부 자릿수가 α, 소수부 자릿수가 β인 수 $N/_B$의 B의 보수 $CN_B/_B$와 (B-1)의 보수 $CN_{B-1}/_B$는 각각 다음과 같이 표현된다.

$$CN_{B-1}/_B = B^{\alpha} - B^{-\beta} - N/_B$$
$$CN_B/_B = B^{\alpha} - N/_B = CN_{B-1}/_B + B^{-\beta}$$

좀더 쉽게 설명해보면, 10진수에서 9의 보수는 각 자리의 값을 9에서 뺀 것과 같고, 2진수에서 1의 보수는 각 자리의 값을 1에서 뺀 것과 같다. 이것은 맨 마지막 숫자의 1을 뺀 것과 동일한 의미를 갖는다.

연습문제 1

① $27.5698/_{10}$과 ② $10011.1011/_2$의 보수를 계산하시오.

문제풀이

① $27.5698/_{10}$ 10의 보수 $10^2 - 27.5698 = 72.4302$

9의 보수 $10^2 - 10^{-4} - 27.5698 = 72.4301$

② $10011.1011/_2$ 2의 보수 $2^5 - 10011.1011 = 1100.0101$

1의 보수 $2^5 - 2^{-4} - 10011.1011 = 1100.0100$

8.4 소수점 표현

소수점을 표현하기 위하여 여러 가지 표현방법에 대하여 생각해보자.

−198.2305와 같은 방법으로 소수점을 표시할 수 있고, -0.1982305×10^3과

같은 방법으로 소수점을 표시할 수 있다.

−198.2305와 같은 표현방식으로 소수점을 표현하는 것을 고정 소수점(fixed point) 표현이라고 부르고, -0.1982305×10^3와 같은 방법으로 소수점을 표현하는 것을 부동 소수점(floating point) 표현이라 부른다.

고정 소수점 방식의 표현에서는 이러한 소수를 기계로 표현하기 위하여 부호부, 정수부, 소수부로 구별하여 −, 198, 2305와 같이 표현이 가능하고. 이러한 경우 −198.2305를 표현하기 위하여 8자리가 필요하다. 따라서, 정수부를 3자리, 소수부를 4자리로 고정시키면 표현 가능한 수의 범위는 −999.9999 ~ +999.9999이고, 표현가능한 최소크기, 다시 말해서 정밀도는 0.0001이다.

한편, 부동 소수점 방식의 표현으로 이 수를 나타내서 -0.1982305×10^3와 같이 표현한다면, 이러한 소수를 기계로 표현하기 위하여 유효수부, 지수부로 구분하여 각각 −1982305와 +3이 되어 모두 10개의 자리수가 필요하게 된다. 만약 유효수부 6자리, 지수부 2자리로 고정시키면 표현 가능한 수의 범위는 $-0.99999 \times 10^9 \sim +0.99999 \times 10^9$이고, 표현 가능한 최소크기, 다시 말해서 정밀도는 0.00001×10^0, 즉 0.00001이다.

수에는 정수 · 실수 · 소수 등이 있으며, 글자를 포함하여 이들 정보의 형태를 표현하는 데이터 처리방법이 컴퓨터마다 다르다. 자주 표현되는 정보의 형태에 대하여 각각의 컴퓨터에서 처리하는 데이터 길이를 비교해부았다.

〈표 8.4〉 데이터 형태와 컴퓨터 데이터 길이 비교

	PDP-11	VAX-11	IBM PC
글 자	8	8	8
정 수	16	32	16
실 수	32	32	32
소 수	64	64	64

8.5 BCD 코드 표기법

인간이 일상생활에서 사용하는 수는 10진수를 사용하고 있다. 하지만 컴퓨터는 내부에서 2진수를 사용하고 있기 때문에 인간이 컴퓨터에 숫자를 입력해서 계산을 수행하는 경우에 10진수를 2진수로 변경한 다음 계산을 수행하고, 그 수행결과를 다시 2진수에서 10진수로 변환하여 출력하는 과정을 거치게 된다.

이러한 방법은 컴퓨터의 사용을 상당히 불편하게 만든다. 특히 계산의 오류를 검색하는 경우, 2진수는 숫자가 많아서 오류를 범하기 쉽고 복잡하다.

이를 해소하기 위하여 도입한 개념이 BCD(Binary Corded Decimal)이다. 우리말로 다시 정리하면 2진화 10진수, 즉 10진수의 숫자를 2진수의 표기법을 사용하여 표기하는 것을 의미한다.

0~9까지의 수를 ASCII, BCD, 2진수 코드로 각각 비교하여 보았다.

〈표 8.5〉 ASCII, BCD, 2진수 코드 비교

	0	1	2	3	4	5	6	7	8	9
ASCII	30_{16}	31_{16}	32_{16}	33_{16}	34_{16}	35_{16}	36_{16}	37_{16}	38_{16}	39_{16}
BCD	0000	0001	0010	0011	0100	0101	0110	0111	1000	1001
2진수	0000	0001	0010	0011	0100	0101	0110	0111	1000	1001

연습문제 2

$36/_{10}$을 BCD 코드로 표시하고, 2진수로 표현하고 비교하시오.

문제풀이

$36/_{10}$를 BCD 코드로 표시하면

$36/_{10} = 0011 \quad 0110/_{BCD}$

$36/_{10}$을 2진수로 표시하면

2 | 36 -- 0

2 | 18 -- 0

2 | 9 -- 1

2 | 4 -- 0

2 | 2 -- 0

1

$36/_{10} = 100100/_2$

• 검산〉 $100100/_2 = 1\times2^5 + 0\times2^4 + 0\times2^3 + 1\times2^2 + 0\times2^1 + 0\times2^0 = 32 + 4 = 36/_{10}$

8.6 코드 변환

BCD 코드는 2진수에 비하여 10진수와 변환이 매우 간단하다. 따라서, 컴퓨터나 디지털 제어장비에 10진수를 입력할 때나 2진수 계산 결과를 10진수로 표시할 때 많이 이용한다. 이때 문자로 표현된 숫자를 컴퓨터 내부의 2진수 표시에서 화면에 10진수로 바꾸어 보여주기까지는 ASCII ⇔ BCD, BCD ⇔ 2진수 등의 변환이 필요하게 된다.

1. BCD ⇔ 2진수 변환

문자나 숫자를 인식한 뒤, 컴퓨터 내부에서 처리하기 위하여 ASCII ⇔ BCD, BCD ⇔ 2진수의 변환이 요구되는데 특히 BCD ⇔ 2진수의 변환에 대하여 살펴보도록 하자.

예를 들면 10진수 $123/_{10}$을 BCD 코드로 변환하면, $0001\ 0010\ 0011/_{BCD}$가 된다. 이 BCD 코드를 2진수로 변환하기 위하여 컴퓨터 프로그램에서 몇 단계의 절차를 거치게 된다.

1단계 : $BIN = 0$으로 가정한다.

2단계 : $BIN_i = (0 + N_1) \times 1010$

3단계 : $BIN_{ii} = (BIN_i + N_2) \times 1010$

4단계 : $BIN = BIN_{ii} + N_3$

단, 여기서 N_1은 BCD 코드의 100단위 값, N_2BCD 코드의 10단위 값, N_3는 BCD 코드의 1단위 값을 나타낸다.

위에서 언급한 $0001\ 0010\ 0011/_{BCD}$의 값을 2진수로 변환해보자.

1단계 : $BIN = 0$으로 가정한다.

2단계 : $BIN_i = (0 + 0001) \times 1010 = 1010$

3단계 : $BIN_{ii} = (1010 + 0010) \times 1010 = 1111000$

4단계 : $BIN = 1111000 + 0011 = 1111011$

2. 2진수 ⇔ BCD 변환

이와 반대로 2진수값을 BCD로 나타내려면 다음과 같은 절차에 의하여 BCD 코드값이 구해진다.

1단계 : $BIN \div 1010 = A_i \cdots B_i$ [N_3]

2단계 : $A_i \div 1010 = A_{ii} \cdots B_{ii}$ [N_2]

3단계 : $A_{ii} \div 1010 = 0 \cdots B_{iii}$ [N_1]

$1111011/_2 = 0001\ 0010\ 0011/_{BCD}$임을 증명해보기로 하자.

1단계 : $1111011 \div 1010 = 1100 \cdots 0011$ [N_3]

2단계 : $1100 \div 1010 = 0001 \cdots 0010$ [N_2]

3단계 : $0001 \div 1010 = 0 \cdots 0001$ [N_1]

$\therefore\ 1111011/_2 = 0001\ 0010\ 0011/_{BCD}$

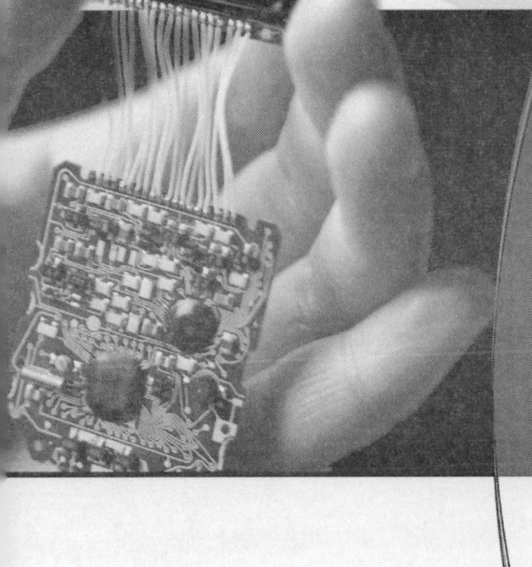

제Ⅲ편

기구학의 이해

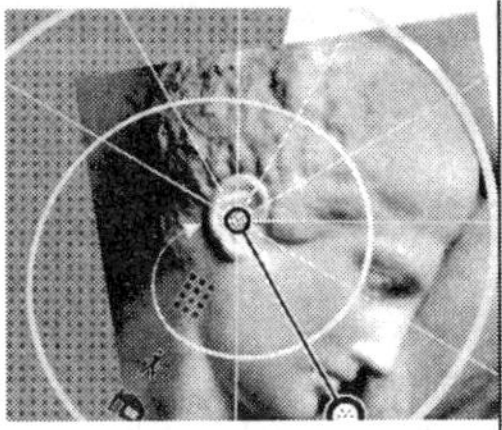

제 9 장 기구와 운동

동력을 전달하기 위해 많은 기구가 개발되고 이용되어왔다. 기구는 설계자가 새로운 기계장치를 개발할 때 가장 먼저 고려해야 하는 분야이다. 하지만 우리는 기계와 기구에 대하여 명확히 구분하기는 매우 어렵다. 따라서 기구란 무엇인가 명확한 정의가 필요하다.

이 장에서는 기계하도가 기계장치 설계에 반드시 필요한 기구의 개념을 확립하기 위하여 기계의 정의를 살펴보고, 각종 기구의 특징에 대하여 알아본 다음, 기구운동에 대한 정의를 살펴보기로 하자.

9.1 기구학의 목적

기계공학에는 기계를 구성하는 재료를 취급하는 금속재료학이나 기계구성 부품의 강도를 계산하는 재료역학, 기계의 설계방법을 취급하는 기계설계학, 기계가공을 취급하는 기계공작법, 공작기계 등 그 연구범위가 대단히 광대하다.

기구학도 기계공학의 한 분야로서 기계를 구성하는 각 부분의 운동, 즉 변위

(displacement), 속도(velocity), 가속도(acceleration) 등이나 그 구성부분의 형상을 설계하고, 조합방법을 취급하는 학문이다. 특히 기계의 운동부분만을 취급하는 분야를 기계운동학(konematics)이라 부르고, 일반적으로 양쪽을 모두 포함하는 분야를 기구학(mechanism)이라 부른다.

기구학의 연구방법으로는 기계 각 부위의 형상과 조합방법이 알려져 있을 때 그 운동상태가 어찌 되는가를 연구하는 것과, 필요한 운동을 일으키기 위하여 기계 각 부위의 형상 및 부품의 조합을 어떻게 구성할 것인가를 연구하는 것이다.

따라서 기구학은 기계 설계자가 새로운 기계를 설계하거나 개발하고자 할 때, 제일 먼저 고려되어야 할 분야이다.

9.2 기계의 정의

현대 산업사회는 기계문명이 고도로 발달되고 자동화되어가고 있기 때문에 기계문명의 혜택을 가장 많이 받으면서 생활하고 있다. 하지만 "기계란 무엇인가?"라는 질문에 쉽게 답하기는 어렵다.

기계의 정의에는 여러 가지 표현이 있다. 루울로(Felix Relueaux)는 "기계란 몇 개의 저항체(resistant)의 조합으로 상호 제한된 관계운동을 하며, 에너지를 공급받아 유효한 일을 수행하는 것"이라고 정의하였다. 이것을 현대적인 정의로 다시 풀어보면 다음의 조건을 만족하면 기계라고 할 수 있다.

- 몇 개의 물체 또는 부품의 조합으로 구성되어 있을 것
- 기계를 구성하는 물체는 저항력이 있을 것
- 각 부분의 운동은 제한이 되어 있을 것
- 공급받은 에너지를 변환하여 유효한 일을 수행할 것

사례를 살펴가며 기계의 정의를 보도록 하자. 우선 망치(hammer)나 톱(saw)의 경우에는 철과 나무의 조합이지만, 상호 관계운동이 없기 때문에 기계라고 말하지는 않는다. 철제로 만들어진 다리의 경우에도 많은 철과 콘크리트 및 수

많은 부품으로 구성되어 있지만, 상호 관계운동이 없기 때문에 기계라고 하지 않고 구조물(structure)이라 부른다.

저항력이라는 표현을 살펴보자. 지구상의 모든 물체는 고유 저항력을 다 가지고 있다고 하지만, 모두를 기계라고 하지는 않는다. 예를 들면, 로프(rope)는 압축력이 작용하는 부분에 사용하면 아무런 역할도 하지 못하지만, 인장력이 작용하는 부분에 사용하면 기계의 한 구성부품이 될 수 있다.

마지막으로 시계의 경우 각부의 상대운동을 수행하고 에너지를 공급받아 일을 하고 있지만, 유효한 일을 수행하는 것이 아니고 인간의 지각을 보조하는 업무를 수행하므로 기계라고 하지 않고 기구라 부른다.

이상의 4가지 조건을 고려한다면 기계는 반드시 다음과 같은 4가지 부분을 구비하여야 한다.

- 외부로부터 에너지를 받아들이는 부분
- 받은 에너지를 전달 또는 변형하는 부분
- 유효한 일을 수행하는 부분
- 이상의 3부분을 관계위치에 유지시키고 정지된 부분

이상과 같은 조건을 만족시키는 기계의 예를 살펴보면, 대표적인 기계로 가솔린 엔진이나, NC 공작기계 같은 것을 들 수 있다.

기계의 각 부분에 전달하는 힘은 고려하지 않고, 그 운동이 기계와 같이 제한되어 있어서 운동의 전달과 변환만을 수행하는 기계구조의 모형을 생각하는 것을 기구(mechanism)라 한다.

이와 같이 생각할 때, 기계의 각 부분은 선으로 나타낼 수가 있고, 기계의 운동은 이들의 기하학적 도형의 운동을 생각하면 되므로 기계운동의 기하학적 모양이 기구라고 말할 수 있다.

그림 9.1 미끄럼 크랭크 기구

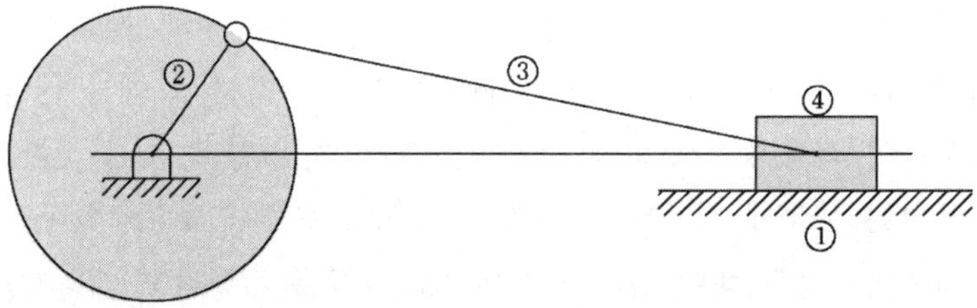

예를 들면, 가솔린 엔진에서 크랭크 축, 연결봉, 피스톤, 실린더의 기구를 생각하면 [그림 9.1]과 같은 도형이 된다.

[그림 9.1]에서 ①은 실린더, ②는 크랭크 축, ③은 연결봉, ④는 피스톤을 나타내는 미끄럼 크랭크 기구가 된다.

9.3 요소와 짝

기계를 서로 구성하고 있는 각각의 최소단위 부분을 요소(element)라 하고, 서로 접촉하면서 상대운동을 하는 요소의 한 쌍의 조합을 짝(pair)이라 한다. 이때 각 접촉부분을 짝요소(pairing element)라 한다.

예를 들면, [그림 9.2]와 같이 같은 축 A가 베어링(bearing) B 속에서 회전할 경우 축과 베어링은 짝을 이룬다고 하고, 이때에 축 및 베어링을 따로따로 생각하면 요소라 말할 수 있다.

그림 9.2 요소와 짝

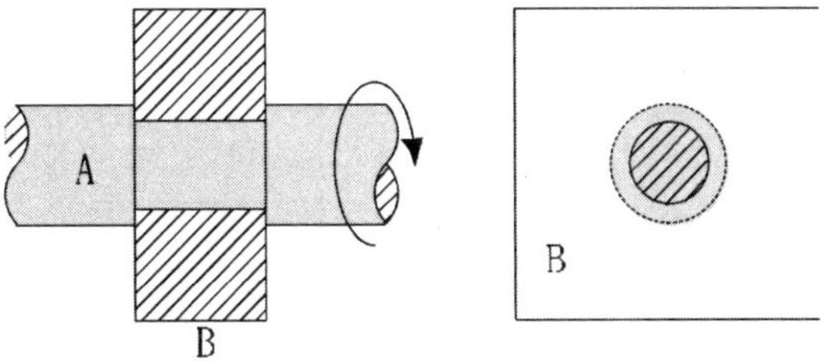

1. 불한정 짝과 한정 짝

짝을 이루고 있는 2개의 요소 사이의 관계운동은 요소가 짝을 이룬 상태에 따라서 결정되는 것으로 항상 2개의 요소가 접촉하며, 여러 가지 운동을 할 수 있는 방법과 단 한 가지의 한정된 운동을 할 수 있는 방법이 있다.

예를 들면, 둥근 축이 원형구멍을 가진 판에 끼워져 서로 짝을 이루고 있을 때, 둥근 축은 회전운동과 축방향의 미끄럼 운동을 할 수 있다. 이와 같이 상호 접촉이 유지되지 않거나 2가지 이상의 운동을 할 수 있는 짝을 불한정 짝(unclosed pair)이라 한다.

그러나 둥근 축 대신에 사각형 축을 사용하면, 축은 회전운동은 할 수 없고, 다만 축방향 미끄럼 운동만 할 수 있게 된다. 이와 같이 한 가지 운동만을 할 수 있도록 제한된 짝을 한정짝(closed pair)이라 한다.

2. 짝의 종류

짝의 종류는 2개의 요소의 접촉상태에 따라서 〈표 9.1〉과 같이 분류할 수 있다. 면으로 상호접촉이 이루어지는 짝을 면짝이라 하고, 점이나 선으로 상호접촉이 이루어지는 짝을 선짝 혹은 점짝이라 한다.

〈표 9.1〉 짝의 종류

분 류	접촉 방법	종 류	예
면짝	면접촉	회전짝	미끄럼 베어링과 저어널
		미끄럼짝	선반 베드와 에어프론
		나사짝	밸브 몸체와 핸들 나사부
		구면짝	베벨기어
선짝 · 점짝	점접촉	점짝	볼 베어링의 볼과 레이스
	선접촉	선짝	캠과 종동절

9.4 링크와 연쇄

1. 링크의 정의

2개 또는 그 이상의 요소의 짝으로 운동이나 힘을 전달시키는 저항체를 **링크(link)**라 한다. [그림 9.3]은 몇 개의 연결점을 가지고 있는 링크를 나타낸다.

2개의 연결부위를 가진 링크를 2짝 링크(binary link), 또는 간단히 링크라 부르고, 3개의 연결부위를 가진 링크를 3짝 링크(ternary link), 4개의 연결부위를 가진 링크를 4짝 링크(quaternary link)라 한다.

2개 이상의 요소가 짝을 이루는 몇 개의 링크를 연결하여 고리모양의 결합체를 이룬 것을 **연쇄(chain)**라 한다. 그러므로 동일 물체이면서도 짝일 때는 요소라 하지만, 연쇄에서는 링크라 부른다.

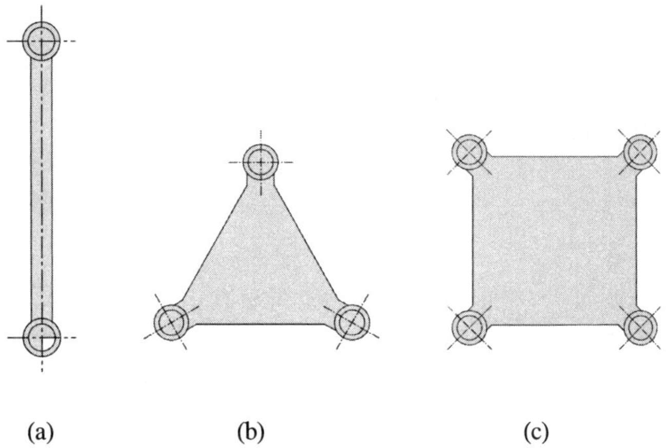

그림 9.3 여러 가지 링크

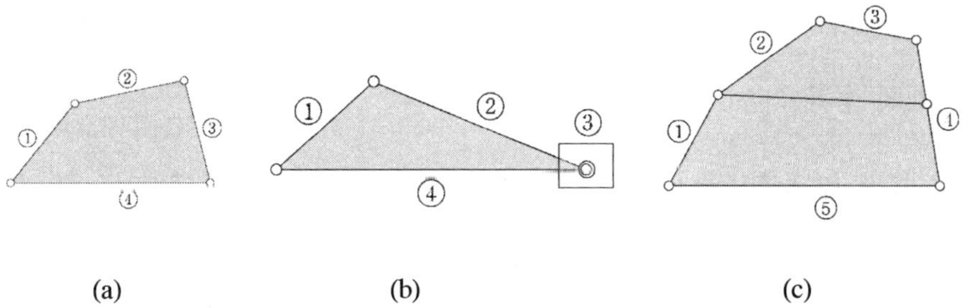

그림 9.4 링크와 연쇄

[그림 9.4](a)는 4개의 링크로 구성되어 있고, 그 링크는 양 끝에 회전짝을 가지고 있다. [그림 9.4](b)는 회전짝와 미끄럼짝을 가지고 있다. 이와 같이 1개의 링크에 2개의 링크 기능을 가지고 있는 경우를 단순 링크(simple link)라 부른다. [그림 9.4](c)의 ④는 3개의 회전짝으로 되어 있다. 이와 같이 3개 이상의 링크 요소를 가지고 있는 링크를 복합 링크(compound link)라 한다.

2. 링크의 표시방법

기구를 구성하는 각 링크의 운동은 링크의 치수와 형상에는 관계가 없고, 링크 상호간의 위치에 관계된다. 그러므로 링크의 표시를 간단한 방법으로 한다면, 링크 상호간의 운동을 이해하는 데 매우 편리할 것이다.

이와 같은 이유 때문에 회전짝의 경우 ○, 미끄럼짝의 경우 □, 점짝의 경우 △으로 표시하면 링크의 취급이 편리하다.

그림 9.5 링크의 표시방법

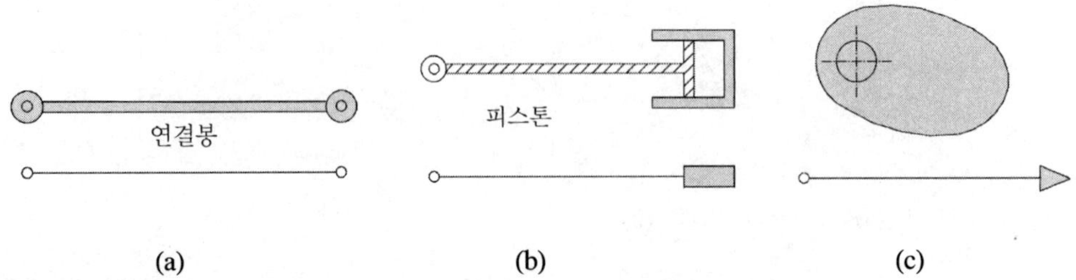

[그림 9.5](a)는 회전으로 구성된 링크를 나타내고, (b)는 회전짝과 미끄럼짝을 나타내며, (c)는 회전짝과 점짝으로 되어 있는 것을 나타낸다.

3. 연쇄의 종류

연쇄는 링크의 운동에 의하여 다음과 같이 3가지로 분류된다.

(1) 고정연쇄

연쇄를 이루는 링크 사이에 상대운동이 전혀 존재하지 않는 연쇄를 고정연쇄(locked chain)라 한다.

그림 9.6 고정연쇄

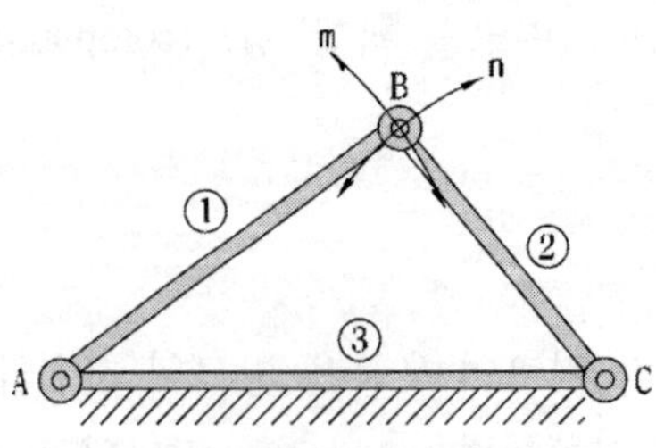

[그림 9.6]에서 3개의 링크가 회전짝으로 연결된 연쇄에서 링크 ③이 고정되어 있을 때, 회전짝 B의 상대운동이 가능하다면, 링크 ①은 A를 중심으로 회전운동을 하고, 링크 ②는 C를 중심으로 회전운동을 수행하여야 가능하다. 하지만, 이러한 운동이 불가능하므로 각 링크에 대한 상대운동은 존재하지 않는다.

이러한 링크는 외력을 받아도 각 링크가 상대운동을 할 수 없기 때문에 간단한 구조물이라 할 수 있다. 트러스(truss) 구조와 같이 가장 견고한 구조물이 이러한 구조를 가지고 있다.

(2) 한정연쇄

한정연쇄(constrainted chain)란 연쇄를 이루고 있는 한 개의 링크에 운동을 주면, 나머지 링크들은 모두 한정된 일정한 운동을 하는 연쇄를 말한다.

그림 9.7 한정연쇄

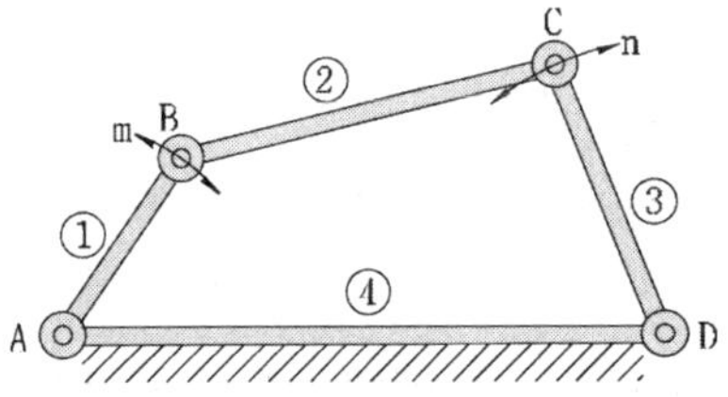

[그림 9.7]과 같이 4개의 링크로 구성된 연쇄에서 링크 ④가 고정되었다면, 링크 ①에 속하는 짝 B의 운동은 짝 A를 중심으로 원호상의 운동만을 수행하고, 링크 ③에 속하는 짝 C의 운동은 짝 D를 중심으로 원호상의 운동만으로 한정되어 있다.

그리고, 짝 B와 짝 C 사이의 거리는 링크 ②의 길이이므로 일정하고, 짝 B의 임의위치에 대한 짝 C의 위치는 단 한 곳뿐이므로 이 연쇄는 한정연쇄이다.

기계의 정의에서도 밝힌 바와 같이, 기계에 사용되는 각종의 기구는 모두 이와 같이 한정된 운동을 하는 한정연쇄가 최소한 한 개는 존재하여야 하므로, 기구학에서 이와 같은 한정연쇄는 상당히 중요한 것이다.

3. 불한정연쇄

불한정연쇄(unconstrained chain)란 연쇄를 구성하고 있는 한 개의 링크에 운동을 가하면, 나머지 링크는 두 개 혹은 그 이상의 운동이 존재할 수 있는 연쇄를 나타낸다.

그림 9.8 불한정연쇄

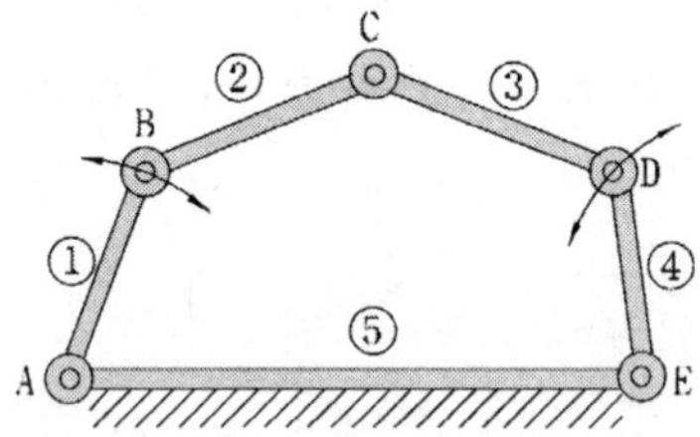

[그림 9.8]과 같이 5개의 링크로 구성된 연쇄에서 링크 ⑤를 고정하면, 짝 B와 D는 각각 짝 A와 E를 중심으로 원호상을 운동하도록 운동이 제한된다.그러나, 짝 B와 D 사이의 거리가 일정하지 않으므로 어느 범위 내에서 짝 C는 통제를 받지 않고 위치를 변경하므로 한정된 운동을 수행하지 않는다. 따라서 이와 같은 연쇄는 불한정연쇄이다.

기계는 한정연쇄가 되어야 한다. 따라서, 이와 같은 불한정연쇄에 몇 개의 링크를 삽입하여 한정연쇄로 만들 수 있다. 링크를 변경함으로써 다른 종류의 기구를 만드는 것을 연쇄의 교체(inversion of chain)라 부른다.

9.5 자 유 도

1. 짝의 자유도

기구의 운동을 생각할 때 몇 가지 운동을 어떻게 하는가 조사하는 것을 자유도(degree of freedom)라 한다. 예를 들면, 전후로 왕복운동을 하는 경우 자유도는 1, 좌우로 왕복운동을 하는 경우 자유도는 1, 어떤 방향으로 이동하거나 회전하는 경우 자유도는 1이 된다.

특히 짝의 성질은 그 짝을 구성하고 있는 2개의 요소의 상대운동에 의하여 결정된다. 짝을 이루고 있는 한쪽 요소를 고정하고 짝의 구속조건에 의하여 다른 쪽의 요소를 움직일 때의 자유도를 짝의 자유도라고 부른다.
짝의 자유도는 다음과 같다.

- 회전짝의 자유도는 1이다.
- 미끄럼짝의 자유도는 1이다.
- 회전 미끄럼짝의 자유도는 2이다.

예를 들면서 짝의 자유도를 살펴보기로 하자. 나사짝의 자유도는 얼마인가? 나사의 피치가 유한할 때의 자유도는 1이다. 그 이유는 나사는 회전운동과 직진운동을 동시에 수행하므로 자유도가 2인 것으로 생각하기 쉽지만 구속이 있는 회전운동을 하기 때문에, 이 경우 자유도는 1로 취급한다. 하지만 나사의 피치가 무한할 경우, 자유도는 2이다. 왜냐하면, 나사 피치가 무한하다는 것은 나사가 없다는 것을 의미하기 때문에 구속이 없는 회전운동과 미끄럼 왕복운동이 가능하기 때문이다.

2. 평면 운동기구의 자유도

자유도를 안다는 것은 그 기구가 움직이는 여부를 판단할 수 있기 때문에 자유도를 계산하는 것은 설계에서 매우 중요한 것이다. 그러나, 자유도는 그 기구가 평면에서 운동을 수행하는지, 공간상에서 운동을 수행하는지 여부에 따라서 계산방법이 다르다. 이번에는 평면에서의 자유도를 구하여보자.

기구를 구성하는 모든 링크가 동일평면이든지, 또는 그것에 평행한 평면에 구속되어서 운동하는 기구를 평면 운동기구라 부른다. 이 평면 운동기구의 자유도를 구하여보자.

한 개의 기구를 구성하는 링크의 수를 N이라 하고, 자유도 $f(1, 2)$로 되는 짝이 각각 P_f개만큼 존재한다고 할 때, 이 연쇄의 자유도 F를 구하고, 이 평면 운동기구의 자유도에 의한 연쇄의 판별관계를 조사하여보자.

조사하는 순서는 다음과 같다.

① 평면 내를 운동하는 링크의 자유도는 전후로 왕복운동하는 자유도가 1, 좌우로 왕복운동하는 자유도가 1, 평면 내를 회전운동하는 자유도가 1, 합하여 자유도는 3이다.

② N개의 링크 중에서 한 개는 고정되므로, 만일 $(N-1)$개의 링크가 평면적으로 연결되지 않고 제멋대로 운동을 수행한다면, 그 자유도는 $3(N-1)$이다.

③ 이들 중에서 2개의 링크를 자유도 f인 짝으로 결합시키면, 자유도는 $(3-f)P_r$만큼 감소한다.

④ 따라서, 평면 운동기구의 자유도 F는 $f=1$, 2로 하여 다음과 같이 된다.

$$
\begin{aligned}
F &= 3(N-1) - \sum_{f=1}^{f=2} P_f(3-f) \\
&= 3(N-1) - [P_1(3-1) + P_2(3-2)] \\
&= 3(N-1) - 2P_1 - P_2 \qquad (1)
\end{aligned}
$$

식 (1)을 그뤼블러(Grübler)의 연쇄 판별식(criterion of constraint)이라 한다. 이 식을 이용하여 평면 운동기구의 자유도가 1 이상이면 그 기구는 움직이고, 1 미만이면 그 기구는 움직이지 않는다.

자유도가 1인 운동기구를 결정적 기구라 부르고, 자유도가 2 이상에서 유한인 기구를 준결정적 기구라 하고, 자유도가 무한대인 것을 비결정적 기구라 한다. 〈표 9.2〉는 평면 운동기구의 자유도와 연쇄의 판별을 나타낸다.

〈표 9.2〉 평면 운동기구의 자유도와 연쇄의 판별

자유도	기구의 상태
0	운동기구는 움직이지 않는다. (고정연쇄)
1	운동기구는 가동으로서 결정적 기구. (한정연쇄)
2 이상	운동기구는 가동으로서 준결정적 기구. (불한정연쇄)
무한대	운동기구는 가동으로서 비결정적 기구. (불한정연쇄)

연습문제 1

[그림 9.9]와 같은 간단한 평면 4링크 기구에서 이 기구는 결정적 기구이고, 자유도는 1임을 증명하시오.

그림 9.9 평면 4 링크기구의 자유도

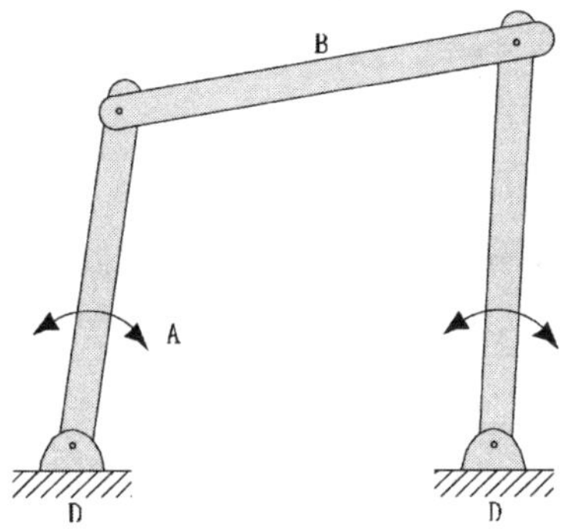

문제풀이

링크 A를 회전시키면 링크 C는 제한된 운동을 수행함을 알 수 있다. 실제로 식 (1)을 이용하여 계산을 하면, 링크 $N=4$, 짝은 자유도 1인 회전짝이 4개이므로 $P_1=4$, 자유도 2인 짝은 존재하지 않으므로 $P_2=0$이다.

따라서, $F=3(N-1)-2P_1-P_2$

$=3(4-1)-(2\times4+0)=1$

∴ 기구의 자유도가 1이고, 결정적 기구이다.

3. 공간 운동기구의 자유도

기계를 구성하고 있는 요소가 평면 운동기구의 조건을 만족시키지 못하는 운동기구를 공간 운동기구라 한다. 공간 운동기구에 대한 짝의 자유도는 다음 순서로 구한다.

① 공간 내를 자유로이 운동하는 링크의 자유도는 6이다. 이것은 전후, 좌우, 상하 3방향 운동의 자유도와 전후 축, 좌우 축, 상하 축 주위를 회전하는 자유도 3개를 합하여 6 자유도가 된다.

② N개의 링크 중에서 한 개는 고정되므로, 미결합 상태의 링크를 자유로이 공간운동시키면, 기구 전체의 자유도는 $6(N-1)$이 된다.

③ 자유도 f인 짝에 의하여 자유도는 $(6-f)$만큼 감소하므로, P_f개의 자유도는 f인 짝에 의하여 $(6-f)P_f$만큼 감소한다.

④ 따라서, 공간 운동기구의 자유도 F는

$$F = 6(N-1) - \sum_{f=1}^{f=2}(6-f)P_f$$
$$= 6(N-1) - (5P_1 + 4P_2 + 3P_3 + 2P_4 + P_5) \quad (2)$$

따라서, 공간 운동기구가 결정적 기구, 즉 자유도가 1인 기구로 되기 위해서는 식 (2)의 조건식에 $F=1$을 대입하여 다음과 같이 되어야 한다.

$$F = 6(N-1) - \sum_{f=1}^{f=5}(6-f)P_f = 1$$

$$6N - \sum_{f=1}^{f=5}(6-f)P_f = 7 \quad (3)$$

식 (3)은 결정적 공간 운동기구가 되기 위한 조건으로서 짝과 링크의 관계를 나타낸다.

연습문제 2

기구 전체의 짝의 자유도가 1인 회전짝이고, [그림 9.10]과 같은 링크기구가 결정적 공간 운동기구가 될 수 있도록 링크의 수를 결정하시오.

그림 9.10 회전짝으로 구성된 공간 운동기구

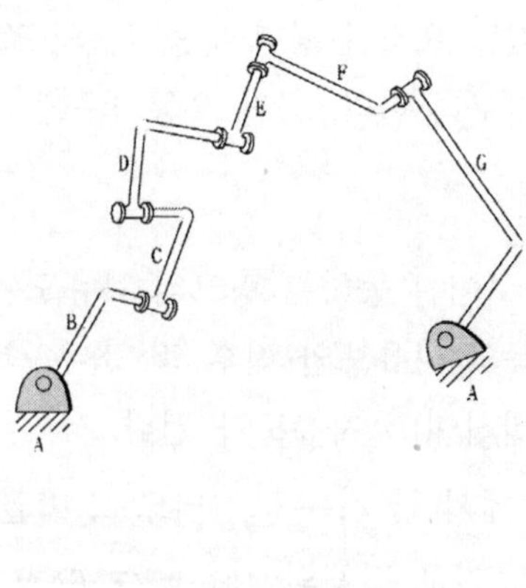

문제풀이

「그림 9.10」에서 회전짝(P_1)의 수 와 링크 수 [N]는 동일하므로 $P_1=N$

짝의 자유도 $f=1$과 $P_1=N$을 식 (3)에 대입하면

$$6N-(6-1)N=7$$

$$\therefore N=7$$

따라서, [그림 9.10]의 링크기구가 결정적 공간 운동기구가 되기 위하여는 링크 수가 7개로 구성되어야 한다.

9.6 기계운동과 전달

1. 기계의 운동

기계의 어느 부분이 시간이 경과함에 따라 그 위치를 바꾸는 것을 운동이라 한다. 운동을 수행하는 점의 위치를 계속하여 연결하면, 점의 괘적(locus)을 얻게 된다. 이러한 괘적을 표시하기 위하여 3개의 좌표가 필요할 때, 이 점은 공간운동을 수행한다고 하고, 2개의 좌표만으로 표시할 수 있는 운동을 수행할 때 이러한 운동을 평면운동이라 한다. 또한, 1개의 좌표만으로 표시할 수 있는 운동을 수행할 때 이 운동을 직선운동이라 한다.

운동을 크게 분류하여 보면 평면운동, 나선운동 그리고 구면운동으로 구분할 수 있다.

(1) 평면운동

운동을 수행하는 모든 점이 항상 하나의 평면 위를 이동하는 운동을 평면운동이라 한다. 평면운동은 운동하는 물체가 괘도를 따라서 평면 위를 미끄럼 운동하는 것과 같은 병진운동과 그 평면에 직각인 회전축의 둘레를 회전하는 회전운동으로 구분할 수 있다.

병진운동에는 직선운동과 곡선운동이 있다. 예를 들면, 미끄럼짝으로 이루어진 운동은 병진운동에 속하고, 기어 · 풀리 등과 같은 회전운동에 속한다.

평면운동에 대한 요소의 짝은 거의 모두 미끄럼짝이나 회전짝을 이루는 경우가 많아서, 대부분의 기계운동은 거의 모두 평면운동이라 생각하여도 별 지장이 없다.

(2) 나선운동

운동하는 물체가 한 축의 둘레를 회전하는 동시에 그 축 방향으로 이동하는 운동으로 두 가지 운동이 조합되어 행하여지는 운동이다. 물체의 각 점은 공간상에서 나선을 그리면서 운동한다.

대표적인 나선운동은 나사이며, 회전과 직선운동이 상호 일정비율로 이루어진다.

(3) 구면운동

공간을 운동하는 물체 내부의 각 점이 어떤 고정점에서 항상 일정한 거리를 가지고 움직이는 운동을 구면운동이라 한다.

예를 들면, 경사진 롤러 베어링(tapered roller bearing)에서 롤러의 운동은 구면운동을 하는 대표적인 예이다.

그림 9.11 구면운동의 예

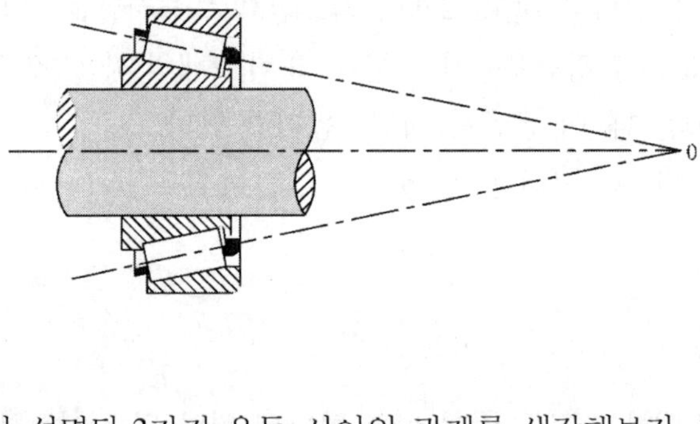

이상에서 설명된 3가지 운동 사이의 관계를 생각해보자. 나사운동에서 축방향의 병진성분이 0이 되면 회전운동만 존재하는 평면운동이 된다. 만일 회전성분이 0이 되거나 병진성분이 무한대가 되면, 직선운동을 하는 평면운동이 된다. 또한, 구면운동에 있어서 고저점으로부터의 거리가 무한대가 되면 이 운동도 역시 평면운동이 된다.

2. 기계운동의 전달

기구를 구성하고 있는 링크 중에서 제일 먼저 에너지를 공급받아 움직이는 링크를 구동절(driver)이라 하고, 구동절에 의하여 움직이는 링크를 종동절(follower)이라 한다.

구동절에서 종동절로 운동을 전달하는 방법으로 마찰차(friction wheel), 캠(cam), 기어(gear) 등과 같이 구동절과 종동절 2개의 링크가 직접 접촉하여 운동을 전달하는 방법이 있고, 벨트(belt), 체인(chain), 로프(rope) 등과 같이 유연상을 갖는 중간매개절로 하여 운동을 전달하는 방법이 사용되기도 하고, 연결봉과 강성절의 중간매개절로 운동을 전달하는 피스톤 크랭크 기구와 같이 매개절이 존재하여 간접적으로 운동을 전달하는 방법이 있다.

위에서 설명한 기계의 운동방법을 요약하면 〈표 9.3〉과 같다.

〈표 9.3〉 기계운동의 전달방법

전달방법	종 류	사 례
직접접촉 (direct contact)	구름접촉	마찰차
	미끄럼접촉	캠
	구름접촉과 미끄럼접촉을 같이 적용	기어
중간매개절 (intermediate connector)	강성매개절	링크장치
	유연매개절	벨트, 로프, 체인
	유체매개절	유체기계
공간 전달	전자기	모터

9.7 순간중심

1. 순간중심의 정의

평면운동을 수행하는 물체가 임의의 순간에 존재하는 위치는 기준평면에 평행한 단면에 대하여 임의의 2점으로 결정할 수 있다.

예를 들면, 호수 위의 보트 위치를 결정하기 위하여 우리는 호수에 평행한

보트의 임의의 단면 2점과 육지의 2개의 기준점을 결정하면 보트의 위치를 구할 수 있다. 또한, 2점 대신에 2점을 연결한 직선을 사용할 수도 있으므로, 보트의 평면운동은 보트의 평행단면에서 그은 직선의 평면운동에 의하여 표시할 수 있다.

그림 9.12 순간중심

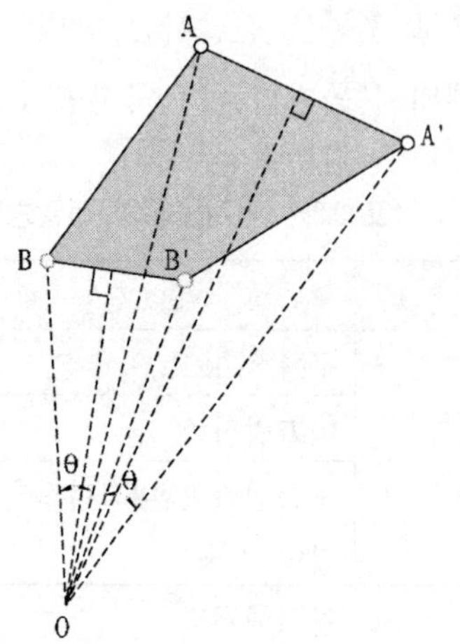

[그림 9.12]에서 물체 AB가 운동하여 작은 시간 후에 $A'B'$의 위치로 이동하였다면, A와 A'및 B와 B'를 연결하고, 그 수직이등분선의 교차점을 O라 하면, $\triangle OAA'$와 $\triangle OBB'$는 이등변삼각형이므로

$$\overline{OA}=\overline{OA'},\ \overline{OB}=\overline{OB'},\ \overline{AB}=\overline{A'B'}$$
$$\triangle OAB=\triangle OA'B'$$
$$\angle AOB=\angle A'OB'$$
$$\therefore \angle AOA'=\angle BOB'=\theta \quad (4)$$

O를 중심으로 하여 물체 AB가 $A'B'$의 새로운 위치로 이동하였다면, 결국 이 운동은 O를 중심으로 θ만큼 회전운동한 것이 된다.

이와 같이 물체의 평면운동은 모두 어느 순간에 어떤 점을 중심으로 한 회전운동이라 생각할 수 있다. 따라서, 어느 순간에 있어서 회전운동의 중심이 되는 점을 순간중심(instantaneous center)이라 부른다.

[그림 9.13]과 같이 순간중심 O를 중심으로 회전하는 각속도를 ω, 점 A와 점 B의 선속도를 각각 v_A, v_B라 하면, $v_A = \omega \cdot \overline{OA}$, $v_B = \omega \cdot \overline{OB}$가 되고, $v_A \perp \overline{OA}$, $v_B \perp \overline{OB}$와의 관계가 성립한다.

그림 9.13 순간중심과 속도

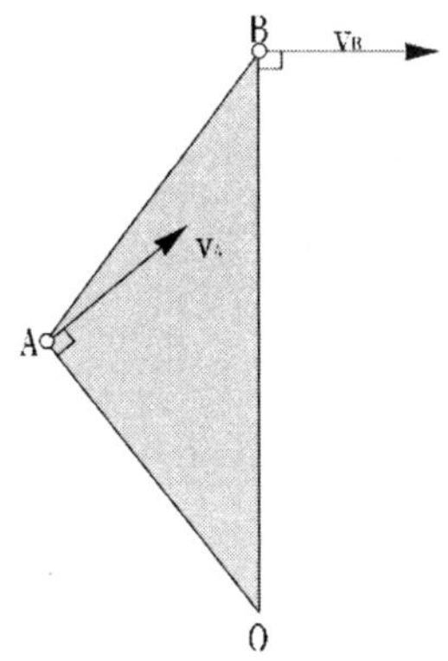

따라서, 물체의 포함되어 있는 2점의 위치와 선 속도의 방향을 알고 있으면, 물체의 순간중심 위치는 그 2점의 속도벡터에서 세운 수직선의 교차점이 된다.

2점 A, B의 속도관계를 생삭해보면

$$\frac{v_A}{v_B} = \frac{\omega \cdot \overline{OA}}{\omega \cdot \overline{OB}} = \frac{\overline{OA}}{\overline{OB}} \tag{5}$$

따라서 2점 A, B의 속도는 각각 순간중심에서의 거리에 비례한다. 또한, 각속도 ω는 다음과 같다.

$$\omega = \frac{v_A}{OA} = \frac{v_B}{OB} \tag{6}$$

그리고 속도의 방향은 각각 순간중심에서의 거리 $\overline{OA}$, $\overline{OB}$에 직각방향으로 순간중심 O를 중심으로 하여 회전방향과 동일한 방향으로 속도방향이 있다.

그러므로 순간중심은 그 순간에 있어서 2개의 물체 사이에 상대운동이 없는 점이다.

그림 9.14 구름운동의 순간중심

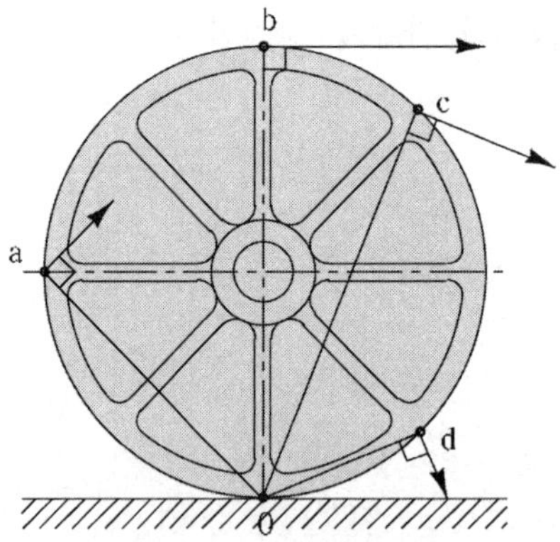

[그림 9.14]와 같이 바퀴 A가 평면 B를 일정한 각속도로 굴러갈 때, A와 B의 순간중심은 상대운동이 없는 점 O가 될 것이다.

2. 순간중심의 위치

순간중심의 위치는 동일 평면상에서의 물체의 2점에 대한 속도가 주어지면 결정된다.

(1) 임의의 속도를 가진 2개의 링크의 순간중심

그림 9.15 임의의 속도를 가진 2개의 링크의 순간중심

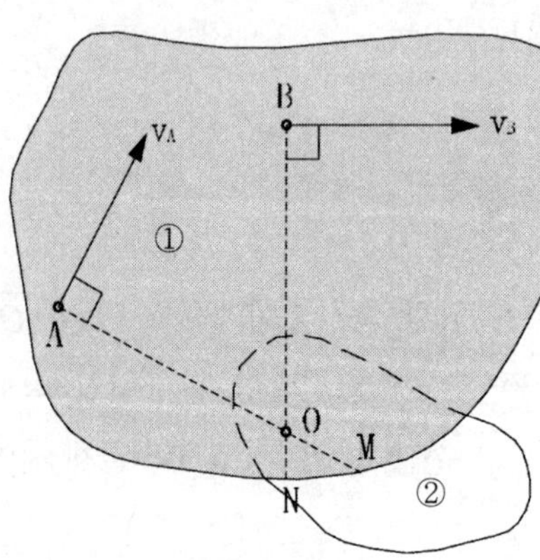

링크 ① 위의 임의의 점 A, B의 상대편 링크 ⓜ에 대한 속도를 각각 v_A, v_B라 하면, 그 순간에 A점은 v_A의 수직선 $\overline{AM}$ 위의 한 점을 중심으로 하여회전하고, B점은 v_B의 수직선 $\overline{BN}$ 위의 한 점을 중심으로 하여 회전하려 할 것이다. 따라서, 그 수직선의 교점 O가 링크 ①, ②의 순간중심이다.

(2) 2개의 링크가 회전짝을 이루는 경우

링크 ①과 링크 ②가 회전짝으로 되어 있는 경우, 그 짝을 이루는 점이 2개의 링크에 대한 영구중심이 되고, 이 영구중심은 2개의 링크에 대한 영구 순간중심이 된다.

그림 9.16 2개의 링크가 회전짝을 이루는 경우

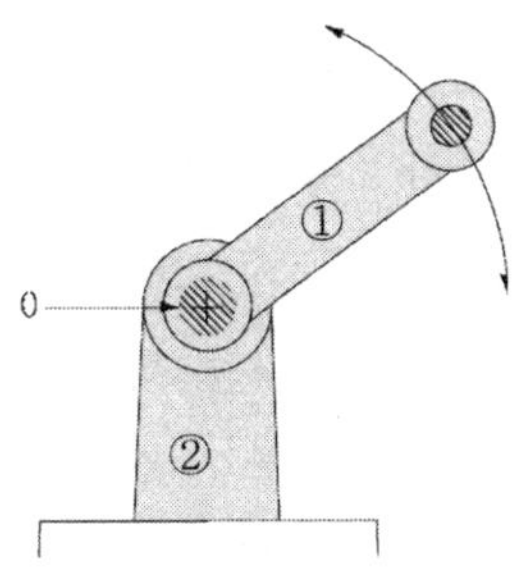

(3) 한 물체가 다른 물체에 관하여 직선운동을 하는 경우

사각물체 ①이 마주보는 평판 사이 ② 안에서 미끄럼 운동을 수행하는 경우, 그 순간중심은 무한대에 있다. 물체 ① 위의 2점 A, B를 잡고, 그 운동방향에 수직한 직선 $\overline{KL}$ 및 $\overline{MN}$을 그었을 때, 이들 두 선은 평행하여 영원히 교차하지 않으므로 그 순간중심은 무한대에 있다.

그림 9.17 직선운동의 순간중심

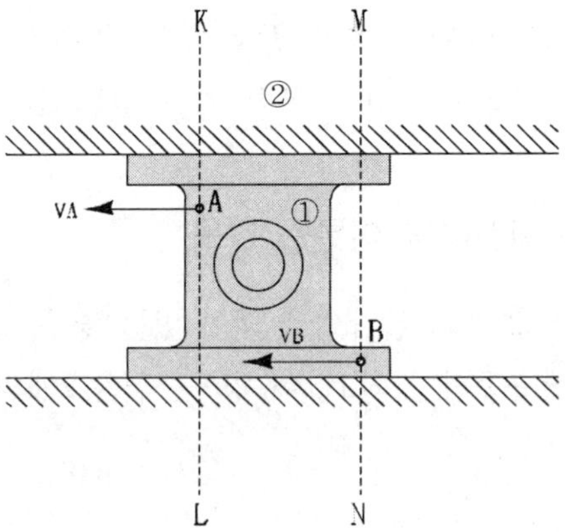

(4) 한 물체 위의 2점의 운동방향이 같고, 속도가 다른 경우

물체 ① 위의 점 A와 B가 운동방향이 같고, 그 속도가 다른 경우에는 A와 B의 2점에서 운동방향에 수직선을 그으면 겹쳐지기 때문에 순간중심이 구해지지 않으나, 물체 위에 존재하는 모든 점의 속도 크기는 회전중심으로부터 반지름에 비례하기 때문에 점 A와 B의 속도 벡터의 끝을 연결하고, 점 A와 B의 연결선과의 교점 O를 구하면 이 점이 순간중심이 된다.

그림 9.18 속도가 다른 직선운동의 순간중심

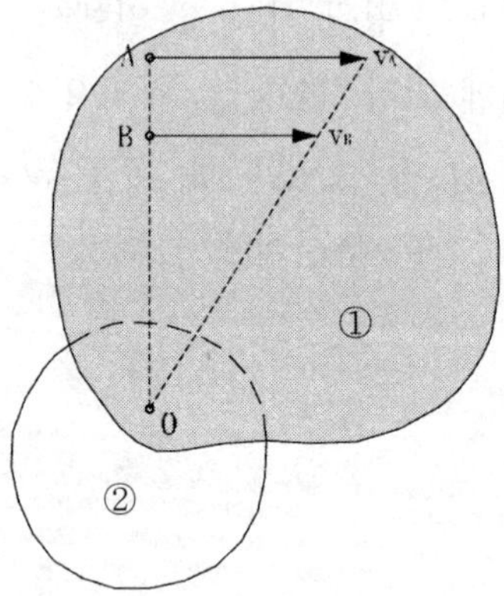

(5) 두 물체가 서로 미끄럼운동을 하는 경우

물체 ①과 ②가 항상 접촉을 유지하고 있는 상태에서 서로 미끄럼 운동을 하고 있을 때, 순간중심은 접촉점의 공통접선 XY에 수직한 공통법선 KL선 위에 있다.

그림 9.19 미끄럼 운동의 순간중심

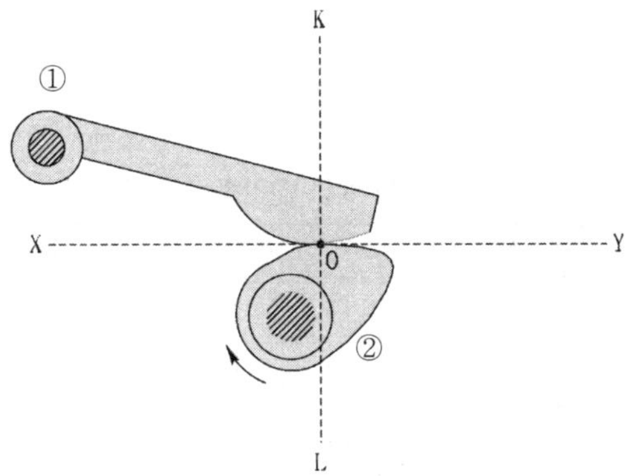

(6) 한 물체가 다른 물체의 표면 위에서 구름운동을 하는 경우

물체 ②에서 물체 ①이 구름운동을 하는 경우에 그 순간중심은 접촉점이 된다. 따라서, 이 O점에서는 두 물체 사이의 상대운동은 존재하지 않는다.

그림 9.20 구름운동의 순간중심

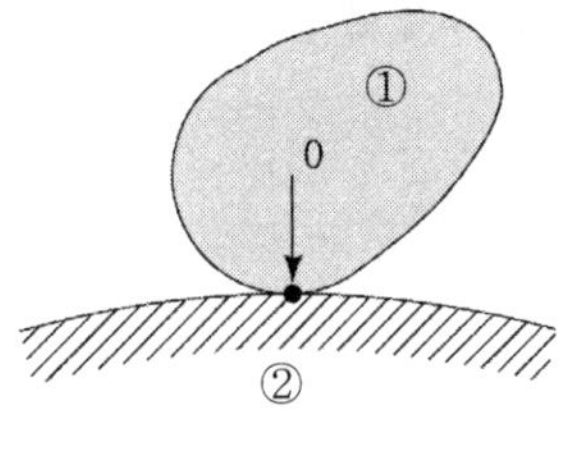

3. 순간중심의 수

2개의 링크가 서로 다른 상대운동을 하는 경우에 이들 사이에 반드시 한 개의 순간중심이 존재한다. 따라서, N개의 링크로 이루어진 연쇄의 링크 사이에 상대운동이 존재하는 경우 2개의 링크를 한 쌍으로 하는 조합의 수만큼 순간중심이 존재하여야 한다.

N개의 링크로 이루어진 연쇄에 대한 순간중심의 총수 S는

$$S = nC_2 = \frac{n(n-1)}{2!} = \frac{n(n-1)}{2} \tag{7}$$

만일, 링크 5개로 이루어진 연쇄가 있다면, 이 연쇄의 순간중심의 총수는

$$S = \frac{5(5-1)}{2!} = \frac{5 \times 4}{2} = 10$$

가 된다.

〈표 9.4〉 순간중심의 수

링크 번호	①	②	③	④	⑤
순간중심 번호	O_{12}	O_{23}	O_{34}	O_{45}	
	O_{13}	O_{24}	O_{35}		
	O_{14}	O_{25}			
	O_{15}				

2개씩의 링크가 이루는 순간중심의 번호는 〈표 9.4〉와 같이 하면 쉽게 찾을 수 있다. 〈표 9.4〉에서 O_{12}는 링크 ①과 링크 ②가 이루는 순간중심의 번호가 된다. 이것을 [그림 9.21]과 같이 5각형을 그려가면서 찾을 수도 있다. 이것은 하나의 원주를 링크의 수만큼 등분한 뒤에 각 점을 ①~⑤로 잡고, 각 점들을 빠짐없이 연결하면 양 끝의 숫자가 2개 링크 사이의 순간중심의 번호를 나타낸다.

그림 9.21 순간중심의 수

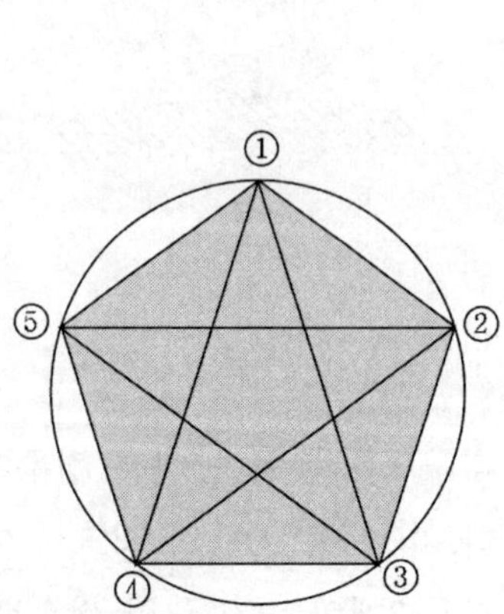

4. 순간중심의 정리

서로 상대운동을 하는 3개의 링크 사이의 순간중심은 항상 일직선상에 위치하여야 한다. 이것을 3순간중심의 정리 또는 케네디 정리(kennedy's theorem)라 한다.

예를 들어 살펴보면, 2개의 링크로 구성된 연쇄 중에서 임의의 링크 ①, ②, ③을 선택하여 링크 ①과 ②의 순간중심을 O_{12}로 표시하고, 각 링크 사이에 작용하는 상대운동의 순간중심을 구해보면, O_{12}, O_{23}, O_{13}의 3개의 순간중심이 있다. 이들 3개의 순간중심이 [그림 9.23](a)와 같은 위치라고 가정하자.

그림 9.23 3순간중심의 정리(케네디 정리)

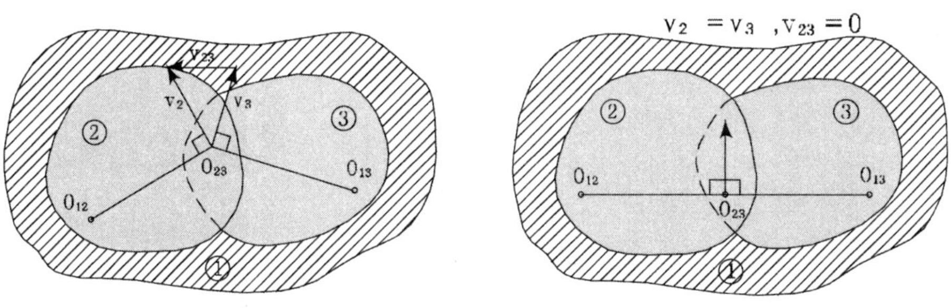

(a) (b)

링크 ①을 고정시키면, 링크 ②는 ①에 대하여 O_{12}를 순간중심으로 하여 회전운동을 하고, 링크 ③은 O_{13}을 순간중심으로 하여 회전운동을 한다.

따라서 O_{23}을 링크 ② 위의 점이라고 가정하면, O_{12}와 O_{23}을 연결하는 직선인 속도 v_3를 가져야 한다. 그런데 O_{23}는 링크 ②와 ③ 사이의 상대운동의 순간중심이므로, 이 점에서 링크 ②와 ③ 사이의 상대속도는 0이 되어야 한다. 그러므로 O_{23}점에서 링크 ②와 ③ 사이의 상대속도 v_2와 v_3는 크기와 방향이 일치하지 않으면 안 된다.

속도 v_2와 v_3가 일치하기 위하여는 [그림 9.23](b)와 같이 O_{23}는 O_{12}와 O_{23}을 연결하는 일직선상에 위치하여야만 한다.

이 3순간중심의 정리는 순간중심을 구하는 데 매우 유용하게 사용된다.

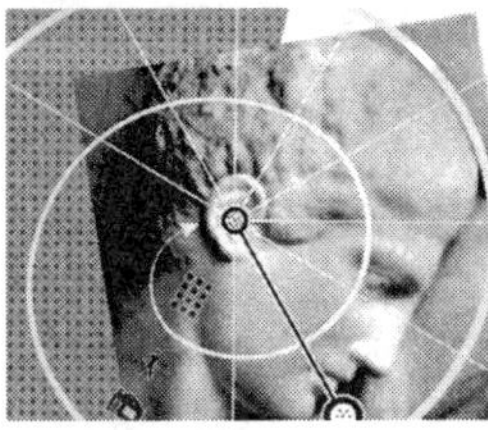

제 10 장 링크 기구

운전자가 자동차의 핸들을 조작하면, 바퀴가 핸들에 따라서 방향을 변경하는 것을 볼 수 있다. 이렇게 원하는 방향으로 바퀴의 방향을 변경시키기 위하여 몇 개의 부품을 서로 연결시켜야 하는데 그것을 링크라 부른다. 그리고 그러한 링크가 제한된 운동을 수행하게 되면 링크 기구라고 부른다.

이 링크 기구는 일상생활의 많은 부분에 적용되고 있기 때문에 링크 기구의 특징을 잘 파악하는 것은 매우 중요하다.

이 장에서는 링크 기구의 종류, 특징, 운동해석 및 사용분야에 관하여 자세히 살펴보기로 하자.

10.1 링크 기구의 개요

1. 링크 기구의 의미

강성의 링크를 조합하여 회전이 자유롭게 될 수 있도록 핀 결합 또는 미끄럼 짝으로 하여 한정된 상대운동을 수행하도록 만든 기구를 링크 기구(link mechanism)라 한다.

복잡한 대부분의 기계도 그 부품을 간단한 링크로 변환시킨 뒤 그 부품 사이의 짝에 관한 관계를 조사하면, 기구학적으로 간단한 링크 기구로 바꾸어 생각할 수도 있다.

2. 링크 기구의 구성

링크 중 고정링크를 중심으로 주위를 360° 회전하는 링크를 크랭크(crank)라 하고, 고정링크의 주위를 왕복 각운동하는 링크를 레버(lever) 또는 로커(rocker)라 한다.

링크의 회전운동의 중심이 무한대에 있는 경우는 왕복 직선운동이 되는데, 이러한 링크를 슬라이더(slider)라 한다.

10.2 4절 크랭크 기구

자유도 1의 한정연쇄를 이루기 위하여는 링크 수 4개를 가진 기구이어야만 되고, 이것을 4절 크랭크 기구(quadric crank mechanism)라 한다. 링크 기구의 대부분은 4절 크랭크 기구이고, 이 기구를 사용하여 링크의 조건을 조금 바꾸면 다양한 종류의 운동이 가능하다. 따라서, 4절 크랭크 기구는 매우 중요한 링크 기구이다.

그림 10.1 고정연쇄

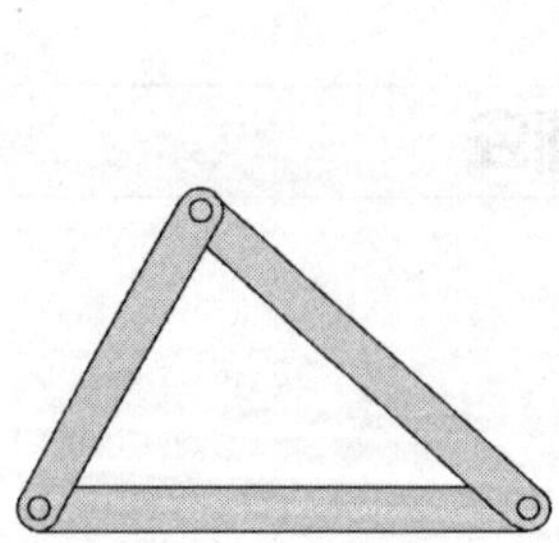

그림 10.2 한정연쇄

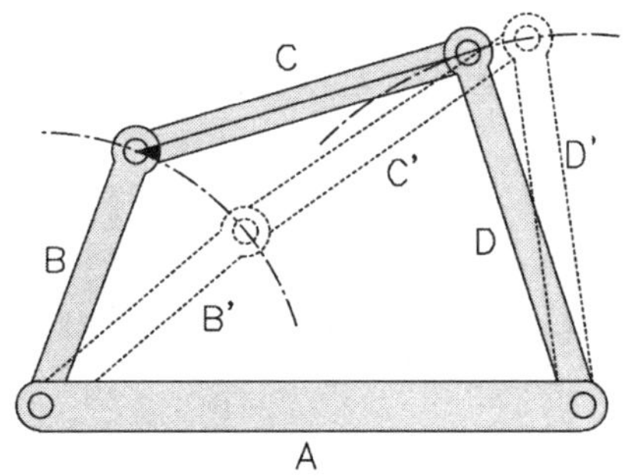

[그림 10.1]과 같이 3개의 링크로 구성된 연쇄는 상대운동이 존재하지 않기 때문에 기구라 하지 않고 구조물이라 부른다. 하지만, [그림 10.2]와 같이 4개의 링크로 구성된 연쇄에서는 각 링크 사이의 상대운동이 존재할 뿐만 아니라, 제한된 상대운동을 수행한다. 한편, 링크의 수가 5개 이상인 경우에는 상대운동이 존재하기는 하지만, 몇 개의 고정링크로 만들어주지 않으면 제한된 운동을 할 수 없으므로 연쇄의 교체를 하여야만 각종 기구를 고안할 수 있다.

1. 레버 크랭크 기구

링크 A, B, C, D 중에서 링크 A를 고정하면 링크 B가 회전운동을 하여 크랭크가 되고, 링크 D는 왕복운동을 하여 레버가 되므로, 이러한 기구를 레버 크랭크 기구(lever crank mechanism)라 한다.

그림 10.3 레버 크랭크 기구

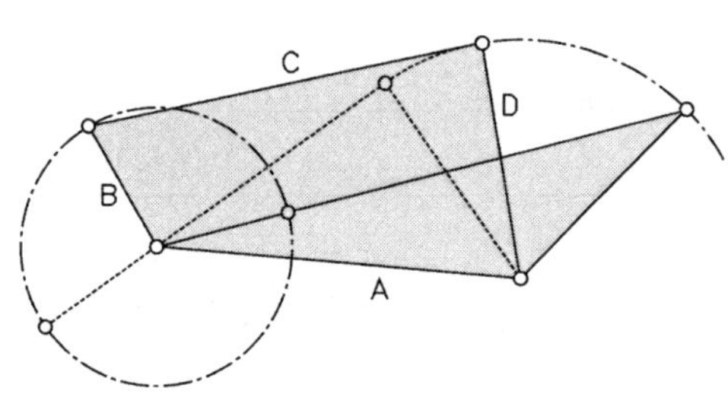

링크 D가 왕복 각운동을 하는 양쪽 최대위치는 링크 B와 링크 C가 일직선상에 오는 경우와 링크의 위치가 겹쳐지는 경우로 된다.

링크 A, B, C, D의 길이를 각각 a, b, c, d라 하면, [그림 10.3]에서 알 수 있듯이 레버 크랭크 기구가 성립되기 위하여 다음 관계를 만족하여야 한다.

$$a+d > b+c \tag{1}$$

$$(c-b)+d > a \tag{2}$$

식 (1)의 관계는 가는 선으로 표시된 삼각형에서 쉽게 구할 수 있고, 식 (2)의 관계는 점선의 삼각형에서 구할 수 있다.

링크 A와 마주보고 있는 링크 C를 고정하여도 레버 크랭크 기구가 된다. 만일 링크 C를 고정하였다면, 레버 크랭크 기구가 되기 위하여 [그림 10.4]로부터 다음의 조건이 성립하여야 한다.

$$a+b < c+d \tag{3}$$

$$(a-b)+d > c \tag{4}$$

식 (3)의 관계는 식 (2)의 관계를 직접 사용할 수가 있고, 또 식 (4)의 관계는 식 (1)의 관계를 직접 사용할 수 있다. 따라서, 링크 A를 고정하여 레버 크랭크 기구가 되기 때문에 링크 A와 마주보는 링크 C를 고정시켜도 반드시 레버 크랭크 기구가 되지 않으면 안 된다.

레버 크랭크 기구의 사용 예를 살펴보면, 미국 영화 중에서 서부개척 시절에 간단한 증기기관으로 달리는 기관차를 보면 실린더의 직선운동을 바퀴의 회전운동으로 전환시키기 위하여 레버 크랭크 기구를 이용하여 동력을 전달함을 기억할 수 있을 것이다.

집에서 쓰던 수동식 재봉틀도 레버 크랭크 기구를 응용한 예이다.

그림 10.4 레버 크랭크 기구의 변형

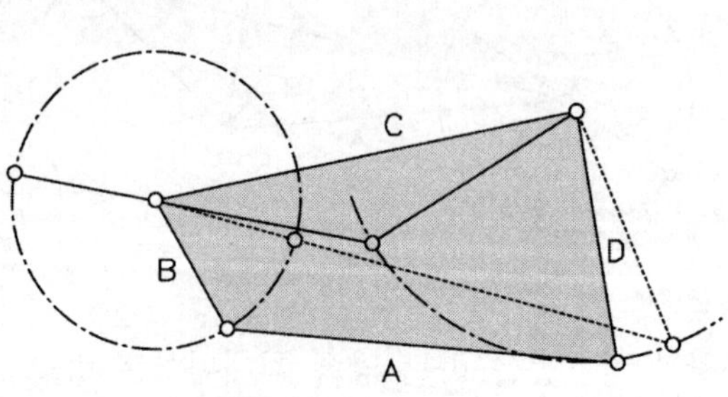

2. 2중 크랭크 기구

[그림 10.5] 중에서 가장 짧은 링크 B를 고정시키면, 링크 A와 링크 C는 고정운동을 수행하게 된다. [그림 10.5]에 나타난 것과 같이 2개의 링크 A와 링크 C가 모두 크랭크가 되므로, 이것을 2중 크랭크 기구(double crank mechanism)라 한다.

2중 크랭크 기구가 되기 위한 조건은 다음과 같다.

$$a+b < c+d \tag{5}$$

$$b+c < a+d \tag{6}$$

식 (5), (6)은 식 (1), (2)와 같으므로, 링크 A와 인접하고 있는 가장 짧은 링크 B를 고정시키면 반드시 2중 크랭크 기구가 됨을 알 수 있다.

2중 크랭크 기구의 사례를 살펴보자. 공업용 송풍기의 경우 흡입한 공기를 압축시키면서 공기를 송출하기 위하여 2중 크랭크 기구를 채용하고 있다.

그림 10.5 2중 크랭크 기구

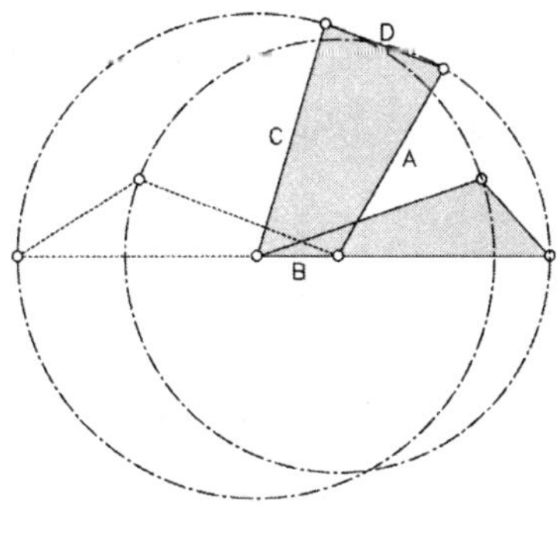

3. 2중 레버 기구

링크 D를 고정시키면, [그림 10.6]에서와 같은 2중 레버 기구(double lever mechanism)가 된다.

그림 10.6 2중 레버 기구

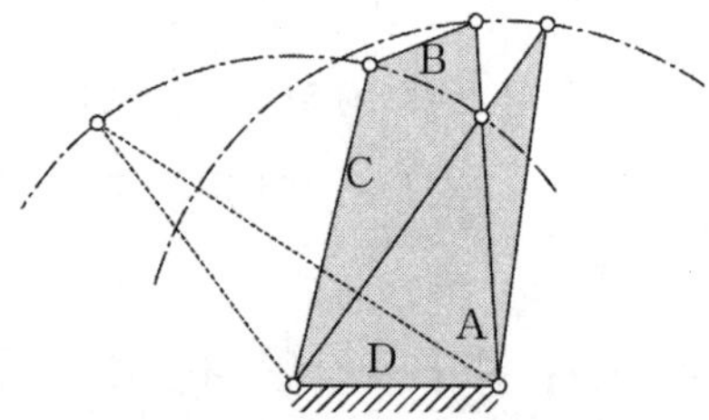

2중 레버 기구는 링크 A와 링크 C가 [그림 10.6]에서 가는 선과 점선으로 표시된 범위 내에서 왕복운동을 수행하게 된다.

2중 레버 기구가 되기 위한 조건은 식 (1), (2)와 동일하다.

$$a+d > b+c \tag{1}$$

$$(c-b)+d > a \tag{2}$$

이것이 의미하는 것은 링크 A를 고정시킬 때 레버 크랭크 기구가 되는 연쇄는 링크 D를 고정시키면 반드시 2중 레버 기구가 된다는 것을 의미한다.

2중 레버 기구의 응용 사례는 그다지 많지 않다. 하지만, 우리가 일상생활에서 광범위하게 사용하고 있는 자동차의 조향장치(steering mechanism)에 2중 레버 기구가 채택되어 사용되고 있다.

4. 기구의 사점과 사안점

기구가 운동을 수행하다 특정지점에 위치하게 되면, 구동절이 일정하게 운동을 수행하여도 종동절은 2가지 운동을 하는 경우가 있다. [그림 10.7]을 살펴보면서 그러한 경우를 생각해보기로 하자.

[그림 10.7]에서 링크 A가 ①지점에서 이동하여 ①′지점에 위치할 때, 링크 C는 ②점에서 ②′점 위치가 될 수도 있고, ②″점 위치가 될 수도 있다. 이러한 위치에서는 기구는 운동이 한정되지 않는데, 이러한 위치를 기구의 사안점(change point)라 한다.

기구가 운동중 어느 특별한 위치가 되면, 구동절에 힘을 가해도 종동절이 움직이지 못하는 경우가 발생하는 경우가 생긴다. [그림 10.7]의 경우 링크 A가

그림 10.7 기구의 사안점과 사점

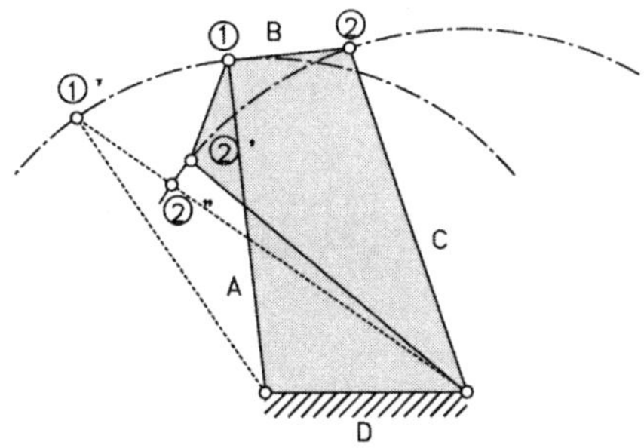

① ′지점에 위치하면, 링크 B, 링크 C는 ② ″점에서 일직선상으로 위치하게 된다. 이러한 경우에 구동절인 링크 D에 아무리 힘을 가해도 종동절인 링크 B는 움직이지 못한다. 이러한 기구상의 위치를 기구의 사점(dead point)이라 한다. 사점은 일반적으로 사안점과 일치한다.

기구설계에서 기구의 사안점이나 사점은 기구의 정확한 운동 수행에 아주 나쁜 영향을 미치므로 기구에서 발생하지 않도록 반드시 설계단계에서 검증을 통한 조치를 취하여야만 한다.

10.3 슬라이더 크랭크

1. 슬라이더 크랭크 기구의 성립

4절 크랭크 기구를 조금만 변형시키면 미끄럼짝 한 개와 나머지는 회전짝으로 구성되어 있는 슬라이더 크랭크 기구(slider crank mechanism)가 된다.

[그림 10.8](a)에서 링크 D를 고정시키면, 레버 크랭크 기구가 된다는 것은 이미 알고 있다. 이러한 경우, 회전짝을 구성하고 있는 핀 O_{cd}의 크기는 기구의 운동에 아무런 영향을 미치지 못한다.

따라서, 핀의 반지름을 링크 C의 길이보다 길게 만들면 [그림 10.8](b)와 같이 링크 C는 변형되어 원판형이 되지만, 기구 자체의 운동에는 변화가 없고, 링크 A가 회전운동을 하면 링크 C는 왕복각 운동을 하게 된다.

그림 10.8 슬라이더 크랭크 기구

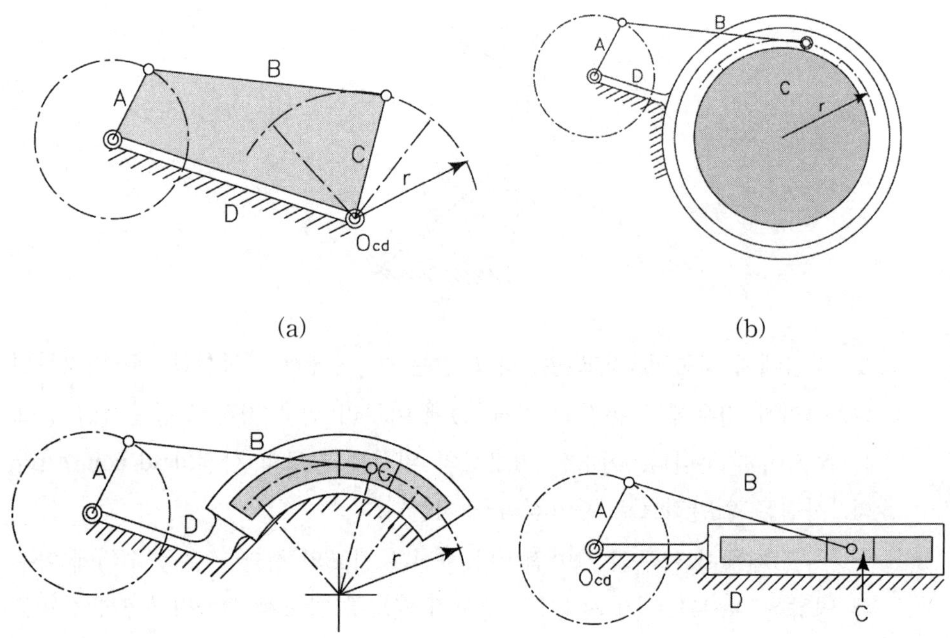

(a) (b) (c) (d)

[그림 10.8](c)와 같이 원판형의 일부분을 이용하여 링크 D에 원판형 안내홈(circular slotted guide)을 파서, 이 홈 안에서 미끄럼짝을 이루는 슬라이더가 운동을 하도록 하면, 이것은 [그림 10.8](a)와 같은 레버 크랭크 기구이다.

만일 슬라이더가 운동하고 있는 링크의 원판형 안내홈의 반지름을 무한대로 늘린다면 [그림 10.8](d)와 같이 슬라이더는 직선운동을 하게 되고, 이때 슬라이더의 운동방향이 O_{ad}를 통과할 때 이것을 슬라이더 크랭크 기구라 한다.

슬라이더 크랭크 기구의 링크 중에서 하나의 링크를 고정함으로써 구할 수 있는 기구의 종류는 다음과 같다.

- **왕복 슬라이더 크랭크 기구**(reciprocating slider crank mechanism) : 슬라이더 크랭크 기구의 링크 ④를 고정한 경우
- **회전 슬라이더 크랭크 기구**(turning slider crank mechanism) : 슬라이더 크랭크 기구의 링크 ①을 고정한 경우

- **요동 슬라이더 크랭크 기구**(oscillating slider crank mechanism) : 슬라이더 크랭크 기구의 링크 ②를 고정한 경우
- **고정 슬라이더 크랭크 기구**(fixed slider crank mechanism) : 슬라이더 크랭크 기구의 링크 ③을 고정한 경우

그림 10.9 슬라이더 크랭크 기구의 종류

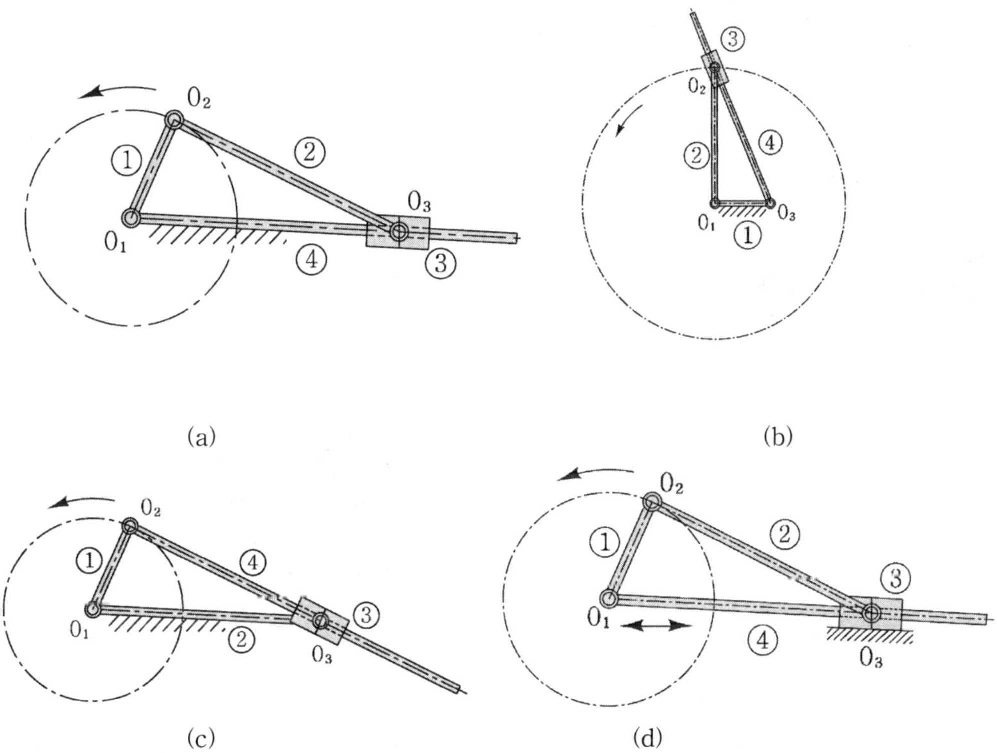

이들 4종류의 슬라이더 크랭크 기구 중에서 왕복 슬라이더 크랭크 기구가 가장 중요하게 사용되기 때문에 더욱 상세히 공부해보기로 하자.

2. 왕복 슬라이더 크랭크 기구

왕복 슬라이더 크랭크 기구는 내연기관·증기기관·압축기·펌프 등에 널리 사용되고 있으며, 이를 피스톤 크랭크 기구(piston crank mechanism)라 부른다. 이 경우 슬라이더는 피스톤이라 불리고, 이 피스톤 크랭크 기구는 피스톤을

왕복운동시켜서, 이 운동을 연결봉을 통하여 크랭크에 전달하여 크랭크를 회전시키거나, 또는 크랭크를 회전시켜서 피스톤이 왕복 직선운동을 하도록 만들기 위하여 사용한다.

크랭크가 일정 각속도로 회전운동을 할 때 크랭크의 위치를 구하기 위하여 해석적인 방법과 도식적인 방법 2가지를 사용할 수 있다.

(1) 해석적인 방법

[그림 10.10]에서 크랭크 반지름을 r, 연결봉의 길이를 l, 크랭크의 회전각을 θ, 경사각을 ϕ라 하고, 피스톤이 움직이는 거리를 행정 S라 하면, $S=2r$이 된다.

그림 10.10 피스톤 크랭크 기구

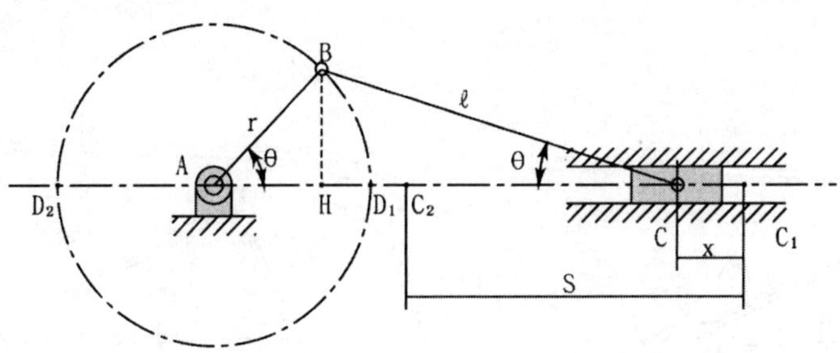

또한, B점에서 $\overline{AC}$에 내린 수직선과 $\overline{AC}$와의 교점을 H라 하면 다음의 관계가 성립한다.

$$x=\overline{AC_1}-\overline{AC},\quad \overline{AC_1}=r+l$$

$$\overline{AC}=\overline{AH}+\overline{HC}=r\cos\theta+l\cos\phi$$

$$\overline{BH}=r\sin\theta=l\sin\phi$$

$$\therefore \sin\phi=\frac{r}{l}\sin\theta$$

$\cos\phi=\sqrt{1-\frac{r^2}{l^2}\sin^2\theta}$이 되어야 하므로, 다음과 같이 된다.

$$x = r(1-\cos\theta) + l\left(1-\sqrt{1-\frac{r^2}{l^2}\sin^2\theta}\right)$$

$$= r(1-\cos\theta) + \frac{r}{\lambda}\left(1-\sqrt{1-\lambda^2\sin^2\theta}\right) \tag{7}$$

여기서 $\lambda = \frac{r}{l}$

따라서 피스톤의 속도 v 및 가속도 a는 다음과 같이 된다.

$$v = \frac{dx}{dt} = r\left(\sin\theta + \frac{\lambda\sin 2\theta}{2\sqrt{1-\lambda^2\sin^2\theta}}\right)\frac{d\theta}{dt} \tag{8}$$

$$a = \frac{dv}{dt} = r\left(\cos\theta + \frac{\lambda\cos 2\theta + \lambda^3\sin 4\theta}{(1-\lambda^2\sin^2\theta)^{3/2}}\right)\left(\frac{d\theta}{dt}\right)^2$$

$$+ r\left(\sin\theta + \frac{\lambda\sin 2\theta}{2\sqrt{(1-\lambda^2\sin^2\theta)}}\right)\frac{d^2\theta}{dt^2} \tag{9}$$

크랭크의 각속도 ω가 일정하다면, $\frac{d\theta}{dt} = \omega$, $\frac{d^2\theta}{dt^2} = 0$이므로

$$v = \omega r\left(\sin\theta + \frac{\lambda\sin 2\theta}{2\sqrt{1-\lambda^2\sin^2\theta}}\right) \tag{10}$$

$$a = \omega^2 r\left(\cos\theta + \frac{\lambda\cos 2\theta + \lambda^3\sin 4\theta}{(1-\lambda^2\sin^2\theta)^{3/2}}\right) \tag{11}$$

일반적으로 엔진을 설계할 때 내연기관의 경우 $\lambda = \frac{1}{4} \sim \frac{1}{4.5}$, 증기기관의 경우 $\lambda = \frac{1}{5}$ 정도로 계산한다. 그리고, $\lambda^2\sin^2\theta$의 값은 항상 1보다 작은 값이기 때문에, 근사식은 다음과 같이 된다.

$$x = r\left(1 + \frac{\lambda}{4} - \cos\theta - \frac{\lambda}{4}\cos 2\theta\right)$$

$$= r\left\{(1-\cos\theta) + \frac{\lambda}{4}(1-\cos 2\theta)\right\} \tag{12}$$

$$v = \omega r\left(\sin\theta + \frac{\lambda}{2}\sin 2\theta\right) \tag{13}$$

$$a = \omega^2 r(\cos\theta + \lambda\cos 2\theta) \tag{14}$$

(2) 도식적인 방법

[그림 10.11]에서 크랭크 A가 일정한 각속도 ω로 회전하고 있을 때, 피스톤 C의 속도를 v, 크랭크 핀 O_2의 속도를 u라 하면, 연결봉 B의 링크 D에 대한 순간중심은 O_3점에서 링크 D에 세운 수직선과 링크 A의 교차점 O_4이고, u와 v 사이에 다음과 같은 관계가 성립한다.

$$\frac{u}{\overline{O_4O_2}} = \frac{v}{\overline{O_4O_3}}$$

$$\therefore v = \frac{\overline{O_4O_3}}{\overline{O_4O_2}} u \tag{15}$$

한편 점 O_1에서 링크 D에 세운 수직선과 연결봉 B의 연장선과의 교차점을 N이라 하면, $\triangle O_4O_2O_3$와 $\triangle O_1O_2N$은 닮은 꼴이므로

$$\frac{\overline{O_4O_3}}{\overline{O_4O_2}} = \frac{\overline{O_1N}}{\overline{O_1O_2}}$$

$$\therefore v = \frac{\overline{O_1N}}{\overline{O_1O_2}} u \tag{16}$$

따라서,

$$\frac{u}{v} = \frac{\overline{O_1O_2}}{\overline{O_1N}} = \frac{\overline{O_1M}}{\overline{O_1N}}$$ 이 된다.

그림 10.11 도식적인 속도해법

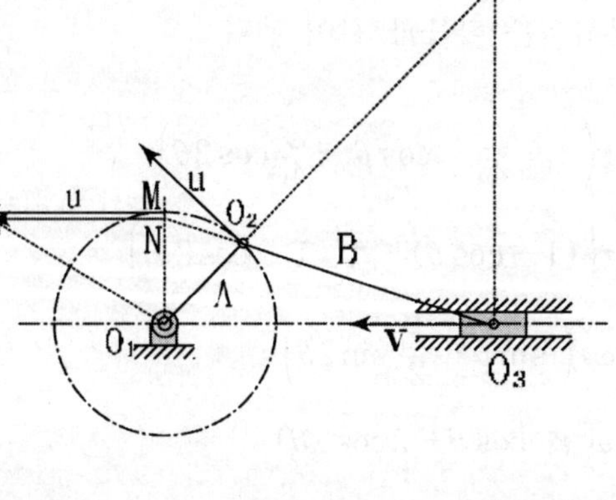

점 M에서 $\overline{O_1M}$에 수직으로 u와 같게 $\overline{MM'}$를 잡고, M'와 O_1을 연결한 직선과 점 N에서 $\overline{O_1M}$에 세운 수직선과의 교차점을 N'라 하면, $\triangle O_1MM'$와 $\triangle O_1NN'$는 닮은 꼴이므로

$$\frac{\overline{MM'}}{\overline{NN'}} = \frac{\overline{O_1M}}{\overline{O_1N}} = \frac{u}{v}$$

가 되어 $\overline{NN'}$는 피스톤 C의 속도 v를 표시한다. 그래서 피스톤 C의 속도선도를 구하려면, [그림 10.12]와 같이 하면 구해진다.

그림 10.12 **도식적인 속도해법**(피스톤 속도선도)

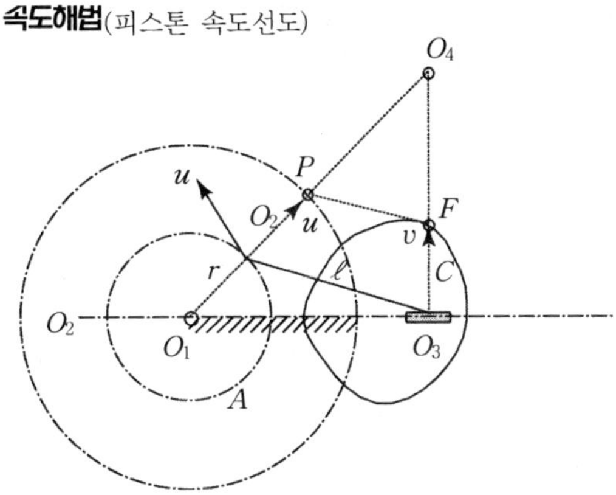

즉, 크랭크 핀의 속도 u를 크랭크 A 위의 연장선 위에 적당한 정도로 $\overline{O_2P} = u$가 되는 점 P를 잡고, $\overline{O_1P}$를 반지름으로 하는 원을 그려서 점 P에서 $\overline{O_2O_3}$에 평행선을 그어 $\overline{O_4O_3}$와의 교차점을 F라 하면, $\overline{O_3F}$가 구하고자 하는 피스톤 C의 속도 v의 크기가 된다.

3. 회전 슬라이더 크랭크 기구

[그림 10.13]과 같이 링크 ①을 고정시키면 회전 슬라이더 크랭크 기구가 된다. 즉, [그림 10.13]과 같이 슬라이더가 고정중심의 주위를 회전하는 것이다.

링크 ①은 고정 회전중심 O_1의 주위를 회전하고, 점 C에서 슬라이더 ④와 핀결합을 하고 있다. 슬라이더 ④는 고정 회전중심 O_2의 주위를 회전하는 링

크 ③과 슬라이더 짝을 이루고 있다.

따라서, 링크 ①이 회전운동을 하면 링크 ③도 회전운동을 하여야 한다.

그림 10.13 회전 슬라이더 크랭크 기구

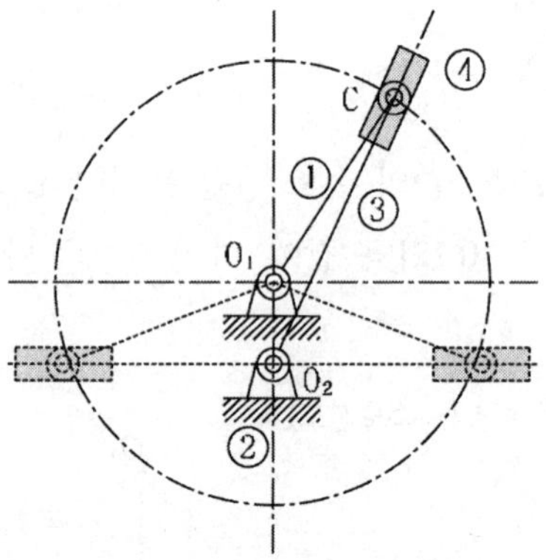

4. 요동 슬라이더 크랭크 기구

[그림 10.14]와 같이 링크 ②를 고정시키면 크랭크 ①이 회전할 때 링크 ④가 링크 ③과 미끄럼짝을 이루어서 어느 각도 사이를 요동운동을 수행한다. 이와 같이 요동운동을 하는 기구를 요동 슬라이더 크랭크 기구라 한다.

그림 10.14 요동 슬라이더 크랭크 기구

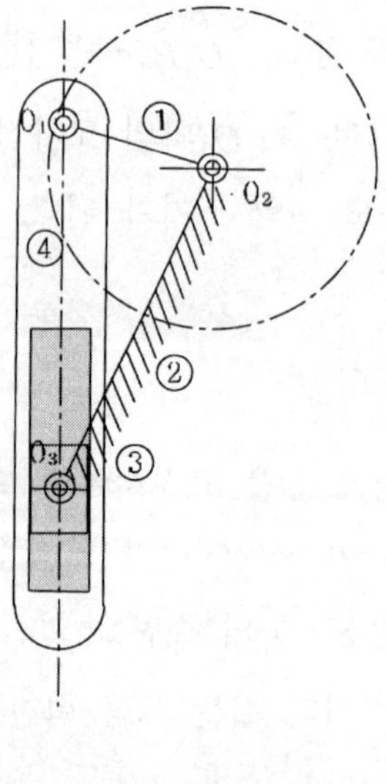

요동 슬라이더 크랭크 기구의 활용 예를 살펴보자. 박용 엔진용 요동엔진, 연료펌프, 세이퍼(shaper)의 급속 귀환 운동기구 등에 사용되고 있음을 알 수 있다.

5. 고정 슬라이더 크랭크 기구

슬라이더인 링크 C를 고정시키면 링크 D는 직선 왕복운동을 하게 되는데 이와 같은 기구를 고정 슬라이더 크랭크 기구라 한다.

이 기구는 회전운동을 하는 링크가 고정링크와 짝을 이루지 않으므로, 이것에 운동을 전달시키기가 곤란하다. 따라서, 활용 예는 극히 드물고, 시골 우물에 가면 있던 수동식 펌프(hand operated water pump)가 대표적인 예이다.

10.4 2중 슬라이더 크랭크 기구

1. 2중 슬라이더 크랭크 기구의 성립

회전 슬라이더 기구의 회전짝을 하나의 직선 미끄럼짝으로 변화시킨 것을 2중 슬라이더 크랭크 기구(double slider crank mechanism)라 한다.

4개의 링크로 구성된 연쇄에서, 2개의 미끄럼짝과 2개의 회전짝을 주어 그것이 기구로 성립되려면 1개의 링크가 2개의 미끄럼짝을 가지고, 다른 1개의 링크가 2개의 회전짝을 가지며, 나머지 링크가 각각 1개의 회전짝과 미그럼짝을 가지는 경우이거나, 4개의 링크가 모두 회전짝과 미끄럼짝을 가지는 경우에 기구로 성립이 될 것이다.

[그림 10.15]에 2중 슬라이더 크랭크 기구의 성립조건이 나타나 있다. (a)는 전자의 설명을 나타낸 그림이고, (b)는 후자의 설명을 나타낸 그림이다.

그림 10.15 기구의 생립

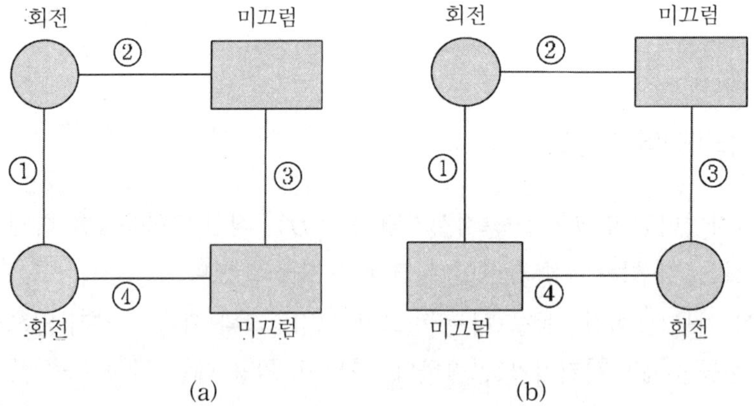

2. 왕복 2중 슬라이더 크랭크 기구

2개의 회전짝과 미끄럼짝을 가진 2중 슬라이더 크랭크 기구에 있어서, [그림 10.16]와 같이 링크 ④를 고정시키면 왕복 2중 슬라이더 크랭크 기구(reciprocating double slider crank mechanism)가 된다.

그림 10.16 왕복 2중 슬라이더 크랭크 기구

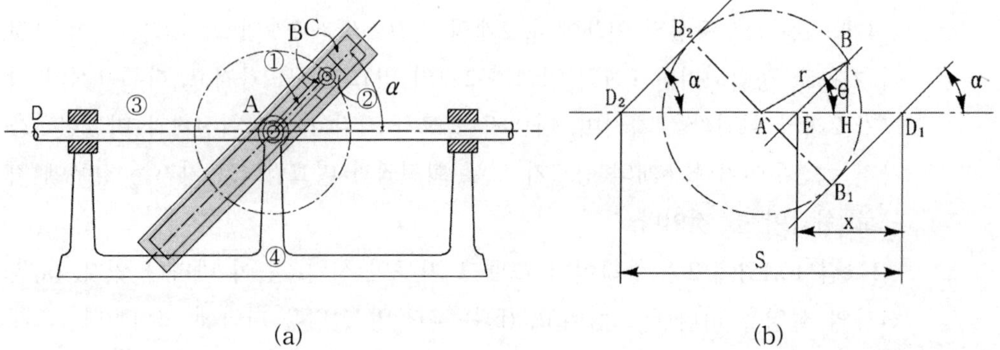

[그림 10.16]에서 크랭크 ①을 회전시키면 링크 ③이 프레임 ④에 대하여 왕복 직선운동을 하는 기구가 된다.

링크 ②와 링크 ③ 및 링크 ③과 프레임 ④가 미끄럼짝으로 된 2중 슬라이더 크랭크 기구가 되고, 링크 ②와 링크 ③의 미끄럼 방향은 링크 ③과 프레임 ④의 미끄럼 방향과 경사각 α의 경사를 이루고 있다.

이 기구에서 링크 ①의 길이를 r이라 하면, 링크 ③의 변위 · 속도 · 가속도는 다음과 같다.

$$x=\overline{AD_1}-\overline{AE}=\frac{r}{\sin\alpha}-\overline{AE}$$

여기서,

$$\overline{AE}=\overline{AH}-\overline{EH}=\overline{AH}-\frac{\overline{BH}}{\tan\alpha}$$

$$=r\cos\theta-\frac{r\sin\theta}{\tan\alpha}=\frac{r\sin(\alpha-\theta)}{\sin\alpha}$$

$$\therefore x=\frac{r}{\sin\alpha}-\frac{\sin(\alpha-\theta)r}{\sin\alpha}=\frac{1-\sin(\alpha-\theta)}{\sin\alpha}r \tag{17}$$

만일 크랭크의 각 θ를 $\overline{AB_1}$을 기준으로 하여 측정한다면, 식 (17)의 θ 대신에 $\left(\theta+\alpha-\frac{\pi}{2}\right)$를 사용하여 다음과 같은 식으로 표시할 수 있다.

$$x=\frac{(1-\cos\theta)}{\sin\alpha}r \tag{18}$$

링크 ③과 ④에 대한 미끄럼 운동은 단현운동(harmonic motion)이고, 링크 ③의 속도와 가속도는 변위를 시간으로 미분하면 구할 수 있다.

$$v=\frac{dx}{dt}=\frac{r}{\sin\alpha}\omega\cdot\sin\theta \tag{19}$$

$$a=\frac{dv}{dt}=\frac{r}{\sin\alpha}\omega^2\cdot\cos\theta$$

여기서, ω는 크랭크의 회전각속도를 나타낸다.

3. 고정 2중 슬라이더 크랭크 기구

[그림 10.15] 기구의 성립의 그림 (a)에서 링크 ③을 고정시키면, 고정 2중 슬라이더 크랭크 기구(fixed double slider crank mechanism)가 얻어진다.

이 기구를 응용한 예로서 타원 컴퍼스(elliptic trammels)를 살펴보기로 하자. [그림 10.17]은 타원 컴퍼스를 나타낸다.

그림 10.17 타원 컴퍼스

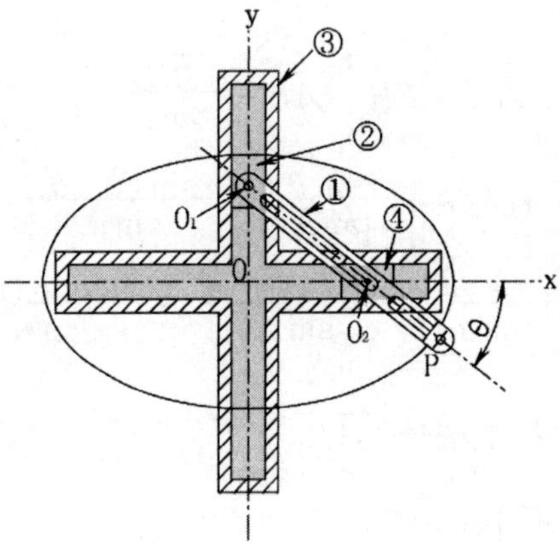

슬라이더 ②와 ④는 고정링크 ③에 만들어진 수직방향과 수평방향의 2개의 홈 안쪽을 수직 및 수평방향으로 직선 미끄럼 운동을 하고, 링크 ①은 슬라이더 ②와 ④를 연결하여 회전짝을 이룬다.

링크 ① 위의 임의의 점 또는 그 연장선상의 점 P에 연필을 장착하고, 링크 ②와 ④를 각각 홈 안에서 미끄럼 운동을 시켜보면, 연필은 타원을 그린다.

만일 P점이 회전짝을 이루는 점 O_1, O_2 중앙에 있는 경우에 P점이 그리는 괘적은 원이 되고, P점이 O_1점이나 O_2점과 일치할 경우에는 연필이 수직방향이나 수평방향의 직선을 그리게 된다.

[그림 10.17]은 고정링크 ③에 만들어진 2개의 홈을 각각 x축, y축에 잡고, $\overline{O_1P}=a$, $\overline{O_2P}=b$라 하고, 링크 ①과 x축이 이루는 각을 θ라 하면, P점의 좌표는

$$x=a\cdot\cos\theta,\quad y=-b\cdot\sin\theta$$

로 되고, 위 식에서 θ를 소거하면

$$\frac{x^2}{a^2} + \frac{y^2}{b^2} = 1 \tag{20}$$

이 된다. 이 식 (20)으로부터 연필은 긴 쪽 방향 길이 a, 짧은 쪽 방향 길이 b인 타원을 그리는 것을 알 수 있다.

4. 회전 2중 슬라이더 크랭크 기구

[그림 10.15] 기구의 성립의 그림 (a)에서 링크 ①을 고정시키면 회전 2중 슬라이더 크랭크 기구(turning doubleslider crank mechanism)가 구해진다.

링크 ②와 ④는 고정링크 ①에 대하여 모두 회전이 가능하므로 링크 ③은 동일한 각속도로 회전이 가능하다.

이 기구는 평행한 두 축 사이의 거리가 약간 떨어진 경우의 축이음(coupling)에 이용되고 있으며, 오울덤 커플링(Oldham's coupling)이라 불린다.

그림 10.18 오울덤 커플링의 가속도

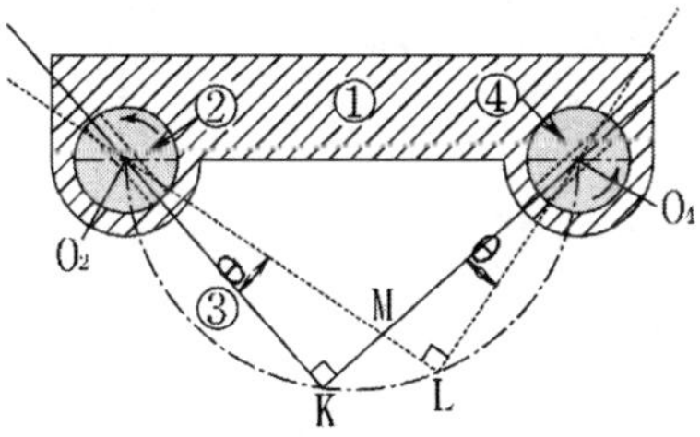

[그림 10.18]은 오울덤 커플링을 모델링한 기구도이다. 링크 ②가 각도 θ만큼 회전하였을 때, 링크 ②는 실선위치에서 점선위치까지 이동한다. 이때 원형판 KL 위의 원주각이 같기 때문에 $\angle KO_2L = \angle KO_4L = \theta$로 되고, 링크 ④도 각도 θ만큼 같은 방향으로 회전하는 것을 알 수 있다.

따라서, 오울덤 커플링으로 결합된 평행한 2축은 회전방향과 회전각도가 전혀 변화하지 않는다는 것을 알 수 있다.

10.5 교차 슬라이더 기구

4절연쇄의 링크 중에서 [그림 10.19]와 같이 2개의 슬라이더가 각각 한쪽에서 미끄럼짝을 가지고 다른 쪽에서는 회전짝을 가지는 구조로 되어 있고, 2개의 슬라이더 중에서 한 쪽의 슬라이더 ④의 운동방향이 중심 O_{12}를 중심으로 움직이는 것을 교차 슬라이더 기구(crossed slider mechanism) 또는 2중 슬라이더 레버 기구(double slider lever mechanism)라 한다.

그림 10.19 교차 슬라이더 기구

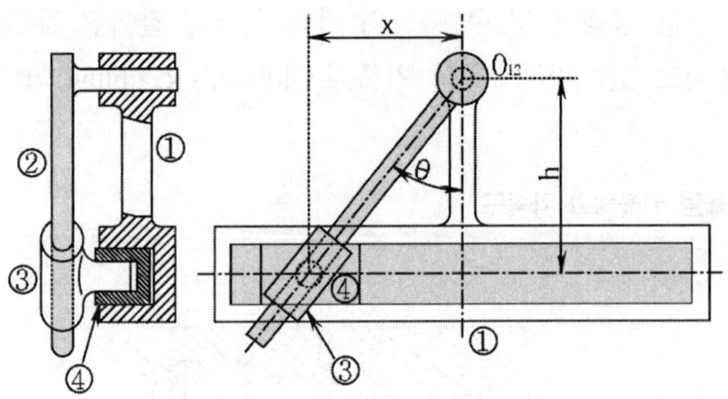

결국 교차 슬라이더 기구는 어느 링크나 각각 1개씩의 회전짝과 미끄럼짝이 서로 이웃하는 링크와 연결되고, 이때 각 링크의 조건은 모두 동일하므로 어떤 링크가 고정되더라도 같은 기구가 형성된다.

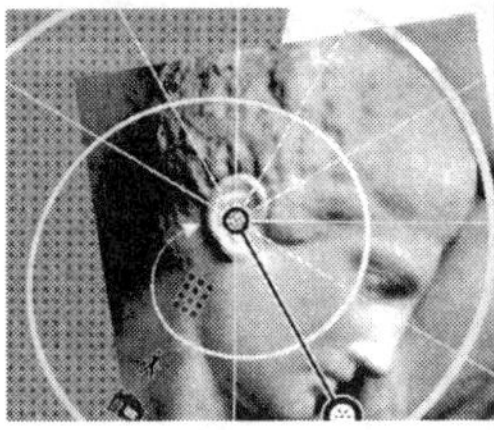

제 11 장 마찰 전동기구

가공기계가 발전하기 전에 동력을 전달하기 위한 방법으로 주로 사용된 방법이 마찰 전동기구를 이용한 방법이다. 이 마찰 전동기구는 구름접촉에 의하여 동력을 전달하기 때문에 구름접촉에 대한 이해가 필요하다.

또한, 효율적인 동력전달을 위하여 오토바이나 자동차의 변속기 중에는 무단 변속장치를 사용한 차량이 개발되고 있다. 따라서 수송기계의 설계에 관심이 있는 기계학도는 무단 변속장치의 개념 및 원리를 파악하는 것이 필수적이다.

이 장에서는 구름접촉의 정의 및 구름접촉의 종류에 대하여 알아보고, 구동장치 설계에 필수적인 마찰차의 종류 및 마찰력을 살펴보고, 무단 변속기구의 원리와 종류에 대하여 공부하기로 하자.

11.1 구름접촉과 미끄럼 접촉

1. 구름접촉

기계가 하는 일을 생각해보면, 기계의 운동부분에 생기는 마찰은 기계적 일의 손실을 크게 만들 뿐만 아니라 여러 가지 문제를 유발시킨다. 그렇지만, 운동을 전달하는 전동기구에 마찰이 발생하는 경우에는 매우 유용하게 활용되고 있다. 마찰 전동기구는 이와 같이 마찰을 이용하여 직접접촉 방법으로 회전을 전달하는 기구이다.

그림 11.1 구름접촉

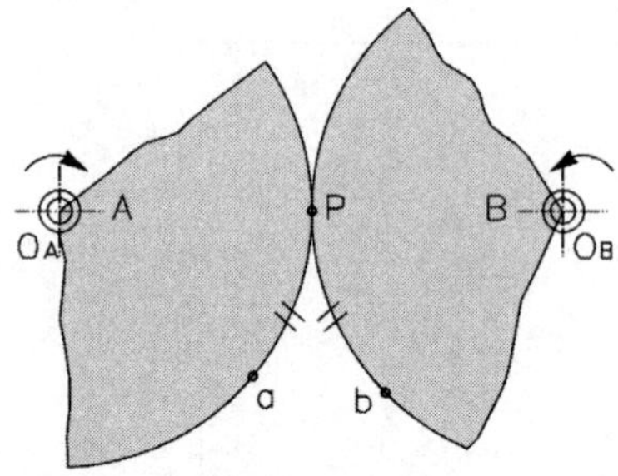

구동절과 종동절이 서로 직접 접촉하여 회전하고 있을 때 각 접촉면에서 미끄럼이 조금도 생기지 않는 접촉을 구름접촉(rolling contact)이라 한다.

구름접촉을 한다는 것의 물리적 의미는 구동절과 종동절이 일정시간 내에 접촉하는 호의 길이가 동일하다는 것을 의미한다.

[그림 11.1]에서 구동절 A와 종동절 B가 구름접촉을 할 때 접촉 호의 길이 P_a와 P_b는 동일하다.

2. 구름접촉의 조건

2개의 링크가 직접접촉하여 회전을 할 경우, 접촉면에 미끄럼이 없이 구름접촉으로 회전하기 위하여는 어떤 조건을 만족시켜야 하는지 살펴보자.

(1) 접촉점의 위치와 각속도비

2개의 링크 A, B가 각각 O_A, O_B를 중심으로 회전하고 있을 때, 두 링크의 접촉점을 P라 하고, 두 링크의 각속도를 ω_A, ω_B라고 하자.

그림 11.2 구름접촉의 속도

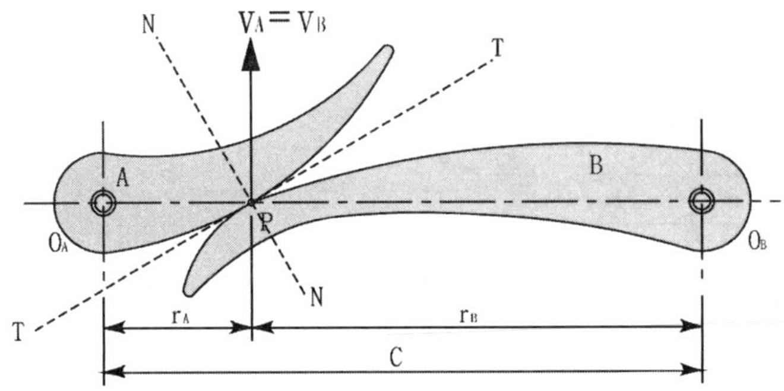

P점을 링크 A의 임의의 점이라고 가정하면, P점은 O_A를 중심으로 회전하기 때문에 $\overline{O_AP}$에 직각인 속도 $v_A=\omega\cdot\overline{O_AP}$를 가지게 된다. 만일 P점이 링크 B의 임의의 점이라고 가정하면, P점은 O_B를 중심으로 회전하기 때문에 $\overline{O_BP}$에 직각인 속도 $v_A=\omega\cdot\overline{O_BP}$를 가지게 된다.

또한, 접촉점 P에서 두 링크에 공통접선 TT 및 공통법선 NN을 그어 속도 v_A와 v_B를 각각 접선방향과 법선방향으로 성분을 나누면, 접선방향의 성분속도를 v_{At}, v_{Bt}라 하고, 법선방향의 성분속도를 v_{An}, v_{Bn}라 하자.

이때 두 링크의 접선방향의 성분속도의 크기 v_{At}와 v_{Bt}가 다르면 미끄럼이 발생하고, 법선방향의 성분속도 v_{An}와 v_{Bn}가 다르면 두 링크는 접촉이 끊어지거나, 상대링크 속으로 침투해 들어가게 된다.

즉, 구름접촉을 만족시키기 위하여 $v_{At}=v_{Bt}$, $v_{An}=v_{Bn}$이 되어야 한다. 이 조건을 만족시키기 위하여는 결국 P점에서의 속도 $v_A=v_B$가 되고, 방향도 동일하여야만 한다.

따라서, $v_A\perp\overline{O_AP}$, $v_B\perp\overline{O_BP}$ 이고, $v_A=v_B$가 되려면 접촉점 P가 항상 2개의 중심선 $\overline{O_AO_B}$ 위에 있어야 한다.

[그림 11.2]에서

$$r_A+r_B=C \quad (1)$$

$$v_A=\omega_A\cdot\overline{O_AP}=\omega_A\cdot r_A \quad (2)$$

$$v_B = \omega_B \cdot \overline{O_B P} = \omega_B \cdot r_B \tag{3}$$

구름접촉의 경우에는 $v_A = v_B$이므로

각속도의 비는

$$\frac{\omega_A}{\omega_B} = \frac{\overline{O_B P}}{\overline{O_A P}} = \frac{r_B}{r_A} \tag{4}$$

구름접촉의 경우 두 링크의 각속도의 비는 축 중심에서 접촉점까지의 거리에 반비례함을 알 수 있다.

(2) 접촉 호의 길이

2개의 링크가 접촉하는 호의 접촉 길이는 동일하다. 이것은 다음과 같이 증명할 수 있다.

그림 11.3 구름접촉 호의 길이

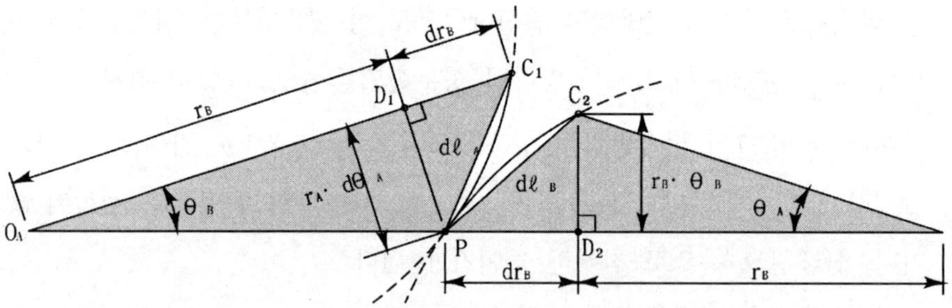

[그림 11.3]에서 두 링크의 외곽선 위의 작은 미소 접촉 길이를 각각 dl_A, dl_B라 하고, 미소 회전각을 $d\theta_A$, $d\theta_B$라 하면 $d\theta_A$, $d\theta_B$가 매우 작은 값이므로

$\overline{O_A P} \fallingdotseq \overline{O_A D_1} = r_A$

$\overline{O_B P} \fallingdotseq \overline{O_B D_2} = r_B$

$dl_A \fallingdotseq \overline{PC_1}$, $dl_B \fallingdotseq \overline{PC_2}$로 생각할 수 있으므로

$$(dl_A)^2 = (R_A d\theta_A)^2 + (dr_A)^2 \tag{5}$$

$$(dl_B)^2 = (R_B d\theta_B)^2 + (dr_B)^2 \tag{6}$$

$$r_A + r_B = C \tag{7}$$

이므로, 식 (5), (6), (7)로부터

$$\therefore dr_A + dr_B = 0$$

$$(dr_A)^2 = (-dr_B)^2 \tag{8}$$

또한,

$$\omega_A = \frac{d\theta_A}{dt}, \quad \omega_B = \frac{d\theta_B}{dt} \tag{9}$$

식 (4)와 식 (9)로부터

$$r_A d\theta_A = r_B d\theta_B \tag{10}$$

이들을 제곱하면,

$$(r_A d\theta_A)^2 = (r_B d\theta_B)^2 \tag{11}$$

식 (5), (6), (8), (11)로부터

$$dl_A = dl_B \tag{12}$$

3. 윤곽곡선

구름접촉을 하는 링크의 윤곽곡선(profile construction)은 구름접촉 조건을 만족시키는 한 쌍의 곡선을 결정하여 주면 된다. 이러한 윤관곡선을 구할 경우 두 링크의 회전중심과 한쪽 링크의 윤곽곡선이 주어지면 서로 구름접촉하는 상대의 곡선을 구할 수 있다.

이러한 윤곽곡선을 구하는 방법에는 도식적 방법과 수학적 방법이 있다.

(1) 도식적 방법

구름접촉을 하는 두 링크의 윤곽곡선은 동일한 접촉 호의 길이를 갖게 되며, 접촉점은 항상 두 회전중심의 연결선상에 위치한다는 조건을 이용하여 구한다.

[그림 11.4]와 같이 두 링크의 회전중심 O_A, O_B와 링크 A의 윤곽곡선이

주어졌을 때, 링크 B의 윤곽곡선을 구하여보기로 하자.

그림 11.4 윤곽곡선

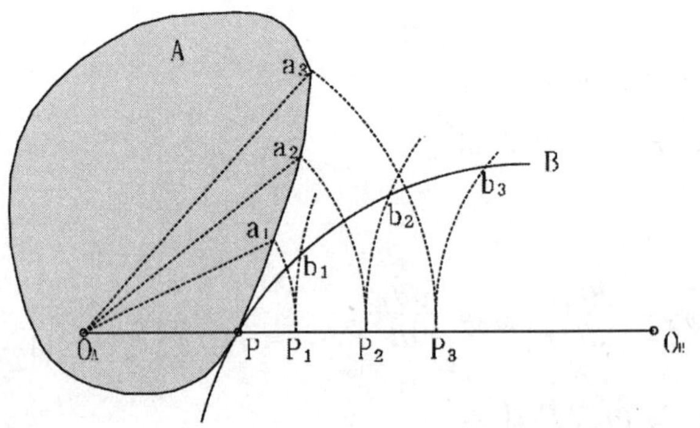

두 링크의 회전중심 O_A, O_B의 연결선인 $\overline{O_AO_B}$ 와 곡선과의 교차점을 P라 하고, 링크 A의 윤곽곡선을 가능한 한 작고 균일하게 분할한 뒤, 각 등분점을 a_1, a_2, a_3, …라 하면, P점에서 $\overline{Pa_1}$, $\overline{Pa_2}$, $\overline{Pa_3}$, …의 각 구간은 거의 직선으로 생각할 수 있다.

먼저, 링크 A의 회전중심 O_A를 중심으로 하여 $\overline{O_Aa_1}$, $\overline{O_Aa_2}$, $\overline{O_Aa_3}$, …를 반지름으로 하는 원을 그리고 P_1, P_2, P_3, …를 구한다. 다음에 링크 B의 회전중심 O_B를 중심으로 하여 $\overline{O_BP_1}$, $\overline{O_BP_2}$, $\overline{O_BP_3}$, …를 반지름으로 하는 원을 그린 후 $\overline{Pa_1}=\overline{Pb_1}$, $\overline{Pa_2}=\overline{Pb_2}$, $\overline{Pa_3}=\overline{Pb_3}$, …인 교점 b_1, b_2, b_3, …등을 구한다. 마지막으로 이 P, a_1, b_1, c_1, …을 연결한 곡선이 링크 B의 윤곽곡선이 된다.

(2) 수학적 방법

[그림 11.5]와 같이 A, B의 두 곡선이 P에서 접촉한다고 가정하고, 회전중심 O_A, O_B에서 P점까지의 연결선 $\overline{O_AP}$, $\overline{O_BP}$로 하는 극좌표로 표시하면

$$r_A=f(\theta_A)$$

$$r_B=f(\theta_B)$$

A, B가 각각 θ_A, θ_B만큼 회전하여 Q_A, Q_B에서 접촉하였을 때 접선과 반지름선이 이루는 각을 각각 ϕ_A, ϕ_B라고 하면, 두 곡선의 접선은 겹쳐져야 하므로

그림 11.5 윤곽곡선

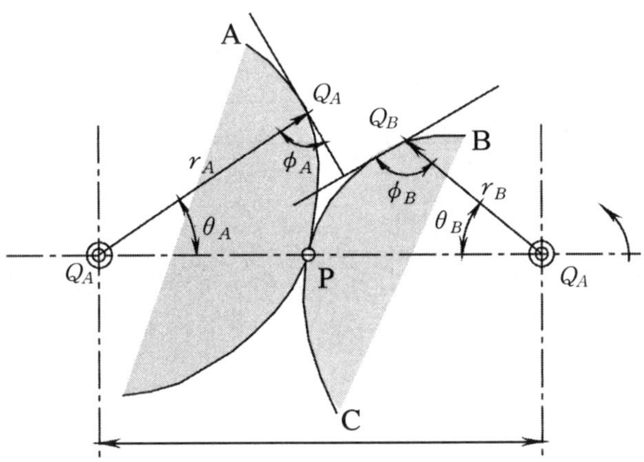

$$\phi_A + \phi_B = \pi$$

$$\therefore \tan\phi_A = \tan(\pi - \phi_B) = -\tan\phi_B$$

일반적으로 극좌표에서는 다음의 관계식이 성립한다.

$$\tan\phi_A = \frac{r_A d\theta_A}{dr_A} \tag{13}$$

그러므로

$$\frac{r_A d\theta_A}{dr_A} = \frac{r_B d\theta_B}{dr_B} \tag{14}$$

또한,

$r_A + r_B = C$이므로

$dr_A = -dr_B$가 성립한다.

따라서, 식 (14)로부터

$$r_A d\theta_A = r_B d\theta_B = (C - r_A) d\theta_B \tag{15}$$

$$d\theta_B = \frac{r_A}{C - r_A} d\theta_A \tag{16}$$

$$\therefore \theta_B = \int \frac{r_A}{C - r_A} d\theta_A + K = \int \frac{f(\theta_A)}{C - f(\theta_A)} d\theta_A + K \tag{17}$$

내접하는 경우도 회전방향이 같으므로

$$\theta_B = \int \frac{f(\theta_A)}{f(\theta_A) - C} d\theta_A + K$$

가 B의 윤곽곡선을 표시한다.

이와 같이 곡선 A의 방정식 $r_A = f(\theta_A)$가 주어지면, 식 (17)로부터 곡선 B의 방정식을 구할 수 있다.

11.2 속도비가 일정한 구름접촉

2개의 링크가 구름접촉을 하는 경우, 각속도비는 식 (4)와 같이 접촉점에서 두 회전체의 반지름에 반비례한다. 따라서, 구동절과 종동절의 각속도비가 일정하기 위하여 각 반지름의 비가 일정하지 않으면 안되고, 두 링크의 접촉점은 항상 회전중심의 연결선상에 있어야 한다.

두 링크의 축이 고정된 경우에는, 이들이 일정한 각속도비로 구름접촉을 하기 위하여 각 링크의 반지름은 일정하여야 하고, 축의 위치는 원의 중심이 되어야만 한다.

일정 각속도비로 회전하는 구름접촉은 다음과 같이 구분할 수 있다.

- 두 축이 평행한 구름접촉
- 두 축이 교차하는 구름접촉
- 두 축이 평행하지도 교차하지도 않는 구름접촉

1. 2축이 평행한 구름접촉

2축이 서로 평행한 구름접촉에 의한 회전을 하기 위하여는 원통형의 바퀴 사용이 필요하다.

[그림 11.6] 및 [그림 11.7]에서와 같이 접촉점 P는 회전중심 O_A, O_B를 연결하는 선상의 정점에 있어야만 하고, 두 링크의 윤곽곡선은 축을 회전중심으로 하는 원이 된다.

회전하는 두 바퀴의 지름은 각각 d_A, d_B 각속도를 각각 ω_A, ω_B 회전수를 각각 n_A, n_B라 하면 속도비는 다음과 같이 된다.

$$\varepsilon = \frac{n_B}{n_A} = \frac{\omega_B}{\omega_A} = \frac{r_A}{r_B} = \frac{d_A}{d_B} \tag{18}$$

또한, 중심거리를 C라 하면, [그림 11.6]과 같은 외접(external contact)의 경우는 다음과 같다.

$$\frac{d_A}{2} + \frac{d_B}{2} = C \tag{19}$$

중심거리 C와 속도비 ε이 주어졌을 때, 두 바퀴의 지름을 구하려면 다음과 같이 나타낼 수 있다. 식 (18), (19)로부터

그림 11.6 외접 원통차

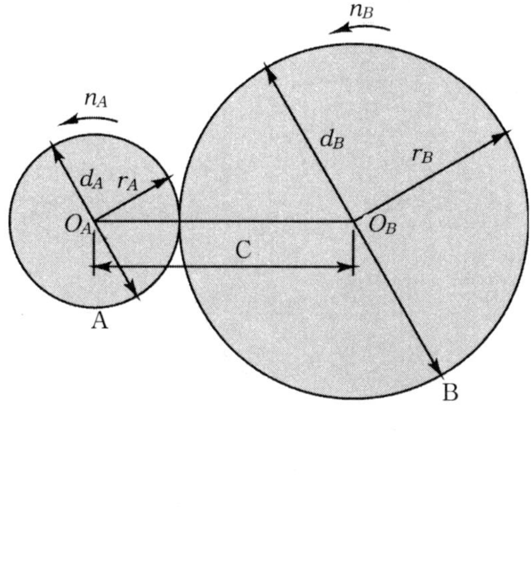

그림 11.7 내접 원통차

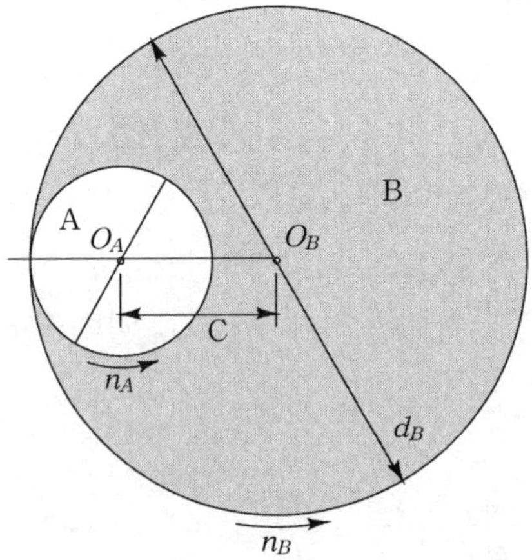

$$d_A = \frac{2C}{1+\frac{1}{\varepsilon}},\ d_B = \frac{2C}{1+\varepsilon} \tag{20}$$

[그림 11.7]과 같은 내접(internal contact)의 경우에는

$$\frac{d_B}{2} - \frac{d_A}{2} = C \tag{21}$$

두 바퀴의 지름은 각각 다음과 같이 된다.

$$d_A = \frac{2C}{\frac{1}{\varepsilon}-1},\ d_B = \frac{2C}{1-\varepsilon} \tag{22}$$

그림 11.8 아이들 휠(idle wheel)

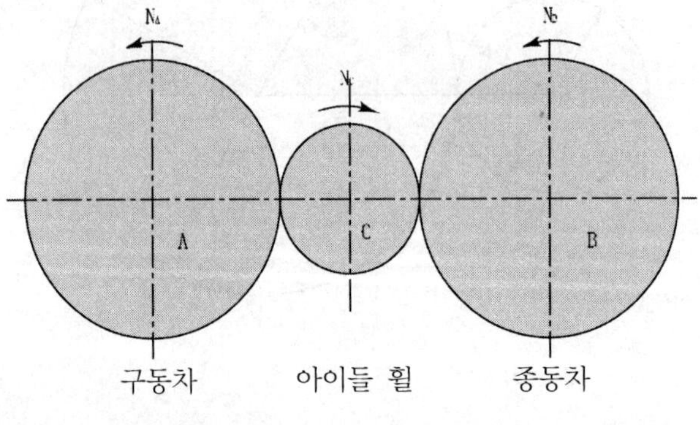

외접의 경우 두 바퀴의 회전방향은 서로 반대가 되지만, 내접의 경우에는 같은 방향으로 회전한다. 외접의 상태에서 회전방향만을 같게 하려면, 두 바퀴의 사이에 중간차를 끼워넣어서 속도비에는 변화가 없이 종동차의 회전방향만을 바꿀 수가 있다.

이와 같은 중간차를 아이들 휠(idle wheel)이라 부른다.

[그림 11.8]과 같이 바퀴 C의 회전수 n_C는

$$n_C = \frac{d_A}{d_C} n_A \tag{23}$$

또한, 식 (18)로부터

$$\frac{n_C}{n_B} = \frac{d_B}{d_C} \tag{24}$$

식 (23), (24)로부터

$$n_B = n_c \times \frac{d_C}{d_B} = n_A \frac{d_A}{d_C} \times \frac{d_C}{d_B} = n_A \frac{d_A}{d_B} \tag{25}$$

$$\therefore \frac{n_A}{n_B} = \frac{d_B}{d_A} \tag{26}$$

식 (26)은 결국은 식 (18)과 동일함을 알 수 있다.

일반적으로 바퀴의 축이 짝수이면, 구동차와 종동차는 서로 반대방향으로 회전하고, 바퀴의 축이 홀수이면 같은 방향으로 회전하게 된다.

연습문제 1

외접하는 원통형 수레의 속도비가 $\varepsilon = \frac{2}{5}$ 이고, 축 사이 거리가 70[㎜]일 경우, 구동차와 종동차의 지름을 계산하시오.

문제풀이

속도비 $\varepsilon = \frac{n_B}{n_A} = \frac{\omega_B}{\omega_A} = \frac{r_A}{r_B} = \frac{d_A}{d_B}$

구동차와 종동차의 지름 $d_A=\frac{2C}{1+\frac{1}{\varepsilon}}$, $d_B=\frac{2C}{1+\varepsilon}$ 의 공식으로부터

$$\varepsilon=\frac{\omega_B}{\omega_A}=\frac{n_B}{n_A}=\frac{d_A}{d_B}=\frac{2}{5}$$

$$d_A=\frac{2C}{1+\frac{1}{\varepsilon}}=\frac{2\times70}{1+\frac{1}{2/5}}=40\,[\text{mm}]$$

$$d_B=\frac{2C}{1+\varepsilon}=\frac{2\times70}{1+\frac{2}{5}}=100\,[\text{mm}]$$

연습문제 2

2개의 원통차가 내접하는 경우에 중심거리가 68[㎜]이고 회전비가 1/3일 때 각각의 바퀴의 지름을 계산하시오.

문제풀이

속도비 $\varepsilon=\frac{n_B}{n_A}=\frac{\omega_B}{\omega_A}=\frac{r_A}{r_B}=\frac{d_A}{d_B}$

구동차와 종동차의 지름 $d_A=\frac{2C}{\frac{1}{\varepsilon}-1}$, $d_B=\frac{2C}{1-\varepsilon}$ 공식으로부터

$$\varepsilon=\frac{n_B}{n_A}=\frac{\omega_B}{\omega_A}=\frac{r_A}{r_B}=\frac{d_A}{d_B}=\frac{1}{3}$$

$$d_A=\frac{2C}{\frac{1}{\varepsilon}-1}=\frac{2\times68}{\frac{1}{1/3}-1}=68\,[\text{mm}]$$

$$d_B=\frac{2C}{1-\varepsilon}=\frac{2\times68}{1-\frac{1}{3}}=204\,[\text{mm}]$$

2. 2축이 교차하는 구름접촉

(1) 두 바퀴가 외접하는 경우

서로 교차하는 두 축 사이에 일정한 각속도비로 회전운동을 전달할 때에는 원뿔차를 사용한다. 두 축의 교점을 공통의 꼭지점으로 하는 원뿔형상을 이용

하여 회전운동을 전달하는 기구를 원뿔차라 부른다. [그림 11.9]는 원뿔차를 나타낸다.

그림 11.9 원뿔차

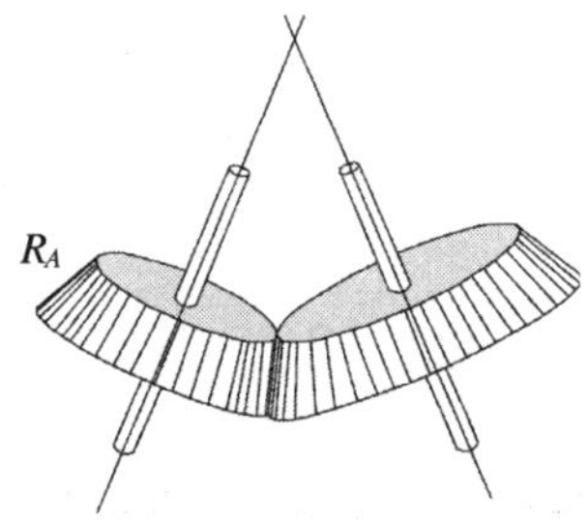

그림 11.10 외접 원뿔차의 단면

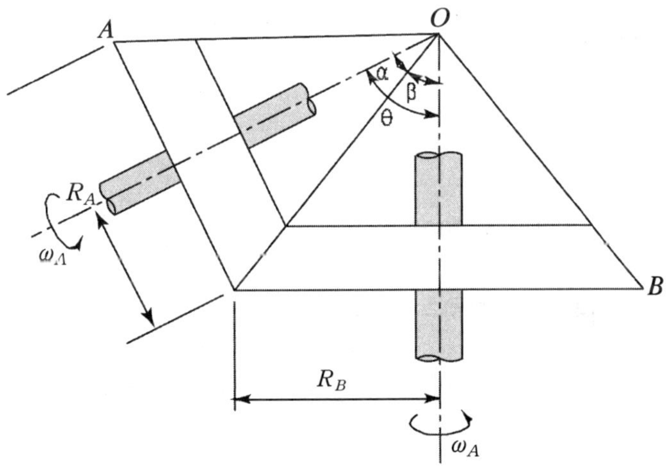

[그림 11.10]은 원뿔차의 두 축을 포함하는 평면에 대한 단면을 나타낸다. 이와 같은 두 바퀴는 O점을 지나서 두 축과 동일면상에 있는 일직선 $\overline{OP}$ 위를 따라 접촉한다.

접촉선 $\overline{OP}$ 위의 한 점 P에서 각 축에 내린 수직선의 길이를 각각 r_A, r_B라 하고, 두 축이 이루는 각을 θ, 각 바퀴의 원뿔각의 반을 각각 α, β, 두 바퀴의 각속도를 각각 ω_A, ω_B, 바퀴의 회전수를 각각 n_A, n_B라 하면 속도비는 다음과 같이 된다.

$$\varepsilon = \frac{n_B}{n_A} = \frac{\omega_B}{\omega_A} = \frac{R_A}{R_B} = \frac{\overline{OP}\sin\alpha}{\overline{OP}\sin\beta} = \frac{\sin\alpha}{\sin\beta} \tag{27}$$

그런데 $\angle\alpha + \angle\beta = \angle\theta$이므로, 식 (27)에서

$$\begin{aligned}\varepsilon &= \frac{\sin\alpha}{\sin(\theta-\alpha)} \\ &= \frac{\sin\alpha}{\sin\theta\cdot\cos\alpha - \cos\theta\cdot\sin\alpha} = \frac{\tan\alpha}{\sin\theta - \cos\theta\cdot\tan\alpha}\end{aligned} \tag{28}$$

위의 관계를 다시 정리하면, 다음과 같다.

$$\tan\alpha = \frac{\sin\theta}{\dfrac{1}{\varepsilon} + \cos\theta}, \quad \tan\beta = \frac{\sin\theta}{\varepsilon + \cos\theta} \tag{29}$$

식 (29)에서 두 축이 이루는 각 θ와 속도비 ε이 주어지면, 두 축이 이루는 각 α, β가 결정되기 때문에 원뿔차의 형상이 결정되어질 수 있다.

두 축이 직교하는 경우, $\theta = 90°$를 식 (29)에 대입하면 다음과 같은 식이 성립한다.

$$\tan\alpha = \varepsilon, \quad \tan\beta = \frac{1}{\varepsilon} \tag{30}$$

(2) 두 바퀴가 내접하는 경우

[그림 11.11]과 같이 두 바퀴가 내접하는 경우에는 $\angle\theta = \angle\beta - \angle\alpha$가 성립하므로 속도비는 다음과 같다.

$$\begin{aligned}\varepsilon &= \frac{n_B}{n_A} = \frac{\omega_B}{\omega_A} = \frac{R_A}{R_B} = \frac{\overline{OP}\sin\alpha}{\overline{OP}\sin\beta} = \frac{\sin\alpha}{\sin\beta} \\ &= \frac{\sin\alpha}{\sin(\theta+\alpha)} = \frac{\tan\alpha}{\sin\theta + \cos\theta\cdot\tan\alpha}\end{aligned}$$

그러므로

$$\tan\alpha = \frac{\sin\theta}{\dfrac{1}{\varepsilon} - \cos\theta}, \quad \tan\beta = \frac{\sin\theta}{\cos\theta - \varepsilon} \tag{31}$$

그림 11.11 내접하는 원뿔차

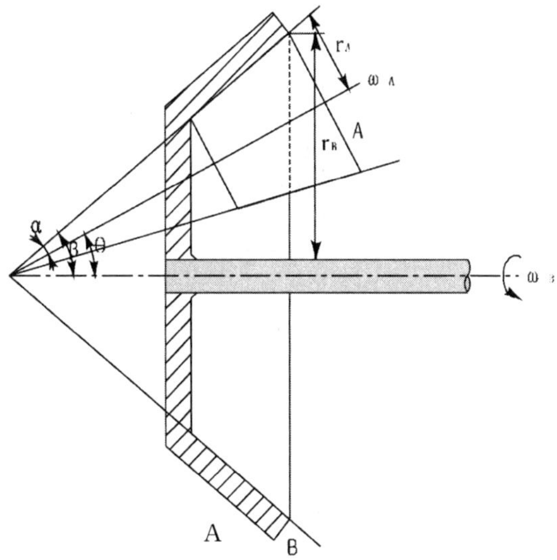

한편, 외접 또는 내접하는 원뿔차에서 $\beta=90°$라면, 원뿔차는 원판으로 되는데 이러한 원뿔차를 크라운 휠(crown wheel)이라 부른다. [그림 11.12]는 크라운 휠을 나타낸다.

그림 11.12 크라운 휠

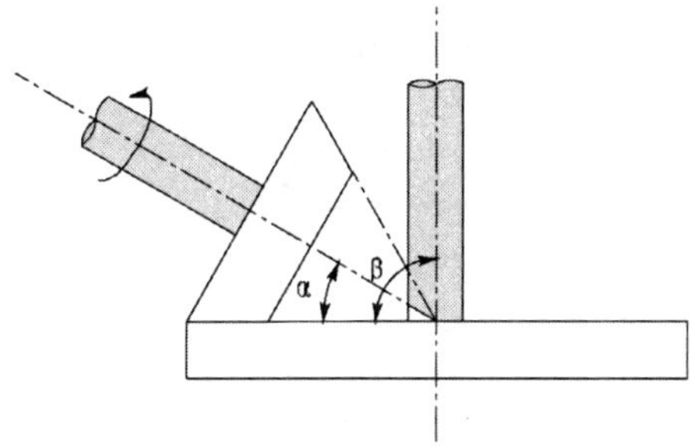

두 바퀴가 이루는 각도가 $\alpha=\beta=45°$이고, $\theta=90°$이면 회전비 $\varepsilon=1$이 되어 두 바퀴의 크기와 형상이 동일하게 된다. 이러한 원뿔차를 마이터 휠(miter wheel)이라 부른다. [그림 11.13]은 마이터 휠을 나타낸다.

그림 11.13 마이터 휠

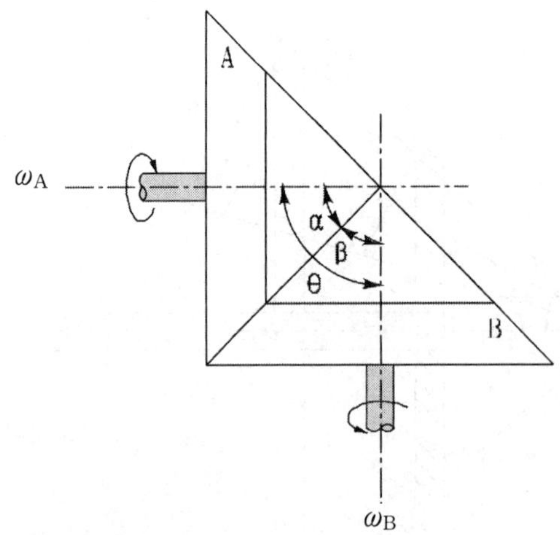

3. 2축이 평행도, 교차도 하지 않는 경우

두 축이 평행하지도 않고 교차하지도 않지만 회전운동을 전달해야 할 경우가 있다. 이러한 축에 회전운동을 전달하기 위하여는 [그림 11.14]와 같이 새로운 축을 하나 설치하여 회전운동을 전달시키거나 중간차를 사용한다.

2축이 평행하지도, 교차하지도 않는 경우, 2 축은 [그림 11.15]와 같이 서로 평행한 평면 위에 엇갈려 존재한다. 이러한 경우, 두 축 사이에 완전한 구름접

그림 11.14 평행도, 교차도 하지 않는 축의 회전운동 전달

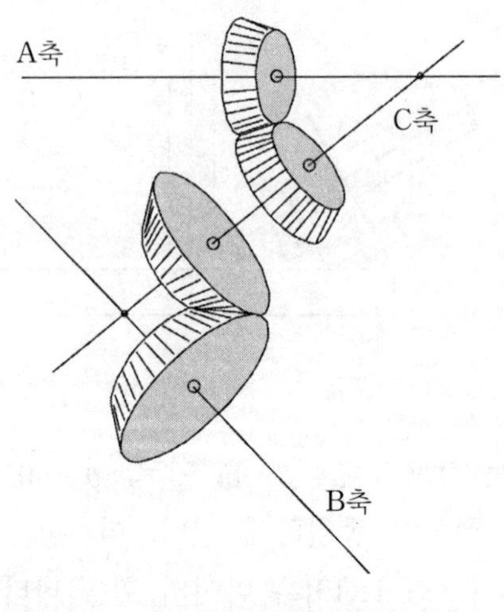

그림 11.15 평행한 2 평면상의 축

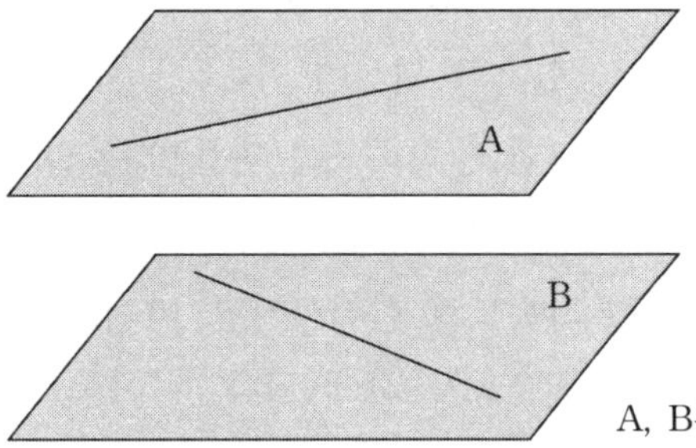

축으로 회전을 전달할 수는 없지만, 일정한 속도비로서 회전을 전달할 수는 있다. 이러한 운동을 전달하는 기구를 쌍곡선차(hyperbolic wheel)라 한다.

이 쌍곡선차는 설계 및 제작이 매우 어렵다. 따라서, 쌍곡선차의 일부분을 사용하는 경우가 많은데 이것을 스큐 휠(skew wheel)이라 부른다. 스큐 휠은 중앙부분에서 쌍곡선차를 절단한 것으로 모양은 원통차와 비슷하며, 쌍곡선차의 끝부분을 절단한 경우에는 원뿔차와 비슷하므로 폭이 좁은 경우 원통차나 원뿔차로 대신 사용할 수 있다.

11.3 속도비가 변화하는 구름접촉

두 바퀴가 구름접촉을 할 때 각속도는 바퀴의 중심에서 접촉점까지의 거리에 반비례하므로 두 바퀴의 반지름이 변하는 것은 곧 속도비의 변화를 의미한다.

이와 같이 속도비가 변화할 때의 구름접촉은 두 바퀴의 접촉점이 두 바퀴의 중심을 연결한 선 위에 있지만, 두 바퀴의 중심 연결선 위에서 접촉하는 점의 위치가 변화할 때 구름접촉이 일어난다.

여기에 속하는 대표적인 바퀴가 타원차(elliptical wheel), 대수나선차(logarithmic spiral wheel), 나뭇잎차(lobed wheel) 등이 있다.

1. 타원차

형상과 크기가 같은 2개의 타원차 A, B에 대하여 각 타원차의 초점을 O_A, O_B라 하면, 이 초점을 중심으로 회전이 가능하도록 한다. 이때 두 바퀴의 중심거리를 타원 장축의 길이와 일치하도록 만들면 두 바퀴는 구름접촉을 하게 된다.

만일 바퀴 A를 일정한 각속도로 회전시키면, 바퀴 B는 1회전을 주기로 각속도가 변화하여 부등속 회전운동을 하게 된다.

타원차의 장축의 길이를 $2a$, 단축의 길이를 $2b$라 하고, 최대속도비를 $\varepsilon_{\max}$, 최소속도비를 $\varepsilon_{\min}$이라 하면, 다음과 같이 된다.

$$\varepsilon_{\max} = \frac{\overline{O_A E}}{O_B G} = \frac{a+\sqrt{a^2-b^2}}{a-\sqrt{a^2-b^2}} \tag{32}$$

$$\varepsilon_{\min x} = \frac{\overline{O_A F}}{O_B H} = \frac{a-\sqrt{a^2-b^2}}{a+\sqrt{a^2-b^2}} \tag{33}$$

식 (32), (33)으로부터

$$\varepsilon_{\max} = \frac{1}{\varepsilon_{\min}}$$

$$l=2a,\ K=\frac{\varepsilon_{\max}}{\varepsilon_{\min}}$$

이라 하면, 다음과 같이 된다.

$$K=\frac{\varepsilon_{\max}}{1/\varepsilon_{\min}} = (\varepsilon_{\max})^2 = \left\{\frac{a+\sqrt{a^2-b^2}}{a-\sqrt{a^2-b^2}}\right\} \tag{34}$$

$$2b=\frac{4a\sqrt[4]{K}}{1+\sqrt{K}} = \frac{2C\sqrt[4]{K}}{1+\sqrt{K}} \tag{35}$$

따라서, 두 축간의 중심거리 C와 최대속도비와 최소속도비의 비 K가 주어지면 $2a$, $2b$가 결정되므로 타원의 크기를 알 수 있다.

2. 대수나선차

각도가 일정하게 변화할 때 그에 대한 반지름의 길이가 기하급수적으로 변화하는 곡선을 대수나선곡선이라 하고, 이러한 대수나선곡선을 이용하여 기구를 만든 것을 대수나선차(logarithmic spiral wheel)라 한다.

반지름을 r, 각도 $\theta=0$일 때 반지름을 $r=a$라 하면, 대수나선곡선의 방정식은 다음과 같다.

$$r=ae^{m\theta} \tag{36}$$

단, 이때 $m=\cot\alpha$이다.

θ가 (−)의 방향으로 증가하면, 곡선은 점 O에 가까워지는데 이 점을 접근점이라 부른다. 이 성질을 갖는 대수나선곡선을 바퀴의 윤곽곡선으로 사용하면 여러 가지 형상의 바퀴를 만들 수 있다.

3. 포물선차

포물선은 수학적으로는 타원의 초점거리가 무한대로 된 특별한 경우로 생각한다. 따라서, 서로 같은 2개의 포물선차도 역시 구름접촉에 의한 회전운동 전달이 가능하다.

4. 나뭇잎형차

대수나선이나 포물선·쌍곡선 등의 곡선은 반지름이 무한히 증가하여 바퀴의 윤곽곡선으로 사용하면 불연속 회전운동이 된다. 따라서, 연속 회전운동을 하는 기구를 만들기 위하여 고안된 기구가 나뭇잎형차(lobed wheel)이다.

그러므로 이러한 곡선의 한 부분을 짤라내어 구름접촉을 할 수 있도록 몇 개를 조합하여 바퀴를 만들면, 한 회전중에서 각속도비를 수차에 걸쳐서 원하는 대로 주기적으로 변화시킬 수 있다.

그러나 이와 같은 나뭇잎형차는 실제로 사용된 예는 거의 없고, 사용된다고 하더라도 2축이 평행한 경우로 사용이 제한된다.

11.4 마찰차

1. 마찰차의 기초

2개의 바퀴를 직접 접촉시켜서 생기는 마찰력을 이용하여 2축 사이의 동력을 전달하는 장치를 마찰차(friction wheel)라 한다.

구동차에서 종동차로 동력을 전달할 때, 구름접촉이 일어나도록 두 바퀴에 미끄럼이 발생하지 않도록 하기 위해서는 큰 마찰력이 생겨야 하고, 이를 위하여 두 바퀴의 접촉면은 마찰계수가 큰 형상 및 재질로 제작되어야만 한다. 마찰력이 크면 큰 회전력을 전달 가능하고, 마찰력을 크게 하기 위하여는 두 바퀴를 서로 밀어주는 힘을 가해야 한다.

하지만, 마찰차를 밀어주는 힘이 너무 강하면, 축 베어링에 가하는 하중이 커지게 되고, 접촉면에 대한 마모가 심하여 수명이 단축되므로 마찰차를 미는 힘에 제약이 따른다.

이러한 이유로 인하여 접촉면의 마찰계수를 크게 하고, 마멸을 줄이는 동시에 수명을 늘리며, 미끄럼이 없는 충분한 회전력을 전달하기 위하여 마찰차의 접촉표면에 금속 또는 비금속을 입힌다.

구동체의 표면에는 가죽·고무·나무 등의 비금속을 주로 사용하고, 종동차에는 마찰변형이 일어나지 않는 금속체를 사용하는 것이 일반적이다. 이것은 운전초기 또는 운전중에 종동차의 저항에 의하여 두 바퀴 사이에 일시적인 미끄럼이 생겼을 때 구동차는 전체 바퀴 둘레에 미끄럼이 생기고, 종동차는 상대편과 접촉하는 부분에만 국부적으로 미끄럼을 받으므로, 종동차에 연질의 비금속 재료를 입히게 되면 국부적으로 마멸이 생겨 그 표면이 울퉁불퉁하게 된다. 마찰차의 장점과 단점은 다음과 같다.

- 기구에 과부하가 가해졌을 때 안전장치 역할을 수행한다.
- 운전이 조용하다.
- 구동차를 운전하는 사이에서 종동차의 시동, 정지, 속도변화 등이 가능하다.
- 축과 베어링 사이의 마찰이 크므로 동력손실과 축 베어링의 마멸이 크다.
- 일정한 속도를 얻기가 곤란하다.
- 마찰차의 표면을 손상시킨다.

- 마찰력에 한계 때문에 큰 회전력을 전달하기 어렵다.

〈표 11.1〉은 각종 재료간의 마찰계수를 나타낸다.

〈표 11.1〉 각종 재료간의 마찰계수

재료	마찰계수
주철과 주철	0.1 ~ 0.15
주철과 가죽	0.15 ~ 0.3
주철과 목재	0.2 ~ 0.5
주철과 종이	0.15 ~ 0.2

이러한 이유 때문에 마찰차를 이용하여 회전력을 전달하는 데 적용되는 범위는 다음과 같다.

- 전달 회전력이 별로 크지 않고, 속도비가 중요하지 않을 경우
- 비교적 고속회전 운동이고, 조용한 운전이 필요한 경우
- 구동차의 운전중 시동·정지가 필요한 경우
- 무단 변속이 필요한 경우

이와 같이 사용되는 마찰차의 종류는 다음과 같다.

- 원통마찰차(supur priction wheel)
- 홈마찰차(grooved friction wheel)
- 원뿔마찰차(bevel fraction wheel)

2. 마찰차의 전달동력

(1) 원통마찰차

원통마찰차는 [그림 11.16]에 나타난 것처럼 두 축이 평행할 때, 외접인 경우와 내접인 경우가 있다. 두 바퀴의 모양이 원통으로 된 원통마찰차에서 두 바퀴의 접촉면에서 밀어붙이는 하중을 $P[\mathrm{kg}]$, 마찰계수를 μ라 하면, 최대전달력 $F[\mathrm{kg}]$은 다음과 같다.

$$F = \mu P \tag{37}$$

최대전달동력을 H[PS] 또는 H'[kW]라 하고, 원주속도를 v[m/sec]라 하면, 다음과 같다.

그림 11.16 원통마찰차

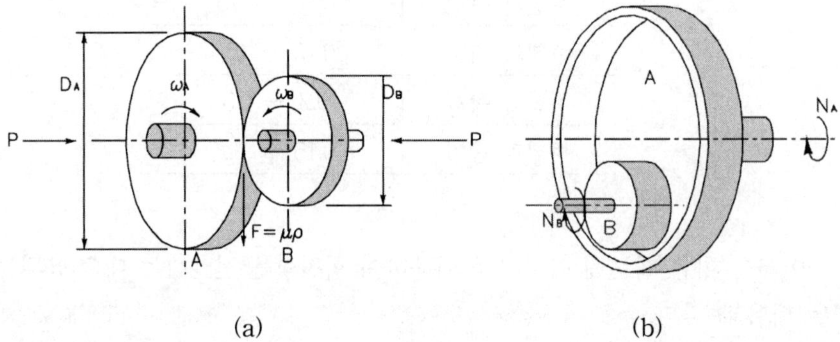

$$H = \frac{F \cdot v}{75} \text{ [PS]}$$

$$H' = \frac{F \cdot v}{102} \text{ [kW]} \tag{38}$$

(2) 홈마찰차

마찰차의 마찰력을 크게 하기 위하여 일반적으로 두 바퀴에 큰 힘을 가하여 접촉시켜야 하지만, 큰 힘을 가하게 되면 마찰차의 수명을 감소시키거나 베어링에 작용하는 하중이 크게 되어 많은 문제가 발생하게 된다.

따라서 이러한 결점을 피하기 위한 방법으로 [그림 11.17]과 같이 한쪽 원주면에 V자형 홈을 파고, 상대편 원주면에는 이것과 적합하게 잘 맞추어지는 볼록한 부위를 만들어서 마찰력을 증대시킨 마찰차를 홈마찰차(friction wheel)라 한다.

홈의 각도를 2α, 두 바퀴에 작용하는 접촉압력을 P, 마찰계수를 μ라 하면, 홈의 두 측면에는 수직력 N과 경사면을 미는 마찰력 μN이 발생한다.

반지름 방향에 대한 힘의 평형방정식은 다음과 같다.

$$P = 2N\sin\alpha + 2\mu N\cos\alpha = 2N(\sin\alpha + \mu\cos\alpha)$$

$$\therefore N = \frac{P}{2(\sin\alpha + \mu\cos\alpha)} \tag{39}$$

그림 11.17 홈마찰차

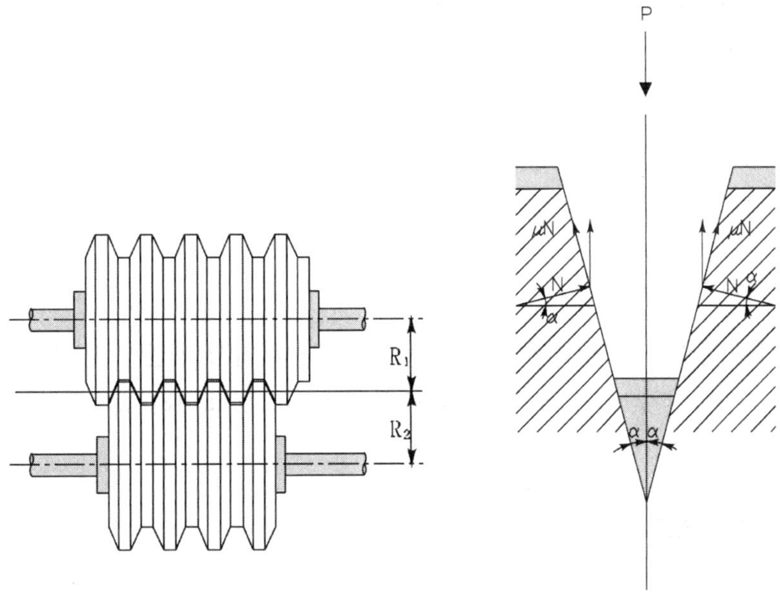

(a) (b)

회전력으로 작용하는 힘은 바퀴의 접선방향의 마찰력이 되고, 이것을 F'라 하면, 다음과 같이 된다.

$$F' = 2\mu N = \frac{\mu P}{\sin\alpha + \mu\cos\alpha} = \mu' P \tag{40}$$

단, $\mu' = \dfrac{\mu}{\sin\alpha + \mu\cos\alpha}$ 이 되고, μ'를 등가마찰계수라 한다.

홈마찰차의 원주속도를 v[m/sec]라 하면, 전달마력은 다음과 같이 된다.

$$H = \frac{\mu' P v}{75} = \frac{F' v}{75}\ [\mathrm{PS}] \tag{41}$$

따라서, 원통마찰차와 홈마찰차의 경우 같은 힘을 가할 때의 마찰력을 비교해보면 다음과 같다.

$$F' : F = \left(\frac{\mu}{\sin\alpha + \mu\cos\alpha}\right) : \mu = \mu' : \mu \tag{42}$$

홈마찰차의 경우에 마찰계수 μ'는 원통마찰차의 마찰계수 μ의 $\dfrac{1}{\sin\alpha+\mu\cos\alpha}$ 배로 증가한다.

홈마찰차의 경우 정확한 구름접촉이 생기는 부위는 홈 중앙부의 한 점뿐이고, 그밖에는 미끄럼이 발생하기 때문에 마멸 및 소음이 생기기 쉽기 때문에 홈의 깊이를 너무 깊지 않도록 하여야 한다. 홈마찰차의 마찰차 지름을 D라 하면, 보통 홈의 깊이는 0.05[D] 이하로 한다.

(3) 원뿔마찰차

구름접촉을 하면서 두 축이 어느 정도 교차하면서 회전력을 전달하는 마찰차를 원뿔마찰차(bevel fraction wheel)라 한다. [그림 11.18]은 원뿔마찰차를 나타내고 있다.

그림 11.18 원뿔마찰차

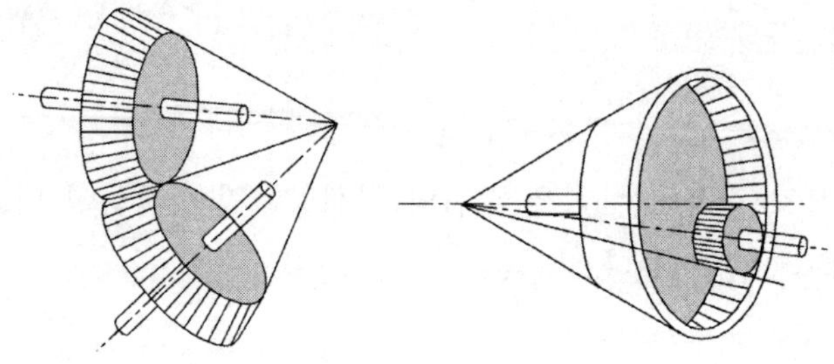

(a) (b)

원뿔마찰차에서 접촉면에서 서로 미는 힘을 F[kg], 축방향 추력을 각각 F_1[kg], F_2[kg]라 하면

$$F=\frac{F_1}{\sin\alpha}=\frac{F_2}{\sin\beta}=\frac{F_2}{\sin(\theta-\alpha)} \tag{43}$$

또한, 축에 직각으로 작용하는 반력을 각각 F_1'[kg], F_2'[kg]라 하면

$$F_1'=F\cos\alpha,\quad F_2'=F\cos\beta \tag{44}$$

이때 합력 F[kg]는 접촉선의 중앙에 작용한다고 생각하여, 그 접촉표면의 중앙 원주속도를 계산에 사용한다. 접촉부분의 평균속도를 v[m/sec]라 하

면, 전달마력은 다음 식으로 표시된다.

$$H = \frac{\mu F \cdot v}{75} = \frac{\mu F_1 \cdot v}{75\sin\alpha} = \frac{\mu F_2 \cdot v}{75\sin\beta}\ [\mathrm{PS}] \tag{45}$$

단, $v = \frac{\pi(D_1 + D_1')n_1}{2\times60\times1000} = \frac{\pi(D_2 + D_2')n_2}{2\times60\times1000}\ [\mathrm{m/sec}]$

여기서 D_1, D_1', D_2, D_2' [mm], n_1, n_2 [rpm]이다.

11.5 마찰차식 무단 변속기구

1. 무단 변속기구의 분류

기계 운전중에 속도를 변환시킬 경우가 종종 발생한다. 기계의 운전을 부하에 따라서 자유로이 변환할 수 있는 것은 여러 가지 면에서 매우 편리하기 때문에 널리 사용되고 있다.

변속기구로는 회전속도를 변환할 수 있는 유단 변속기구와 단이 없이 회전속도를 연속적으로 변화시킬 수 있는 무단 변속기구로 구분된다.

유단 변속기구에는 기어 및 체인을 이용한 방법이 주로 사용되고, 무단 변속기구는 기계식·유체식·전기식이 있다. 그 중에서도 기계식만을 살펴보면, 마찰차식, 감기 전동식 및 일방 클러치식이 있다. 널리 보급되고 있는 무단 변속기구는 마찰차식과 감기 전동방식이다.

마찰차식은 다시 원뿔차식·구면차식·원판차식으로 구분되고, 감기전동식은 평벨트식, V벨트식 및 체인식으로 구분되어진다.

운동을 전달하기 위하여 대부분은 각속도비를 일정하게 유지하지만, 가끔은 각속도비를 주기적으로 변화시킬 필요가 있는 경우도 발생한다. 마찰차의 무단 변속장치를 응용하면 기계의 운동상태에 따라 구동차의 회전수가 일정할 때, 종동차의 회전수를 자유로이 조절할 수 있고, 운전중 용이하게 각속도비를 변화시킬 수 있을 뿐만 아니라, 그 변속을 연속적으로 수행할 수 있어 대단히 편리하다. 그러나, 미끄럼으로 인하여 확실한 속도비를 얻기가 곤란하고, 큰 동력을 전달할 수 없는 것이 결점이다.

이 마찰차를 이용한 무단 변속기구의 방식은 다음과 같다.

- 원판마찰차를 이용하는 방식
- 원뿔마찰차를 이용하는 방식
- 구면마찰차를 이용하는 방식

이들 방식 중 어떠한 방식도 마찰 접촉점을 이동할 수 있도록 되어 있고, 접촉점에 대한 두 바퀴의 반지름 비를 단계 구분없이 연속적으로 변화시킬 수 있다.

2. 원판마찰차를 이용한 무단 변속기구

[그림 11.19]는 원판을 이용한 무단 변속기구를 나타낸다. 구름바퀴 A와 원판마찰차 B의 축 I, II가 서로 직교하고, 구름바퀴 A를 I축에서 좌우로 이동시킴으로써 원판마찰차의 회전수를 마음대로 연속적으로 변화시킬 수 있다.

그림 11.19 원판을 이용한 무단 변속기구

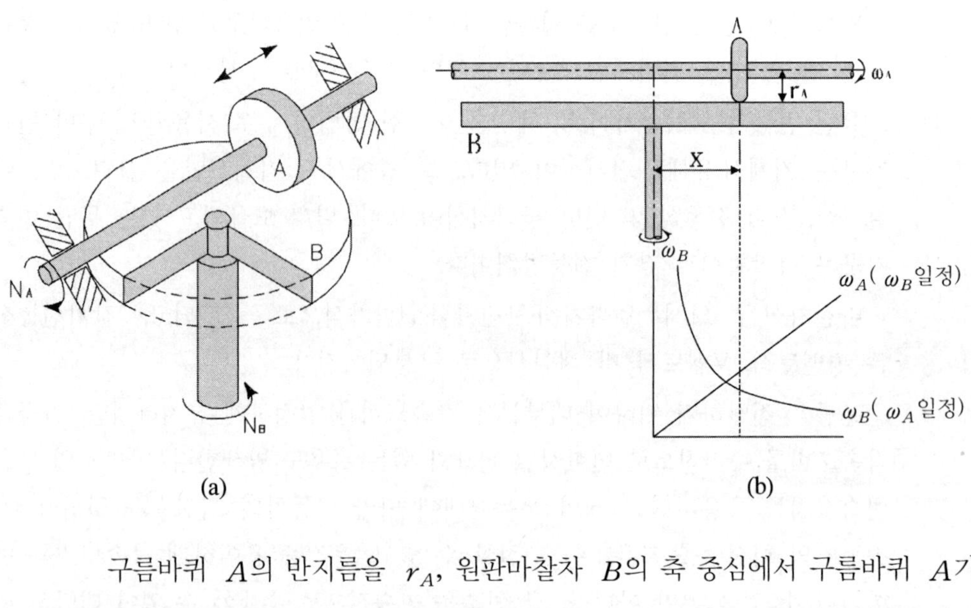

구름바퀴 A의 반지름을 r_A, 원판마찰차 B의 축 중심에서 구름바퀴 A가 접촉하고 있는 장치까지의 거리를 x라고 하면, 속도비는 x를 이동시킴으로써

변경할 수 있다.

즉, 구름바퀴 A를 구동차로 하고, 그 회전수가 일정하다면 속도비는 다음과 같이 된다.

$$\varepsilon = \frac{\omega_B}{\omega_A} = \frac{n_B}{n_A} = \frac{r_A}{x} \tag{46}$$

$$\omega_B = \frac{r_A}{x}\omega_A \tag{47}$$

ω_B가 일정하다면,

$$\omega_A = \frac{x}{r_A}\omega_B \tag{48}$$

「그림 11.19](b)는 ω_A가 일정한 경우 x의 위치에 따른 ω_B의 변화 및 ω_B가 일정한 경우에 ω_A의 변화 관계를 나타낸 것이다.

3. 원뿔마찰차를 이용한 무단 변속기구

[그림 11.20]은 원뿔마찰차를 이용한 무단 변속기구 원리를 나타내고 있다. 원뿔차와 원판차를 접촉시켜서 원판차의 접촉위치를 이동시킴으로써 속도비를 자유로이 변화시킬 수 있다.

원뿔차의 최대반지름을 R, 원뿔차의 꼭지점에서 최대반지름까지의 길이를 l, 원뿔차의 꼭지점으로부터 원판차까지의 거리인 x점에 대한 원판차 반지름을 R_x라 하면

$$R_x = \frac{R}{l} \cdot x \tag{49}$$

원판차의 반지름을 R_0라 하고 원뿔차를 구동차로 한 일정 회전수를 n_A라 하면, 원판차의 회전수 n_B는 다음과 같다.

$$n_B = \frac{R_x}{R_0} n_A = \frac{R}{R_0} \cdot \frac{x}{l} n_A \tag{50}$$

여기서 회전수 n_B는 직선적으로 변화한다.

그림 11.20 원뿔마찰차를 이용한 무단 변속기구 원리

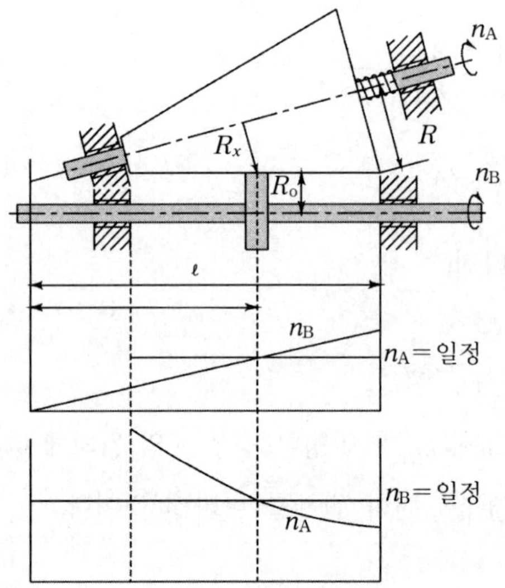

또, n_B를 일정하게 하면

$$n_A = \frac{R_0}{R_x} \cdot n_B = \frac{R_0}{R} \cdot \frac{l}{x} \cdot n_B \tag{51}$$

여기서 n_A는 원판차의 위치에 따라 쌍곡선으로 변화한다.

4. 구면마찰차를 이용한 무단 변속기구

변속기구에 있어서 접촉표면을 구면으로 하는 구는 어떤 방향이라도 회전축으로 사용이 가능하므로, 어떠한 구면의 중심둘레에 운동시켜도 변속이 가능하고, 실제로 널리 사용되고 있다. [그림 11.21]은 구면마찰차를 이용한 무단 변속기구를 나타낸다.

그림 11.21 구면마찰차를 이용한 무단 변속기구

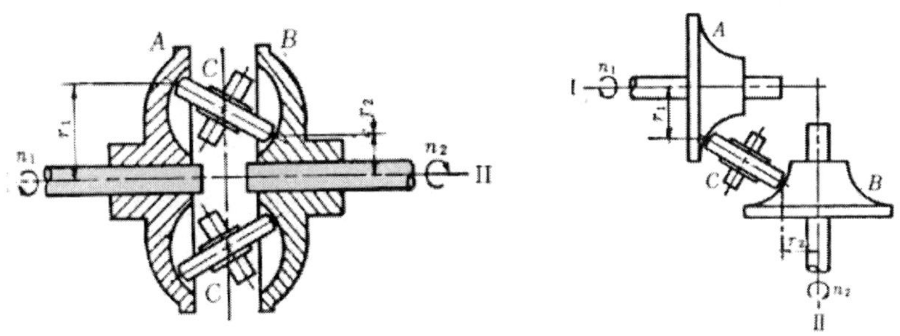

(a) (b)

[그림 11.21](a)는 2축이 일직선 위에 있고, 바퀴 A, B는 단면에 홈이 파여진 원판차로 그 사이에 2개의 원판차 C를 삽입한 것이다. C와 C를 서로 반대방향으로 동일 각도만큼 경사지게 변화하도록 설치하면, r_1과 r_2가 변화할 수 있으므로 바퀴 A가 일정 각속도로 회전할 때 바퀴 B의 회전속도를 자유로이 변화시킬 수 있다.

이때의 속도비는

$$\frac{n_2}{n_1} = \frac{r_1}{r_2} \; c- \; \frac{n_B}{n_A} = \frac{\omega_B}{\omega_A} = \frac{R_A}{R_B} = \frac{\overline{OP}\sin\alpha}{\overline{OP}\sin\beta} = \frac{\sin\alpha}{\sin\beta}$$

$$= \frac{\sin\alpha}{\sin(\theta+\alpha)} = \frac{\tan\alpha}{\sin\theta + \cos\theta \cdot \tan\alpha} \qquad (52)$$

가 되고, 바퀴 A와 B는 서로 반대방향으로 회전한다.

[그림 11.21](b)는 같은 원리에 의한 변속방법으로서, 단지 이때는 두 축이 직교하는 것이 다르다.

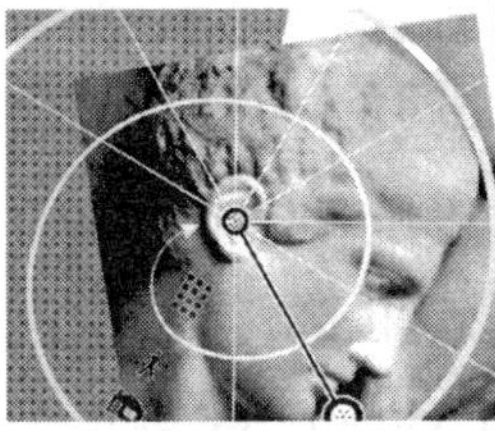

제 12 장 기어 전동기구

현대사회에서 효율적인 동력전달에 가장 많이 사용되는 기구가 기어 전동기구이다. 기어 전동기구는 정확한 동력전달과 큰 힘의 전달이 가능하기 때문에 산업기계에서부터 수송기계나 정밀기계 등에 이르기까지 광범위하게 사용되고 있다. 따라서, 기어의 종류와 특징을 파악하고 기어의 동력전달 방법을 파악하는 것이 매우 중요하다.

이 장에서는 기어의 종류 및 설계, 제작법에 대하여 알아보고, 동력전달계에 주로 사용되는 기어 트레인의 구성 및 회전비에 대하여 살펴보기로 하자.

12.1 기어의 개요

1. 기어의 정의

기어는 각종 기계의 회전 및 동력을 전달하는 용도로 널리 사용되고 있다. 이러한 기어는 무엇이고, 어떠한 특징을 가지고 있는지 알아보기로 하자.

두 축 사이에 동력을 전달하는 마찰 전동기구는 그 접촉부의 마찰력만으로 동력을 전달하므로 큰 힘을 전달하지 못하고, 정확한 속도비를 전달하기 힘들며, 각속도비가 불확실하게 된다는 것을 알고 있다.

이러한 결점을 개선하기 위하여 한 쌍의 마찰차의 접촉표면을 기준으로 하여원통차의 둘레에 등간격으로 돌기를 생성시켜서 그 하나하나를 맞물리게 함으로써 정확한 각속도비로 회전을 전달할 수 있도록 만든 기구가 기어 전동기구이다.

마찰차의 접촉표면에 해당하는 원을 기어의 피치원(pitch circle)이라 하고, 일정한 크기의 등간격 돌기부분을 기어의 이빨(tooth)이라 하고, 이빨과 맞물려 동력을 전달하는 바퀴를 기어(gear)라 한다. 두 피치원의 접촉점을 피치점(pitch point)이라 한다. 이빨면에서는 구름접촉이 아니고 피치점에서부터는 접촉방향으로 미끄럼 운동을 한다.

기어의 특징을 요약하면 다음과 같다.

- 정확한 속도비로 큰 동력을 전달한다.
- 효율이 우수하다.
- 큰 감속이 가능하다.
- 정밀도가 요구된다.
- 소음과 진동이 발생한다.

2. 미끄럼 운동의 각속도비

기어에서 동력을 전달할 때, 피치점에서만 구름접촉이 발생하고, 그밖에서는 미끄럼 운동으로 회전을 전달한다. [그림 12.1]과 같이 중심점이 각 O_A, O_B인 구동차 A와 종동차 B가 Q점에서 접촉하여 서로 미끄럼 운동을 한다.

접촉점 Q에 대한 기어 A, B의 속도를 각각 v_A, v_B라 하면, v_A, v_B의 법선성분 속도 v_{An}, v_{Bn}은 속도의 크기가 서로 같아야 한다. Q에 대한 법선을 $\overline{N_1N_2}$라 하고, $\overline{N_1N_2}$와 v_A, v_B가 이루는 각을 각각 α, β라 하자.

기어 A, B의 각도를 각각 ω_A, ω_B라 하고, 각 축의 중심에서 Q점까지의 거리를 각각 r_A, r_B라 하면

$$v_{An} = v_A \cos\alpha$$

$$v_{Bn} = v_B \cos\beta$$

$$\therefore v_A \cos\alpha = v_B \cos\beta \qquad (1)$$

그림 12.1 미끄럼 운동의 각속도

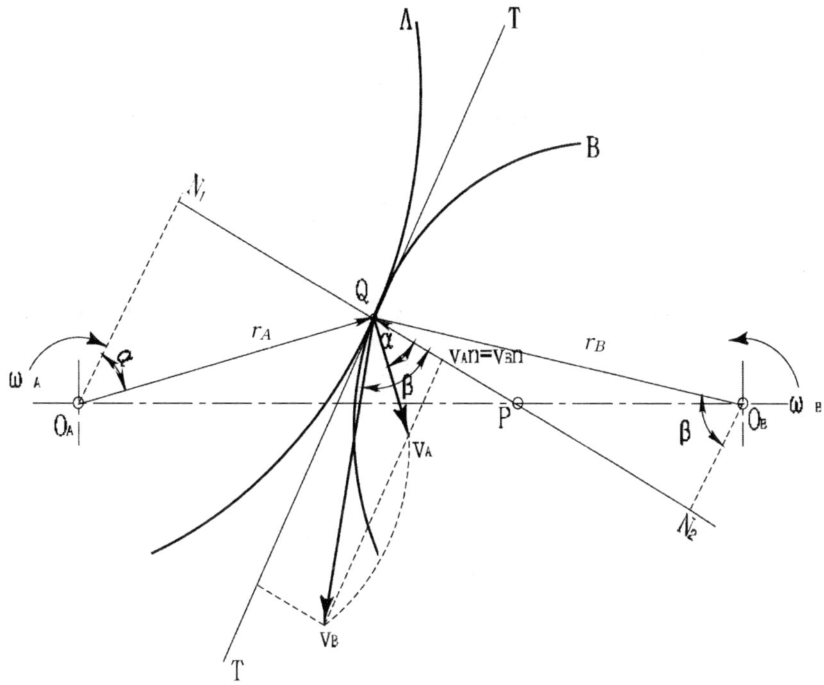

또한, $v_A = \omega_A \cdot r_A$, $v_B = \omega_B \cdot r_B$이므로 식 (1)로부터

$$\omega_A \cdot r_A \cos\alpha = \omega_B \cdot r_B \cos\beta$$

$$\therefore \frac{\omega_A}{\omega_B} = \frac{r_B \cos\beta}{r_A \cos\alpha} \qquad (2)$$

축 O_A, O_B에서 법선 $\overline{N_1N_2}$에 내린 수직선을 각각 $\overline{O_AN_1}$ 및 $\overline{O_BN_2}$라 하면 $\frac{\omega_A}{\omega_B} = \frac{\overline{D_BN_2}}{\overline{O_AN_1}}$가 된다.

그러나 $\triangle O_AN_1P \backsim \triangle O_BN_2P$이므로

$$\frac{\omega_A}{\omega_B} = \frac{\overline{O_BP}}{\overline{O_AP}} \qquad (3)$$

식 (3)에서도 알 수 있듯이 미끄럼 운동을 하는 경우에 두 링크의 각속도의

비는 접촉점 Q에서 세운 공통법선과 두 축을 연결하는 중심선 사이의 교차점 P까지의 거리에 반비례함을 알 수 있다. 기구에서 이 교점을 피치점이라 한다.

두 개의 링크에 대한 미끄럼 속도를 구하여보기로 하자. 속도 v_A, v_B에 대한 공통접선을 $\overline{TT}$라 하고, 두 링크의 상대 미끄럼 속도를 v_s라 하면

$$v_s = v_B \sin\beta - v_A \sin\alpha$$

여기서 $\sin\alpha = \frac{\overline{QN_1}}{r_A}$, $\sin\beta = \frac{\overline{QN_2}}{r_B}$ 이므로

$$\begin{aligned} v_s &= \omega_B \times \overline{QN_2} - \omega_A \times \overline{QN_1} = \omega_B \times (\overline{PQ} + \overline{PN_2}) - \omega_A \times (\overline{PN_1} - \overline{PQ}) \\ &= \omega_B \times \overline{PN_2} - \omega_A \times \overline{PN_1} + (\omega_A + \omega_B) \times \overline{PQ} \end{aligned}$$

또한

$$\frac{\omega_A}{\omega_B} = \frac{\overline{O_B P}}{\overline{O_A P}} = \frac{\overline{PN_2}}{\overline{PN_1}}$$

$$\therefore \omega_A \cdot \overline{PN_1} = \omega_B \cdot \overline{PN_2}$$

따라서

$$v_s = (\omega_A + \omega_B)\overline{PQ} \tag{4}$$

식 (4)에서도 알 수 있듯이 두 링크의 미끄럼 속도 v_s는 피치점에서 접촉점까지의 거리 $\overline{PQ}$에 비례하는 것을 알 수 있다.

만일 점 P와 Q가 일치한다면, $v_s = 0$이므로 미끄럼이 없는 구름접촉만을 하게 된다. 따라서 이 점에 대한 상대속도는 0이 되고, 점 P는 두 개의 회전하는 링크에 대한 순간중심이 된다.

이상과 같이 한 쌍의 기어가 피치점에서 접촉할 때, 접촉점은 기어의 순간중심이므로 그 순간만큼은 구름접촉을 하고, 피치점 이외의 다른 위치에서 접촉할 때에는 서로 미끄럼 접촉을 한다.

3. 치형의 기구학적 필요조건

기어가 원활한 운동을 하기 위하여 기어의 치형이 매우 중요하지만, 치형을 제작하는 데는 어려움이 많이 발생한다.

서로 회전하는 두 개의 기어가 일정한 각속도로 회전하려면, 피치원이 완전한 구름접촉을 하여야 하며, 이를 위하여 가져야 할 필요조건은 다음과 같다.

1776년 프랑스의 캬뮤가 제시한 정리로서, 캬뮤의 정리(theory of Camus)라 불리는 필요조건은 "임의의 순간에 이빨과 이빨의 접촉점에서 치형에 세운 공통법선은 항상 그 순간의 피치점을 통과하여야 한다"는 것이다.

4. 기어의 종류

기어에는 많은 종류가 있고, 이것을 크게 나누어 두 축의 관계위치와 치형곡선에 의한 분류로 나누어 생각할 수 있다.

(1) 두 축의 위치에 따른 분류

축의 위치	기어 명칭	이빨 접촉 상태	특징
두 축이 평행	평기어 (spur gear)	직선	이빨이 축에 평행. 형상이 간단하고 공작이 쉬워 가장 많이 사용함
	헬리컬 기어 (helical gear)	직선	이빨이 나선으로 된 원통기어. 평기어보다 이빨물림이 원활하고, 진동과 소음이 적고, 큰 하중과 고속전동에 사용. 축에 추력이 발생함
	2중 헬리컬 기어 (double helical gear)	직선	크기가 같은 헬리컬 기어를 서로 대칭으로 조합한 기어. 추력을 없애고, 균일한 회전 전달이 가능함
	랙과 피니언 (rack & pinion)	직선	랙은 반지름이 무한대인 원통기어의 일부분. 피니언의 회전에 의하여 랙은 직선운동 수행함
	내접기어 (internal gear)	직선	기어 내부에 인접한 기어가 붙어 있는 기어. 두 기어의 회전방향이 동일하고, 고속회전의 경우 사용함

<table>
<tr><td rowspan="3">두
축이
교차</td><td>직선 베벨기어
(straight bevel gear)</td><td>직선</td><td>원뿔면에 이빨을 제작한 것으로서 이빨이 원뿔 꼭지점 방향을 향하며, 이빨이 직선으로 된 베벨기어. 일반적으로 널리 사용함</td></tr>
<tr><td>스파이럴 베벨기어
(spiral bevel gear)</td><td>곡선</td><td>이빨이 원뿔면에 나선으로 된 베벨기어. 큰 하중과 고속전동에 사용함</td></tr>
<tr><td>제롤 베벨기어
(zerol bevel gear)</td><td>곡선</td><td>나선각이 0인 한 쌍의 곡선 베벨기어</td></tr>
<tr><td rowspan="4">두
축이
교차도
평행도
안함</td><td>하이포이드 기어
(hypoid gear)</td><td>곡선</td><td>베벨기어의 축을 엇갈리게 만든 기어. 자동차의 차동기어장치의 감속기어로 사용함</td></tr>
<tr><td>웜기어
(worm gear)</td><td>곡선</td><td>웜(worm)과 웜 휠(worm wheel)에 의한 한 쌍의 기어. 큰 감속비가 요구될 때 사용함</td></tr>
<tr><td>나사기어
(screw gear)</td><td>점</td><td>헬리컬 기어와 한 쌍으로 스큐 축 사이의 운동을 전달. 스큐 헬리컬 기어(skew helical gear)라고도 불림</td></tr>
<tr><td>페이스 기어
(face gear)</td><td>점</td><td>평기어 또는 헬리컬 기어와 물리는 원통기어의 한 쌍. 두 축이 교차하지 않는 경우의 동력전달에 사용</td></tr>
</table>

(2) 치형에 의한 분류

1) 인벌루트 기어(involute gear)

가장 일반적으로 널리 사용되는 기어. 선업기계, 공작기계 및 일반기계 등에 널리 사용된다.

2) 사이클로이드 기어(cycloid gear)

주로 정밀기계용으로 사용되는 기어. 정밀기계・측정기계 및 시계 등에 사용된다.

3) 트로코이드 기어(trochoid gear)

유압펌프 등에 사용된다.

그림 12.2 기어의 종류

(a) 평기어 (b) 헬리컬 기어 (c) 2중 헬리컬 기어

(d) 랙과 피니언 (e) 내접기어 (f) 직선 베벨기어

(g) 스파이럴 베벨기어 (h) 제롤 베벨기어 (i) 하이포이드 기어

(j) 웜기어 (k) 나사기어 (l) 페이스 기어

12.2 평기어

[그림 12.3]과 같이 평행한 두 축 사이에서 각 축을 서로 반대방향으로 회전시키는 기어를 평기어(spur gear)라 한다. 기어의 이빨은 축과 평행하게 원통의 외면에 제작되어 있다.

평기어는 공작이 용이하고, 정밀도도 높게 제작할 수 있으므로 가장 널리 사용되고 있는 기어이다.

그림 12.3 평기어

1. 기어의 부위 명칭

[그림 12.4]는 평기어 부위의 명칭을 도시한 것으로 다음과 같이 설명할 수 있다.

1) 피치원

평기어는 원통마찰차의 마찰면에 이빨을 붙인 것이라 생각되므로, 이 마찰차의 구름접촉에 해당하는 가상원을 피치원(pitch circle)이라 한다. 서로 구름접촉을 하는 한 쌍의 기어 피치원은 서로 접촉하고, 그 접촉점을 피치점(pitch point)이라 한다.

2) 이끝원

이의 끝을 연결하는 원을 이끝원(addendum circle)이라 한다.

3) 이뿌리원

이의 뿌리를 연결하는 원을 이뿌리원(dedendum circle)이라 한다.

그림 12.4 기어의 부위 명칭

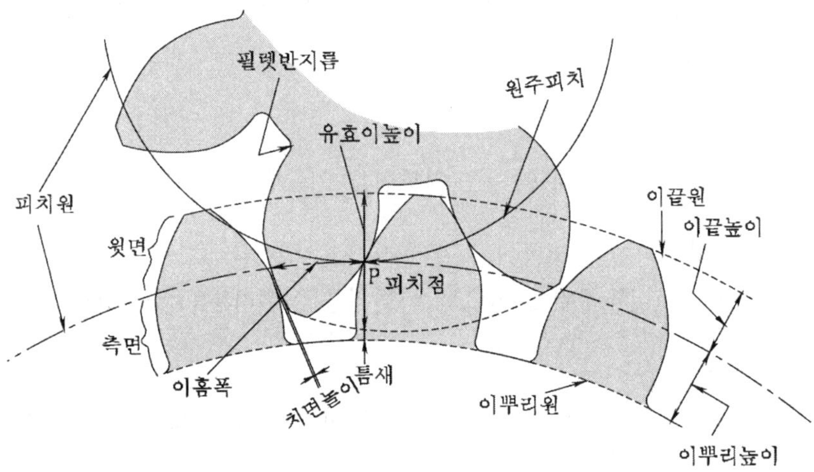

4) 이끝높이

기어 피치원에서 이끝원까지의 반지름의 거리로 이끝높이(addendum)를 말하며, 기호는 a로 표시한다.

5) 이뿌리높이

기어의 피치원에서 이뿌리원까지의 반지름의 거리로 이뿌리높이(dedendum)를 말하며, 기호는 d로 표시한다.

6) 총이높이

이뿌리원에서 이끝원까지의 반지름의 거리를 말한다. 즉, 총이높이(whole depth)는 어덴덤과 디덴덤을 합한 크기이며, 총이높이를 h라 하면 $h=a+d$이다.

7) 틈 새

한쪽 기어의 이끝이 상대편 이뿌리에 닿지 않도록 한 간격으로서, 기어의 이끝원에서 이것과 물리는 상대편 기어의 이뿌리원까지의 거리를 말한다. 이 틈새(clearance)를 c라 하면, $c=d-a=h-2a$이다.

8) 유효이높이

실제로 접촉한 한 쌍의 기어의 높이로 물림이높이라고도 하며, 총이높이에서 틈새를 뺀 값이 된다. 유효이높이(working depth)를 h_w라 하면, $h_w=h-c=2a$

가 된다.

9) 원주피치

서로 인접한 2개의 이빨 사이의 대응점간의 피치원의 거리를 원주피치(circular pitch)라 한다.

10) 이끝면

피치원에서 이끝원에 이르는 이빨면을 이끝면(tooth face)이라 한다.

11) 이뿌리면

피치원에서 이뿌리원에 이르는 이빨면을 이뿌리면(tooth flank)이라 한다.

12) 이두께

피치원을 따라 측정한 이빨의 두께를 이두께(tooth thickness)라 한다.

13) 이홈폭

피치원을 따라 측정한 두 이빨 사이의 공간의 폭을 이홈폭(width of tooth space)이라 한다.

14) 치면놀이

한 쌍의 기어를 물리게 하였을 때의 이빨면 사이의 간극을 치면놀이(backlash)라 하는데, 두 기어의 꽉 끼워짐이 없이 원활한 운동을 하도록 하기 위하여 필요한 공간을 말한다.

15) 이빨폭

회전축에 평행한 피치면(pitch surface)에서 측정한 값을 이빨폭(face width)이라 한다.

2. 이빨의 크기

기어의 크기는 피치로서 표시하며, 서로 맞물려 회전하는 기어의 피치는 반드시 동일하여야 한다. 또한, 이 피치는 피치원과 이빨수에 관계된다. 피치원의 크기가 같아도 이빨수를 달리함으로써 이빨의 크기(magnitude of tooth)를 변경시킬 수 있다. 따라서, 피치 또는 이빨수를 기준으로 이빨의 크기를 결정할 수 있다.

이빨의 크기를 표시하는 방법에는 3가지 방법이 있다.

(1) 원주피치

일반적으로 피치라고 하며, 피치원의 지름을 D(㎜ : inch), 이빨수(number of tooth)를 Z, 원주피치(circular pitch)를 p라 하면, 피치원의 둘레를 이빨수로 나눈 값으로 다음 식과 같이 된다.

$$p = \frac{\pi D}{Z} \tag{5}$$

이 원추피치가 클수록 동일기어에서는 이빨수는 적어지고, 이빨은 커진다. 그러나 식 (5)에서도 알 수 있듯이 문자에 π가 포함되어 있기 때문에 p나 D의 값에 소수점이 포함되므로, 계산이 불편하여 이빨의 크기를 결정하는 기준으로서는 별로 사용하지 않는다.

그림 12.5 이빨의 크기

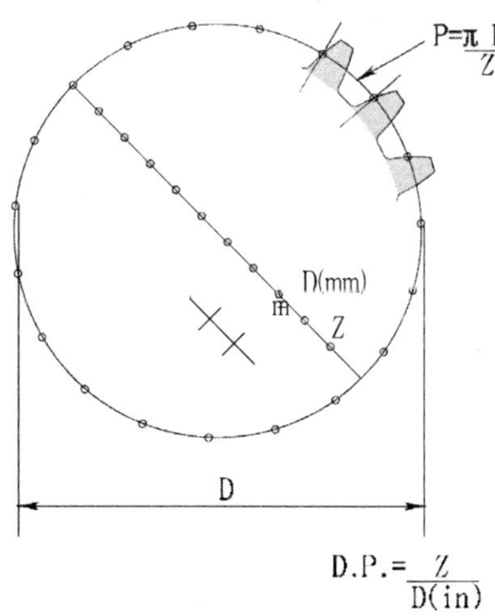

(2) 모 듈

피치지름원을 이빨수로 나눈 값이며, 1개의 이빨이 차지하는 피치원의 지름의 길이를 의미한다.

모듈(module)을 m이라 하면, 다음과 같이 표시한다.

$$m = \frac{D}{Z} \tag{6}$$

이때 피치원의 지름 D의 단위는 [㎜]로 된다. m이 클수록 이빨수는 적어지고, 이빨은 크게 된다. 이 모듈은 독일 · 프랑스 · 일본 · 한국 등에서 널리 사용되고 있다.

⑶ 지름피치

이빨수를 피치원지름으로 나눈 값으로, 피치원지름 1인치에 대한 이빨수를 의미한다.

지름피치(diametral pitch)를 $D.P$라 하면, 다음과 같이 표시된다.

$$D.P = \frac{Z}{D} \tag{7}$$

이때 D의 단위는 [inch]를 사용한다.

$D.P$가 클수록 동일기어에서는 이빨수가 많아지고, 이빨은 작게 된다.

이상의 3가지 방법의 상호관계를 살펴보면 다음과 같다.

식 (5), (7)에 의하여

$$m = \frac{25.4}{D.P} \quad \text{또는} \quad D.P = \frac{25.4}{m} \tag{8}$$

식 (5), (6)에 의하여

$$p = m \cdot \pi \,[\text{mm}] \quad \text{또는} \quad p = \frac{\pi}{D.P} \,[\text{inch}] \tag{9}$$

가 성립한다.

모듈과 지름피치의 크기를 멋대로 정하면, 이빨의 크기와 종류가 너무 많아 교환성이 안 좋아지고 가공에도 어려움이 크므로 표준규격을 정하여 놓고 이들을 사용한다.

〈표 12.1〉 모듈의 표준값(KS)

단위[㎜]

KS	0.2 0.25 0.3 (0.35) 0.4 0.45	0.5 (0.55) (0.6) (0.65) 0.7 (0.75)	0.8 0.9 1 1.25 1.5 1.75	2 2.25 2.5 2.75 3 3.25	3.5 3.75 4 4.5 5 5.5	6 6.5 7 8 9 10	11 12 13 14 15 16	18 20 22 25

〈표 12.1〉과 〈표 12.2〉에 각각 모듈 및 지름피치의 표준값을 표시하였다. 단, ( )의 값은 되도록 사용하지 않는다.

〈표 12.2〉 지름피치의 표준값

지름피치 D.P	모듈 m=25.4/D.P[㎜]	지름피치 D.P	모듈 m=25.4/D.P[㎜]
24	1.0588	5	5.0800
22	1.1546	4.5	5.6411
20	1.2700	4	6.3500
18	1.4111	3.5	7.2571
16	1.5875	3	8.4667
14	1.1848	2.75	9.2364
12	2.1167	2.5	10.1600
10	2.5400	2.25	11.2889
9	2.8222	2	12.7000
8	3.1750	1.75	14.5143
7	3.6286	1.5	16.9338
6	4.2333	1.25	20.3200
		1	25.4000

3. 기어의 회전비와 표준기어의 크기

서로 맞물려 회전하는 한 쌍의 기어에 대한 회전비를 생각하여보자. [그림 12.6]과 같이 구동차를 A, 종동차를 B라 하고, 회전수를 각각 n_A, n_B라 하며, 그 피치원의 지름을 각각 D_A, D_B라 하면, 두 기어가 같은 시간 동안 접촉한 길이는 동일하기 때문에

$$2\pi r_A n_A = 2\pi r_B n_B$$

$$D_A n_A = D_B n_B (\because 2r_A = D_{A,} 2r_B = D_B)$$

$$\therefore \frac{n_A}{n_B} = \frac{D_B}{D_A} \tag{10}$$

그림 12.6 기어의 회전비

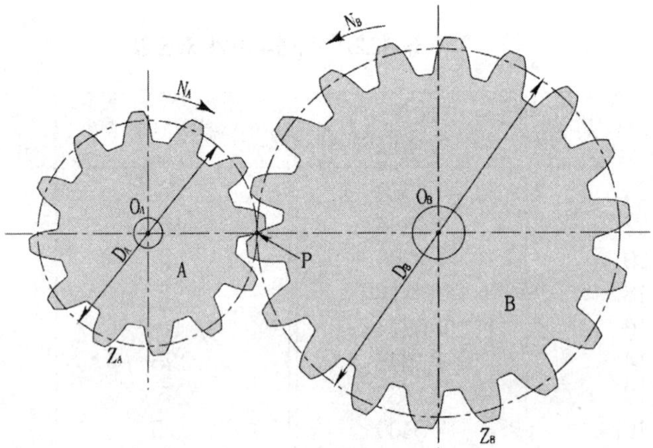

또한, 이빨수를 각각 Z_A, Z_B라 하고, 피치를 p라 하면

$$p=\frac{\pi D_A}{Z_A}=\frac{\pi D_B}{Z_B} \tag{11}$$

따라서, 회전비는 식 (9), (10)에 의하여

$$\varepsilon=\frac{n_A}{n_B}=\frac{D_B}{D_A}=\frac{Z_B}{Z_A} \tag{12}$$

즉, 한 쌍의 기어가 맞물려 회전할 때 회전비는 피치원의 지름 또는 이빨수에 반비례한다. 이때 두 축 사이의 중심거리 C는 다음과 같이 된다.

$$C=\frac{D_A+D_B}{2}=\frac{m(Z_A+Z_B)}{2} \tag{13}$$

〈표 12.3〉에는 표준평기어의 각 부의 크기를 표시한다.

〈표 12.3〉 표준평기어 각부의 크기

명 칭	크 기	명 칭	크 기
모듈	$m=\frac{D}{Z}=\frac{P}{\pi}$	이빨수	$Z=\frac{D}{m}$
지름피치	$D.P=\frac{Z}{D}$	이두께	$t=\frac{\pi m}{2}=\frac{P}{2}$
원주피치	$p=m\pi=\frac{\pi D}{Z}$	이끝높이	$a=m=0.3183p$
이끝원지름	$D_0=(Z+2)m$	이뿌리높이	$d=a+c=1.15708m$
피치원지름	$D=mZ=\frac{PZ}{\pi}$	총이높이	$h=a+d=2.15708m$
이뿌리원지름	$D_r=(Z-2.31416)m$	틈새	$c=0.15708m=\frac{t}{10}$

연습문제 1

피치원지름이 180[㎜]이고, 60개의 이빨수를 가지는 기어에 대한 모듈 m은 얼마인가? 또한 피치는 얼마인지 계산하시오.

문제풀이

$$m=\frac{D}{Z}=\frac{180}{60}=3$$

$$p=\pi\cdot m=\pi\cdot 3=9.4248[\text{㎜}]$$

연습문제 2

위 질문에서 이끝원의 지름은 얼마인지 계산하시오.

문제풀이

$$D_0=D+2a=mZ+2m=m(Z+2)=3(60+2)=186[\text{㎜}]$$

연습문제 3

서로 맞물려 회전하고 있는 한 쌍의 평기어 A, B가 있다. 모듈 $m=5$이고, 이빨수 $Z_A=20$, $Z_B=30$일 때 두 기어의 축간거리는 얼마인가? 또한 회전비는 얼마인가?

문제풀이

축간거리 $C=\dfrac{D_A+D_B}{2}=\dfrac{m(Z_A+Z_B)}{2}=\dfrac{5\times50}{2}=150$[㎜]

회전비 $\varepsilon=\dfrac{n_B}{n_A}=\dfrac{Z_A}{Z_B}=\dfrac{20}{30}=\dfrac{2}{3}$

12.3 치형곡선

치형은 기구할적인 필요조건만 만족시킨다면 어떠한 모양의 것이라도 치형곡선으로 사용이 가능하여 여러 가지가 고안되었다. 하지만, 강도·제작·교환성 등의 조건을 고려하여 사이클로이드 곡선과 인벌루트 곡선의 두 가지가 사용되고 있다.

인벌루트 치형을 이용하는 인벌루트 기어는 일반적으로 공업용에 많이 사용되고, 사이클로이드 치형을 사용하는 사이클로이드 기어는 정밀기계에 주로 사용된다.

1. 사이클로이드 치형

(1) 사이클로이드 곡선

[그림 12.7]과 같이 원 C가 직선 AB 위를 굴러갈 때 원 C의 점 Q가 그리는 괘적은 DEF와 같은 곡선이 된다. 이 곡선을 사이클로이드 곡선(cycloidal curve)이라 하고, 이때의 원 C를 사이클로이드의 구름원(rolling circle)이라 한다.

그림 12.7 사이클로이드 곡선의 성립

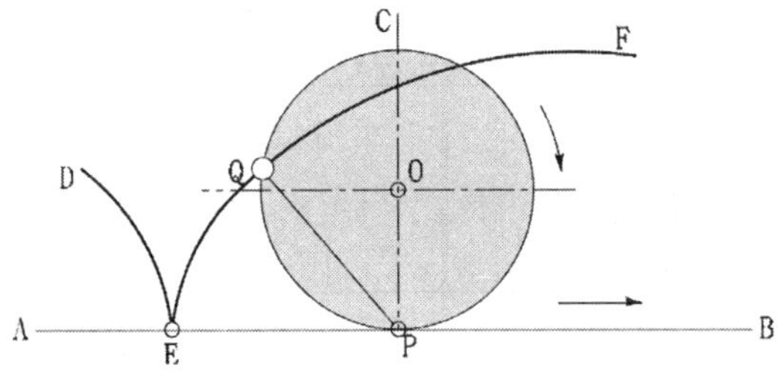

(2) 사이클로이드 곡선의 작도

[그림 12.8]에서 AB는 피치원의 일부이고, 반지름 r인 구름원이 피치원의 안쪽 둘레를 화살표 방향으로 굴러갈 때, 사이클로이드 곡선을 그리는 방법을 생각하여보자.

그림 12.8 사이클로이드 곡선 작도법

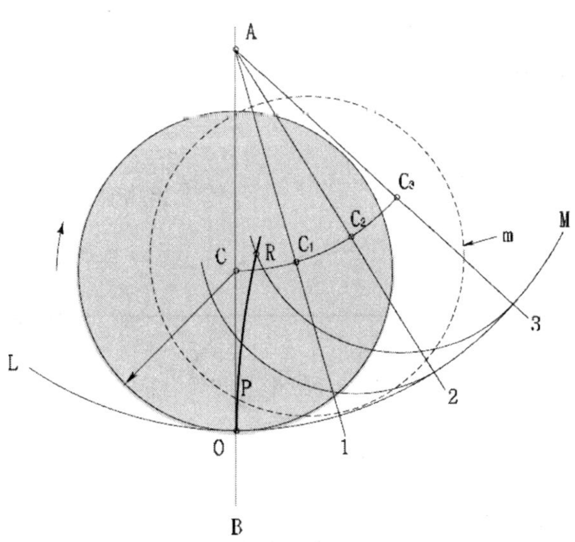

구름원이 점 1에서 피치원과 접하였을 때, 구름원의 중심은 $\overline{1A}$ 위의 한 점 $C1$이 되고, 원은 점선으로 표시된다. 이때 O점의 새로운 위치 P는 원호길이 $\widehat{1P}=\widehat{O1}$이 되도록 하여 구한다. 이 원호는 구름원과 피치원 사이에서 구름접촉하므로 길이가 동일하다. 또한, 원호길이 $\widehat{Q2}=\widehat{O2}$, $\widehat{R3}=\widehat{O3}$, …이 되도록 잡은

점 P, Q, R, …을 연결하면, 이 곡선이 하이포 사이클로이드(hypo-cycloide curve) 곡선이 된다.

사이클로이드 곡선은 에피 사이클로이드(epi-cycloidal curve) 곡선과 하이포 사이클로이드(hypo-cycloide curve)으로 구성된다. 에피 사이클로이드(epi-cycloidal curve) 곡선은 구름원이 피치원의 바깥둘레를 굴러갈 때, 구름원 위의 정점이 그리는 괘적을 의미하고, 하이포 사이클로이드(hypo-cycloidal curve) 곡선은 구름원이 피치원의 안쪽을 굴러갈 때, 이 구름원 위의 정점이 그리는 괘적을 의미한다.

(3) 사이클로이드 기어

1) 사이클로이드 곡선

에피 사이클로이드 곡선과 하이포 사이클로이드 곡선을 이용하여 만든 기어를 사이클로이드 기어(cycloidal gear)라 한다. 이때 에피 사이클로이드 곡선은 이끝면을 형성하고, 하이포 사이클로이드 곡선은 이뿌리면을 형성한다.

그림 12.9 사이클로이드 기어

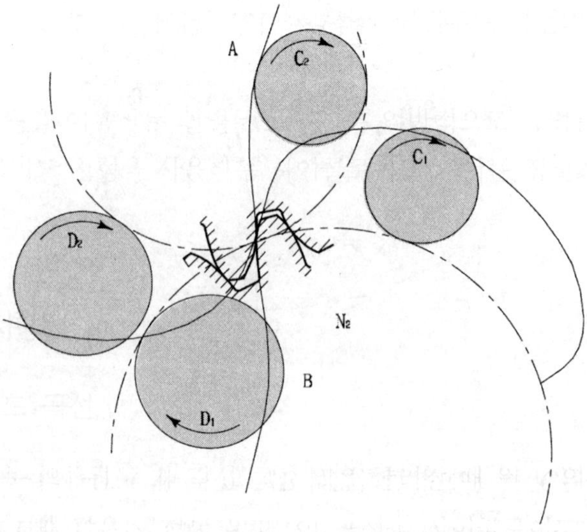

2) 구름원의 크기

2개의 구름원의 크기는 같아야 할 필요는 없지만, 서로 맞물리고 돌아가는 한 쌍의 기어에 대한 이끝면과 이뿌리면을 형성하는 데는 같은 크기의 구름원을 사용한다.

실제에 있어서는 교환성이 있는 기어를 만들기 위하여 구름원의 반지름이 같은 원을 사용하는 것이 일반적이다.

구름원의 크기는 사이클로이드 기어의 이뿌리면에 영향을 주므로, 구름원의 크기에 따른 이뿌리면의 영향을 고려할 필요가 있다. 구름원의 크기를 크게 하면 접촉호의 길이가 길어지고, 접촉률이 크게 되지만 압력각은 작게 되므로 힘의 전달면에서는 유리하다. 그러나 이빨을 약하게 하므로 보통 구름원의 지름이 피치원의 반지름보다 작은 범위에서 사용한다.

3) 기어의 물림

[그림 12.10]에서와 같이 한 쌍의 사이클로이드 기어가 화살표 방향으로 회전한다면 두 기어는 O_2기어의 이끝원과 O_1기어의 구름원의 교점 A에서 물림이 시작되어 O_1기어의 구름원 위를 접촉점이 이동하게 되고, 접촉점이 피치점을 지나도록 하면 O_1기어의 이끝원과 O_2기어의 구름원 위를 이동한다. 따라서 $\overline{APB}$가 접촉로가 된다.

그런데 캬뮤의 정리에 의하여 접촉점에서 접촉하는 이빨면에 세운 공통법선은 피치점을 통과해야 하므로 접촉점에 대한 힘은 접촉점과 피치점을 맺는 지선방향으로 작용한다. 이와 같이 접촉점과 피치점을 연결하는 직선방향으로 힘이 작용하므로 이 선을 기어의 작용선(line of action)이라 하고, 작용선과 두 기어의 피치원의 공통접선과 맺는 각을 압력각(pressure angle)이라 한다.

따라서, 사이클로이드 기어에서는 이빨의 접촉점이 구름원 위를 이동하므로, 작용선을 일정하게 하면 접촉이 시작되는 A점과 접촉을 끝마치는 B점에서 압력각은 최대가 되고, 피치점 P에 가까워질수록 압력각은 작아지며, 피치점에서는 압력각이 0이 된다.

그림 12.10 사이클로이드 기어의 물림

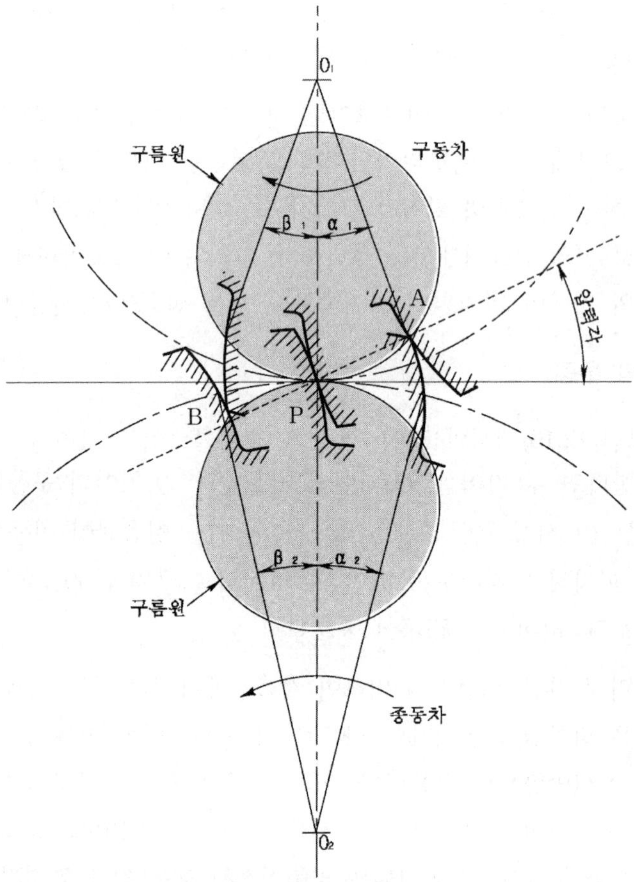

2. 인벌루트 치형

(1) 인벌루트 곡선

사이클로이드 곡선에서 구름원의 지름이 무한대로 되면, 구름원은 직선이 되고, 이 직선이 일정한 원 주위를 굴러갈 때, 직선 위의 한 점이 그리는 궤적을 인벌루트 곡선(involute curve)이라 한다.

예를 들면, [그림 12.11](a)와 같이 원통의 바깥 둘레에 실을 감고, 이 실을 팽팽이 잡아당기면서 풀어나갈 때 실 끝의 연필이 그리는 곡선이 인벌루트 곡선이 된다.

그림 12.11 인벌루트 곡선

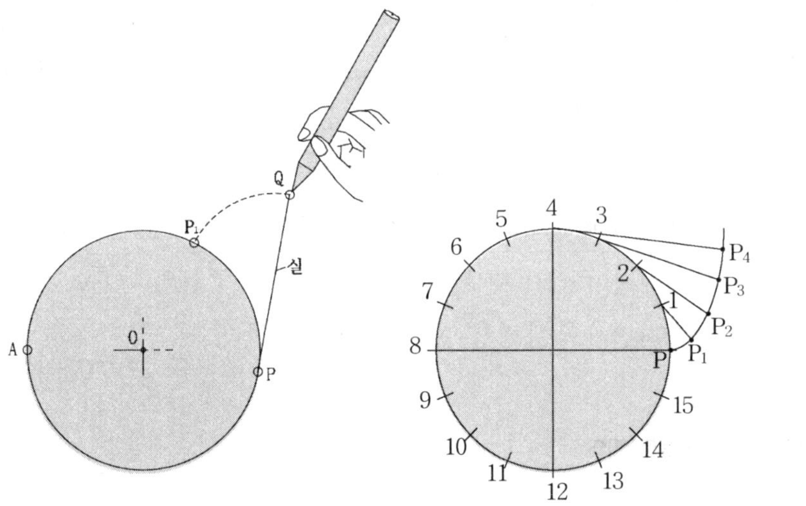

(a) 인벌루트 곡선 (b) 인벌루트 곡선의 작도

시작점을 P라 하면, 원호 $\overparen{PP_1} = \overline{PQ}$의 관계가 성립한다. 이때 O를 중심으로하는 원 둘레를 원통에 대한 기초원(basecircle)이라 부르고, 이 곡선의 모양은 기초원의 크기에 의하여 결정된다.

⑵ 인벌루트 곡선의 작도

인벌루트 곡선에서 실이 풀리는 접선부분은 기초원의 원호와 동일한 길이가 된다. 즉, 인벌루트 곡선 위의 임의의 점으로부터 기초원에 그은 접선의 길이는 접선으로부터 곡선의 시작점까지의 원호길이와 동일하다. 인벌루트 곡선을 그리는 데는 이러한 성질을 이용한다.

인벌루트 곡선을 그리려면, 먼저 주어진 원 둘레를 임의로 등분한다. [그림 12.12](b)에서는 원 둘레를 16등분하고, 등분점 $P1$, 2, 3, …에서 접선을 긋는다.

접선의 길이를 차례로 원호 $\overparen{P1}$의 길이의 1, 2, 3, … 배로 끊으면, P_1, P_2, P_3, …의 각 점이 구해진다.

이렇게 구해진 각 점을 이으면, 인벌루트 곡선이 된다.

또한, 각 점을 구하는 데 접선 위의 $\overline{1P_1} = \frac{\pi r}{8}$, $\overline{2P_2} = \frac{2\pi r}{8}$, $\overline{3P_3} = \frac{3\pi r}{8}$, …의 점 P_1, P_2, P_3, …를 결정하여 각 점을 이어주어도 인벌루트 곡선이 된다.

(3) 인벌루트 기어

1) 인벌루트 곡선

기초원의 반지름이 각각 R_{g1}, R_{g2}의 원에 실을 감고, O_1, O_2를 중심으로 하여 화살표 방향으로 회전시키면 공통법선의 접점 N_1에서 풀리고 N_2에서 감겨진다.

[그림 12.12]에서 공통법선을 N_1, N_2라고 하면, 이것이 인벌루트 곡선을 그리는 구름직선이 되기 때문에 2개의 인벌루트 곡선은 $\overline{N_1N_2}$ 위의 점 Q에서 서로 접촉하면서 공통법선 N_1, N_2와 일치한다.

그림 12.12 인벌루트 기어

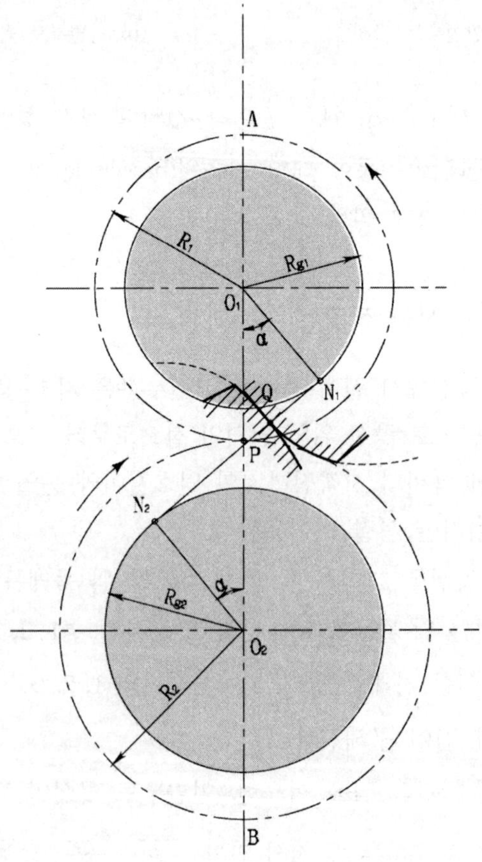

$\overline{N_1N_2}$는 항상 공통법선이 되며, 중심연결선 상의 한 점 P를 통과하기 때문에 O_1 및 O_2를 중심으로 하고, 이 2개의 인벌루트 곡선이 치형으로 하는 바퀴를 만든다. 이 바퀴의 피치원이 R_1, R_2가 되도록 결정하면, 이빨이 접촉하는 Q에 대한 공통접선에서 세운 공통법선이 항상 피치점을 통과하게 되므로, 이 두 치형곡선은 치형의 조건을 만족시킨다.

따라서, 이 두 기어는 정확한 각속도비로 회전을 전달할 것이다. 이와 같이 인벌루트 곡선을 이용하여 만든 기어를 인벌루트 기어(involute gear)라 한다. 이때 $\overline{N_1N_2}$의 경사각 α를 인벌루트의 기어의 압력각이라 한다.

인벌루트 기어에서 압력각은 물림의 위치에 구애됨이 없이 일정하므로, 처음에는 $14.5°$ 에서 $15°$ 를 사용하였고, 최근에는 대체로 $20°$ 를 사용하고 있다.

사이클로이드 기어는 2개의 곡선을 이용하지만, 인벌루트 기어에서는 이끝면과 이뿌리면이 연속된 하나의 곡선으로 되어 있다. 또한, 인벌루트 곡선은 기초원 안에서는 존재하지 않으므로 인벌루트 기어의 기초원 안쪽 부분은 기어의 물림과 전혀 관계가 없으므로, 대체로 반지름 방향으로 직선이 되도록 한다.

2) 인벌루트 기어의 기초원과 속도비

[그림 12.12]에서 압력각은 $\alpha = \angle PO_1N_1 = \angle PO_2N_2$가 된다. 구동기어의 피치원과 기초원의 반지름을 R_1, R_{g1}이라 하고, 종동기어의 피치원과 기초원의 반지름을 R_2, R_{g2}라 하면

$$\frac{R_{g1}}{R_1} = \cos\alpha, \quad \frac{R_{g2}}{R_2} = \cos\alpha \text{ 이므로}$$

$$R_{g1} = \cos\alpha, \quad R_{g2} = R_2\cos\alpha \tag{14}$$

따라서 기초원의 크기는 피치원의 크기에 대하여 $\cos\alpha$의 값을 곱한 크기로 된다.

또한, 인벌루트 기어의 속도비는

$$\varepsilon = \frac{\omega_2}{\omega_1} = \frac{R_1}{R_2} = \frac{R_{g1}\cos\alpha}{R_{g2}\cos\alpha} = \frac{R_{g1}}{R_{g2}} \tag{15}$$

그런데, 인벌루트 기어의 기초원의 반지름은 미리 정해져 있으므로, 한 쌍의 인벌루트 기어의 중심거리가 변하더라도 일정한 속도비를 지닌다.

3) 인벌루트 기어의 물림

한 쌍의 기어의 이빨이 접촉하기 시작하여 접촉이 끝날 때까지 기어가 회전하는 각을 접촉각(angle of contact)이라 하고, 이 접촉각에 대한 피치원의 호를 접촉호(arc of contact)라 부른다.

접촉이 시작해서부터 그 접촉점이 피치점에 갈 때까지의 기어 회전각을 접근각(angle of approch)이라 하고, 접촉점이 피치점에서 접촉이 끝날 때까지의 기어 회전각을 퇴거각(angle of recess)이라 한다.

그림 12.13 인벌루트 기어의 물림

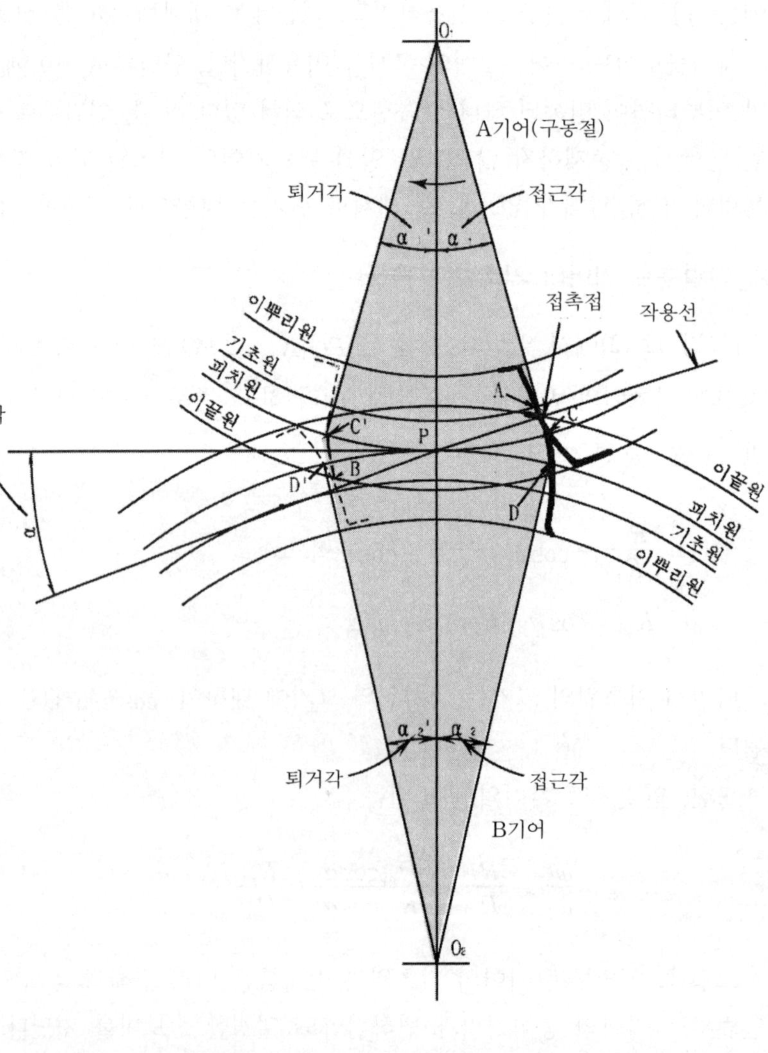

또한, 이들 각이 피치원을 따라 이룬 호를 각각 접근호 및 퇴거호라 부른다. [그림 12.13]은 맞물고 돌아가는 한 쌍의 인벌루트 기어를 나타내고 있다. A점이 접촉을 시작하는 점이고, B점이 접촉이 끝마치는 점이다. $\overline{AB}$가 접촉점의 괘적이고, 이것이 인벌루트 기어에서 실제로 맞물림을 행하고 있는 길이이므로 물림길이(length of action)라 한다.

A에서 접촉이 시작되어 B점에서 접촉이 끝날 때, 그 사이에 각 기어가 회전하는 $\angle CO_1C'$ 및 $\angle DO_2D'$가 접촉각이고, 그 각에 대한 피치원 위의 원호 $\widehat{CPC'}$ 및 $\widehat{DPD'}$가 접촉호가 된다. 따라서 접촉호의 길이는 접근호와 퇴거호 길이의 합이다.

3. 이의 간섭

(1) 이의 언더컷

표준 인벌루트 곡선을 가지는 두 기어를 맞물려 회전시키는 경우에 한쪽 기어의 이끝 부분이 다른 쪽 기어의 이뿌리 부분에 부딪쳐 회전이 곤란한 현상이 생기는데, 이것을 간섭(interference)이라 한다.

이러한 간섭을 일으키는 한 쌍의 기어를 회전시키게 되면, 큰 기어의 이끝 부분이 작은 쪽 기어의 이뿌리 부분을 갉아버리는 현상이 생기는데, 이것을 인더컷(under cut)이라 한다. 이러한 현상은 이빨수가 특히 적을 때나 두 기어의 이빨수가 대단히 클 때 일어나기 쉽다.

그림 12.14 인벌루트 기어의 언더컷

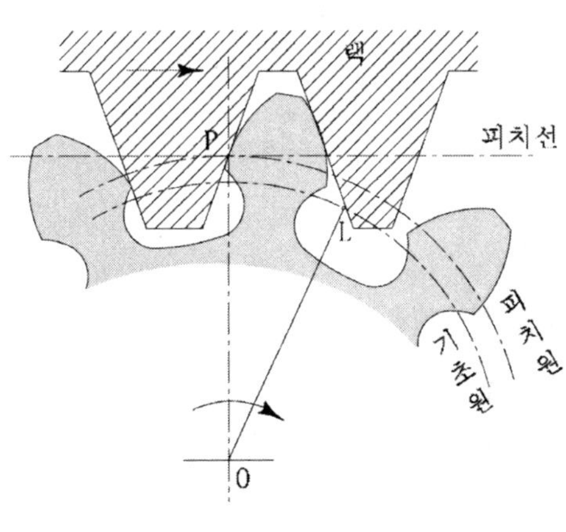

따라서, 랙(rack)과 호브(hob)를 사용하여 작은 기어를 절삭할 때 이러한 간섭이 발생하면, [그림 12.14]와 같이 작은 기어의 이뿌리 부분이 깎여 가늘어지고, 이뿌리 부분이 약하게 된다. 또한, 언더컷이 일어나면 접촉률이 감소하기 때문에 언더컷을 피하지 않으면 안 된다.

(2) 간섭점과 한계이빨수

[그림 12.15]에서 B기어의 이끝원과 작용선의 교점 N_1은 간섭을 일으키지 않는 극한점으로서 N_1의 바깥쪽을 이끝원이 통과할 때는 A기어의 이뿌리를 갉아먹게 되므로 간섭이 일어난다.

따라서 N_1은 간섭을 일으키지 않는 극한점으로서 이의 간섭점이라고 한다.

그림 12.15 이의 간섭점

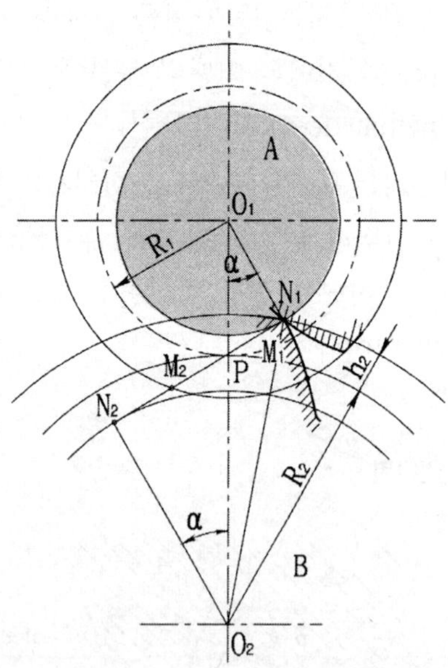

[그림 12.15]에서

Z_1 : A기어의 이빨수

Z_2 : B기어의 이빨수

h_2 : B기어의 이끝높이

α : 압력각

m : 모듈

이라 하면 다음의 관계가 성립한다.

$$\overline{N_1N_2} = \overline{N_1P} + \overline{N_2P} = \frac{1}{2}(D_1\sin\alpha + D_2\sin\alpha)$$

따라서

$$(\overline{O_2N_1})^2 = (\overline{O_2N_2})^2 + (\overline{N_1N_2})^2$$

$$= (\frac{1}{2}D_2\cos\alpha)^2 + \left\{\frac{1}{2}(D_1\sin\alpha + D_2\sin\alpha)\right\}^2$$

$$= \left(\frac{m}{2}\right)^2[(Z_2\cos\alpha)^2 + \{(Z_1+Z_2)\sin\alpha\}^2]$$

$$= \left(\frac{m}{2}\right)^2[Z_2^2 + \sin^2\alpha(Z_1^2 + 2Z_1Z_2)]$$

$$\therefore \overline{O_2N_1} = \frac{m}{2}\sqrt{z_2{}^2 + \sin^2\alpha(Z_1{}^2 + 2Z_1Z_2)} \qquad (16)$$

즉, 식 (16)의 $\overline{O_2N_1}$은 이의 간섭을 일으키지 않는 한계반지름이 되므로 간섭을 일으키지 않으려면, 큰 기어의 이끝원의 반지름이 한계반지름보다 작아야 할 것이다.

따라서,

$\dfrac{D_2}{2} + h_2 <= \overline{O_2N_1}$이 되어야 한다.

$$\therefore \frac{mZ_2}{2} + h_2 <= \frac{m}{2}\sqrt{z_2{}^2 + \sin^2\alpha(Z_1{}^2 + 2Z_1Z_2)}$$

이것을 정리하면

$$z_2 <= \frac{m^2Z_1{}^2\sin^2\alpha - 4h_2{}^2}{2m(2h_2 - mZ_1\sin^2\alpha)} \qquad (17)$$

서로 맞물리고 회전하는 한 쌍의 기어에 대한 간섭은 작은기어의 이뿌리면에서 발생하므로, 식 (17)에서 간섭이 발생하지 않는 큰 이빨의 이빨수를 결정하면 다음과 같다.

표준기어에서는 $h_2 = m$이므로, 식 (17)은 다음과 같이 된다.

$$z_2 \langle = \frac{Z_1^{\,2}\sin^2\alpha - 4}{4 - 2Z_1\sin^2\alpha} \tag{18}$$

또한, 식 (17)에서 분모의 $2h_2 - mZ_1\sin^2\alpha = 0$인 경우에 $Z_2 = \infty$이므로

$$Z_1 \rangle = \frac{2h_r}{m \cdot \sin^2\alpha} = Z_c \tag{19}$$

여기서, h_r은 랙의 치형에 대한 이끝높이이다.

또한, 표준기어인 경우에는 $h_r = m$이므로

$$Z_1 \rangle = \frac{2}{\sin^2\alpha} = Z_c \tag{20}$$

식 (20)에서 랙과 무리는 작은 기어의 이빨수가 Z_c보다 크면 간섭이 일어나지 않는다. 따라서, 이 Z_c를 한계이빨수 또는 이빨수라 한다.

압력각 $\alpha = 14.5^\circ$, 15°, 20°의 경우에 대하여 최소이빨수를 계산하면, 최소이빨수 Z_c는 각각 32개, 30개, 17개가 된다.

연습문제 4

압력각이 20°일 때 최소이빨수를 구하시오.

문제풀이

$$Z_c = \frac{2}{\sin^2\alpha} = \frac{2}{\sin^2 20} \fallingdotseq 17[\text{개}]$$

4) 사이클로이드 기어와 인벌루트 기어의 비교

사이클로이드 기어와 인벌루트 기어는 각각 그 특성을 가지며, 그 특징을 요약하면 〈표 12.4〉와 같다.

〈표 12.4〉에서 나타난 것처럼 마멸이나 추력 등에 관하여 사이클로이드 기어가 우수하지만, 사이클로이드 기어는 이뿌리면과 이끝면의 곡선이 다르기 때문에 중심거리에 오차가 있어서 피치점끼리 완전히 접촉하지 않으면 사이클로이드 기어의 물림이론에 어긋나게 되고, 일정한 속도비로 회전할 수 없게 된다.

그러나 인벌루트 기어는 피치점을 어느 곳에 가져가도 물림이 잘 이루어지기 때문에 중심거리의 오차가 있어도 인벌루트 기어의 물림이론을 만족시킨다. 그리고 랙의 치형이 직선으로 얻어지기 때문에 기계가공에 의하여 정확한 치형이 쉽게 얻어진다.

〈표 12.4〉 사이클로이드 기어와 인벌루트 기어의 비교

비교 내용	사이클로이드 기어	인벌루트 기어
치형곡선	2개의 곡선으로 구성	1개의 곡선으로 구성
압력각	변화, 피치점에서 0	일정
추력	작다	크다
굽힘강도	약하다	강하다
미끄럼률	균일	불균일(피치점에서 0)
마멸	균일하고, 치형이 변화	불균일하고, 치형이 변화
중심거리	정확을 요구함	정확을 요구하지 않음
제작	곤란	용이
언더컷	무관	발생
조립	곤란	용이
교환성	피치와 구름원의 크기가 동일	피치와 압력각이 동일

따라서, 현재 동력전달용으로 인벌루트 기어가 널리 사용되고 있으며, 사이클로이드 기어는 추력을 피하는 측정기 또는 시계와 같은 정밀기계에 많이 사용된다.

12.4 전위기어

1. 전위기어의 정의

이의 언더컷을 방지하고, 인벌루트 표준기어의 결점을 개선하기 위하여 사용되는 기어를 전위기어(profile shifted gear, corrected gear)라 한다.

현재 이의 언더컷 방지는 물론 기어의 성능도 더욱 개선되었고, 표준기어를 제작하는 것과 같은 공구 및 공작기계의 사용이 가능하여 널리 사용되고 있다.

그림 12.16 표준기어와 전위기어

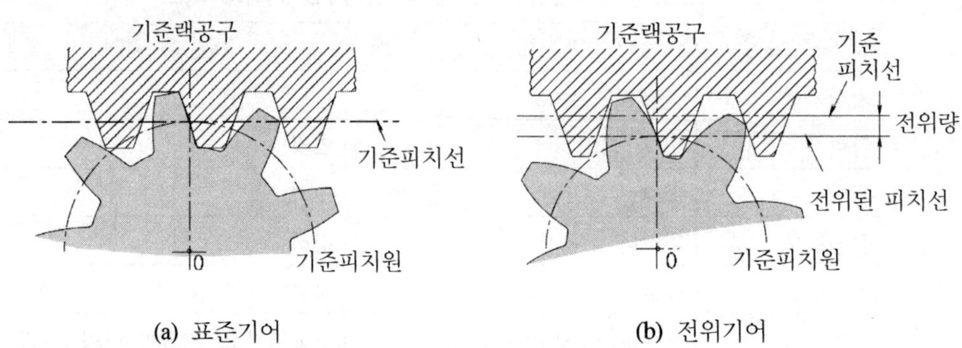

[그림 12.16](a)에서와 같이 랙의 기준피치선과 이것과 맞물리는 기어의 기준피치원이 접하여 미끄럼이 없이 굴러가는 기어가 표준기어이고, [그림 12.16](b)와 같이 랙의 기준피치선과 기어의 피치원이 직접 접하지 않고, 약간 떨어진 평행한 직선과 구름접촉하는 기어를 전위기어라 한다.

이때 기준피치원과 접하는 직선을 전위된 피치선이라 부르고, 랙의 기준피치선과 평행하게 떨어져 있는 전위된 피치선과의 거리를 전위량(amount of addendum modification)이라 한다. 전위량을 y라 하면, $y = x \cdot m$이 되고, 이때 x를 전위계수(addendum modification coefficient)라 한다.

그림 12.17 (+)전위기어와 (−)전위기어의 비교

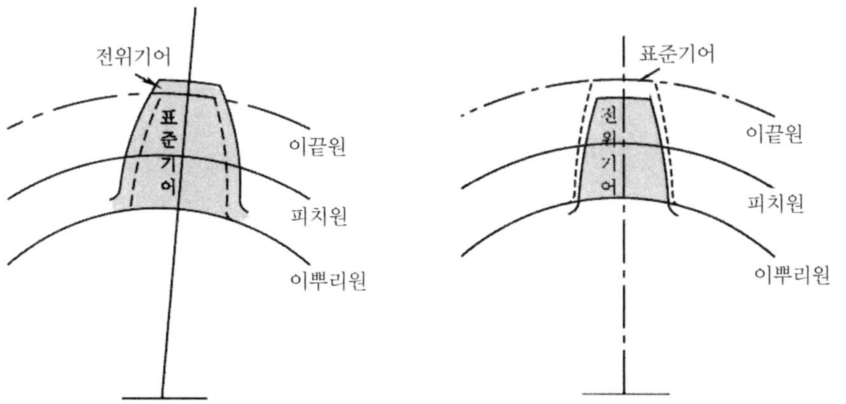

(a) (+)전위기어 (b) (−)전위기어

표준기어의 치형곡선을 [그림 12.17](a)에서와 같이 이끝원과 이뿌리원을 바깥쪽으로 전위시키고, 크게 하여 (+)시킨 치형을 사용하거나, 또는 [그림 12.17](b)에서와 같이 안쪽으로 전위시켜 이끝원과 이뿌리원을 작게 만든 (−)전위 치형을 사용하기도 한다.

따라서, (+)전위시키면 이빨의 높이는 동일하지만, 이끝원과 이뿌리원이 크게 되므로 그만큼 이빨의 누께도 크게 되고, (−)전위는 이와 반대가 된다.

2. 전위기어의 특징

전위기어는 표준기어에 비하여 이끝높이가 낮고, 이뿌리가 두텁게 되며, 다음과 같은 특징을 가지고 있다.

- 모듈에 비하여 정확한 이가 얻어진다.
- 공작이 정확하다.
- 미끄럼률이 작게 되므로 물림이 원활하다.
- 최소이빨수를 매우 작게 할 수 있다.
- 교환성이 없다.
- 설계하기 복잡하다.
- 베어링 압력이 커진다.

이상과 같이 전위설계는 표준기어의 경우보다 다소 복잡하지만, 주로 다음과 같은 목적으로 사용되고 있다.

- 중심거리를 자유로이 변화시키려고 할 때 사용한다.
- 언더컷을 방지하려고 할 때 사용한다.
- 이빨의 강도를 개선하려고 할 때 사용한다.

3. 언더컷과 전위계수

랙공구를 사용하여 기어를 절삭가공할 때 언더컷을 일으키는 한계는 공구가 이끝의 간섭점을 지나는 경우이므로, 언더컷을 방지하기 위하여 전위계수를 결정하여주면 될 것이다.

그림 12.18 언더컷과 전위계수

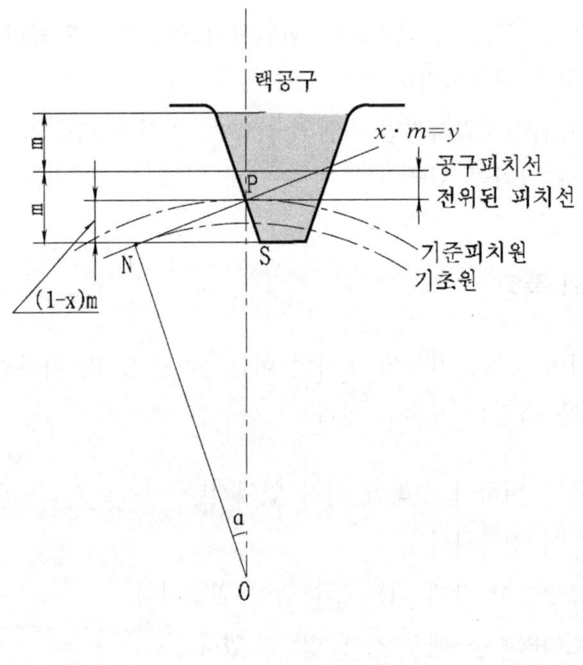

[그림 12.18]에서 전위계수 x를 구하여보자.

$$\overline{PS} = (1-x)m = \overline{OP}\sin^2\alpha = \frac{mZ}{2}\sin^2\alpha \tag{21}$$

그러므로 전위계수는

$$x > = 1 - \frac{Z}{2}\sin^2\alpha \tag{22}$$

가 되도록 선정하면, 언더컷이 발생하지 않는다.

압력각 $\alpha = 20°$ 일 때 $x = \frac{17-Z}{17}$ 압력각 $\alpha = 14.5°$ 일 때

$$x = \frac{32-Z}{32} \tag{23}$$

식 (23)에서 전위계수 x는 최소값이고, 이 전위계수를 주어서 언더컷을 방지할 수 있다.

그러나 공작상의 오차, 열팽창, 유막의 두께, 부하 등에 따라 이론적으로 구한 전위계수값보다 약간 큰 실용상의 값을 이용하는 것이 바람직하다.

〈표 12.5〉는 언더컷을 예방하기 위한 이론 및 실용상의 전위계수값을 나타내고 있다.

〈표 12.5〉 언더컷을 방지하기 위한 한계전위계수

	20°	15°	14.5°
이론값	$1-\frac{Z}{17}$	$1-\frac{Z}{30}$	$1-\frac{Z}{32}$
실용값	$\frac{14-Z}{17}$	$\frac{25-Z}{30}$	$26-\frac{Z}{32}$

12.5 기어 제작

1) 기어의 제작법

기어의 제작방법은 일반적으로 다음과 같은 공정에 의하여 제작된다.

- 기어 강도 계산 후 기어 치수와 등급, 재질, 열처리 방법 결정
- 제작도면 작도
- 기어 재료 구매
- 커터(cutter) 선정(기어의 모듈에 따라 선정)
- 선삭(제작도면에 기준하여 기어의 이를 제외한 부분을, 정밀 가공을 고려한 여유치를 남기고 선반과 같은 기계로 1차 가공하는 것을 말함)
- 기어 치절삭(밀링이나 호빙 세이빙 기계로 기어의 이를 절삭함)
- 치형 검사(걸치기 두께를 재어서 절삭이 제대로 되었는지를 검사함)
- 드릴링, 태핑, 스플라인 커팅(구멍이나 나사를 가공하고 스플라인이 있는 경우에는 스플라인을 절삭함), 날카로운 모서리 제거(선반작업 등으로 날카로운 부분이 남아 있는 경우 안전을 위해 제거함)
- 재료의 1차 열처리(quenching과 tempering)
- 원통연마(정밀가공을 요하는 부분을 연마가공함)
- 재료의 2차 열처리(기어 이를 위한 열처리로 보통 고주파나 침탄처리함)
- 기어 이의 연마(래핑이나 호닝, 그라인딩 기계를 사용하여 기어의 이를 정밀하게 가공함)
- 최종 검사(기어 등급에 따라 요구되는 여러 가지 치수를 검사함)

(1) 제작방법에 의한 분류

기어 전체를 주조에 의하여 만들어지는 방법은 오랫동안 널리 사용되어 왔지만, 주조기어는 정밀도가 떨어지므로 현재는 특수한 경우를 제외하고 거의 사용하지 않는다. 현재 사용중인 기어는 절삭가공으로 제작된다. 기어를 절삭하는 방법은 크게 세 가지로 나눌 수 있다.

- **제거가공법(metal removal)** : 기어의 재료를 여러 가지 절삭공구로 제거하여 기어의 이를 남기는 가공법.
- **주조법(casting)** : 금속을 가열하여 일정한 틀에 부어 기어를 제작하는 방법.
- **소성가공법(forming)** : 기어의 재료에 열을 가하거나 또는 상온에서 재료에 하중을 가하여 기어 이를 만드는 방법.

위에 나열한 세 가지 방법 이외에도 여러 가지 방법이 있다. 그러나 이 방법

들이 주로 사용되고 있다. 이것을 다시 다음과 같이 세분할 수 있다.

1) 제거가공법

① 절삭가공법

- **성형법**(formed tool system) : 성형엔드밀법, 성형프라이스법, 플레이너나 세이퍼 등에서 바이트를 치형에 맞게 만들어 절삭 깊이를 조절하여 치형을 성형하는 방법이다. 밀링 머신에서는 바이트 대신 기어 치형과 반대 형상을 갖은 밀링 커터(formed milling cutter : 엔드밀)를 사용한다. 대형 기어 제작에 주로 사용된다.
- **창성법**(generating system) : 호브절삭법, 피니온커터법, 랙커터법 절삭 공구와 가공물이 회전운동할 때 서로 접촉하여 가공물을 절삭하여 기어를 만드는 방법이다. 호빙 머신과 기어 세이퍼 등이 사용된다.

② 방전가공법

공작물의 가공 모양에 따라 적당한 모양으로 만든 전극과 공작물 사이에 전기를 통해 불꽃 방전을 일으켜, 공작물을 미소량씩 용해하여 구멍을 내거나 절단하는 방법이다. 방전가공법(electric spark machining)은 경도가 높은 재료를 쉽게 가공할 수 있으며, 가공 변질층이 얇아 내마멸성 · 내부식성이 높은 표면을 얻을 수 있는 장점이 있다.

③ 형판법

형판을 따라서 바이트를 움직여 기어를 절삭하는 방법이다. 형판법(templet)은 이의 치면이 고르지 않기 때문에 대형인 평기어나 베벨기어 제작에 선별하여 사용되고 있다.

2) 주조법

① 원심주조법

원심주조법(centrifugal casting)은 원심력을 이용하여 쇳물을 주형에 주입하는 방법이다. 주형은 원심력에 견디어내는 금형이나 금형에 모래를 얇게 입힌 것을 사용한다. 주로 웜기어 제작에 사용된다.

② 다이 캐스팅

금형주물의 일종으로 금형에 쇳물을 압력을 가하여 주입하는 방법이다.

다이 캐스팅(die casting)은 치수 정밀도가 높고 기계 다듬질량이 적은 장점이 있다. 소량 다품종보다는 대량으로 생산되는 기어에 적합하다. 하지만 설비가 고가이고, 사용되는 부품이 고가라는 단점이 있다.

③ **사출성형법**

사출성형법(injection moulding)은 사출에 의하여 기어를 제작하는 방법으로 대량생산이 가능하고 외관이 미려하다.

3) 소성가공법

재료에 외력을 가하면 내부응력에 의하여 변형이 생기는데 그 외력을 제거해도 변형이 남아 있는 성질을 소성변형(plastic deformation)이라 한다. 이것을 이용하여 제품을 제조하는 방법을 소성가공이라고 부른다.

주조법에 비해 정확한 치수의 제품을 얻을 수 있고, 금속 조직이 치밀하게 되어 강도가 올라가는 장점이 있다.

① **단조법**

단조법(forging)은 기어 재료를 기계로 가압하여 조직을 미세화시켜 균일한 재질을 가진 기어로 성형하는 가공법이다. 재료에 열을 가한 후 가압하는 열간단조(hot forging)와 상온에서 가압하는 냉간단조(cold forging)가 있다.

② **전조법**

전조법(form rolling)은 2개의 롤러로 기어 재료를 압입하면서 고주파로 가열한 재료를 제3의 롤러를 사용하여 가공하는 방법이다. 사용 공구에 따라 for(rack)형, 피니언형, 내치차형으로 구분한다.

(2) 절삭기계에 의한 분류

기어를 가공하는 기계는 주로 창성법에 의한 가공 기계를 말하며, 사용하는 공구나 기어 절삭방식에 따라 다음과 같이 분류할 수 있다.

1) 호브를 사용한 것

호빙 머신(hobbing machine). 스퍼나 헬리컬 기어, 웜기어를 깎을 수 있다.

그림 12.19 호 브

2) 피니언 커터를 사용한 것

기어 세이퍼(gear shaper). 피니언과 형상이 동일한 커터를 사용하여 기어를 절삭하며, 스퍼나 헬리컬, 내접 기어뿐만 아니라 단이 있는 기어를 깎을 수 있다. 헬링본 기어도 세이퍼로 절삭한다.

3) 랙 커터를 사용한 것

마그(Magg)사의 기어 커팅 머신이나 선더랜드(Sunderland)사의 기어 플레너(gear planer). 랙(rack)으로는 내접기어를 깎을 수 없으나 피니언 커터와 같은 효과를 가진다.

(3) 기어 가공기계

이제 기어 절삭기계를 하나씩 살펴보도록 하겠다.

1) 밀링 머신

웜기어나 스퍼기어, 헬리컬 기어를 밀링 머신(milling machine)으로 가공할 수 있다. 베벨기어 이를 절삭할 수 있으나 정확한 베벨 치형을 얻기 어려워 황삭(roughing cut)에 이용하는 경우가 많다. 분할대(dividing head)가 부착된 일반적인 밀링 머신은 대부분 기어 이를 치절할 수 있다.

'기어 절삭기계(gear cutting machines)'라는 이름으로 몇몇 특별한 기어 밀링 머신이 시중에 판매되고 있다. 이러한 기계는 기어나 클러치만을 치절할 목적으로 제조된 것이다.

웜을 치절하기 위해서는 반드시 나사 밀링 머신(thread-milling machine)을 사용해야만 한다.

밀링 머신은 엔드밀(end mill)이나 총형 커터(formed cutter) 등 여러 모양의 커터를 이용하여 기어를 절삭한다. 밀링 머신으로 절삭된 기어는 치면이 정밀하지 못하기 때문에 정밀한 기어를 얻기 위해서는 열처리 후, 기어 이를 연마할 필요가 있다.

그림 12.20 밀링 머신

2) 호빙 머신

호빙 머신(hobbing machine)은 호브(hob)를 사용하여 기어를 절삭하는 기계이다. 만능 호빙 머신(universal hobbing machine)은 스퍼기어와 헬리컬 기어뿐 아니라 웜기어와 체인기어(chain gear)와 특수한 여러 모양의 기어를 가공할 수 있다. 이러한 편리성 때문에 호빙 머신은 기어를 절삭하는 데 가장 널리 사용되고 있다.

많은 기어가 호빙으로 마무리되나 정밀을 요할 경우, 호빙으로 먼저 절삭하고 열처리 후 연마하여 마무리한다. 호빙 머신은 대량 기어를 생산할 때 가장 적합하다. 여러 가지 기어를 소량으로 생산할 경우에는 자동 호빙 머신(CNC hobbing machine)을 사용하면 훨씬 생산성이 높다.

그림 12.21 호빙 머신

3) 세이퍼

세이퍼(shaper)는 피니언 커터를 사용하여 상하 직선운동과 회전운동으로 기어를 절삭할 수 있는 기계이다. 피니언 커터로 가공물을 조금씩 절삭하여 기어를 창성한다. 기어 세이퍼로 깎을 수 있는 기어는 스퍼기어와 헬리컬 기어, 랙과 내접기어 등이 있으나 헬리컬 기어를 가공하기 위해서는 특수한 장치가 필요하다. 세이퍼는 생산속도가 빠르기 때문에 자동차 공업에 필요한 기어를 생산하는 데 많이 사용되고 있다.

세이퍼는 단차를 가진 내기어를 가공하는 데 매우 유리하다. 또한 스플라인을 가공하는 데도 이용된다.

4) 브로칭 머신

브로칭(broaching)은 많은 절삭 날을 가진 브로치(broach)라고 부르는 공구를 가지고 필요한 형상을 가공하는 절삭 작업방식이다. 브로칭 머신(broaching machine)으로 다양한 작업을 할 수 있다. 예를 들면 키이 홈을 가진 중공축을 가공한다든지 홈이 많은 스플라인이나 내기어를 가공하거나 다각형을 가진 중공축 등 정밀한 치수를 요하는 부분의 가공도 할 수 있다.

브로칭 공구는 제작이 상당히 어렵고 고가이기 때문에 대량생산에 적합하다. 그러나 브로칭만으로도 높은 정밀도를 얻을 수 있기 때문에 생산비를 절감할 수 있으며, 내기어나 스플라인을 가공하는 데 널리 사용되고 있다. 브로칭만으로 기어 이를 황삭한 후 다듬질 가공을 거치지 않고도 매끈한 표면을 얻을 수 있기 때문이다.

그림 12.22 브로칭 머신

(4) 기어 다듬질 기계

1) 세이빙 머신

기어 형상을 가진 단면에 작은 홈을 깎아서 높은 정밀도의 커터를 만들어 기어 소재와 어떤 각도로 교차시켜 물림운동을 하게 하면 미끄럼 운동이 일어난다.

그림 12.23 세이빙 머신

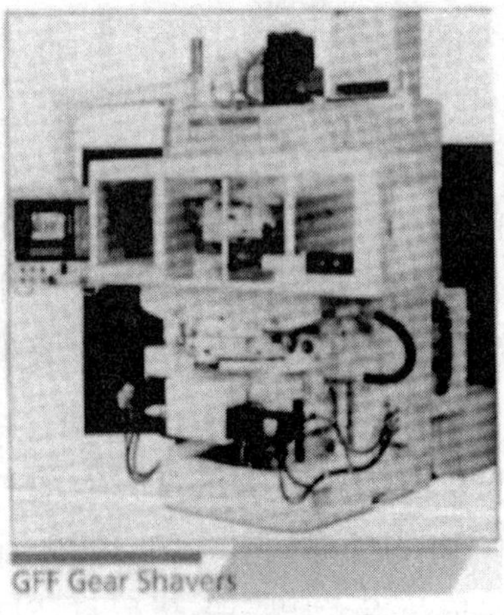

이때 커터의 날끝이 기어 소재의 치면을 연삭하여 정밀도가 높은 기어를 얻을 수 있다. 즉 커터와 기어 치면간의 미끄럼에 의해 기어 치면을 소량 절삭하여 기어를 정밀 다듬질하는 공작법을 세이빙 머신(shaving machine)이라고 하는데, 기어 세이빙이라고도 한다.

세이빙은 가공시간이 짧고 가공 정밀도가 좋으며, 가공에 의한 응력 변형을 일으키지 않는다. 세이빙으로는 기어 피치나 기어의 치형상과 리드 오차를 수정할 수 있지만, 초기 이의 황삭 정밀도가 나쁜 것을 완전히 수정할 수는 없다. 세이빙의 다듬질이 가능한 치수는 0.03[㎜] 정도이다.

세이빙한 기어는 대략 다음과 같은 공정을 거친다. 선반이나 밀링 절삭 → 호브 절삭 → 세이빙 → 래핑 → 축 내경 절삭

2) 호닝 머신

호닝 머신(honing machine)은 보링 머신이나 연삭기계(grinding machine)로 가공된 재료를 혼(hone)이라 불리는 공구와 접촉시켜 표면을 더욱 매끈하고 정밀하게 가공하는 기계이다.

1920년경 미국 자동차산업의 발달로 자동차에 사용되는 실린더 내면의 정밀가공을 위해 등장된 기계이다. 호닝 공구 회전운동과 축방향의 직선 왕복운동을 하면서 공작물과 일정한 압력으로 접촉하여 가공 표면을 매끈하게 한다.

기어의 호닝 작업은 소음의 발생원인이 되는 흠십이나 가공과정에서 생긴 버(burr : 호빙이나 여러 가공 공정에 의해 가공면에 생기는 칩의 잔재)를 짧은 시간에 제거하는 작업에 효과적이다.

그림 12.24 호닝 머신

기어 치형과 리드 오차를 개선하는 효과는 기어 연삭작업에 비해서 적은 편이다. 호닝은 열처리로 인해 변형된 치형을 세이빙 머신으로 가공한 정도까지 향상시키는 데 사용된다. 또한 연삭 처리된 기어를 호닝할 때 더 높은 정밀도를 가진 기어 표면을 얻을 수 있다.

3) 래핑 머신

래핑 작업은 마모현상을 기계 가공에 응용한 것으로 가공물과 랩 공구(lap tool) 사이에 분말상태의 랩제와 윤활유를 넣고 이들을 상대 운동시켜 공작물 표면을 매끈하게 가공하는 방법이다. 래핑 가공에 사용되는 기계를 래핑 머신(lapping machine)이라 하며, 보통 수직형이 사용되고, 특수한 경우 수평형이 사용된다. 랩 공구는 가공물보다 경도가 연한 재질을 사용한다.

강철은 주로 주철을 사용하고 그 외 동합금제나 연강 등이 사용되기도 한다. 랩제(lap powder)로는 카보런덤(carborundum)이나 알런덤(alundum)을 비롯한 산화물계가 사용된다.

4) 그라인딩 머신

정밀한 치형과 정도가 높은 치면을 얻기 위해 그라인딩 머신(grinding machine : 연삭기)을 사용한다. 그라인딩 머신은 접시형 모양의 숫돌(grinding wheel)을 기어와 접촉시켜 맞물림 운동을 하여 치형을 수정하는 기계이다. 보통은 숫돌과 치형이 창성방식 generating grinding)으로 맞물리지만, 그라인딩 기계에 따라 폼방식(form grinding)을 사용하기도 한다.

창성방식은 숫돌을 랙과 비슷한 직선 치형으로 가공하여 기어를 연마한다. 창성방식은 인볼루트 치형을 가공자가 원하는 지점에 따라 임의로 수정하기가 어렵다. 반면에 폼방식은 연삭 숫돌을 기어 치형과 반대되는 형상으로 만들어 기어 홈을 따라 한번에 가공할 수 있다.

자동수치제어가 되는 CNC 그라인딩 머신에서는 인볼루트 치형을 원하는 임의의 지점에서 자유자재로 수정할 수 있다. 따라서 치형을 수정하는 데 매우 효과적인 가공방법이라 하겠다. 또한 창성방식에 비해 짧은 시간 내에 치형 연마를 끝낼 수 있다. 창성방식은 하나의 숫돌을 가지고 같은 모듈(module)을 가진 기어는 모두 가공할 수 있다.

그러나 폼방식은 모듈이 같더라도 기어 잇수에 따라 인볼루트 치형이 변화하기 때문에 기어 하나마다 숫돌의 형상이 바뀌어야 한다. 따라서 폼방식은 종류가 적은 대량의 기어를 연마하는 데 매우 적합하다.

폼방식에 사용되는 숫돌은 아주 경도가 높은 재질을 사용하여 장시간 사용할 수 있는 것이 좋다. 여러 종류의 기어 가공에 사용할 경우에는 여러 번 드레싱 할 수 있는 특수한 혼합물 형식으로 된 스톤 그라인딩 숫돌(stone grinding wheel)을 사용하는 것이 좋다.

(5) 기어의 정밀도 관리

기어를 제작하는 데는 특수한 가공기계가 필요하므로 기어의 정밀도를 측정하는 데도 특수한 측정기계가 필요하다.

기어는 사용 목적과 경제적인 측면을 고려하여 다음 두 가지로 나누어 관리할 수 있다.

1) 기어 제작공정상의 정밀도 관리

기어를 가공하기 위해 설비된 장비가 어느 정도 정밀도를 가지고 있으며, 이 기계로 치절되는 기어가 어느 정도 정밀도에 도달할 수 있는지 파악하는 것이 기어 제작공정 정밀도 관리에 매우 중요하다.

일본은 JIS B 6216과 6242에 치절 기계에 관한 정밀도가 규격되어 있고, 독일은 DIN 8642에 규격되어 있다.

2) 기어 절삭공구와 측정기구의 정밀도 관리

기어를 절삭하는 공구의 정밀도가 기어 등급에 많은 영향을 미친다. 따라서 기어 가공업체는 기어 절삭공구의 정밀도 관리에 많은 관심을 기울여야 한다.

기어를 절삭하는 데 가장 많이 사용되는 호브 관리를 예로 들면 다음 세 가지 정밀도 관리로 나눌 수 있다.

- 가공된 호브 등급에 따른 정밀도 관리
- 호빙 기계에 장착할 때 발생하는 정밀도 관리
- 호브를 재가공(resharpening)할 때 발생하는 정밀도 관리

기어 측정기구의 경우, 요즈음은 매우 높은 정밀도를 가진 기어 제작을 요구하기 때문에 측정단위가 미크론 단위로 되어 있는 경우가 많다. 따라서 측정기구는 신용 있는 회사의 측정기기를 사용하고, 그 취급에도 충분히 주의하여 정

밀도가 떨어지지 않도록 힘써야 한다. 또한 기어 정밀도를 위한 허용오차가 상당히 엄격한 값으로 되어 있기 때문에, 측정기를 장기간 보관할 때 온도나 습도 등의 주위환경에 영향을 받지 않도록 주의해야 한다.

(6) 기어의 등급

기어는 표급등급을 정하여 이 기준에 따라 분류한다. 일반적으로 국내에서는 **JIS**를 기준으로 사용하는데 국내규격인 **KS**는 **JIS**와 거의 동일하다. 그 외 미국 기어협회인 **AGMA** 기준과 독일의 **DIN** 등이 있다.

이러한 기준을 서로 비교한다는 것은 거의 불가능하나 대략 〈표 12.6〉과 같이 비교 분석한다. 기어 오차를 정하는 등급에 따른 오차 허용치수가 서로 상이한 경우가 많다. 〈표 12.6〉은 단지 참고용으로만 사용하기 바란다.

〈표 12.6〉 국가별 기어 등급비교 [KS D 4101 - 1995]

KS B 1405(한국)				0	1	2	3	4	5	6	7	8	
JIS B 1702(일본)				0	1	2	3	4	5	6	7	8	
DIN 3962(독일)	1	2	3	4	5	6	7	8	9	10	11	12	
AGMA 390.03(미국)	15	14	13	12	11	10	9	8	7	6	5	4	3
SEIS(프랑스)				A	B	C	D	E					
BS 436 - 1940(영국)					A1	A2	B	C	D				

〈표 12.6〉 중에서 **JIS 0**급 기어를 가공한다는 것은 상당히 어려운 작업이다. 이 등급은 매우 높은 정밀도를 요구하는 기계나 소음이 중요한 문제가 되는 장소에 설치될 기계에 주로 사용되고 있다. **JIS 4**급 이하의 기어는 일반 공작기계에서는 거의 사용하지 않지만 농업용 기계에 사용된다.

〈표 12.7〉은 기어 가공방법에 따라 얻을 수 있는 기어의 등급을 표시한 것이다.

(7) 기어의 오차

각 등급에 따라 측정할 기어의 오차를 다음과 같이 나눌 수 있다. 먼저 **JIS**

정밀도 규격에 규정된 기어 오차이다.

1) 단일피치 오차

기어의 피치원 상에서 한 개의 이에서 다음 이까지의 원주상 피치를 측정하여 계산상의 피치와 차이를 계산한 값.

2) 인접피치 오차

연이어 두 개의 피치를 측정하였을 때 피치의 차이값.

3) 누적피치 오차

임의로 인접한 두 개의 기어 사이의 피치를 측정하였을 때 실제 계산 치수와의 차이값.

4) 법선피치 오차

법선피치를 측정할 때 계산치와의 차이값.

〈표 12.7〉 기어 가공방법에 의한 기어의 등급

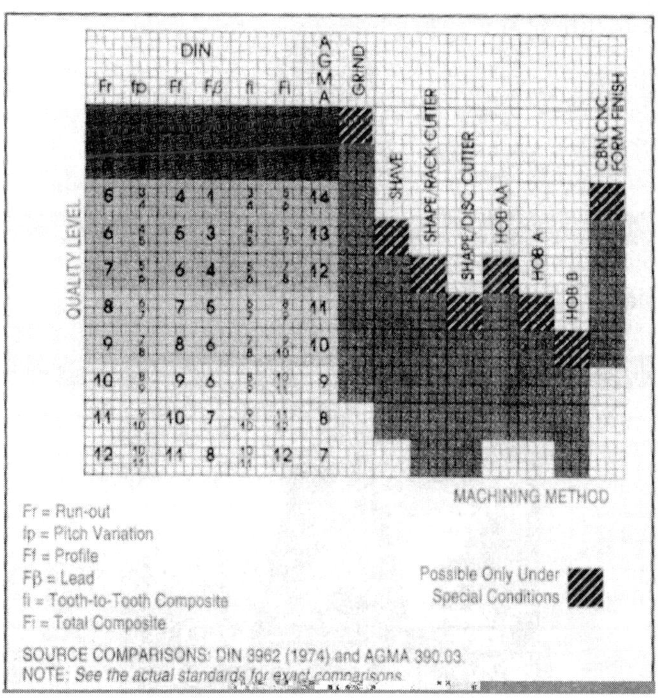

5) 치형 오차

인볼루트 곡선의 계산치와 가공된 기어의 치형을 측정하였을 때 나온 값과의 차이. 치형 오차는 축직각방향의 치형에 대한 것이다.

6) 치홈의 흔들림

볼이나 핀을 양쪽 치면에 접촉시켰을 때 반경방향으로 발생하는 오차의 최대값과 최소값의 차이.

7) 잇줄방향 오차

피치원통 상에 있는 기어의 잇줄 오차를 말함.

독일의 DIN 3960 규격에 따르면 다음과 같이 분류된다.

1) 기어 오차

- 단일 오차
- 종합 오차 : 한쪽 치면 맞물림 오차, 양쪽 치면 맞물림 오차

2) 한조의 기어 오차

- 조립 오차 : 중심거리 오차, 축평행 오차, 백래시 오차
- 종합 오차 : 한쪽 치면 맞물림 오차, 양쪽 치면 맞물림 오차

그림 12.25 검사용 기계

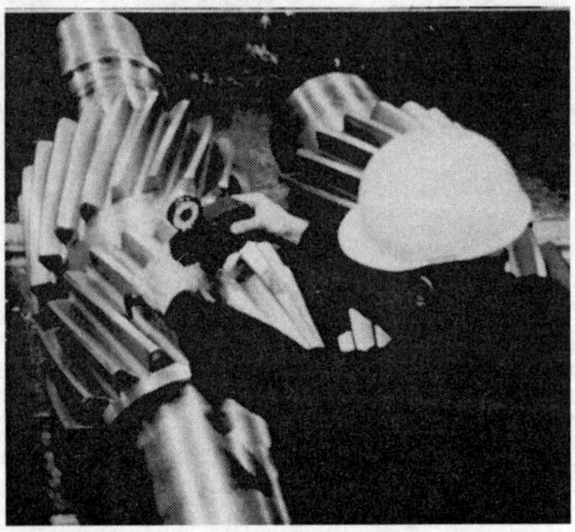

위에 언급한 오차들은 정확한 기어의 등급에 따라 정밀하게 측정하는 값이다. 흔히 기어가 제대로 가공되었는지를 간단하게 알아보기 위해서 기어의 이두께를 측정하거나 두 기어가 맞물리게 하여 백래시를 측정한다.

현재는 기어 오차를 측정하는 각종 기계가 잘 발달되어 있다. 따라서 정밀한 기어를 가공할 경우 각종 측정기계를 사용하는 것이 효과적이다.

기어의 이두께는 마이크로미터로 간단히 측정할 수 있으며, 백래시의 경우에도 간단한 도구로 측정한다. 기어의 이두께 측정시 필요한 걸치기 잇수와 걸치기 두께는 기어 치수 계산시 계산에 의해 산출된다(기어 치수 계산 참조).

걸치기 잇수와 두께는 기어마다 다르기 때문에 손으로 계산하여 사용하는 것은 매우 번거롭다. 따라서 자동 계산식을 사용하는 것이 편리하다. 또한 내기어의 경우에는 이두께를 측정하기 위해 오버핀법을 사용한다. 이것은 기어의 이사이에 일정한 지름을 가진 볼을 두 개 끼워넣고, 두 볼 사이의 거리를 측정하는 방법이다. 마이크로미터를 사용하기 어려운 경우 오버핀 측정법을 사용하면 매우 편리하다.

기어의 피치 오차는 기어로 인해 발생하는 소음과 진동의 주요 원인이 된다.

12.6 기어의 설계

1. 헬리컬 기어

(1) 계단식 기어의 원리

서로 맞물고 회전하는 평기어의 경우에는 기어 이빨이 갑자기 물렸다가 떨어졌다 하기 때문에 회전력에 변동이 생기기 쉽고, 고속회전시 진동과 소음이 발생하므로 고속회전에 사용하기는 적합하지 못하다.

이러한 결점을 개선하기 위하여 평기어를 회전축에 직각방향으로 얇게 조금씩 잘라서 그 조각을 조금씩 이동시키면서 배열시키면 계단식 기어(stepped gear)가 된다.

이렇게 만들어진 계단식 기어의 물림상태는 시간에 따라 차례로 물림이 발생하기 때문에 평기어와는 달리 물림상태의 변동이 없어 회전도 원할하고 진동과 소음이 적어진다.

(2) 헬리컬 기어의 원리

계단식 기어에서 계단이 무수히 많아지면, 계단은 나선(helical)으로 되어 이빨은 축과 임의의 각도로 경사지게 된다. 이러한 기어를 헬리컬 기어(helical gear)라 한다. 헬리컬 기어는 물림상태가 원활하고, 소음과 진동도 적으므로 고속운전에 적합하다.

그러나 헬리컬 기어의 결점은 축방향으로 추력(thrust)이 발생하므로, 추력에 견딜 수 있는 베어링(thrust bearing)이 필요하다. [그림 12.26]은 헬리컬 기어의 사진을 나타낸다.

만일, 2개의 헬리컬 기어를 서로 대칭이 되도록 조합하여 설치하면 축방향의 추력이 서로 상쇄되는데, 이와 같이 만든 구조의 기어를 2중 헬리컬 기어(double halical gear) 또는 헬링본 기어(herringbone gear)라 한다. [그림 12.27]은 2중 헬리컬 기어의 사진을 보여준다.

2중 헬리컬 기어는 고속에서 원활한 운전이 가능하므로 고속운전 조건의 대형기어에 많이 사용되고 있으며, 증기 터빈의 감속장치, 기어펌프 등에 널리 사용된다.

그림 12.26 헬리컬 기어

그림 12.27 2중 헬리컬 기어

(3) 헬리컬 기어의 계산법

표준 헬리컬 기어의 기본 계산식을 〈표 12.8〉에 표시한다.

〈표 12.8〉 표준 헬리컬 기어의 기본 계산식

항 목	계산식	항 목	계산식
중심거리	$C=\dfrac{D_{s1}+D_{s2}}{2}$ $=\dfrac{(Z_1+Z_2)m}{2\cos\beta}$	축직각 입력각	$\alpha_s=\tan^{-1}\left(\dfrac{\tan\alpha}{\cos\beta}\right)$
축직각 피치	$P_s=\dfrac{\pi D_s}{Z}$	나선각	$\beta=\tan^{-1}\left(\dfrac{\pi D_s}{L}\right)$
치직각 피치	$P=P_s\cos\beta=\pi m$	리드각	$\phi=90^\circ-\beta$
리드	$l=\dfrac{\pi D_s}{\tan\beta}$	이빨수	$Z=\dfrac{D_s\cos\beta}{m}$
피치원 지름	$D_s=\dfrac{Z\cdot m}{\cos\beta}$	축직각 모듈	$m_s=\dfrac{D_s}{Z}=\dfrac{m}{\cos\beta}$
이끝원 지름	$D_0=D_s+2m=D_s+2h_1$	치직각 모듈	$m=\dfrac{D_s\cos\beta}{Z}$
이뿌리 원지름	$D_r=D_s=2h_2$	단, h_1 = 이끝높이 = m h_2 = 이뿌리높이 = $1.157m$	

2. 베벨기어

(1) 베벨기어의 성립

원뿔마찰차의 접촉면을 피치면으로 하여 이것에 이빨을 절삭하였다고 생각되고, 이빨면의 물림에 의하여 운동과 동력을 전달시키는 기어를 베벨기어(bevel gear)라 한다. [그림 12.28]은 베벨기어를 보여주고 있다.

베벨기어의 회전비는 평기어와 마찬가지로 이빨수에 반비례하고, 평기어의 피치원은 베벨기어에서는 피치원뿔이 되며, 기초원은 기초원뿔로 된다. 또한, 베벨기어에서는 회전력에 따라서 기어가 축방향으로 밀리기 때문에 베어링에 대한 마찰동력 손실이 평기어보다 크고, 효율은 조금 낮다.

그림 12.28 베벨기어의 실물

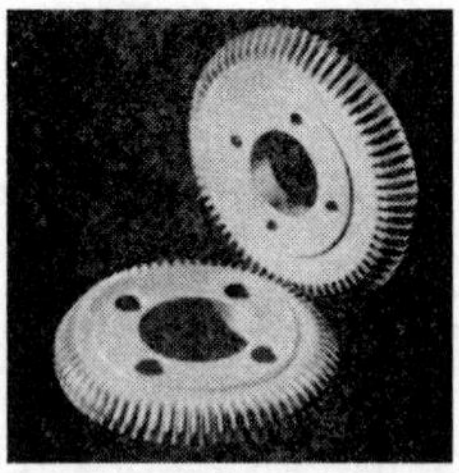

(2) 베벨기어의 종류

1) 축의 각도에 의한 분류

베벨기어의 두 축의 교차각도를 축각(shaft angle)이라 하고, 이 축각의 크기에 따라서 분류해보자.

- **보통 베벨기어** : 축각 $\theta = r_1 + r_2 = 90°$ 이고, 두 기어의 회전비에 따라서 피치원뿔각 r_1과 r_2의 값이 달라진다.
- **예각 베벨기어(acute bevel gear)** : 축각 $\theta = r_1 + r_2 < 90°$ 인 베벨기어를 말한다.
- **둔각 베벨기어(obtuse bevel gear)** : 축각 $\theta = r_1 + r_2 > 90°$ 이고, $\theta < 180°$ 인 베벨기어를 말한다.
- **마이터 기어(miter gear)** : 축각 $\theta = 90°$ 이고, $r_1 = r_2 = 45°$ 인 베벨기어이다. 두 기어의 축이 직각으로 교차하고, 두 기어의 크기가 같으므로 회전비는 1이 된다.
- **크라운 기어(crown gear)** : 축각 $\theta = r_1 + r_2 > 90°$ 이고, $r_2 = 90°$ 인 베벨기어를 말한다.
- **내접 베벨기어(internal bevel gera)** : 축각 $\theta = r_1 + r_2 < 90°$ 이고, 피치원뿔각 $r_2 > 90°$ 인 경우의 베벨기어를 말한다.

그림 12.29 베벨기어의 축각

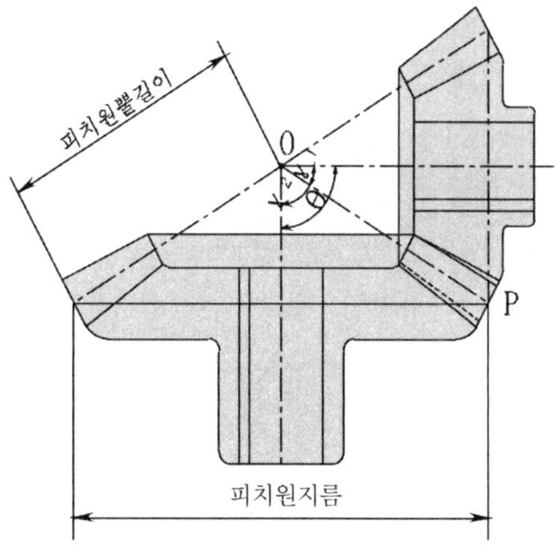

그림 12.30 베벨기어 각부 명칭

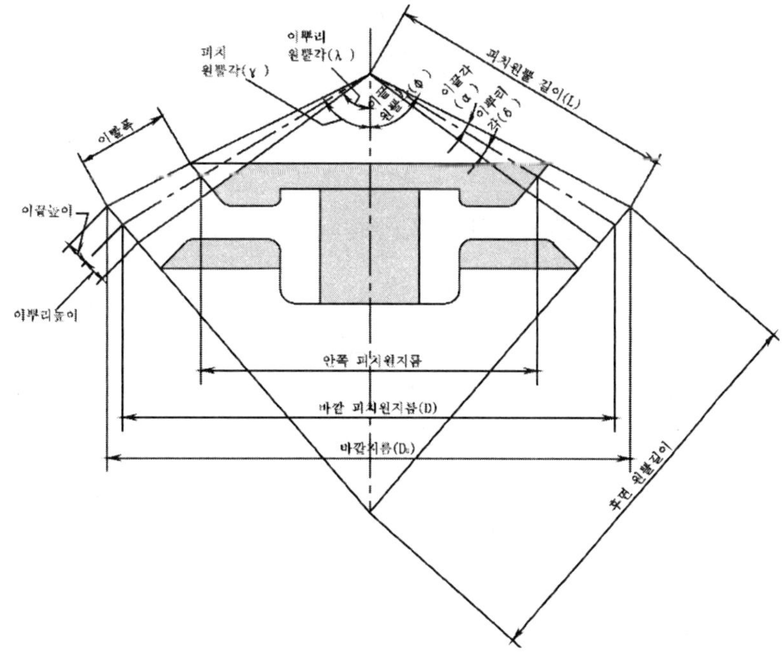

2) 이빨배열에 의한 분류

잇줄이 피치원뿔선과 일치하는 베벨기어를 직선 베벨기어(straight bevel gear)

라 하고, 곡선으로 된 기어를 스파이럴 베벨기어(spiral bevel gear)라 한다.

스파이럴 베벨기어는 물림이 이빨의 한 쪽 끝에서 점차적으로 다른 끝으로 이동하므로 직선 베벨기어에 비하여 물림률이 크게 되고, 회전이 원활하고 정숙하다. 스파이럴 베벨기어 중에서 잇줄의 비틀림각이 $0°$ 인 베벨기어를 제롤 베벨기어(werol bevel gear)라 부른다.

또한, 효율상의 결점을 보완하기 위하여 개발된 헬리컬 베벨기어(herical bevel gear), 2중 헬리컬 베벨기어(double helical bevel gear) 등이 있다. 헬리컬 베벨기어는 원뿔면을 피치면으로 하여 나선각을 비틀어서 이빨을 만든 베벨기어를 말한다.

(3) 베벨기어의 계산법

베벨기어의 기본 계산식 및 각부의 크기는 〈표 12.9〉에 나타나 있다.

〈표 12.9〉 베벨기어의 기본 계산식

각부명칭	작은 기어	큰 기어
피치원뿔각	$\tan\gamma_1 = \dfrac{\sin\theta}{\frac{1}{\varepsilon} + \cos\theta}$	$\tan\gamma_2 = \dfrac{\sin\theta}{\varepsilon + \cos\theta}$
피치원 지름	$D_1 = mZ_1$	$D_2 = mZ_2$
바깥지름	$D_{01} = D_1 + 2a\cos\gamma_1$	$D_{02} = D_2 + 2a\cos\gamma_2$
피치원뿔 길이	$L_1 = \dfrac{D_1}{2\sin\gamma_1}$	$L_2 = \dfrac{D_2}{2\sin\gamma_2}$
이끝각	$\tan\alpha_1 = \dfrac{2\sin\gamma_1}{Z_1}$	$\tan\alpha_2 = \dfrac{2\sin\gamma_2}{Z_2}$
이뿌리각	$\tan\delta_1 = \dfrac{2.314\sin\gamma_1}{Z_1}$	$\tan\delta_2 = \dfrac{2.314\sin\gamma_2}{Z_2}$
이끝 원뿔각	$\phi_1 = \gamma_1 + \alpha_1$	$\phi_2 = \gamma_2 + \alpha_2$
이뿌리 원뿔각	$\lambda_1 = \gamma_1 - \delta_1$	$\lambda_2 = \gamma_2 - \delta_2$

3. 특별한 용도의 기어

(1) 스큐기어

스큐기어(skew gear)는 쌍곡선의 표면을 피치면으로 하는 기어로서, 두 축은 평행하지도 교차하지도 않는다. 이와 같이 쌍곡선체의 일부를 취하면 거의 원뿔의 일부와 차이가 없고, 보통의 베벨기어와 매우 유사하기 때문에 스큐 베벨기어(skew bevel gear)라 부른다. 그러나, 이것은 이빨의 방향이 축을 향하지 않고, 두 축이 어긋난 것이 보통 베벨기어와 다르다.

따라서 스큐기어는 이빨의 방향과 직각인 방향에서 평기어와 베벨기어와 같이 미끄럼이 생기므로 마찰손실도 크다.

그러므로, 전동효율도 평기어와 베벨기어에 비하면 훨씬 떨어지고, 제작도 곤란하기 때문에 널리 사용되지 못하고 있다.

(2) 하이포이드 기어

스큐기어 중에서도 곡선의 이빨을 스파이럴 곡선형으로 절삭한 기어를 하이포이드 기어(hypoid gear)라 한다. 하이포이드 기어는 한 점에서 접촉하는 두 개의 원뿔면을 피치면으로 하고, 두 축이 직각으로 교차하며, 축간거리가 가까울 때 사용한다. [그림 12.31]은 하이포이드 기어를 나타낸다.

그림 12.31 하이포이드 기어

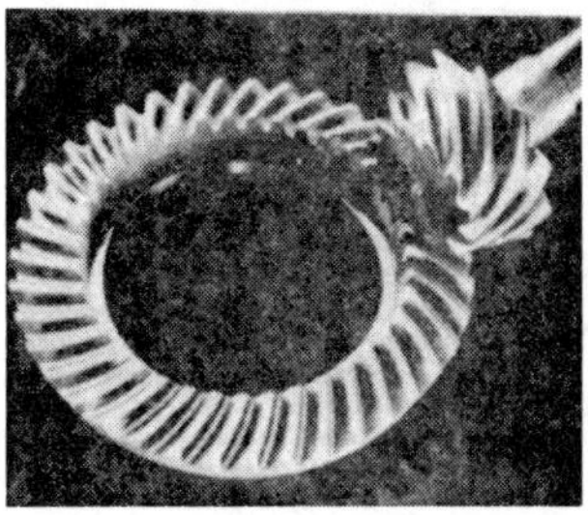

물림은 이론적으로는 점 접촉이지만, 실제는 선 접촉에 가까운 물림이 행하여 진다. 이러한 이유로 운전이 매우 조용하고, 스파이럴 베벨기어보다 큰 감속비가 얻어진다.

하이포이드 기어는 스파이럴 베벨기어와 달라서 하나의 축에서 많은 축을 구동시킬 수 있고, 축의 위치를 적절히 조절할 수 있기 때문에 자동차의 후차축 구동기어, 각종 생산기계에 널리 이용되고 있다.

(3) 나사기어

두 축의 최단거리 상의 한 점에서 서로 접촉하는 2개의 원통면을 피치면으로 하는 헬리컬 기어를 한 점에서 점 접촉으로 맞물린 기어를 나사기어(screw gear) 또는 스큐 헬리컬 기어(skew helical gear)라고 한다.

따라서, 나사기어는 서로 평행하지도 교차하지도 않는 두 축 사이에 한 쌍의 헬리컬 기어를 이용하여 운동을 전달한다. 이때 한 쌍의 치직각 피치는 서로 같으나, 나선각면 및 비틀림각의 방향은 서로 다르다.

[그림 12.32]는 나사기어를 나타내고 있다.

그림 12.32 나사기어

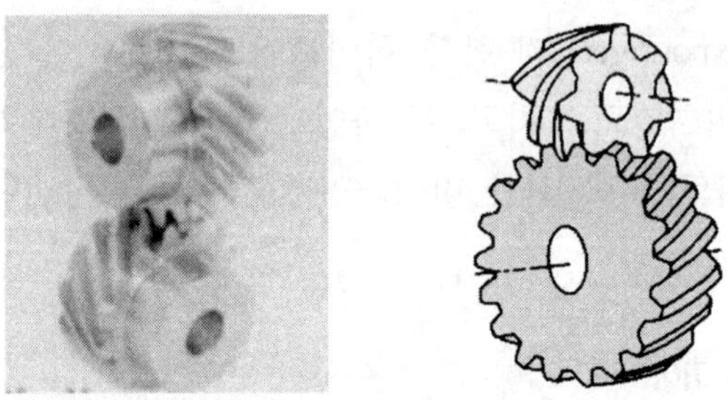

나사기어는 회전중 잇줄 방향으로 미끄럼이 발생하기 때문에 고하중 및 고속회전에 사용하기는 부적합하다.

4. 웜기어

(1) 웜기어의 성립

나사기어에 대하여 작은 기어의 이빨수를 한 개에서 수 개로 하면, 작은 기어는 보통의 나사와 같이 되고, 큰 감속비를 얻을 수 있다.

나사기어에서는 점 접촉을 하기 때문에 큰 동력을 전달시킬 수 없고, 마멸도 크기 때문에 이것을 선 접촉으로 하기 위하여 큰 기어의 절삭에 작은 기어와 같은 형상의 호브를 사용한다. 이때 작은 기어를 웜(worm), 큰 기어를 웜 휠(worm wheel)이라 하며, 이 기어장치를 웜기어(worm gears)라고 한다. [그림 12.33]은 웜기어를 나타낸다.

그림 12.33 웜기어

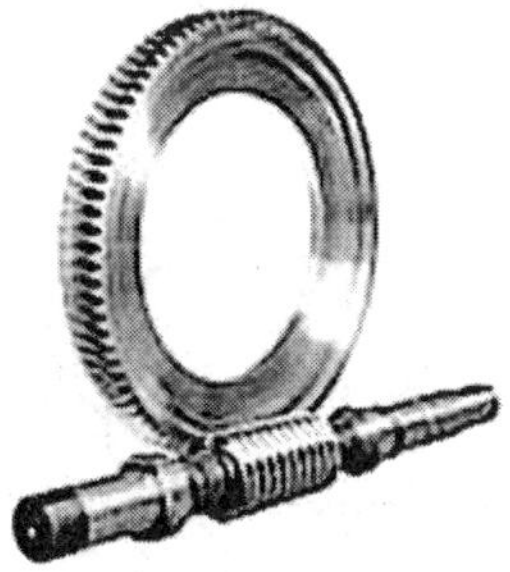

웜은 사다리꼴 나사이고, 웜 휠은 사다리꼴 나사의 암나사 일부를 휘일의 바깥 둘레에 가공한 것이다. 웜기어의 운동은 볼트의 회전에 대한 너트의 이동과 흡사하고, 볼트는 직선운동을 하는 데 대하여 웜 휠은 회전운동을 한다는 것이 다르다.

웜 기어의 두 축이 이루는 각은 보통은 직각이다. [그림 12.33]에 나타난 것처럼 두 축은 평행하지도 교차하지도 않으며, 두 축이 이루는 각은 직각임을 알 수 있다. 그리고 웜기어의 속도비는 웜나사의 나사 산 수와 웜 휠의 이빨수에 반비례한다.

웜기어 장치의 특징을 요약하면 다음과 같다.

- 큰 속도비가 얻어진다.
- 부하용량이 크다.
- 역전방지를 할 수 있다.
- 소음과 진동이 적다.
- 미끄럼이 크고 효율이 나쁘다.
- 교환성이 없다.
- 웜과 웜 휠에 추력이 발생한다.

- 웜 휠의 가공이 곤란하다.
- 웜 휠의 소재가 고가이다.

(2) 웜기어의 계산식

웜기어의 계산식은 〈표 12.10〉에 나타나 있다.

그림 12.34 웜기어 각부 명칭

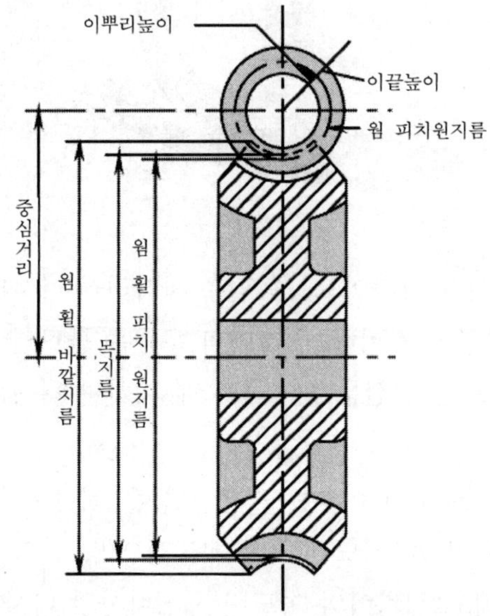

〈표 12.10〉 웜기어의 계산식

각부 명칭	웜	웜 휠
기어잇수	Z_ω	Z_2
축직각 모듈	$m_o = \dfrac{m_n}{\cos\gamma}$	
치직각 모듈	$m_n = m_o \cos\gamma$	
축직각 압력각	$\alpha_o = \tan^{-1}\dfrac{\tan\alpha_n}{\cos\gamma}$	
치직각 압력각	α_n	
리드각	$\gamma = \tan^{-1}\left(\dfrac{m_o Z_1}{d_1}\right)$	
축방향 피치	$p_o = \pi m_o$	
치직각 피치	$p_n = \pi m_n$	
물림 틈새비율	$f = 0.25 \sim 0.35$	
이끝 높이	$s = m_o$	
이뿌리 높이	$s' = (1+f) m_o$	
피치원 직경	$d_1 = \dfrac{L}{\pi \tan\gamma}$	$d_2 = Z_2 m_o$
리드	$L = \pi Z_\omega m_o$	
중심거리	$C = \dfrac{d_1 + d_2}{2}$	

12.7 기어 트레인의 구성

1. 기어 트레인의 정의

기계에서는 축 사이에 확실한 동력을 전달시키고, 다시 회전수를 증감시킬 필요가 자주 발생한다. 주어진 회전수로부터 필요로 하는 회전수를 구하고자 하면, 몇 개의 기어를 적적히 조합시켜 원하는 회전수를 얻을 수 있다.

이와 같이 원하는 회전비를 구하기 위하여 기어를 조합하는 것을 기어 트레인(gear train)이라 한다.

예를 들면 축간거리가 상당히 길 때 한 쌍의 평기어를 이용하여 동력을 전달하려고 한다면, 평기어의 지름이 상당히 커져야만 된다. 그러나 [그림 12.35]와 같이 A, B 두 평행축을 설치하고, B축에 C기어를 설치한 다음, 다시 C기어와 D기어를 맞물리면 2개의 평기어를 사용하는 것보다 기어의 수는 많아지지만, 그 크기가 작아지므로 보다 실용적으로 사용이 가능하다.

이와 같은 기어 트레인은 시계의 경우에는 초점 · 분침 · 시침이 각각 다른 회전비를 가지도록 하는 데 사용되고, 선반 백기어(back gear), 자동차의 차동장치 등에 널리 사용되고 있다.

2. 기어 트레인의 종류

기어 트레인의 종류를 살펴보면, 중심고정 기어 트레인(fixed frame gera train), 유성기어 트레인(planetary gear train) 및 차동기어 트레인(differential gear train)으로 분류할 수 있다.

(1) 중심고정 기어 트레인

[그림 12.35]와 같이 기어 트레인의 각 축의 중심이 고정된 기어 트레인을 말한다. 각 기어의 축이 고정되어 있으므로 움직이지 못하고, 각 기어는 축의 주

그림 12.35 중심고정 기어 트레인

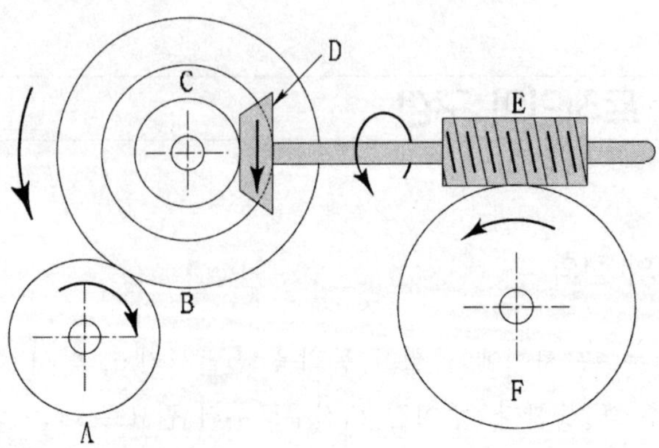

위를 회전하거나 축에 따라서 약간 이동할 수가 있다. 이러한 예는 운동속도를 변화시키는 공작기계, 자동차 감속장치에서 살펴볼 수 있다.

(2) 유성기어 트레인

서로 맞물고 회전하는 한 쌍의 기어 중에서 한쪽 기어가 다른 쪽 기어축을 중심으로 공전한다고 하자. 이때 공전하는 기어를 유성기어(palnetary gear)라 하고, 중심기어를 태양기어(sun gear)라 부른다. 이것은 마치 지구가 자전하면서 태양의 주위를 공전하는 것과 매우 흡사하므로, 지구에 해당하는 기어를 유성기어라 부르고, 태양에 해당하는 기어를 태양기어라 부른다.

[그림 12.36]에서 기어 A는 태양기어이고, 기어 B는 유성기어이다. 또한 H는 기어의 두 축을 연결하는 연결봉(arm)이다. [그림 12.36](a)는 외접기어를 나타내고, (b)는 내접기어를 나타낸다.

그림 12.36 유성기어 장치

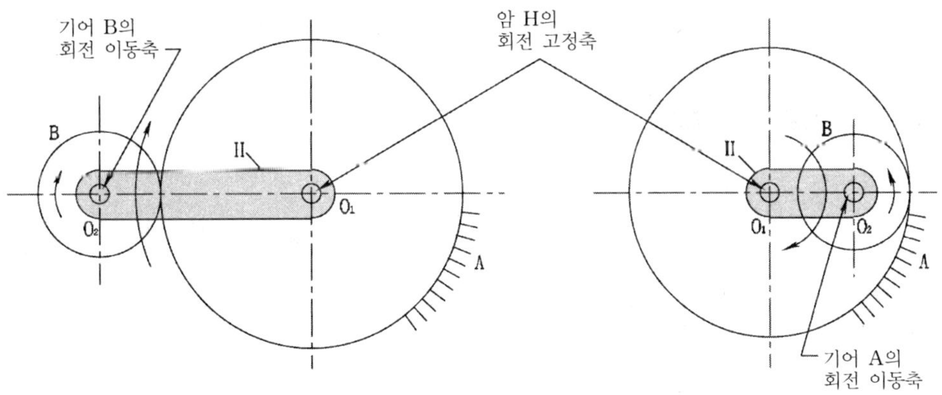

(a) 외접기어 (b) 내접기어

연결봉 H는 기어 B가 기어 A 주위를 회전하도록 받혀주고, 기어 B는 자전과 동시에 기어 A를 공전한다.

유선기어 장치는 공작기계, 호이스트(hoist), 항공기의 프로펠러(propeller) 감속장치 등에 많이 이용되고 있다. [그림 12.31]은 유성기어 장치의 예를 보여주는 사진이다.

그림 12.37 유성기어 장치의 예(굴삭기 swing device용 감속기)

(3) 차동기어 트레인

유성기어 트레인에서는 태양기어가 고정되어 있지만, 태양기어도 회전한다면 유성기어는 공전 외에도 태양기어의 회전의 영향을 받는다. 이와 같은 기어 트레인을 차동기어 트레인이라 부른다.

차동기어 트레인에서는 태양기어, 유성기어, 연결봉 중에서 어느 2개에 회전을 가하면 나머지 하나는 이들 작용을 동시에 받아서 회전하게 된다.

그림 12.38 차동기어 트레인

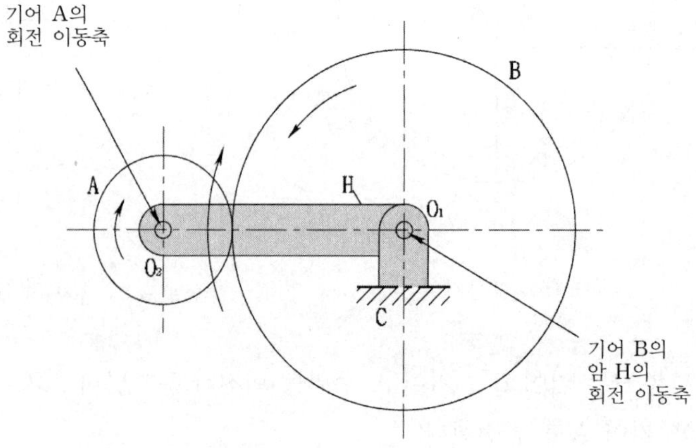

[그림 12.38]는 차동기어 트레인을 나타낸 것이다. 기어 A는 O_2를 중심으로 자전을 할 수 있고, O_1을 중심으로 공전도 가능한 것은 유성기어 트레인과 동

일하다. 하지만, 기어 B가 O_1을 중심으로 회전이 가능한 것은 다르다.

특히 차동기어 트레인은 자동차의 뒷바퀴 구동을 위하여 사용되고 있다. [그림 12.39]는 차동기어 트레인을 이용하고 있는 자동차 리어엑슬 사진을 보여준다.

그림 12.39 자동차 리어엑슬

12.8 기어 트레인의 회전비

1. 중심고정 기어 트레인의 회전비

[그림 12.40]과 같이 중심고정 기어 트레인이 구성되어 있을 때 기어 F의 회전비를 구하여보자. 기어 A, B는 평기어라 하고, C, D는 베벨기어라 하며, E, F는 웜기어로 조합되어 있다. 또한, B와 C, D와 E는 같은 축일 때 구동축 A에 대한 최후의 축 *F*의 회전비를 계산하여보자.

이때 각 축의 회전수를 n, 이빨수를 Z라 하면

$$\frac{n_A}{n_B} = \frac{Z_B}{Z_A},\ \frac{n_C}{n_D} = \frac{Z_D}{Z_C},\ \frac{n_E}{n_F} = \frac{Z_F}{Z_E}$$

그림 12.40 중심고정 기어 트레인의 회전비

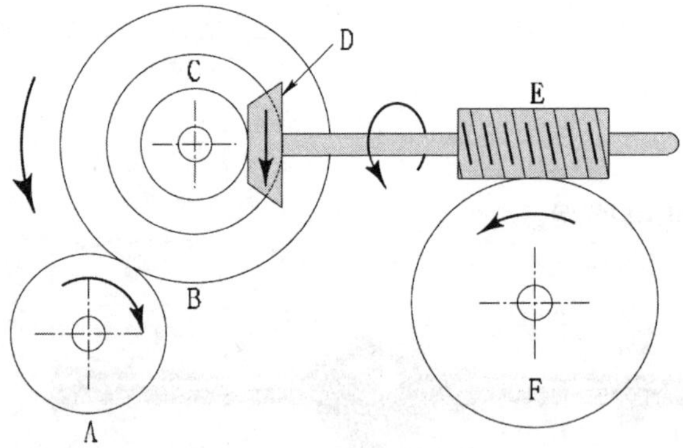

또한, B와 C, D와 E가 동일 축이므로

$n_{B}=n_{C}$, $n_{D}=n_{E}$가 성립한다.

따라서 회전비는 다음과 같이 구할 수 있다.

$$\varepsilon=\frac{n_A}{n_F}=\frac{n_A}{n_B}\times\frac{n_B}{n_C}\times\frac{n_C}{n_D}\times\frac{n_D}{n_E}\times\frac{n_E}{n_F}$$

$$=\frac{Z_B\times Z_D\times Z_F}{Z_A\times Z_C\times Z_E}$$

$$=\frac{\text{종동차의 이빨수의 곱}}{\text{구동차의 이빨수의 곱}} \qquad (24)$$

또한, 기어 트레인의 종동차의 회전방향은 기어 트레인에 사용된 축의 수가 짝수이면 구동축과 반대방향이고, 홀수이면 구동축과 같은 방향이 된다.

연습문제 5

[그림 12.41]과 같은 기어 트레인이 있다. 기어 A의 회전수가 900[rpm]일 때, 기어 F의 회전수 및 회전방향을 구하시오.

그림 12.41 기어 트레인의 회전비

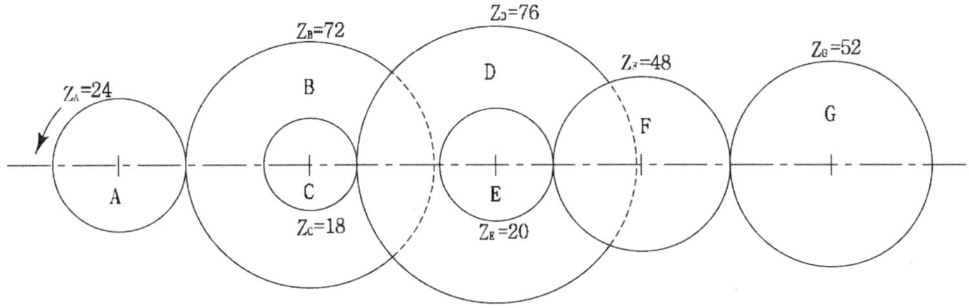

문제풀이

기어 트레인의 회전비는

$$\varepsilon = \frac{n_A}{n_F} = \frac{Z_B \times Z_D \times Z_F \times Z_G}{Z_A \times Z_C \times Z_E \times Z_F}$$

$$\therefore n_G = n_A \times \frac{Z_A \times Z_C \times Z_E \times Z_F}{Z_B \times Z_D \times Z_F \times Z_G} = 900 \times \frac{24 \times 18 \times 20 \times 48}{72 \times 76 \times 48 \times 52} = 27.3\,[\mathrm{rpm}]$$

회전방향은 축이 홀수이므로 기어 A와 동일한 방향이다.

2. 차동기어 트레인의 회전비

중심회전의 기어 트레인에는 유성기어 트레인과 차동기어 트레인이 있다. 유성기어 트레인도 넓은 의미의 차동기어 트레인에 포함되므로 이들 기어의 회전비를 계산하여 보자.

차동기어 트레인의 회전비를 계산하는 방법으로는 표시에 의한 방법, 수식에 의한 방법, 회전비 선도에 의한 방법이 있으나 여기서는 그 중 쉽게 회전비를 구할 수 있는 몇 가지 방법만 살펴보기로 하자.

(1) 표시에 의한 방법

이것은 연결봉의 회전에 의한 것과 기어의 회전을 각기 별도로 생각하여 그 회전수를 구한 뒤, 이 두 회전수를 합성하는 방법이다.

[그림 12.42]과 같이 차동장치에서 기어 A, B의 이빨수를 각각 Z_A, Z_B라 하

그림 12.42 차동기어 장치

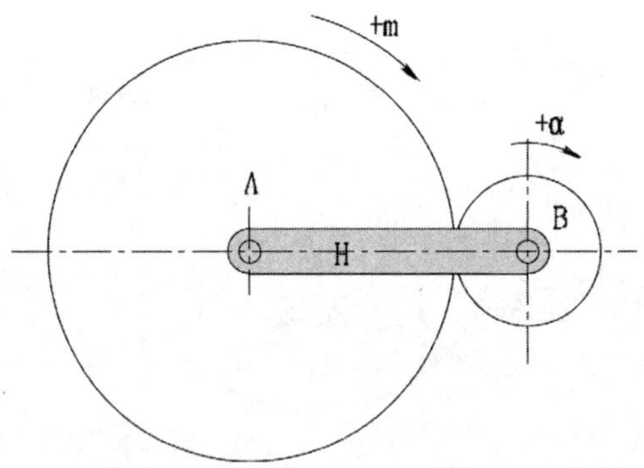

고, 연결봉 H의 회전수를 $+a$, 기어 A의 회전수를 $+m$이라고 하였을 때 기어 B의 회전수를 구하여보자.

우선 기어 A, B가 연결봉에 고정되어 있을 경우 연결봉 H가 $+a$ 회전하면, A, B는 모두 $+a$ 회전하게 된다. 다음에 연결봉만을 고정하면, A를 $+a$ 회전과 반대방향으로 돌려 그 결과의 회전수가 $+m$ 회전하도록 역회전을 주면, 이때 A는 $(-a+m)$ 회전하게 된다.

이와 같은 A의 회전에 의한 B의 회전수는

$$(-a+m)\times\left(-\frac{Z_A}{Z_B}\right)$$

가 된다. 따라서 B의 회전수 n은 이 두 회전수의 합이 되고, 다음과 같은 식으로 된다.

$$n=(+a)+(-a+m)\times\left(-\frac{Z_A}{Z_B}\right) \tag{25}$$

이것을 〈표 12.11〉과 같은 방법으로 표시하면 계산이 편리하다.

또한 [그림 12.43]과 같이 중간기어 C를 가지는 차동기어 트레인에 대하여 생각하여 보자.

〈표 12.11〉 표시에 의한 회전수 계산

요소 / 동작방법	연결봉 H	기어 A	기어 B
전체기어를 연결봉에 고정	$+a$	$+a$	$+a$
연결봉만을 고정	0	$-a+m$	$(-a+m)\times\left(-\frac{Z_A}{Z_B}\right)$
합성회전수	$+a$	$+m$	$(+a)+(-a+m)\times\left(-\frac{Z_A}{Z_B}\right)$

그림 12.43 중간기어를 갖는 차동기어 트레인

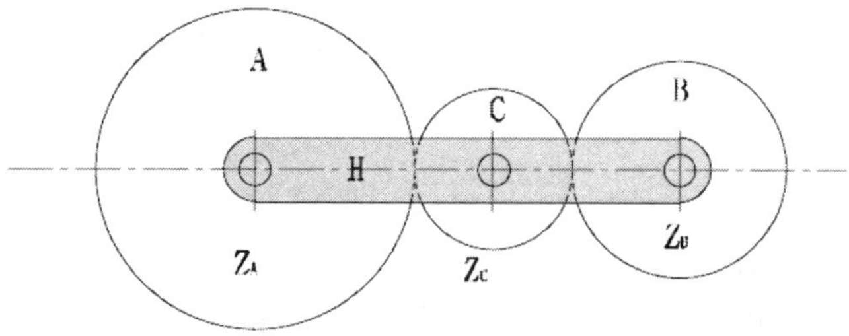

각각의 기어 A, B, C의 이빨수가 Z_A, Z_B, Z_C이라 하고, 기이 A가 $+m$ 회전하고, 연결봉 H가 기어 A의 축 둘레를 $+a$ 회전할 때 기어 B, C의 회전수를 구하려면, 〈표 12.12〉와 같이 쉽게 구할 수 있다.

〈표 12.12〉 표시에 의한 회전수 계산

요소 / 동작방법	연결봉 H	기어 A	기어 C	기어 B
전체기어를 연결봉에 고정	$+a$	$+a$	$+a$	$+a$
연결봉만을 고정	0	$-a+m$	$(-a+m)\times(-1)\times\left(\frac{Z_A}{Z_C}\right)$	$(-a+m)\times(-1)\times\left(\frac{Z_A}{Z_C}\right)\times(-1)\times\left(\frac{Z_C}{Z_B}\right)$
합성회전수	$+a$	$+m$	$(+a)+(-a+m)\times(-1)\times\left(\frac{Z_A}{Z_C}\right)$	$(+a)+(-a+m)\times(-1)\times\left(\frac{Z_A}{Z_C}\right)\times(-1)\times\left(\frac{Z_C}{Z_B}\right)$

중간기어 C가 있는 차동기어 트레인에서 기어 B의 회전수와 회전방향은 중간기어가 없는 경우와는 다르게 됨을 알 수 있다.

차동기어 트레인에서 다른 경우를 생각해보자. [그림 12.44]는 축이 중첩된 경우이다. 기어 B와 C는 동일한 축이고, A와 B, C와 D가 서로 물리어 있다.

그림 12.44 중간기어

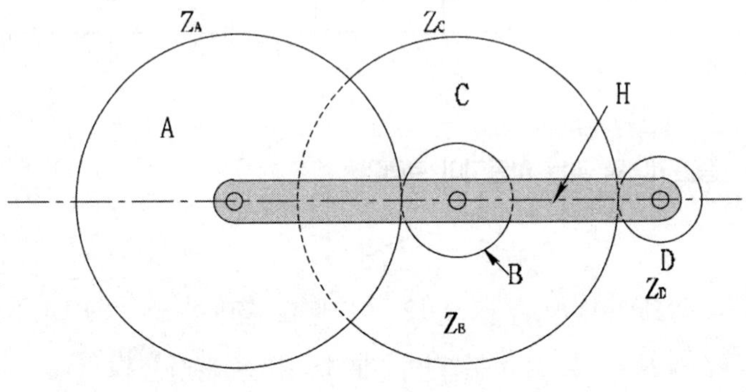

기어 A, B, C, D의 이빨수는 각각 Z_A, Z_B, Z_C, Z_D이고, 연결봉 H는 시계방향으로 $+a$ 회전하고, 기어 C와 연결봉 H가 $+m$ 회전할 때 다른 기어의 회전수를 계산하려면, 〈표 12.13〉과 같이 계산할 수 있다.

〈표 12.13〉 표시에 의한 회전수 계산

요소 / 동작방법	연결봉 H	기어 C	기어 B	기어 A	기어 D
전체기어를 연결봉에 고정	$+a$	$+a$	$+a$	$+a$	$+a$
연결봉만을 고정	0	$-a+m$	$-a+m$	$(-a+m)\times(-1)\times\left(\frac{Z_B}{Z_A}\right)$	$(-a+m)\times(-1)\times\left(\frac{Z_C}{Z_D}\right)$
합성회전수	$+a$	$+m$	$+m$	$(+a)+(-a+m)\times(-1)\times\left(\frac{Z_B}{Z_A}\right)$	$(+a)+(-a+m)\times(-1)\times\left(\frac{Z_C}{Z_D}\right)$

연습문제 6

[그림 12.44]에서 기어 A, B의 이빨수가 각각 $Z_A=30$, $Z_B=20$이라고 하고, 기어 A를 고정시키고, 연결봉 H를 시계방향으로 2회전시킬 때 기어 B의 회전수 및 회전방향을 구하시오.

문제풀이

동작방법 \ 요소	연결봉 H	기어 A	기어 B
전체기어를 연결봉에 고정	$+a$	$+a$	$+a$
연결봉만을 고정	0	$-a+m$	$(-a+m)\times\left(-\frac{Z_A}{Z_B}\right)$
합성회전수	$+a$	$+m$	$(+a)+(-a+m)\times\left(-\frac{Z_A}{Z_B}\right)$

표를 이용하여 계산하면

동작방법 \ 요소	연결봉 H	기어 A	기어 B
전체기어를 연결봉에 고정	2	2	2
연결봉만을 고정	0	−2	$(-2)\times(-1)\times\frac{30}{20}=3$
합성회전수	2	0	5

따라서, 기어 B는 시계방향으로 5회전한다.

(2) 수식에 의한 방법

[그림 12.45]와 같이 중간기어를 가지는 차동기어 트레인에서 연결봉 H와 기어 A를 동시에 회전시킬 때, 기어 B의 합성회전수를 구하여보자.

지금 연결봉 H가 각도 θ만큼 시계방향으로 회전하여 H1의 위치에 오고, 동시에 기어 A가 각도 β만큼 시계방향으로 회전하여 그 a점이 a_1의 위치에 왔을 때, 이 2개의 회전에 의하여 기어 B는 그 b점이 b_1점의 위치까지 회전하였다고 하면, 기어 A와 B가 연결봉 H에 대한 상대회전은 각각 $(\beta-\theta)$ 및 $(\alpha-\theta)$이다.

따라서, A에 대한 B의 각속도비를 ε이라 하면, 다음과 같은 식이 성립한다.

$$\varepsilon=\frac{\alpha-\theta}{\beta-\theta} \tag{26}$$

그림 12.45 차동기어 트레인

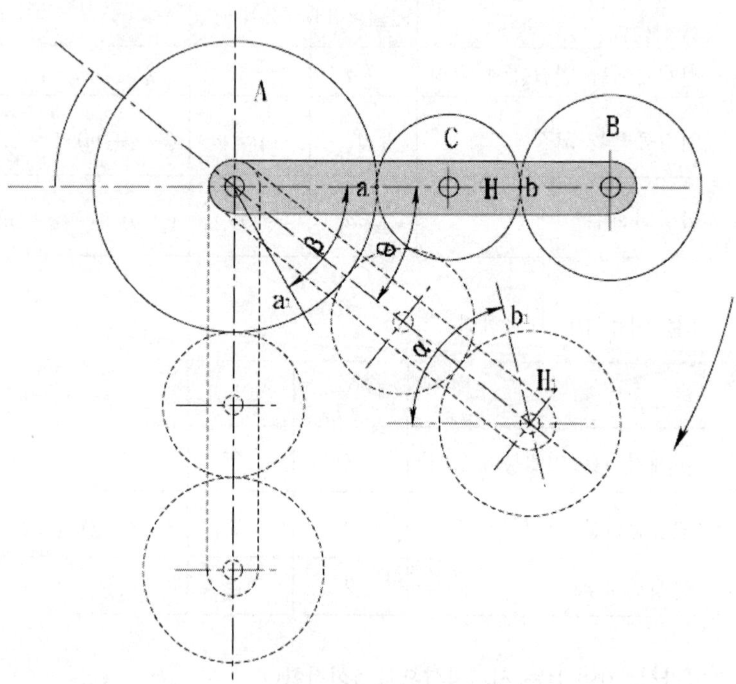

연결봉 H, 기어 A와 B의 회전수를 각각 a, m, n이라고 하면 식 (26)은 다음과 같이 된다.

$$\varepsilon=\frac{n-a}{m-a} \tag{27}$$

여기서 ε은 연결봉 H를 고정하였을 때, A와 B가 같은 방향으로 회전하도록 되어 있는 기어 트레인이면 (+)라 하고, 반대방향으로 회전하도록 되어 있는 기어 트레인이면 (−)라 한다.

또, a, m, n이 시계방향일 때를 (+)로 하고, 반시계방향일 때를 (−)로 한다.

연습문제 7

[그림 12.45]에서 기어 A의 이빨수 $Z_A=120$, 기어 B의 이빨수 $Z_B=80$이라 하고, 기어 A를 고정되었다고 가정하자. 연결봉 H를 시계방향으로 20회전시키면, 기어 B의 회전수와 회전방향을 구하시오.

문제풀이

A와 B의 회전비는 이빨수에 반비례하므로

$$\varepsilon=\frac{B\text{의 이빨수}}{A\text{의 이빨수}}=\frac{120}{80}=\frac{3}{2}$$

이때 기어 A가 고정되었다고 가정하였으므로, 기어 A와 B는 같은 방향으로 회전한다. 따라서 ε은 (+)이다.

또한, a=연결봉 H의 회전수=20

m=기어 A의 회전수=0

이므로 식 (27)로부터

$$\varepsilon=\frac{n-a}{m-a}=\frac{n-20}{0-20}=(+)\frac{3}{2}$$

가 성립한다.

$\therefore n=-10$

따라서, 기어 B의 회전수는 10이고, 회전방향은 반시계방향이다.

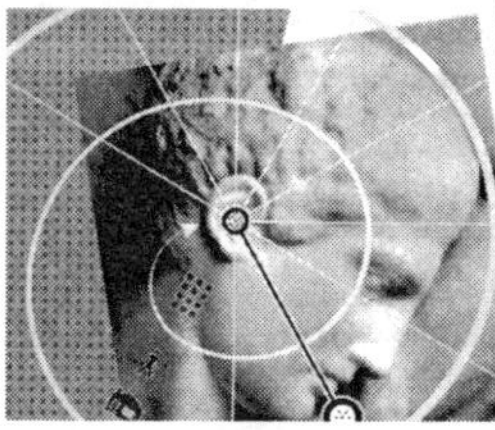

제 13 장 캠 기구

자동화 엔진 피스톤을 보면, 엔진의 연소에 의하여 피스톤이 직선 왕복운동을 하게 되고, 이 연소를 최적화하기 위하여 연료를 엔진에 투입하고, 연소된 가스를 배출하는 시점을 잘 조절해야 한다. 자동차 엔진은 이러한 시점조절을 캠이라고 하는 기구를 이용하여 제어하고 있다. 또한, 캠 기구는 산업현장에서 널리 사용되고 있다. 따라서, 기계설계를 공부하는 기계학도들에게 캠 기구의 이해는 반드시 필요하다.

이 상에서는 캠 기구의 설계를 위한 기초지식을 습득하기 위하여 캠 기구의 의미 및 정의를 알아보고, 캠 종류와 캠 선도에 대하여 살펴보기로 하자.

13.1 캠 기구의 성립

1. 캠 기구의 의미

특수한 윤곽을 가진 링크가 선 접촉을 이루고 간단한 기어나 링크 기구 등에서 얻어지기 어려운 왕복운동 또는 간헐운동을 주기적으로 종동절에 주는 기구를 캠 기구(cam mechanism)라 부른다.

모든 캠 기구는 적어도 3가지의 링크로 구성되어 있다.

- 캠(cam) : 구동절이 되며, 곡선 또는 직선윤곽의 접촉면을 가진다.
- 종동자(follower) : 종동절이 되고, 캠 윤곽곡면과 접촉운동을 한다.
- 프레임(frame) : 캠 및 종동절을 지지한다.

이 마멸이 문제가 되는 경우 종동절에 롤러(roller)를 달아서 구름접촉을 만들어 마멸을 줄인다.

2. 캠에 대한 용어

축 A를 회전하는 캠 ①에 롤러 R이 붙은 종동절 ②가 왕복 직선운동을 하는 캠 기구로서, 이에 대한 용어를 살펴보자.

1) 기초원

캠의 중심 O_1을 중심으로 하고, 캠의 윤곽곡선에 내접하는 원이다. 이 기초원(base circle)은 캠 설계시 가장 먼저 고려하여야 한다.

2) 피치곡선

종동절 위의 이론적인 점으로 종동절의 롤러의 중심이 캠의 윤곽곡선을 따라 그린 궤적을 의미한다. 만일 롤러가 붙어 있지 않고, 캠과 종동절의 A끝이 직접 접촉한다면, 피치곡선(pitch curve)과 윤곽곡선의 크기는 같다.

3) 피치점

종동절에 롤러가 붙어 캠과 접촉할 때는 롤러의 중심 O_2가 피치점(pitch point)으로 되고, 종동절의 끝이 직접 캠과 접촉할 때는 그 끝이 피치점이 된다.

4) 압력각

캠과 종동절이 접촉하는 피치점에서 피치곡선에 세운 법선과 종동절의 운동 방향이 이루는 각이다.

압력각(pressure angle)이 커지면 캠면의 경사가 심해지고, 종동절을 옆으로 미는 측면추력(side thrust)이 커지게 되어 종동절의 운동에 지장을 주게 된다.

5) 피치원

캠 중심 O_1을 중심으로 하고, 최대압력각으로 되는 피치점을 통과하는 원을 피치원(pitch circle)이라 한다.

6) 주 원

캠 중심 O_1를 중심으로 하고, 피치곡선에 내접하는 원을 주원(prime circle)이라고 한다.

그림 13.1 캠의 용어

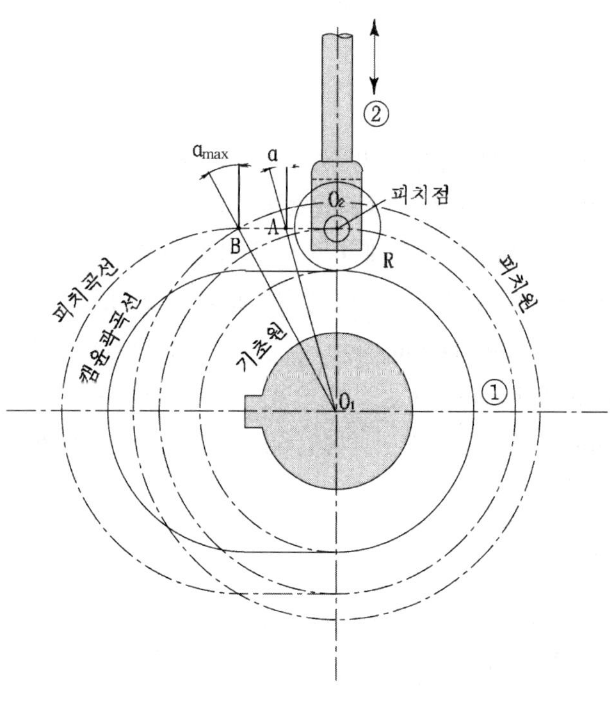

13.2 캠의 종류

캠은 캠과 종동절의 접촉점의 궤적이 평면곡선인 경우와 공간곡선인 경우가 있는데, 그 접촉점의 궤적이 평면곡선인 캠을 평면 캠, 공간곡선인 캠을 입체 캠이라 한다.

또한, 이들 캠 중에서 종동절의 운동을 완전히 구속하는 확동 캠(positive motion cam)이 있고, 정면 캠, 원통 캠, 원뿔 캠 등이 이에 속한다.

1. 평면 캠

1) 판 캠

평면곡선을 윤곽으로 하는 판으로 된 캠이며, 가장 많이 사용되고 있는 캠이다. 판 캠(plate cam)은 캠의 회전운동에 의하여 종동절이 왕복 직선운동 또는 왕복 각운동을 준다. 캠은 형태나 동작에 따라서 다양한 이름으로 불린다. 캠의 윤곽곡선이 심장형인 경우에는 심장형 캠(heart cam), 종동절이 버섯모양인 경우에는 버섯형 캠(mushroom cam), 캠의 윤곽이 접선으로 되어 있는 경우에는 접선 캠(tangential cam), 종동절이 요동하는 경우에는 요동 캠(cam with swing follower arm), 캠의 윤곽이 삼각형인 경우에는 삼각 캠(triangular cam) 또는 확동 캠이라 부르기도 한다.

2) 정면 캠

판의 정면에 캠의 윤곽곡선인 홈이 파져 있고, 이 홈에 종동절의 롤러를 끼워서 작동시키는 캠이다. 정면 캠(face cam)은 종동절이 기구학적으로 구속되어 있으므로 확동 캠이라 하기도 한다.

3) 직동 캠

직동 캠(translation cam)은 왕복 직선운동을 하는 캠에 의하여 종동절을 움직이는 형식으로, 캠은 크랭크에 의하여 구동된다.

4) 와이퍼 캠

와이퍼 캠(wiper cam)은 캠의 회전 왕복운동이 종동절의 직선 왕복운동으로 변환되는 캠으로서 크랭크에 의하여 구동된다.

5) 반대 캠(inverse cam)

캠 형상의 홈을 파서 이 홈에 링크를 연결시킴으로써, 캠을 종동절로 하여 기구를 구동시키는 캠을 반대 캠(inverse cam)이라고 한다.

2. 입체 캠

1) 실체 캠

실체 캠(solid cam)은 캠의 축선을 중심선으로 하여 회전하는 구의 표면상에 캠 윤곽곡선의 홈을 파고, 그 홈에 들어간 롤러 또는 핀으로 종동절에 왕복운동을 주는 캠으로서, 캠의 회전체 형상에 따라 각부의 명칭이 달리 불리어진다.

각 명칭을 살펴보면, 원통 캠(cylindrical cam), 원뿔 캠(conical cam), 쌍곡선 캠(hyperbolic cam), 원호 캠(arc cam), 구면 캠(spherical cam)이 있다. 이들 모두 확동 캠이다.

2) 단면 캠

단면 캠(end cam)은 가운데가 빈 파이프의 단면을 캠의 윤곽곡선으로 한 캠이다.

3) 경사면 캠

경사면 캠(swash cam)은 회전축과 경사지게 원판을 설치하고, 종동절의 끝단을 원판 면과 접촉시켜 종동절에 왕복 직선운동을 주는 캠이다.

4) 조정 캠

조정 캠(adjustable cam)은 원통 둘레에 볼트 구멍을 무수히 뚫어서 특수한 모양을 한 철판을 볼트로 부착시킨 캠으로, 자동기계 등의 동작을 제어하기 위한 용도로 주로 사용된다.

13.3 캠 선도

1) 변위선도

캠의 회전각을 x축으로 삼고, 종동절의 변위량을 y축으로 잡아서 캠의 회전각에 대한 종동절의 변화량을 나타낸 선도를 캠의 변위선도(displacement diagram)라고 한다.

이 변위선도만으로는 캠과 종동절의 운동장치가 확실하게 파악되지 않아서, 종동절의 운동관계를 조사하기 위하여 이 변위선도에 따른 속도 및 가속도의 상태를 나타낸 선도가 필요하다. 이 선도를 캠 선도(cam diagram)라 한다.

캠 선도에 포함된 속도선도에는 캠의 회전각과 종동절의 속도와의 상대관계를 표시하고, 가속도 선도에는 캠의 회전각과 종동절의 가속도에 관한 상대관계를 표시한다.

캠 선도에서 캠이 처음 $90°$ 회전하는 동안(AB 구간)은 종동절이 변화하지 않고, 다음의 $45°$ 의 사이(BC 구간)에서 5[㎜] 상승하고, 또 $45°$ 의 사이(CD 구간)에서는 변화하지 않는다. 다음 $45°$ 사이(DE 구간)에서는 5[㎜] 상승하고, EF

그림 13.2 캠의 변위선도

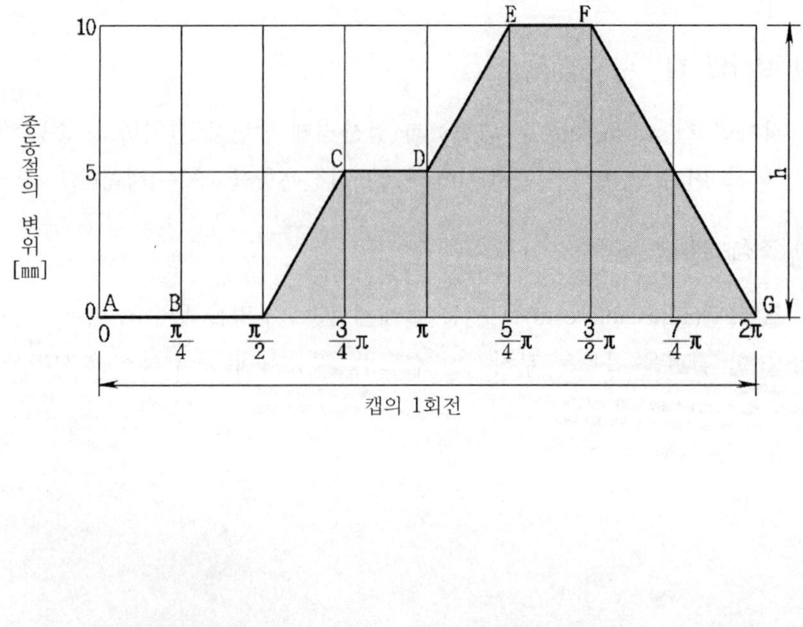

사이에서는 변화하지 않는다. 또 $\frac{3}{2}\pi$에서 2π사이(FG 구간)에서 10[㎜] 내려가서 처음의 위치 A에 되돌아온다.

[그림 13.2]에서 A~G선을 기초곡선(base curve)이라 하고, 종동절의 최대변위량 h(여기서는 10[㎜])를 양정(lift)이라 한다. 종동절에 이러한 운동을 주는 판 캠의 윤곽곡선은 기초곡선을 반지름 r_g인 기초원의 원 둘레에 감아서 얻을 수 있다.

그림 13.3 캠의 윤곽곡선

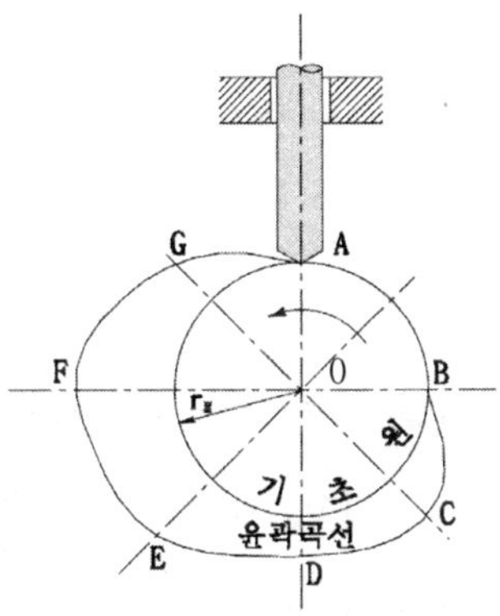

2. 종동절의 운동에 의한 캠 선도

1) 등속도 운동의 경우

캠의 회전각을 θ, 종동절의 변위를 y, 종동절의 속도를 v, 기초곡선과 x축이 이루는 각을 ϕ라고 하면, 종동절이 등속운동을 하므로

$$v = \frac{dy}{dt} = \tan\phi = c \tag{1}$$

x축에 시간 t(또는 각변위 θ), y축에 종동절의 변위를 잡고 캠 선도를 그리면 [그림 13.4]와 같은 캠 선도가 그려진다.

그림 13.4 캠 선도(등속운동)

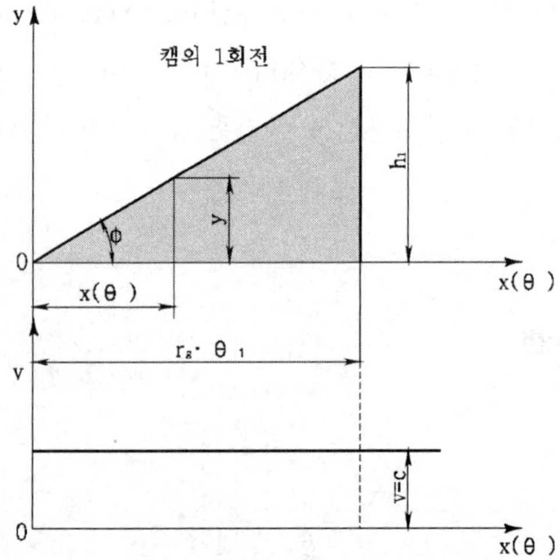

변위선도는 ϕ의 경사각을 이루는 직선이 되고, 속도선도는 식 (1)에서 알 수 있듯이 v가 일정한 직선이 되고, 가속도 $a=\dfrac{dv}{dt}=0$가 된다.

[그림 13.5]에서 캠 기초원의 반지름을 r_g라 하고, 캠의 윤곽곡선을 종동절의 곡선이 캠의 회전중심 O를 지날 때, O를 원점으로 하는 극좌표로 표시하면 $r=r_g+y$이다.

[그림 13.4]에서 등속운동을 하는 캠 선도에서 $x \fallingdotseq r_g \cdot \theta$이므로

$$\tan\phi=\frac{y}{x}=\frac{y}{r_g \cdot \theta}=\frac{h_1}{r_g \cdot \theta_1}$$

$$\therefore y=r_g \cdot \theta \cdot \tan\phi \tag{2}$$

따라서, $r=r_g+y=r_g+r_g \cdot \theta \cdot \tan\phi$이므로

$$\frac{dr}{d\theta}=\frac{dy}{d\theta}=r_g \cdot \tan\phi=k \tag{3}$$

식 (3)을 적분하면

$$r=r_g+k \cdot \theta \tag{4}$$

또한 캠의 각속도를 ω라 하면, k는

$$k=\frac{dy}{d\theta}=\frac{v\cdot dt}{\omega\cdot dt}=\frac{v}{\omega} \tag{5}$$

그림 13.5 캠의 윤곽곡선(아르키메데스의 나선)

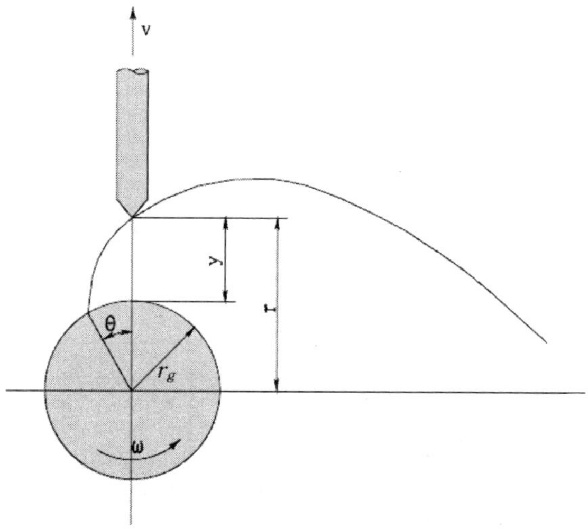

식 (4)에서 기초원의 반지름 r_g는 임의의 상수이므로, 윤곽곡선은 식 (4)에 캠의 회전각 θ를 대입시키면 캠의 윤곽곡선이 [그림 13.5]과 같이 그려진다. 이 곡선을 아르키메데스의 나선(Archimedes's spiral)이라고 부른다.

2) 등가속도 운동의 경우

처음 속도가 0인 등가속도 운동은 가속도를 α라고 가정하면

$$y=\frac{1}{2}\alpha t^2 \tag{6}$$

또한

$$v=\frac{dy}{dt}=\alpha t \tag{7}$$

가 성립하고,

$$a = \frac{dv}{dt} = c \tag{8}$$

그림은 식 (6~8)의 관계를 나타낸 것으로 등가속도 운동을 하는 캠 선도이다.

그림 13.6 캠 선도(등가속도 운동)

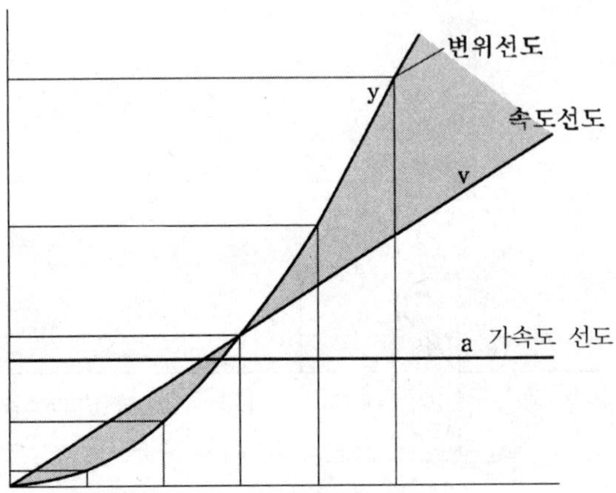

3) 단현운동을 하는 경우

단현운동을 하는 종동절에 주는 캠의 변위곡선은 종동절의 변위 y를 그 최저 위치에서 측정하고, 캠의 회전각 θ도 동일하게 최저위치에 대응하는 위치에서 측정한 최대변위량을 h라 하면,

$$y = \frac{h}{2}(1 - \cos\theta) \tag{9}$$

식 (9)의 변위곡선은 사인파 곡선으로 나타난다. [그림 13.7]은 식 (9)에 의하여 구한 단현운동을 하는 캠 선도이다.

이 경우 속도 및 가속도는 다음 식으로 표시된다.

$$v = \frac{dy}{dt} = \frac{d}{d\theta}\left\{\frac{h}{2}(1 - \cos\theta)\right\}\frac{d\theta}{dt}$$

$$= \frac{h}{2} \cdot \omega \cdot \sin\theta \tag{10}$$

$$a = \frac{dv}{dt} = \frac{d}{dt}\left(\frac{h}{2} \cdot \omega \cdot \sin\theta\right)\frac{d\theta}{dt}$$

$$\frac{h}{2} \cdot \omega^2 \cos\theta \tag{11}$$

식 (10), (11)도 사인파 곡선이 되고, 이 선도는 [그림 13.7]과 같이 된다. 이 경우 종동절의 속도는 양끝에서 0, 중앙에서 최대가 되고, 가속도는 양끝에서 최대, 중앙에서 0이 되므로, 이 단현운동을 하는 캠 선도는 비교적 고속운전에 사용된다.

그림 13.7 캠 선도(단현운동)

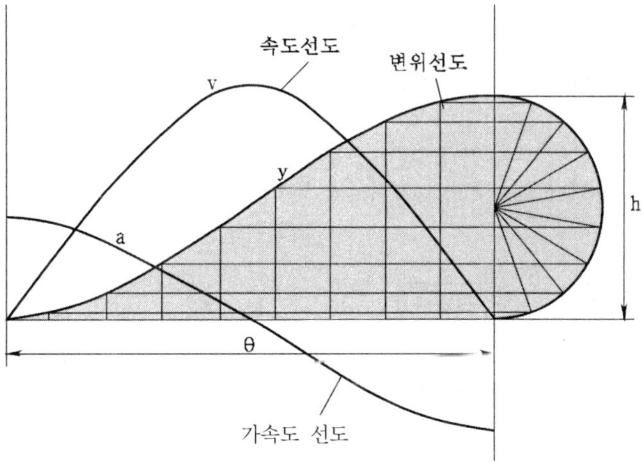

3. 캠 계수의 계산

종동절의 최대변위량을 h, 캠의 변위곡선의 최대압력각 α_{max}에서의 캠 계수(cam coefficient)를 f, 최대변위량 h에 대한 캠의 회전각 θ_0, 최대변위량 h에 대한 캠의 회전수 n이라 하면, 피치원의 반지름 r_p는

$$r_p = \frac{360^\circ}{2\pi\theta_0} h \cdot f$$

또는

$$r_p = \frac{1}{2\pi n} h \cdot f \tag{12}$$

캠 계수 f는 최대변위량 h에 대한 피치원의 둘레 길이를 l이라고 하면, $f = \frac{l}{h}$가 되고, f의 값은 변위곡선에 따라 다음과 같이 성립한다.

1) 변위곡선이 직선인 경우

$$\tan(\alpha_{max}) = \frac{h}{l}$$

$$\therefore f = \frac{l}{h} = \frac{1}{\tan(\alpha_{max})} \tag{13}$$

2) 변위곡선이 사인파인 경우

$$\tan(\alpha_{max}) = \frac{h}{2} \cdot \frac{\pi}{1}\left(\sin\frac{\pi}{l}x\right)_{x=\frac{1}{2}} = \frac{\pi h}{2l}$$

$$\therefore f = \frac{l}{h} = \frac{\pi}{2\tan(\alpha_{max})} \tag{14}$$

3) 변위곡선이 포물선인 경우

$$\tan(\alpha_{max}) = \frac{4h}{l^2}(x)_{x=\frac{1}{2}} = \frac{2h}{l}$$

$$\therefore f = \frac{l}{h} = \frac{2}{\tan(\alpha_{max})} \tag{15}$$

식 (13)~(15)에서 캠 계수를 구하여 정리하면 〈표 13.1〉이 된다.

〈표 13.1〉 캠 계수(f) 의 값

	$\alpha_{max} = 20^\circ$	$\alpha_{max} = 30^\circ$	$\alpha_{max} = 40^\circ$	$\alpha_{max} = 50^\circ$	$\alpha_{max} = 60^\circ$
직 선	2.75	1.73	1.19	0.84	0.58
사인 곡선	4.32	2.72	1.87	1.72	0.91
포 물 선	5.5	3.46	2.38	1.68	1.15

13.4 캠의 계산식

1. 캠의 속도비

1) 종동절의 중심이 캠의 회전중심을 지나는 경우

캠의 각속도를 ω_c, 속도를 v_c, 종동절의 속도를 v_f, 접속점 P에서의 공통 접선을 TT, 공통법선을 NN이라고 하면, v_c, v_f 속도에 대한 접선방향의 속도를 각각 v_{ct}, v_{ft}라 하고, 법선방향의 속도를 각각 v_{cn}, v_{fn}이라 하면, 캠이 종동절과 떨어지지 않고 접촉하기 위하여는 $v_{cn} = v_{fn}$이 되어야 한다.

그림 13.8 캠의 속도곡선(종동절의 중심이 캠의 회전중심을 지남)

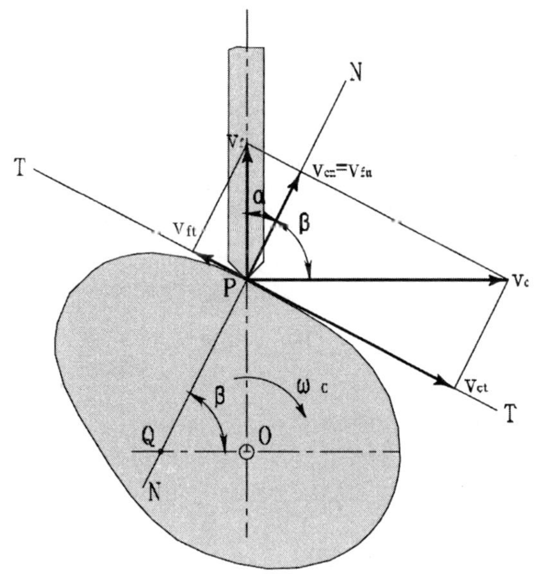

v_c, v_f가 공통법선 NN과 이루는 각을 각각 α, β라 하면

$$v_{cn} = v_c \cos\beta = \omega_c \cdot \overline{OP} \cos\beta \tag{16}$$

$$v_{fn} = v_f \cos\alpha = v_f \cos(90^\circ - \beta) = v_f \sin\beta \tag{17}$$

캠이 종동절과 떨어지지 않고 접촉하기 위한 조건은 $v_{cn} = v_{fn}$,
즉, 식 (16)=식 (17)이므로

$$\omega_c \cdot \overline{OP}\cos\beta = v_f \cdot \sin\beta \tag{18}$$

$$\therefore \frac{v_f}{\omega_c} = \frac{\overline{OP} \cdot \cos\beta}{\sin\beta} = \overline{OP} \cdot \cot\beta \tag{19}$$

공통법선 NN과 O에서 종동절의 운동방향에 수직으로 그은 선과의 교점을 Q라 하면, $\angle PQO = \beta$, $\overline{OP} \cdot \cot\beta = \overline{OQ}$가 성립하므로 식 (19)는 다음과 같이 된다.

$$\frac{v_f}{\omega_c} = \overline{OP}\cot\beta = \overline{OQ} \tag{20}$$

또한, 캠과 종동절의 미끄럼 속도 v_s는

$$v_s = v_{ct} - (-v_{ft}) = v_{ct} + v_{ft} \tag{21}$$

2) 종동절의 중심이 캠의 회전중심을 지나지 않는 경우

[그림 13.9]와 같이 종동절의 중심이 캠의 회전중심으로부터 e만큼 어긋나 있다면,

$$v_{cn} = v_c\cos\beta = \omega_c \cdot \overline{OP} \cdot \cos\beta \tag{22}$$

$$v_{fn} = v_f\cos\alpha$$

캠이 종동절과 떨어지지 않고 접촉하기 위한 조건은 $v_{cn} = v_{fn}$이므로
$\omega_c \cdot \overline{OP} \cdot \cos\beta = v_f\cos\alpha$가 된다.

그림 13.9 캠의 속도선도(종동절의 중심이 캠의 회전중심을 지나지 않음)

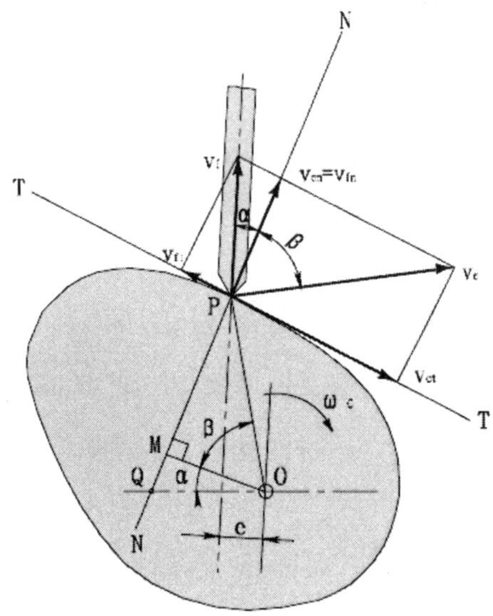

공통법선 NN과 O에서 $\overline{NN}$에 내린 수선과의 교점을 M이라 하면,

$\overline{OP} \cdot \cos\beta = \overline{OM}$이므로

$$\omega_c \cdot \overline{OM} = v_f \cos\alpha \tag{23}$$

또한 $\angle MOQ = \alpha$이므로 $\cos\alpha = \dfrac{\overline{OM}}{\overline{OQ}}$ 이고

$$\frac{v_f}{\omega_c} = \overline{OQ} \tag{24}$$

식 (20)과 식 (24)는 같게 된다.

따라서, 캠의 회전중심과 종동절의 중심이 어긋나 있더라도 속도비는 동일함을 알 수 있다.

3) 종동절이 요동운동을 하는 경우

캠의 중심을 O_c, 각속도를 ω_c라 하고, 종동절의 중심을 O_f, 각속도를 ω_f라 하면, 앞에서와 같은 방법으로 하여

$$v_{cn} = v_c \cdot \cos\beta = \omega_c \cdot \overline{O_cP} \cdot \cos\beta \tag{25}$$

$$v_f = \omega_f \cdot \overline{O_fP}$$

가 되므로

$$\omega_c \cdot \overline{O_cP} \cdot \cos\beta = \omega_f \cdot \overline{O_fP} \tag{26}$$

가 된다. 따라서

$$\frac{\omega_f}{\omega_c} = \frac{\overline{O_cp} \cdot \cos\beta}{\overline{O_fP}} = \frac{\overline{O_cM}}{\overline{O_fP}} = \frac{\overline{O_cQ}}{\overline{O_fQ}} \tag{27}$$

그림 13.10 캠의 속도선도(요동운동)

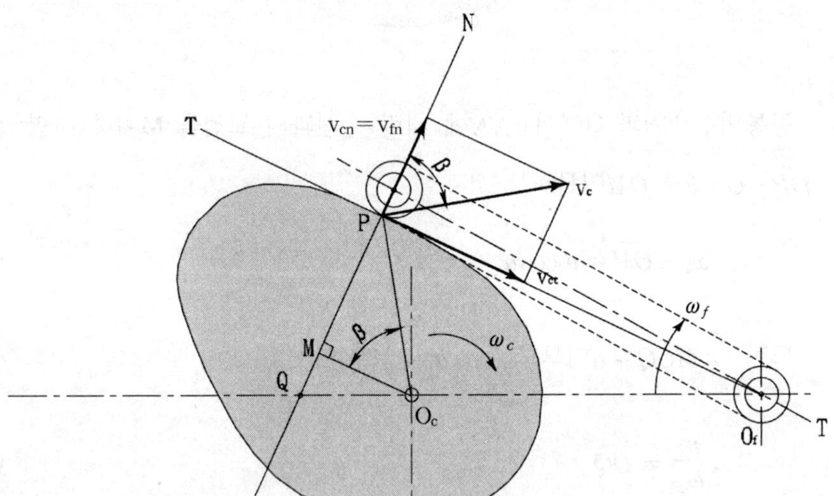

4) 캠과 종동절이 모두 왕복운동을 하는 경우

캠의 속도를 v_c, 종동절의 속도를 v_f라고 하면 캠이 종동절과 떨어지지 않고 접촉하기 위한 조건은 $v_{cn} = v_{fn}$이고, 캠의 종동절 미끄럼 속도 v_s는 $v_s = v_{ct} + v_{ft} = \overline{ab}$의 크기로 표시된다.

종동절의 운동방향으로 B점을 구하고, 접선 TT와의 교점 A를 구하면,

$\triangle abP \backsim \triangle ABP$이 되므로

$$\frac{\overline{BA}}{Pa} = \frac{\overline{BP}}{Pb} = \frac{\overline{AP}}{ab} \tag{28}$$

가 된다.

따라서, 다음과 같은 관계식이 성립한다.

$$\frac{\overline{BA}}{v_c} = \frac{\overline{BP}}{v_f} = \frac{\overline{AP}}{v_s} \tag{29}$$

2. 압력각

종동절의 중심선 SS와 공통법선 NN과 이루는 각 α를 압력각이라 부른다.

C점에 있어서 마찰각을 ρ, 마찰계수를 μ라 하면, 종동절에 작용하는 힘은 종동절의 자중, 스프링 등에서 받는 힘 Q, 안내부 G에서 받는 측면압 M, 캠에서 받는 법선 힘 N 및 마찰저항 μN이 있다.

그림 13.11 캠의 속도선도(왕복운동)

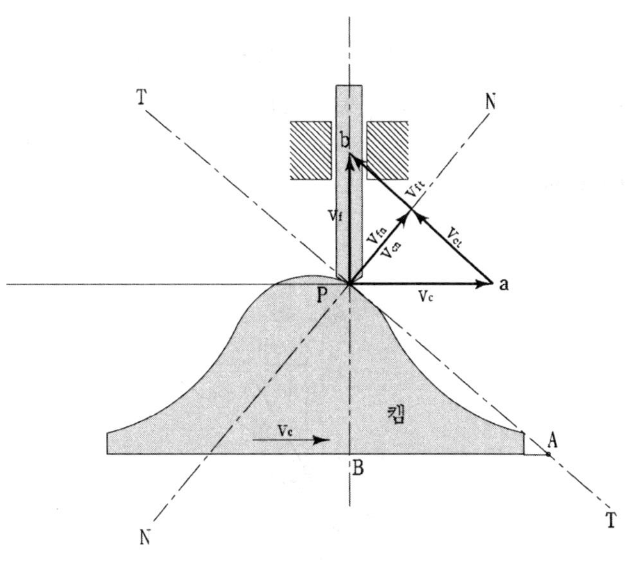

이들 힘이 평형을 이룬다면, Q, M, N 및 μN의 힘으로 된 벡터는 폐다각형 형상이 이루어진다.

따라서 종동절이 캠에서 받는 법선 힘 *N*과 마찰저항 μN의 벡터 합을 *R*이라고 하고, $\overline{OC}$에 수직한 분력을 *P*라고 하면, 캠 외부에서 주어지는 회전력은 $P\times\overline{OC}$가 된다.

[그림 13.12]에서

$$P = R\cos(\beta - \rho) \tag{30}$$

$$Q = R\cos(\alpha + \rho) \tag{31}$$

$$\mu = \tan\rho \tag{32}$$

식 (30)~(32)에서 *R*과 ρ를 소거시키면

$$P = Q \cdot \frac{\cos(\beta-\rho)}{\cos(\alpha+\rho)} = Q\frac{\cos\beta + \mu\sin\beta}{\cos\alpha - \mu\sin\alpha} \tag{33}$$

식 (33)에 의하여 압력각 α의 영향을 고려하면, α는 $\overline{OC}$와 함께 캠의 윤곽을 결정하는 각도이고, ρ는 재질에 의하여 결정되므로 일정한 *Q*에 대한 *P*의 크기는 압력각 α에 의하여 결정된다.

그러나 α가 크게 되면 종동절이 굽힘작용을 받게 되고, 측면압 *M*을 증가시켜서 마찰저항이 크게 된다.

따라서 일반적으로 캠의 회전수가 100[rpm] 이하의 저속이면 α는 45° 정도까지이고, 고속 또는 종동절의 자중 *Q*가 클 때는 30° 이하로 한다.

그림 13.12 캠에 작용하는 힘

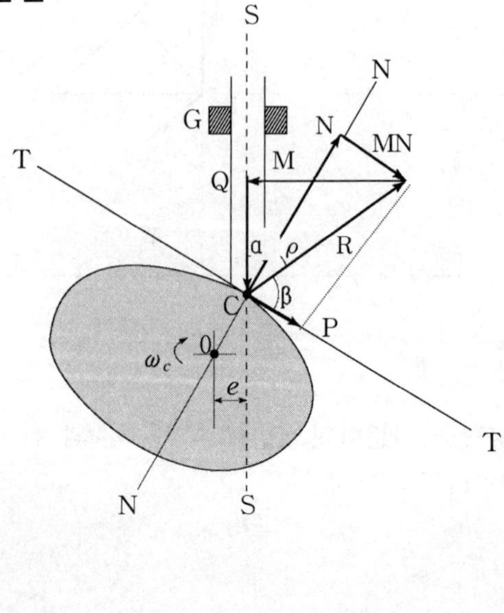

제 14 장 감기 전동기구

거리가 있는 두 기구 사이의 동력을 전달하기 위하여 가장 효율적인 방법은 유연성이 있는 로프나 체인 등과 같은 감기 전동기구를 이용하는 것이다. 예를 들면 고층 아파트의 엘리베이터를 작동시키기 위하여 어떤 방법이 가장 효율적인지 고민하여보자. 기어를 이용하면 너무 많은 기어가 필요하게 되고, 축을 이용하면 축이 너무 길어져 중간에 많은 베어링을 추가해야 되고, 캠이나 링크도 적합하지 못하고 결국은 강철 로프를 사용하는 현재의 방식이 가장 적합함을 알 수 있다.

따라서, 일정한 거리가 떨어져 있는 두 기구 사이의 동력전달에 가장 유용한 감기 전동기구의 이해는 기계를 설계하기 위하여 반드시 필요한 지식이다.

이 장에서는 감기 전동공구의 종류 및 원리를 알아보고, 벨트 · 로프 · 체인 및 도르래를 설계하기 위한 기본이론을 살펴보기로 하자.

14.1 감기 전동기구의 종류

구동축의 회전을 종동축에 전달함에 따라서 두 축 사이의 거리가 가까울 때는 마찰차 · 기어 등에 의한 직접접촉에 의하여 전동이 가능하다. 하지만, 두 축의 사이가 크면 동력전달을 위하여 대단히 큰 바퀴를 사용하거나, 중간축을 설치하고, 아니면 매개체를 이용하여 간접접촉에 의한 운동의 전달이 이용된다.

매개체에는 여러 가지의 종류가 사용되고 있으나, 압축이나 휨에 대한 저항은 없고, 인장력에만 견디어서 운동을 전달하는 유연 매개체(flexible connector)가 적합하다. 유연 매개체의 종류를 살펴보도록 하자.

1. 벨트 전동기구

가죽·면직물·고무 등을 재료로 하여 만든 벨트를 이용하여 운동을 전달하는 것으로, 벨트의 형상에 따라서 평벨트, V벨트로 구분한다.

이 기구에서는 접촉 부분에 미끄럼이 발생하기 때문에 정확한 속도비의 전달은 어려우나 불의의 사고로 큰 하중이 전달될 경우에는 벨트가 미끄러져 안전장치 역할을 하게 되고, 비교적 정숙한 운전이 가능하다. 그리고, 벨트 전동기구에서 벨트를 잡아서 회전을 시키는 바퀴를 풀리(pully)라 한다.

최근에는 이빨을 가진 바퀴에 의하여 구동되는 타이밍 벨트(timing belt) 또는 싱크로 벨트(synchro belt) 등과 같은 신형의 벨트가 점차 사용되고 있다.

2. 로프 전동기구

면직물·대마·강철 등의 로프를 매개체로 이용하는 것으로서, 크레인 같은 하역기계나 엘리베이터 등에 사용되고 있다. 로프 전동기구에서 로프를 감을 수 있는 바퀴를 쉬브(sheave)라 부른다.

3. 체인 전동기구

벨트나 로프 같은 매개체로는 미끄럼이 발생하고, 정확한 운동의 전달이 어렵기 때문에, 이러한 경우에 체인을 사용하면 정확한 속도비로 운동을 전달할 수 있다. 하지만 체인 전동기구의 경우에는 운전중 소음이 심하다.

체인에는 롤러 체인(roller chain), 사일런트 체인(silent chain)으로 나누어 지고, 체인을 감는 바퀴를 스프로킷 휠(sproket wheel)이라 한다. 감기 전동장치의 축간 거리에 따른 적용범위를 〈표 14.1〉에 나타내었다.

〈표 14.1〉 감기 전동기구의 적용범위

매개체의 종류		축간거리[m]	속도비	속도[m/sec]
평 벨 트		10 이하	1 : 1 ~ 6	10 ~ 30
V 벨 트		5 이하	1 : 1 ~ 7	10 ~ 18
로 프		10 ~ 25	1 : 1 ~ 2	15 ~ 25
체 인	롤 러	4 이하	1 : 1 ~ 7	4 이하
	사일런트	4 이하	1 : 1 ~ 8	8 이하

14.2 평벨트 전동장치

1. 벨트 거는 방법

벨트를 풀리에 거는 방법에는 [그림 14.1](a)와 같이 바로걸기와 [그림 14.1](b)와 같이 엇걸기의 2 종류가 있다.

그림 14.1 벨트를 거는 방법

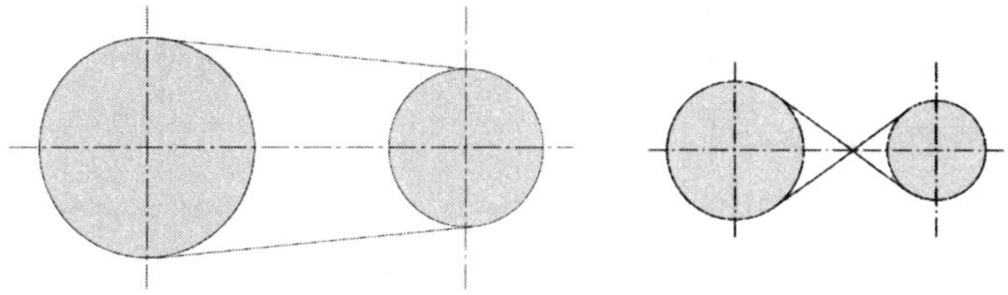

(a) 바로걸기　　(b) 엇걸기

바로걸기에서는 2축의 회전방향이 같고, 엇걸기에서는 회전방향이 반대로 되며, 접촉각이 바로걸기 때보다 크므로 작은 풀리로 큰 동력을 전달할 수 있고, 고속장치에 사용하면 편리하다.

또한, 엇걸기에서는 벨트가 서로 스치기 때문에 손상되기 쉽다. 벨트에 대한 비틀림 응력은 벨트의 폭이 넓고 축간거리가 짧을수록 심하므로 축간거리는 보통 벨트 폭의 20배 이상으로 하고, 폭은 되도록 좁은 벨트를 사용한다.

그림 14.2 벨트의 인장과 이완

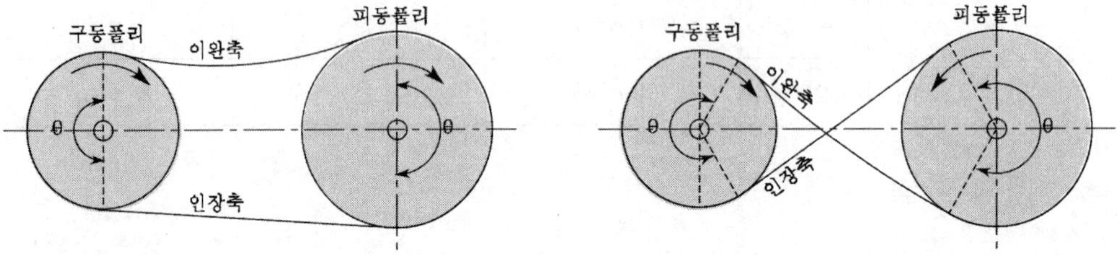

벨트 전동은 벨트와 풀리 사이의 마찰력에 의하여 동력이 전달되므로, 벨트에 어느 정도 장력을 주어야 하는데 이것을 초장력(initial tension)이라 한다. 이와 같이 초장력을 준 상태에서 운전을 시작하면 [그림 14.2]와 같이 한 쪽의 벨트는 구동차에 의하여 인장되므로 장력이 증가하게 되고, 위쪽의 벨트는 구동차에 의하여 밀려나가게 되므로 그 장력이 감소한다.

이와 같은 경우 전자를 인장측(tension side), 후자를 이완측(loose side)이라 부른다. 일반적으로 벨트가 구동차에 들어가는 방향을 인장측, 구동측에서 나오는 방향을 이완측으로 한다.

바로걸기에서는 수평방향으로 이동하는 경우에 이완측을 위쪽으로 하면 걸림각 θ가 커지고 미끄럼이 적어지므로, 가능한 이완측이 위쪽이 되도록 하는 것이 유리하다. 만일 이완측을 아래로 하면, 벨트의 자중으로 벨트의 걸림각이 감소하여 미끄럼이 작게 된다.

풀리의 재료로는 일반적으로 주철 · 강판 · 목재 등이 사용되지만, 중량을 가볍게 하기 위하여 경합금을 사용하기도 한다.

풀리의 모양은 간단히 원형이지만, 축에 붙이기 편리하게 반원형의 것을 볼트로 조립한 형태도 있다.

그림 14.3 벨트 풀리 림의 형상

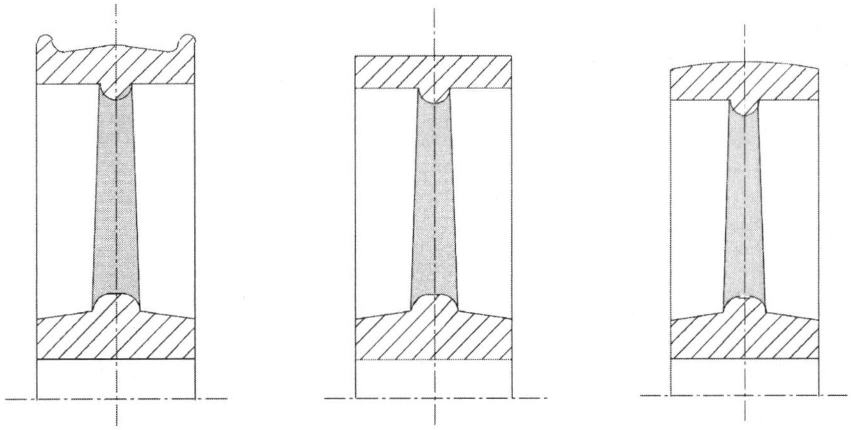

(a) (b) (c)

벨트가 접촉하는 면인 림(rim)의 형상은 [그림 14.3](a)와 같이 벨트가 벗겨지지 않도록 양 끝에 플랜지(flange)를 만들어 사용하는 경우가 있으나, 이러한 형태는 벨트의 두 바깥면이 마멸되는 단점이 있다. [그림 14.3](b)의 형태와 같이 접촉면의 지름이 같은 원통형 풀리를 평벨트 풀리(flat pully)라 한다. [그림 14.3](c)와 같이 풀리의 중앙부 지름을 약간 높여준 형태는 벨트가 벗겨지지 않는 데 도움을 준다. 이러한 풀리를 크라운 풀리(crown pully)라 부른다.

크라운 풀리에서 벨트가 잘 벗겨지지 않는 이유는 벨트가 유연성이 있기 때문에 풀리의 회전에 따라서 벨트가 점점 지름이 큰 쪽으로 이동함으로써 최대 지름부위를 벨트 풀리의 중앙으로 제작하면, 벨트는 항상 풀리의 중앙부에 걸리게 되므로 플리로부터 벗겨짐을 방지할 수 있다.

2. 벨트와 풀리

벨트의 재료로 일반적으로 사용하고 있는 것은 가죽 · 직물 · 고무 · 강 등이 있지만, 충분한 인장강도와 유연성을 가지고 풀리에 감겨져 동력을 전달하므로 충분한 마찰을 가지는 재료를 사용해야 한다.

따라서, 가죽으로 만든 벨트 · 면화 · 마 등을 만든 직물벨트, 직물에 고무를 합성하여 만든 고무벨트 등이 사용되고 있고, 최근에는 비닐이나 나일론 등으로 만든 벨트 등이 있다. 현재 가장 광범위하게 사용되는 벨트는 가죽벨트와 고무벨트이다.

특수한 직물벨트는 연결고리 없이 무단환상으로 제작하기도 하지만, 보통은 한 곳 또는 몇 군데를 이어서 고리형으로 만든다.

원뿔차를 2개 조합하여 이것에 벨트를 감으면 중앙부가 뾰쪽하여 돌출되므로 벨트를 손상시킬 우려가 있으므로, 림의 면을 둥글게 제작한다.

3. 벨트 전동의 회전비

벨트 전동에서 벨트와 풀리 사이에 미끄럼이 없고, 벨트의 두께가 없다고 가정한다면, 회전비는 구동차의 원주속도가 벨트의 속도 및 종동차의 원주속도와 같다고 하여 구할 수 있다.

[그림 14.4]에서 구동차의 반지름, 지름, 회전수를 각각 r_A, D_A, n_A라 하고, 종동차의 반지름, 지름, 회전수를 각각 r_B, D_B, n_B라 하면, 벨트의 속도 v는 다음과 같이 된다.

$$v = \pi D_A n_a = \pi D_B n_B \tag{1}$$

그림 14.4 벨트의 회전비(두께 무시)

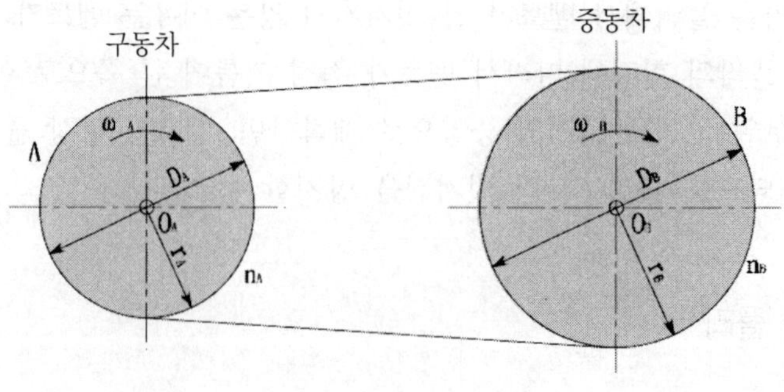

따라서, 회전차 ε은 다음과 같다.

$$\varepsilon = \frac{n_A}{n_B} = \frac{\omega_A}{\omega_B} = \frac{r_B}{r_A} = \frac{D_B}{D_A} \tag{2}$$

식 (2)는 두께가 없다고 가정한 경우이다. 하지만 실제의 벨트 및 풀리는 어느 정도의 두께가 있기 때문에 벨트에 풀리를 감으면 원호모양으로 굽어진다. 이 때 벨트 두께의 바깥쪽은 늘어나고 안쪽은 줄어들며, 중앙부는 늘어나지도 줄어들지도 않는 중립면이 된다.

그림 14.5 벨트의 회전비(두께 고려)

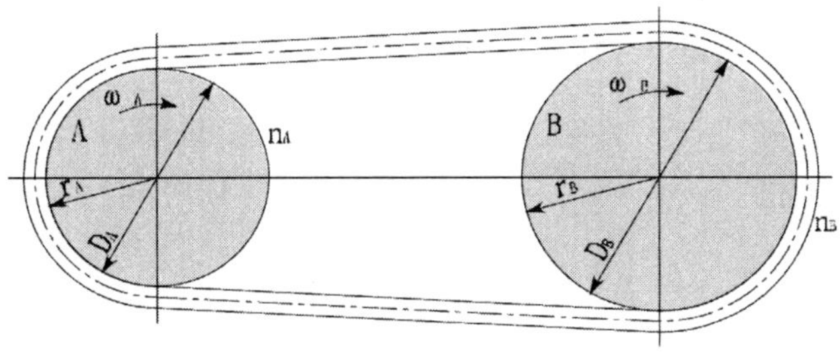

실제와 같은 회전비를 계산하려면 [그림 14.5]와 같이 풀리의 지름에 벨트의 두께를 더한 만큼의 지름으로 회전비를 구하여야 한다.

즉, 벨트의 두께를 t라 하면 회전비 ε'는 다음과 같다.

$$\varepsilon' = \frac{n_A}{n_B} = \frac{\omega_A}{\omega_B} = \frac{D_B + t}{D_A + t} \tag{3}$$

두께 t는 지름 D에 비하면 미소하고, 실제로 운행중 약간의 미끄럼도 발생하므로 식 (3)과 같이 계산을 수행하기 곤란하다. 따라서, 속도비를 계산한 뒤에 2[%] 정도의 속도비의 감소를 고려해준다.

속도비가 감소되는 원인에는 벨트에 대한 미끄러짐(slip), 크리핑(creeping) 및 플래핑(flapping) 현상 등을 고려할 수 있다.

벨트 전동의 구동차에 있어서 벨트는 인장측이 늘어난 상태에서 감아 돌아가게 되고, 이완측이 줄어든 상태에서 종동차로 보내지므로 벨트의 속도는 풀리의 속도보다 작게 된다. 반대로 종동차에 있어서 벨트의 속도는 풀리의 원주속도보다 크게 된다.

이것은 벨트의 탄성에 의한 미끄럼으로서 벨트가 풀리의 림 면을 기어가는 듯이 보이는 현상이 발생하게 되는데 이것을 크리핑(creeping)이라 부른다. 또한, 축간거리가 길고, 매우 고속으로 전동하고 있을 벨트가 파도를 타는 듯이 보이는 현상을 플래핑(flapping)이라 한다.

회전비가 커지고, 2개의 풀리 지름의 크기가 상당히 차이가 있다면 벨트가 풀리에 감기는 접촉각이 작아지고 미끄럼이 발생하기 쉽다. 따라서, 접촉각을 크게 하기 위하여 인장풀리(tension pully)를 사용하여 미끄럼을 작게 하도록 만들기도 한다.

또한, 풀리에 대한 지름의 차를 작게 하기 위하여 중간축을 삽입하기도 한다. 이와 같이 중간축을 삽입하여 만든 것을 풀리 트레인(pully train)이라 부른다. [그림 14.6]은 풀리 트레인을 나타낸다.

그림 14.6 풀리 트레인

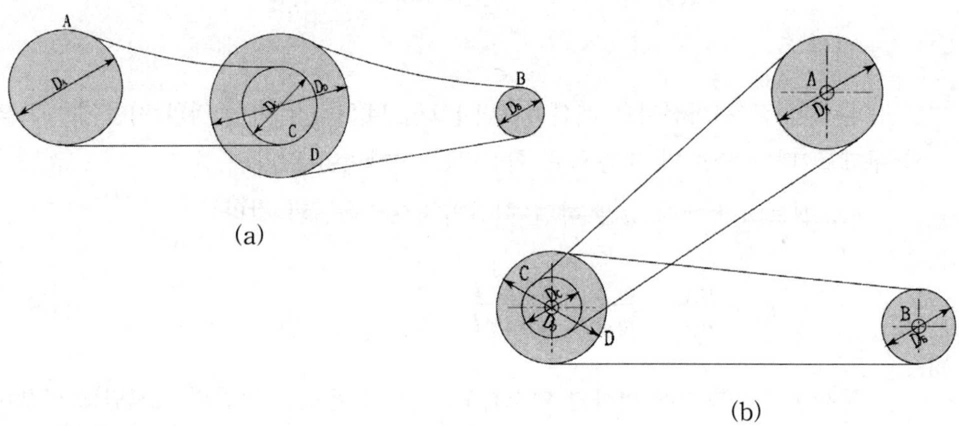

[그림 14.6]과 같은 풀리 트레인의 회전비는 다음의 공식에 의하여 구할 수 있다.

$$\varepsilon = \frac{n_B}{n_A} = \frac{D_A}{D_C} \times \frac{D_D}{D_B} = \frac{\text{구동차 지름의 곱}}{\text{종동차 지름의 곱}} \quad (4)$$

다른 방법으로는 벨트에 이빨을 만들어서 동력전달의 효율을 높이는 방법을 사용하기도 한다. 이러한 벨트를 타이밍 벨트라 부르는데 자동차에 주로 사용되고 있다.

그림 14.7 타이밍 벨트

연습문제 1

구동차의 지름이 $D_A = 600$[㎜], 회전수 $n_A = 200$ [rpm], 벨트의 두께 $t = 5$[㎜]일 때, 지름 $D_B = 300$[㎜]인 종동차의 1분간의 회전수를 계산하시오.

문제풀이

종동차의 회전수는

$$n_B = \frac{D_A}{D_B} \times n_A = \frac{600}{300} \times 200 = 400 \text{ [rpm]}$$

미끄럼을 고려하지 않고, 두께만 고려할 경우

$$n_B = \frac{D_A + t}{D_B + t} \times n_A = \frac{600+5}{300+5} \times 200 = 397 \text{ [rpm]}$$

미끄럼을 고려한 경우

$$n_B = \frac{D_A + t}{D_B + t} \times n_A \times \frac{(100-2)}{100} = \frac{600+5}{300+5} \times 200 \times 0.98 = 389 \text{ [rpm]}$$

4. 벨트 길이와 접촉각

벨트의 길이와 접촉각은 다음과 같이 계산한다. 편리를 위하여 두께는 고려하지 않는다.

1) 바로걸기

[그림 14.7]에서 b, c를 풀리의 접점이라 하고, 두 풀리의 지름을 각각 D_1, D_2, 두 풀리의 중심거리를 C, 벨트의 전 길이를 L이라고 하면

$$L = 2(\widehat{ab} + \overline{bc} + \widehat{cd}) \tag{5}$$

그림 14.8 벨트의 길이(바로걸기)

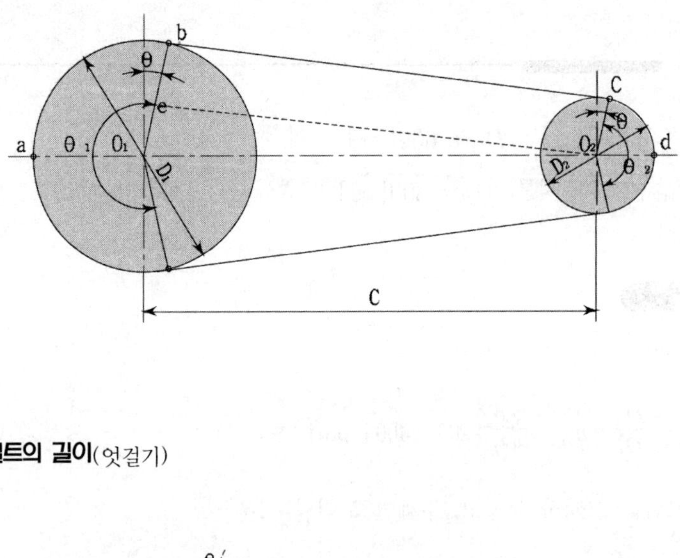

그림 14.9 벨트의 길이(엇걸기)

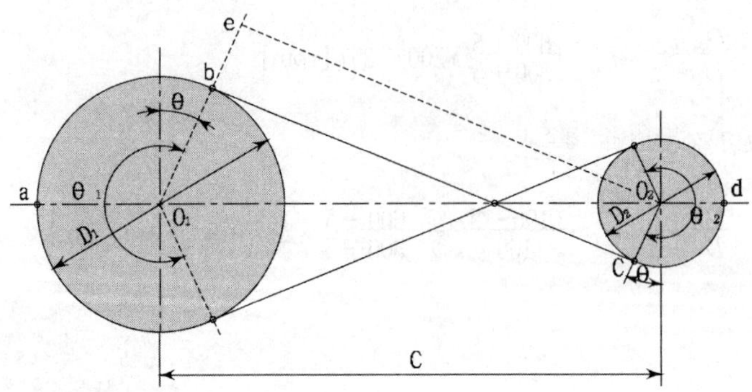

호길이 $ab = \frac{D_1}{2}(\frac{\pi}{2} + \theta)$

$\overline{bc} = \overline{O_2 e} = C \cdot \cos\theta$

호길이 $cd = \frac{D_2}{2}(\frac{\pi}{2} - \theta)$

이므로, 벨트 길이는

$$L = D_1(\frac{\pi}{2} + \theta) + 2C \cdot \cos\theta + D_2(\frac{\pi}{2} - \theta)$$

$$= \frac{\pi}{2}(D_1 + D_2) + \theta(D_1 - D_2) + 2C \cdot \cos\theta \qquad (6)$$

각 θ가 작다고 가정하면

$$\sin\theta \fallingdotseq \theta = \frac{\overline{O_1 e}}{C} = \frac{\overline{O_1 b} - \overline{O_2 c}}{C} = \frac{D_1 - D_2}{2C}$$

$$\cos\theta = \sqrt{1 - \sin^2\theta} = \sqrt{1 - \left(\frac{D_1 - D_2}{2C}\right)^2}$$

$$= \left\{1 - \frac{1}{2}\left(\frac{D_1 - D_2}{2C}\right)^2 - \frac{1}{8}\,\frac{(D_1 - D_2)^4}{16C^4} \cdots\cdots\right\}$$

$$\fallingdotseq 1 - \frac{(D_1 - D_2)^2}{8C^2}$$

으로 되기 때문에 식 (6)은 다음과 같이 정리된다.

$$L = \frac{\pi}{2}(D_1 + D_2) + \frac{(D_1 - D_2)^2}{2C} + 2C\left\{1 - \frac{(D_1 - D_2)^2}{8C^2}\right\}$$

$$= \frac{\pi}{2}(D_1 + D_2) + 2C + \frac{(D_1 - D_2)^2}{4C} \qquad (7)$$

접촉각 θ_1, θ_2는

$$\theta_1 = 180^\circ + 2\theta = 180^\circ + 2\sin^{-1}\left(\frac{D_1 - D_2}{2C}\right) \qquad (8)$$

$$\theta_2 = 180^\circ - 2\theta = 180^\circ - 2\sin^{-1}\left(\frac{D_1 - D_2}{2C}\right) \tag{9}$$

2) 엇걸기

[그림 14.7]에서와 같이 엇걸기에서도 바로걸기와 같이 O_2에서 $\overline{bc}$에 평행선을 긋고, $\overline{O_1b}$의 연장선과의 교점을 e라고 하면, 벨트의 길이 L은 다음과 같이 계산된다.

벨트의 길이는 식 (5)와 동일하게

$$L = 2(\widehat{ab} + \overline{bc} + \widehat{cd}) \tag{10}$$

호길이 $ab = \frac{D_1}{2}(\frac{\pi}{2} + \theta)$

$$\overline{bc} = \overline{O_2e} = C \cdot \cos\theta$$

호길이 $cd = \frac{D_2}{2}(\frac{\pi}{2} + \theta)$

따라서, 벨트 길이는

$$L = D_1\left(\frac{\pi}{2} + \theta\right) + 2C \cdot \cos\theta + D_2\left(\frac{\pi}{2} + \theta\right) \tag{11}$$

각 θ가 작다고 가정하면

$$\sin\theta \fallingdotseq \theta = \frac{\overline{O_1e}}{C} == \frac{D_1 + D_2}{2C}$$

$$\cos\theta = \sqrt{1 - \sin^2\theta} = \sqrt{1 - \left(\frac{D_1 + D_2}{2C}\right)^2}$$

$$\fallingdotseq 1 - \frac{(D_1 + D_2)^2}{8C^2}$$

으로 되기 때문에 식 (11)은 다음과 같이 정리된다.

$$L=\frac{\pi}{2}(D_1+D_2)+\frac{(D_1+D_2)^2}{2C}+2C\left\{1-\frac{(D_1+D_2)^2}{8C^2}\right\}$$

$$=\frac{\pi}{2}(D_1+D_2)+2C+\frac{(D_1+D_2)^2}{4C} \tag{12}$$

또한, 접촉각 θ_1, θ_2는

$$\theta_1=\theta_2=180^\circ+2\theta=180^\circ+2\sin^{-1}\left(\frac{D_1+D_2}{2C}\right) \tag{13}$$

벨트의 접촉각은 벨트의 미끄럼을 적게 하기 위하여 크게 만들 필요가 있다. 바로걸기보다 엇걸기의 접촉각이 더 크다.

연습문제 2

축간거리 $C=2.5$ [m], 풀리의 지름을 각각 D_1-600[㎜], $D_2=400$[㎜]라 하면, 바로걸기의 경우 벨트의 길이와 접촉각을 구하시오.

문제풀이

벨트의 길이는

$$L=\frac{\pi}{2}(D_1+D_2)+2C+\frac{(D_1-D_2)^2}{4C}$$

$$=\frac{\pi}{2}(0.6+0.4)+2\times2.5+\frac{(0.6-0.4)^2}{4\times2.5}=6.15\,[\mathrm{m}]$$

접촉각은

$$\theta_1=180^\circ+2\theta=180^\circ+2\sin^{-1}\left(\frac{D_1-D_2}{2C}\right)$$

$$=180^\circ+2\theta=180^\circ+2\sin^{-1}\left(\frac{0.6-0.4}{2\times2.5}\right)=184^\circ40'$$

$$\theta_2=180^\circ-2\theta=180^\circ-2\sin^{-1}\left(\frac{D_1-D_2}{2C}\right)$$

$$=180^\circ-2\theta=180^\circ-2\sin^{-1}\left(\frac{0.6-0.4}{2\times2.5}\right)=175^\circ20'$$

14.3 V벨트 전동장치

1. 일반사항

단면이 [그림 14.10]과 같이 사다리꼴로 된, 고무로 만든 벨트를 외주에 홈을 가진 2개의 벨트 풀리에 감아서 회전운동을 전달시키는 것을 V벨트 장치라 한다.

마찰력이 크고, 미끄럼이 작으므로 축간거리가 짧고 속도비가 큰 2축간의 전동에 널리 사용된다. 또한, V벨트를 여러 개 동시에 나란히 걸 수도 있고, 운전도 정숙하다.

V벨트의 규격은 KSM M6535에 규정되어 있고, 사다리꼴의 각도는 주로 40° 의 것이 사용되며, 벨트의 크기는 M, A, B, C, D, E의 6종류가 있다. 〈표 3.2〉에 벨트의 표준규격이 나타나 있다.

그림 14.10 V벨트의 단면

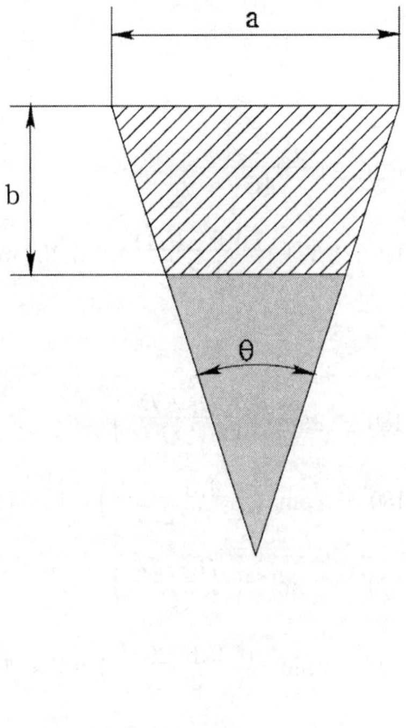

〈표 14.2〉 벨트의 표준규격(KSM M 6535)

형	a [mm]	b [mm]	단면적 [mm^2]	인장강도[kg]
M	10.0	5.5	44.0	100 이상
A	12.6	9.0	83.0	180 이상
B	16.5	11.0	137.5	300 이상
C	22.0	14.0	236.7	500 이상
D	31.5	19.0	467.1	1,000 이상
E	38.0	25.5	732.3	1,500 이상

2. V벨트 거는 방법

V벨트는 일반적으로 2축이 평행한 경우에 사용되며, 바로걸기로 하고, 엇걸기는 하지 않는다.

V벨트의 전동에서는 접촉각이 작아도 미끄럼이 작으므로, 1개의 구동차에 2개의 종동차에 동력을 전달하는 것도 가능하다. 또한, 축간거리가 짧고, 회전비가 클 때도 용이하다. 이 경우 접촉각을 크게 할 목적으로 인장풀리를 사용할 필요가 없고, 인장풀리를 사용하면 V벨트를 반대방향으로 굽히게 되므로 V벨트를 빨리 손상시키게 된다.

V벨트는 일반적으로 무단환상으로 만들어져 있기 때문에 길이를 조정할 수가 없고, 초장력을 적당하게 조절하기 위하여 축간거리를 조정할 수 있도록 장치되어야 한다.

그림 14.11 인장풀리를 사용한 V벨트의 축간거리 조절

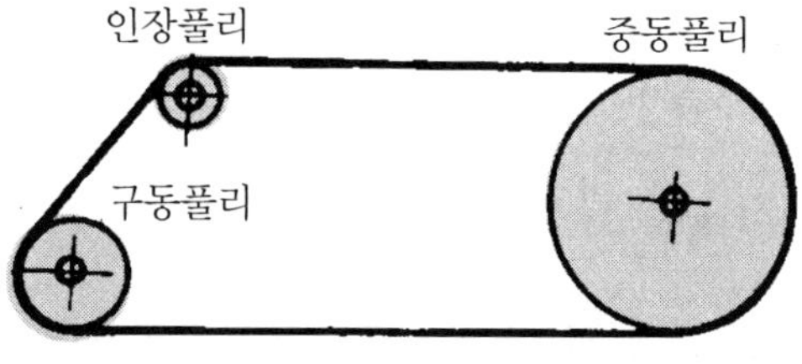

만일, 축간거리를 조절할 수 없다면, [그림 14.11]과 같이 인장풀리를 이용하여 초장력을 적당한 값으로 하여준다. 그러나, 이와 같은 인장풀리를 사용하면, 벨트의 접촉 부분이 많아지므로 벨트의 수명이 짧아진다.

3. 회전비 및 전달마력

V벨트 전동의 속도비는 구동차와 종동차의 회전수를 각각 n_1, n_2, 지름을 각각 d_1, d_2라 하면, 회전비 ε는 평벨트와 같이 된다.

$$\varepsilon = \frac{n_2}{n_1} = \frac{d_1}{d_2} \tag{14}$$

그러나 이때의 지름 d_1, d_2를 어떻게 정하느냐가 문제이다. 이것은 V벨트가 풀리에 감겼을 때 신축이 없는 중립면까지의 지름을 취하여야 하는데, 그 위치는 V벨트의 모양이나 구조에 따라 다르므로, 일반적으로 V벨트의 두께의 중앙까지를 취한다.

즉, V벨트 풀리의 바깥지름을 D_0, V벨트의 두께를 b라 하면 회전비를 계산할 때의 지름은 $D_p = D_0 - b$가 된다. 이 D_p를 V벨트 풀리의 피치원 지름이라 한다.

또한, V벨트를 벨트 풀리에 감으면 V벨트는 벨트 풀리의 홈 속에 쐐기처럼 들어가서 동력을 전달하게 되므로, 마찰계수가 증가한 것과 동일한 효과가 발생한다.

[그림 14.12]에서 V홈의 꼭지각을 2α, V벨트가 홈으로부터 받는 힘을 Q, 홈의 경사면에 걸리는 수직력을 R이라 하면, V홈 면의 두 측면을 따라 마찰력 μR이 생긴다.

이때의 힘의 평형을 고려하면

$$Q = 2(R\sin\alpha + \mu R\cos\alpha) \tag{15}$$

이므로, 수직력 R은 다음과 같다.

$$R = \frac{Q}{2(\sin\alpha + \mu\cos\alpha)} \tag{16}$$

그림 14.12 V벨트의 전달마력

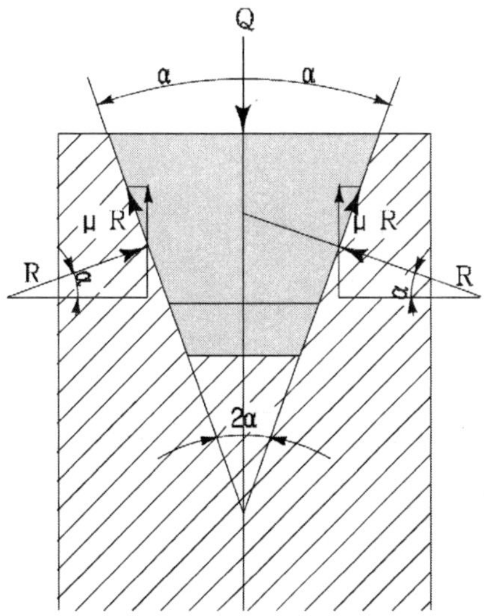

V벨트가 벨트 풀리를 회전시키려고 하는 접선방향으로 작용하는 마찰력은 μR이 되고, 이것이 홈의 양쪽에 있기 때문에 $2\,\mu R$이 된다.

따라서, V벨트의 회전력 F는 다음과 같다.

$$F = 2\mu R = \frac{\mu Q}{(\sin\alpha + \mu\cos\alpha)} = \mu' Q \tag{17}$$

여기서 $\mu' = \dfrac{\mu}{(\sin\alpha + \mu\cos\alpha)}$

μ'를 유효마찰계수 또는 등가마찰계수라 한다.

이상에서와 같이 V벨트 전동기구에서는 전달마력은 평벨트의 경우보다 유효마찰계수 μ'만큼 더 큰 값을 가지게 된다. 따라서, 전달마력 H는 다음과 같다.

$$H = \frac{F \cdot v}{75} = \frac{v}{75}\left(T_1 - \frac{\omega v^2}{g}\right)\frac{e^{\mu'\theta} - 1}{e^{\mu'\theta}}(PS) \tag{18}$$

연습문제 3

벨트와 풀리 사이의 마찰계수 $\mu = 0.25$, 접촉각 $\theta = 180°$ 일 때, 유효장력비는 평벨트와 V벨트 전동에서 어떻게 달라지는지 비교하시오(단, V벨트의 홈 꼭지각 $2\alpha = 36^\circ$ 이다).

문제풀이

평벨트의 경우

$\mu\theta = 0.25 \times 3.1416 = 0.7855$

$\therefore T_1/T_2 = e^{\mu\theta} = e^{0.7855} \fallingdotseq 2.20$

V벨트의 경우

$$\mu' = \frac{0.25}{\sin 18^\circ + 0.25\cos 18^\circ} = \frac{0.25}{0.309 + 0.25 \times 0.95} \fallingdotseq 0.457$$

$\mu'\theta = 0.4572 \times \pi = 1.4364$

$\therefore T_1/T_2 = e^{\mu\theta} = e^{1.4364} \fallingdotseq 4.21$

따라서, 장력비는 V벨트의 전동일 경우가 평벨트의 전동일 경우에 비하여

$4.21/2.20 \fallingdotseq 2$

2배가 된다.

14.4 로프 전동기구

회전을 전달하고자 하는 축간거리가 클 때 가죽벨트 1개의 길이에 제한이 있기 때문에 벨트의 길이가 너무 길면 플래핑이 발생하기 쉽고, 큰 마력을 전달하는 경우 벨트의 폭이나 두께를 크게 하여야 하는데 이에 어려움이 있다. 따라서, 이와 같은 경우에 로프(rope)를 사용하는 것이 편리하다.

로프는 이음매가 없이 길이가 긴 것을 구할 수 있고, 큰 동력을 전달하려고 하는 경우에도 여러 개의 로프를 꼬아서 사용하면 작용하는 힘에 견딜 수 있다.

로프 전동기구는 광산·토목공사 등에서 원거리에서 동력을 전달하는 데 사용하고, 건설기계 등의 장거리 동력전달이나 크레인(crane), 케이블카, 엘리베이터 등에 사용하고 있다.

그림 14.13 건설용 크레인

1. 로프의 종류

로프에 사용되는 재료에 의하여 면 로프(cotton rope), 마 로프(hemp rope), 와이어 로프(wire rope) 등이 있다. 전동용으로는 주로 면 로프, 마 로프가 이용되고, 이것들은 섬유를 꼬아 실(yarm)을 만는다. 이 실의 여러 올을 꼬아 합쳐서 스트랜드(strand)를 만들고, 이 스트랜드를 3~4올 꼬아서 로프를 만든다.

그림 14.13 로프의 제작단계

실(yarm) ⇒ 스트랜드(strand) ⇒ 로프(rope)

와이어 로프는 질이 좋은 강선 소재를 몇 올 꼬아서 새끼끈을 만들고, 보통 이것을 6개 모아 그 중심에 대마 심(hemp core)을 집어넣는다.

2. 로프 풀리

로프를 풀리에 걸 때는 로프가 벗겨지지 않도록 홈이 파진 홈 풀리(groved

pully)를 사용한다. 이것을 로프 풀리(rope pully), 또는 일반적으로 쉬브(sheave)라 한다.

그림 14.14 로프 풀리

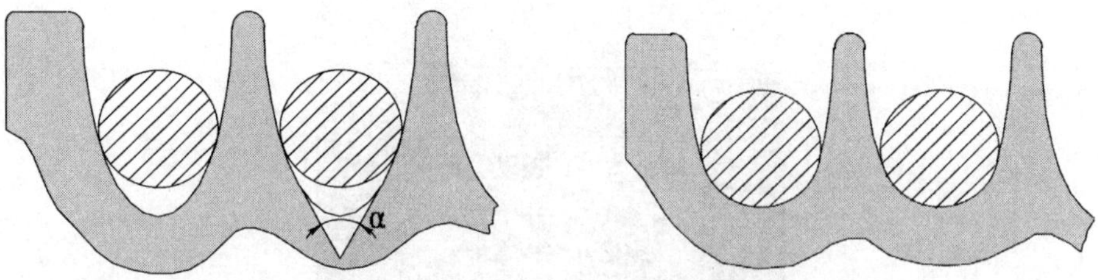

(a) 전동풀리 (b) 인장풀리

로프를 쉬브에 걸었을 때는 로프는 [그림 14.14](a)와 같이 홈의 양쪽의 빗면에서 받쳐지게 하여야 한다. 그러나 회전력을 전달할 필요가 없는 안내풀리나 인장풀리의 경우에는 [그림 14.14](b)와 같이 밑부분에서 직접 받쳐서 로프의 손상을 감소시킨다.

3. 로프를 감는 방법

로프는 주로 바로걸기를 하고, 엇걸기로 하면 로프가 서로 비벼져서 상하기 쉽다. 또한, 로프는 한 개만 사용하는 것보다 몇 개를 나란히 거는 방법이 더 많이 사용된다.

이렇게 로프를 거는 방법에는 단독식(multiple system)과 연속식(continuous system)이 있다.

1) 단독식

[그림 14.15]와 같이 몇 개의 로프를 병렬로 거는 방법이다. 이 경우, 로프 전체에 초장력을 동일하게 만들기가 어렵고, 초장력이 큰 로프에 많은 부담이 걸리는 결점이 있다.

또한, 이음매의 수가 많아져서 진동을 일으키기 쉬우나 1개의 로프가 끊어져도 부하가 작을 경우 운전을 계속할 수 있는 장점이 있고, 설비비가 적게 들어 많이 이용된다.

그림 14.15 단독식 로프감기

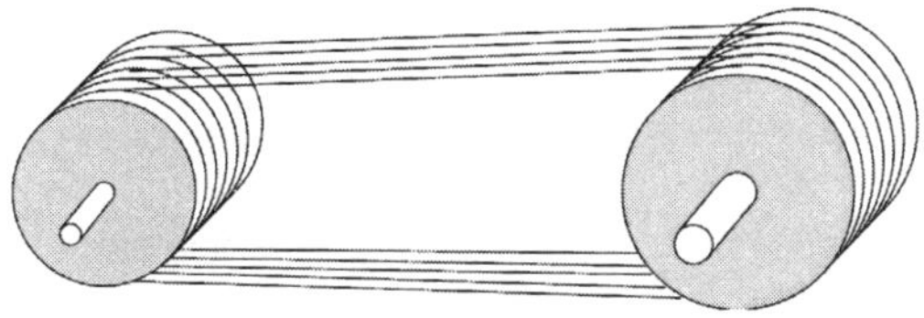

2) 연속식

[그림 14.16]과 같이 1개의 로프를 2개의 쉬브에 몇 번 감아서 마지막의 인장 풀리를 통하여 최초의 끝에 연결시키는 방법이다. 이 방법에서는 초장력은 인장풀리에 의하여 자유로이 조절될 수 있고, 장력은 로프 전체에 균등하게 되며, 이음매의 수가 적어서 좋다. 그러나 로프 중 한 곳만 끊어져도 운전이 불가능하게 된다.

1개의 구동차에서 몇 개의 종동차에 동력을 전달할 경우 [그림 14.17]과 같이 모든 로프는 전부 구동차에 걸고, 종동차에는 그 동력에 해당하는 만큼의 로프를 건다.

이와 같이 로프는 벨트에 비하여 폭이 좁기 때문에 1개의 구동차로 몇 개의 종동차에 회전을 전달하는 경우에 편리하다.

그림 14.16 연속식 로프걸기

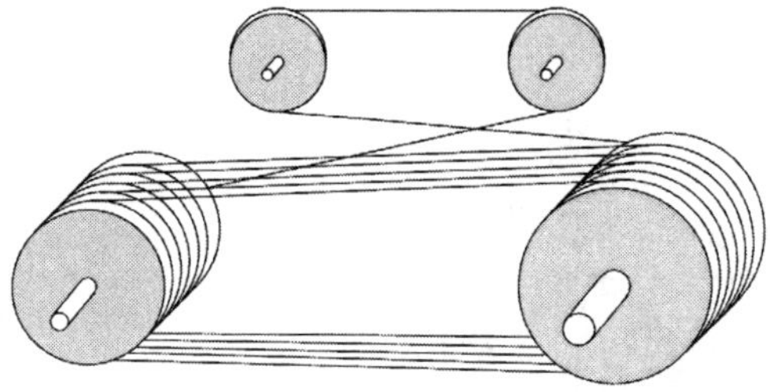

그림 14.17 여러 개의 종동차에 동력을 전달하는 방법

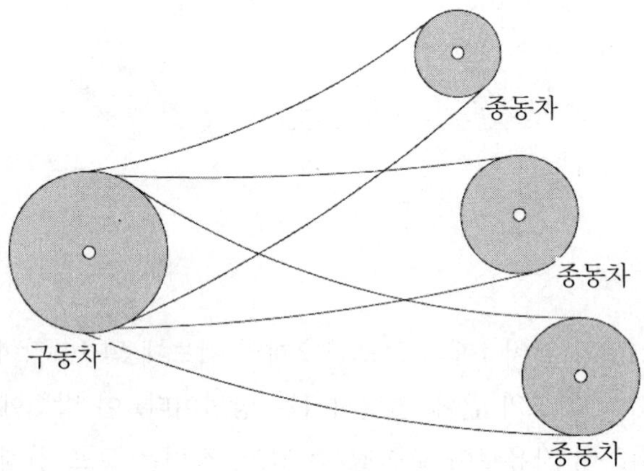

4. 로프의 회전비와 장력

로프의 회전비는 벨트 전동의 경우와 같이 계산한다. 풀리의 지름은 보통 로프의 중심선까지 계산하지만, 면 로프는 풀리의 홈 밑면에 접촉하지 않고, 풀리 홈의 두 경사면에서 접촉할 때는 그 접촉점까지를 지름으로 계산한다.

로프 전동에서 속도비는 보통 1~2 정도이고, 미끄럼이 발생하기 쉽기 때문에 회전비를 정확하게 계산하기 어렵고, 속도도 대개 15~30[m/sec] 정도 된다.

그림 14.18 로프에서의 힘의 평형

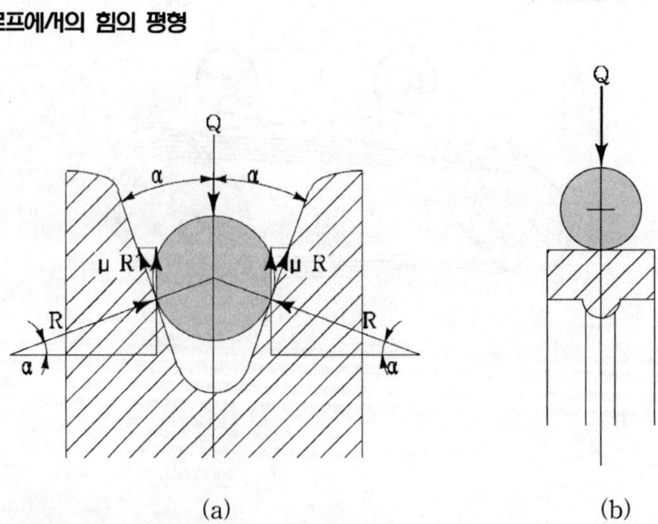

로프 전동도 마찰력에 의하여 동력이 전달되기 때문에 [그림 14.18]과 같이 로프가 그 장력에 의하여 풀리를 반지름 방향으로 Q만큼의 힘으로 누르고, 이 때문에 홈의 양쪽 경사면에는 수직력 R이 작용한다.

마찰계수를 μ라 하면, 로프는 풀리의 홈의 밑면에 파고 들어가려고 하기 때문에, 홈의 경사면에 μR의 마찰력이 발생한다.

힘의 평형을 고려하면

$$Q = 2(R\sin\alpha + \mu R\cos\alpha) \tag{19}$$

$$\therefore R = \frac{Q}{2(\sin\alpha + \mu\cos\alpha)} \tag{20}$$

따라서, 로프가 풀리를 회전시키려고 할 때 원주방향의 마찰력은 홈의 경사면을 따라 작용하는 수직력에 마찰계수를 곱한 값이므로 마찰력 F는

$$F = 2\mu R = \frac{\mu}{\sin\alpha + \mu\cos\alpha} Q = \mu' Q \tag{21}$$

또한, 인장측의 장력을 T_1, 이완측의 장력을 T_2, 접촉각을 θ라 하면

$$\frac{T_1}{T_2} = e^{\mu'\theta} \tag{22}$$

만일 원심력을 고려한다면

$$\frac{T_1 - \frac{\omega v^2}{g}}{T_2 - \frac{\omega v^2}{g}} = e^{\mu'\theta} \tag{23}$$

이상에서 알 수 있듯이 로프의 장력은 V벨트의 장력과 동일하다.

장력의 크기가 V벨트 전동의 경우와 동일하기 때문에 로프 한 가닥의 전달마력 H[ps]는 다음과 같다.

$$H = \frac{F \cdot v}{75} = \frac{\left(T_1 - \frac{\omega v^2}{g}\right)}{75} \cdot \frac{e^{\mu'\theta} - 1}{e^{\mu'\theta}} \cdot v \tag{24}$$

14.5 체인 전동장치

벨트와 로프 전동은 마찰에 의하여 동력을 전달하기 때문에 미끄럼이 생긴다. 체인 전동은 체인의 이빨을 스프로킷 휠(sprocket wheel)에 걸어서 동력을 전달하기 때문에 미끄럼이 없는 정확한 속도비가 얻어진다.

또한, 마찰에 의하지 않기 때문에 큰 동력을 전달할 수 있고, 초장력이 거의 없기 때문에 베어링의 마멸이 적고, 열의 영향을 받지 않는다. 그러나 운전중 진동이 발생하거나 소음이 생기기 쉬우므로 고속회전에는 곤란하다.

전동용으로 사용되는 체인의 종류를 살펴보면, 롤러 체인(roller chain), 사일런트 체인(silent chain), 코일 체인(coil chain) 등이 있다.

1. 롤러 체인

1) 롤러 체인

롤러 체인은 자유로이 회전이 가능한 롤러를 끼운 부싱(bushing)으로 고정된 롤러 링크와 이것을 결합한 판 링크를 번갈아 이어서 고리형으로 만든 것을 말한다.

그림 14.19 롤러 체인의 형상

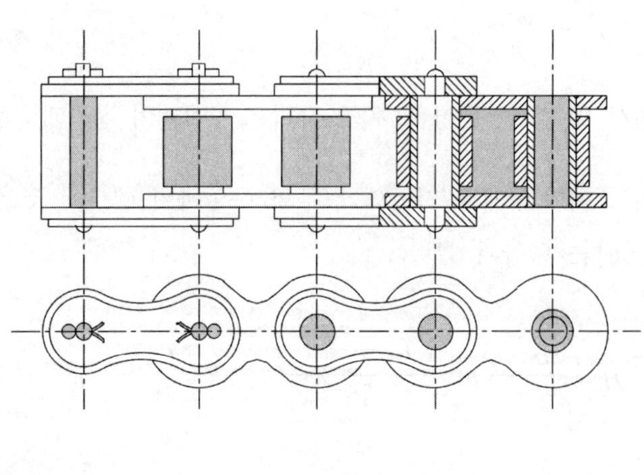

체인을 연결하는 핀과 스프로킷 휠의 단면 사이의 마찰과 마멸을 적게 하기 위하여 핀에 롤러가 끼워져 있고, 롤러와 핀 사이에 부싱이 있으므로 핀 · 롤러 · 부싱이 겹쳐져 있다. 이때 링크를 잇는 핀과 핀 사이의 거리를 피치(pitch)라 한다.

2) 스프로킷 휠

롤러 체인을 감을 수 있도록 이빨이 있는 바퀴를 스프로킷 휠(sprocket wheel)이라고 부른다. 이뿌리 부분은 롤러가 안정되도록 롤러의 반지름보다 약간 큰 반지름의 원호로 하고, 이빨의 형상은 체인이 스프로켓 휠에 물려 회전하는 데 무리가 없는 형상으로 한다. 현재 ASA 치형과 레이놀즈 치형이 사용되고 있다.

2. 사일런트 체인

사일런트 체인은 마멸하여 피치가 늘어나더라도 소음이 없이 정숙한 운전이 가능하다. 따라서 고속운전에 사용할 수 있지만 높은 정밀도가 요구되고, 공작이 어렵기 때문에 롤러 체인보다 고가이다.

사일런트 체인의 형상은 오랫동안 물림이 이루어질 수 있는 형상으로 제작되어 있으며, 각각의 링크를 핀으로 연결하여 제작한 것이다. 이때 체인이 스프로킷 휠에서 옆으로 이탈하지 않도록 안내 링크(guide link)를 중앙 또는 양쪽에 붙인다.

사일런트 체인의 형상이 [그림 14.20]에 나타나 있다.

그림 14.20 사일런트 체인

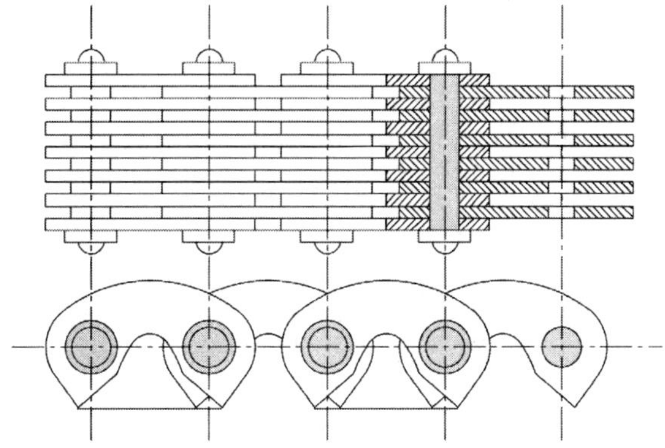

3. 코일 체인

코일 체인은 쇠고리를 연결하여 만든 체인으로, 링크 체인(link chain)이라고 한다.

코일 체인은 견인이나 인양용으로서 고속에는 사용이 부적합하고, 체인 블록이나 호이스트와 같이 천천히 작동하는 경우에 사용한다.

코일 체인을 감는 스프로킷 휠은 그 둘레에 고리가 차례로 하나씩 들어갈 수 있는 오목부가 있어서, 이것이 체인의 미끄러짐을 방지한다.

그림 14.21 코일 체인을 사용한 체인 블록

4. 체인 전동의 속도비

구동 스프로킷 휠 및 종동 스프로킷 휠의 회전수를 각각 n_1, n_2, 각각의 이빨수를 Z_1, Z_2라 하면 속도비 ε은

$$\varepsilon = \frac{n_1}{n_2} = \frac{Z_2}{Z_1} \tag{25}$$

체인은 바로걸기이므로 두 바퀴는 같은 방향으로 회전한다. 체인의 속도를 v_m, 체인의 피치 p, 스프로킷 휠의 회전수를 n, 이빨수를 Z라 하면 다음과 같이 된다.

$$v_m = n_1 \cdot p \cdot Z_1 = n_2 \cdot p \cdot Z_2 \tag{26}$$

그러나 이 속도는 체인의 평균속도이고, 실제로는 스프로킷 휠이 다각형이기 때문에, 다각형 바퀴에 벨트를 감는 것과 마찬가지로 바퀴의 반지름은 주기적으로 변하게 된다. 따라서 스프로킷 휠이 일정한 속도로 회전하면 체인의 속도는 주기적으로 변하게 된다.

스프로킷 휠의 피치원 지름을 D, 각속도를 ω라 하면

$$r_{max} = \frac{D}{2} \tag{27}$$

$$r_{min} = \frac{D}{2}\cos\frac{\pi}{Z}$$

이러한 속도변화 때문에 체인의 장력도 변화하게 되어 소음 및 진동의 원인이 된다. 그러나 스프로킷 휠의 지름을 가능한 한 크게 하고, 피치를 작게 만들면 체인의 속도의 변화가 거의 무시할 수 있을 정도로 작아진다.

체인 전동은 벨트 전동처럼 마찰에 의한 것이 아니므로, 초장력은 필요없다. 또한, 원심력에 의한 영향이나 자중에 의한 영향을 무시한다면, 인장측의 장력이 유효장력이 되고, 이것은 전달력과 거의 같게 된다.

체인의 속도를 v[m/s], 파단하중을 P[kg], 안전율을 S라 하면, 전달마력 H[PS]은 다음과 같다.

$$H = \frac{P \cdot v}{75S}\,[\mathrm{PS}] \tag{28}$$

일반적으로 체인 전동에서는 위쪽이 인장측이 되도록 회전방향을 결정한다.

연습문제 4

체인의 피치가 $p = 25.4$[㎜], 스프로킷 휠의 이빨수가 $Z = 30$, 회전수 $n = 1000$[rpm]으로 회전하고 있다. 이때 체인의 속도를 구하시오.

문제풀이

스프로킷 휠의 지름

$$D = \frac{p}{\sin\frac{\pi}{Z}} = \frac{25.4}{\sin\left(\frac{\pi}{30}\right)} = 243[\text{㎜}]$$

체인의 속도는

평균속도 $v_m = npZ = \frac{1000 \times 25.4 \times 30}{60 \times 1000} = 12.7\,[\mathrm{m/sec}]$

최대속도 $v_{\max} = \frac{D}{2}\omega = \frac{D}{2}(2\pi n) = \frac{243 \times \pi \times 1000}{60 \times 1000} = 12.72\,[\mathrm{m/sec}]$

최소속도 $v_{\min} = v_{\max}\cos\left(\frac{\pi}{Z}\right) = 12.72 \times \cos\left(\frac{\pi}{30}\right) = 12.65\,[\mathrm{m/sec}]$

5. 체인의 길이

체인은 바로걸기를 주로 하므로, 체인의 길이도 벨트전동의 바로 걸기와 동일한 방법으로 구할 수 있다.

식 (7)으로부터

$$L = \frac{\pi}{2}(D_1 + D_2) + 2C + \frac{(D_1 - D_2)^2}{4C}$$

이 식에서

$Z_1 = \frac{\pi D_1}{p},\ Z_2 = \frac{\pi D_2}{p}$ 로 놓으면

체인의 길이는 다음과 같이 구할 수 있다.

$$L = \frac{(Z_1 + Z_2)p}{2} + 2C + 0.0253\frac{(Z_1 - Z_2)^2 \cdot p^2}{C} \tag{29}$$

또한, 링크의 수를 N이라 하면

$$N = \frac{L}{p} = \frac{(Z_1 + Z_2)}{2} + \frac{2C}{p} + \frac{(Z_1 - Z_2)^2 \cdot p}{4C\pi^2}$$

$$= \frac{1}{2}(Z_1 + Z_2) + \frac{2C}{p} + \frac{0.0253p(Z_1 - Z_2)^2}{C} \tag{30}$$

이와 같이 하여 구한 링크의 수에서 소수점 이하는 반올림하여 정수로 한다. 링크의 수 N이 홀수로 되면 양 끝의 접촉에 옵셋 링크가 필요하므로, 축간거리를 조절하여 짝수로 하는 것이 좋다.

연습문제 5

롤러 체인의 피치가 $p=25.4$[mm]이고, 축간거리가 $C=500$[mm]이며, 스프로킷 휠의 이빨수가 각각 $Z_1=15$, $Z_2=45$일 때, 체인의 길이와 링크의 수를 구하시오.

문제풀이

체인의 길이는

$$L=\frac{(Z_1+Z_2)p}{2}+2C+0.0253\frac{(Z_1-Z_2)^2\cdot p^2}{C}$$
$$=\frac{(15+45)\times 25.4}{2}+2\times 500+0.0253\frac{(15-45)^2\cdot(25.4)^2}{500}=1791.4\,[\text{mm}]$$

링크의 수는

$$N=\frac{1}{2}(Z_1+Z_2)+\frac{2C}{p}+\frac{0.0253p(Z_1-Z_2)^2}{C}$$
$$=\frac{(15+45)}{2}+\frac{2\times 500}{25.4}+\frac{0.0253\times 25.4\times(15-45)^2}{500}=70.53\fallingdotseq 71$$

14.6 활차장치

로프와 로프 풀리를 잘 조합시켜 작은 힘으로 큰 힘을 발생시키는 배력장치를 도르레 또는 활차장치(pully block)라 부른다.

로프는 앞에서 설명한 것과 동일한 로프를 사용하고, 로프 풀리는 보통 안내차와 같은 홈이 있으면 사용 가능하다. 특히 미끄럼이 있으면 곤란한 경우에는 체인과 스프로킷 휠을 조합하여 사용하면 매우 편리하다.

1. 단독활차

활차장치에 있어서 활차 1개를 사용한 것을 단독활차라 한다. 단독활차에는 고정활차(fixed pully)와 동활차(movable pully)가 있다.

고정활차는 마찰손실이 없다고 하면 $P=W$이고, 배력장치로는 사용할 수 없지만, 인장력의 방향을 바꿀 수는 있다.

그림 14.22 단독활차

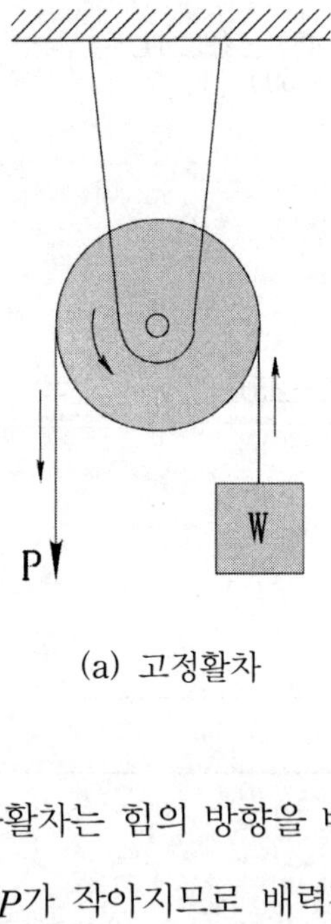

(a) 고정활차

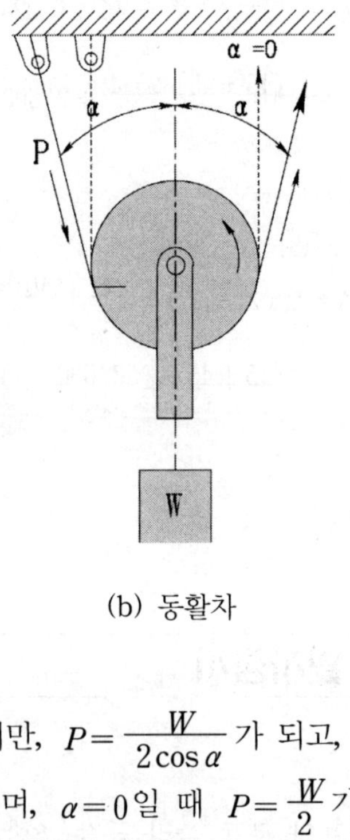

(b) 동활차

동활차는 힘의 방향을 바꿀 수는 없지만, $P=\dfrac{W}{2\cos\alpha}$가 되고, α가 작을수록 P가 작아지므로 배력장치에 사용되며, $\alpha=0$일 때 $P=\dfrac{W}{2}$가 된다.

일반적으로 동활차는 $\alpha=0$인 경우를 많이 사용하므로 무게 W의 물건을 끌어올리려면 로프에 작용하여야 할 힘 P는 $P=\dfrac{W}{2}$가 된다.

또한, 물건을 들어올리는 길이는 고정활차에서는 로프를 끌어당긴 길이와 같고, 동활차에서는 로프를 끌어당긴 길이의 절반이 된다.

2. 복활차

고정활차와 동활차의 장점을 각각 이용하여 조합한 활차가 복활차이다. [그림 14.23](a)는 고정활차와 동활차를 하나씩 사용한 활차로서, 이것을 하나로 합치면 [그림 14.23](b)의 복활차가 된다.

이것은 고정활차 A에 의하여 인장력의 방향을 바꾸고 동활차 B는 $P=\frac{W}{2}$가 되어, 물건의 무게에 해당하는 $\frac{1}{2}$의 힘만으로 그 물건을 들어올릴 수 있다.

그림 14.23 복활차

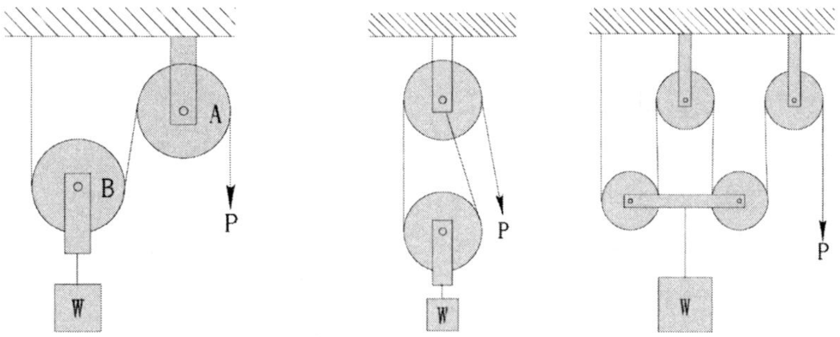

(a) (b) (c)

또한, [그림 14.23](c)는 고정활차가 2개, 동활차 2개를 조합한 활차로서 이것을 합하면 [그림 14.25](a), [그림 14.25](b)와 같이 된다.

이 경우 $P=\frac{W}{4}$가 되고, 들어올리는 거리는 잡아당긴 로프 길이의 $\frac{1}{4}$이다.

그림 14.24 복활차

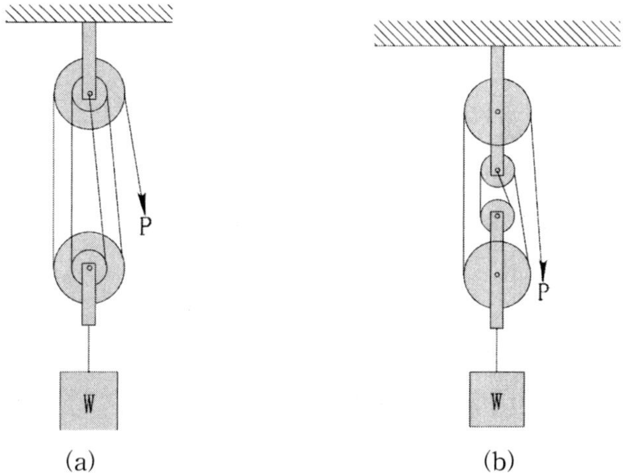

(a) (b)

3. 조합활차

2개의 동활차와 1개의 고정활차를 조합한 활차장치를 조합활차라 부른다. [그림 14.25]는 2개의 동활차와 1개의 고정활차를 사용한 조합활차를 나타낸다.

동활차 1개로 2배의 힘이 나오므로

$$P = \frac{W}{2 \times 2} = \frac{W}{2^2} = \frac{W}{4}$$

이와 같은 활차장치에서 동활차 수를 n이라 하면, P는 다음과 같다.

$$P = \frac{W}{2^n} \tag{31}$$

그림 14.25 조합활차(고정활차 1, 동활차 2)

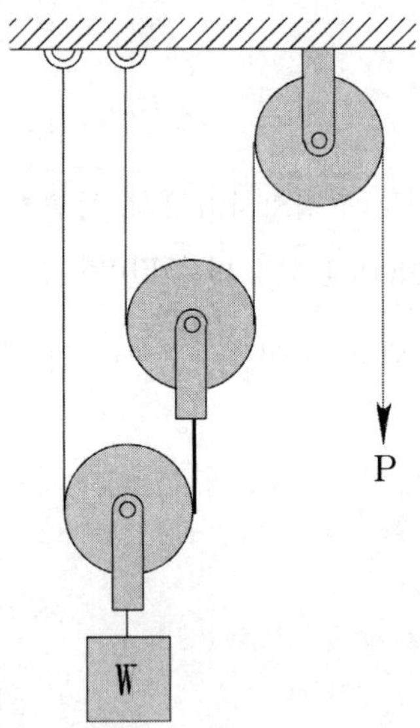

또한, 제일 아래에 위치한 활차의 이동거리는

$$l = \frac{1}{2^n} \tag{32}$$

[그림 14.26]은 고정활차 1개와 동활차 1개로 구성된 조합활차이다.

그림 14.26 **조합활차**(고정활차 1, 동활차 1)

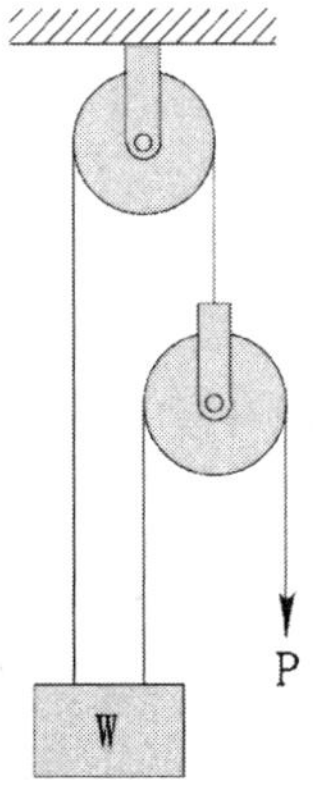

이 경우에도 로프에 작용할 힘은 다음과 같다.

$$P = \frac{W}{2^n - 1} \tag{33}$$

4. 단활차

지름이 다른 2개의 활차를 일체형으로 만든 활차를 단활차라 부른다. 이 경우 로프는 각각 반대방향으로 감기고, 로프의 끝은 활차에 고정되어 있다. [그림 14.27]은 단활차를 나타낸다.

그림 14.27 **단활차**

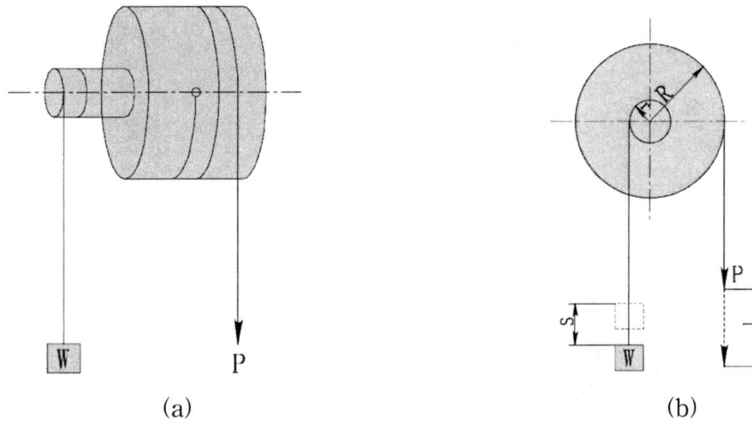

큰 활차의 반지름을 R, 작은 활차의 반지름을 r이라 하고, 로프에 가하는 힘을 P, 그 끝에 달려 있는 물건의 무게를 W라 하면

$$W \times r = P \times R$$

$$\therefore W = \frac{R}{r} \cdot P \qquad (34)$$

따라서, P가 일정하여도 반지름의 차가 클수록 W는 커진다. 또한, 로프를 잡아당기는 거리를 l, 그때 물건의 이동거리를 S라고 하면 다음과 같은 식이 성립한다.

$$S = \frac{r}{R} \cdot l \qquad (35)$$

5. 차동활차

동활차와 동활차를 조합한 활차를 차동활차라 부른다.

그림 14.28 차동활차

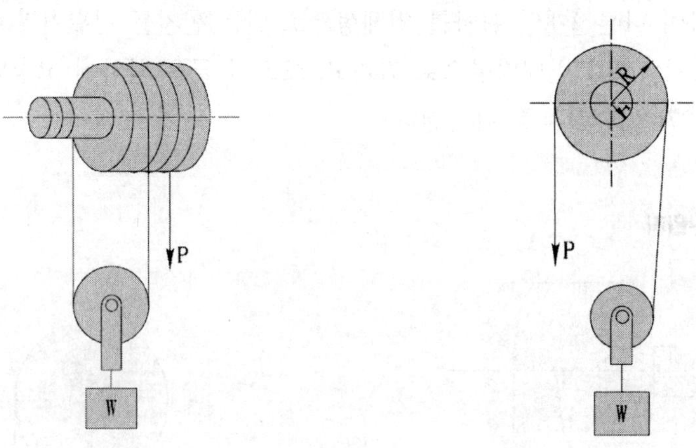

(a) (b)

[그림 14.28]에서 단활차에 대한 모멘트를 생각하면

$$P \times R + \frac{W}{2} \times r = \frac{W}{2} \times R$$

$$\therefore W = \frac{2R}{R-r} P \qquad (36)$$

즉, $(R-r)$의 값이 작으면, 작은 힘으로 무거운 물건을 끌어올릴 수 있기 때문에 차동장치는 복활차나 조합활차보다 작은 활차로 큰 배력장치를 만들 수 있다. [그림 14.29]는 차동장치를 이용한 호이스트(hoist)이다. 호이스트는 단활차에 모터와 기어의 조합으로 운전하도록 제작한 것이다.

그림 14.29 차동장치를 이용한 호이스트

연습문제 6

[그림 14.28]과 같이 반지름이 각각 $R=200$[㎜], $r=160$[㎜]의 단차를 가진 차동활차를 사용하여 $W=800$ [kg]의 물건을 끌어올리기 위하여 필요한 힘은 얼마인가?

문제풀이

식 (36)으로부터

$$P = \frac{W}{2}\left(\frac{R-r}{R}\right)$$

이므로

$$P = \frac{W}{2}\left(\frac{R-r}{R}\right) = \frac{800}{2}\left(\frac{200-160}{200}\right) = 80 \text{ [kg]}$$

제 IV 편

제어 시스템

제 15 장

제어 시스템

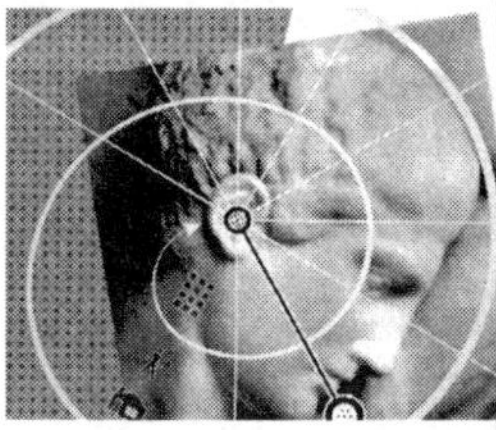

현대사회는 디지털 경제 시대라고 한다. 컴퓨터는 디지털을 이용한 대표적인 기계장치이다. 그러면, 디지털은 무엇인가?' 또는 디지털과 아날로그는 어떻게 다른가?' 등 많은 의문이 제기되고 있지만 명확하게 대답하기는 쉽지 않다

하지만 제어 시스템을 설계하기 위해서 아날로그와 디지털의 특징 및 장단점에 대한 정확한 이해가 필요하고, 디지털 제어와 아날로그 제어에 대하여도 잘 파악하여야 한다.

이 장에서는 디지털과 아날로그의 정의를 알아보고, 디지털 제어와 아날로그 제어의 장단점을 파악하여 컴퓨터 제어계에 대한 기초지식을 습득해보기로 하자.

15.1 아날로그 제어와 디지털 제어

제어라고 하는 것은 무엇인가? 제어라고 하는 것은 내가 어떠한 일을 수행하게 만들고자 하는 대상이 수행하도록 만들고 싶은 일을 수행하도록 하는 것이다. 제어 시스템의 기본구성은 [그림 15.1]과 같다.

그림 15.1 제어 시스템의 기본구성

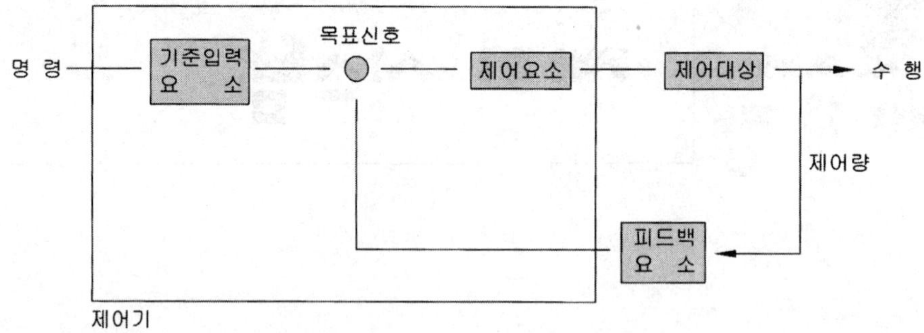

제어 시스템을 작동시키기 위한 제어 알고리즘에서는 각종 제어계산이 필요하다. 이러한 정보처리를 수행하는 데이터의 방식에 따라서 아날로그 제어와 디지털 제어로 구분할 수 있다.

아날로그 제어와 디지털 제어를 알아보기 전에 좀더 기본적인 아날로그와 디지털이 각각 무엇인지 생각해보기로 하자.

디지털이란 무엇인가?

요즘은 디지털식 경제, 디지털 경영 등 많은 분야에서 디지털이란 용어를 사용하여 디지털이 마치 첨단을 의미하는 듯하기도 하고, 21세기 최고의 미덕인 것처럼 이야기되기도 한다. 하지만, 디지털의 정확한 의미를 많은 사람들이 정확히 알지 못하고 있다.

우선 디지털 신호와 아날로그 신호에 대하여 알아보기로 하자.

디지털 신호란 신호가 아주 짧은 시간구간으로 분할되어 분할된 신호가 수치로 변환되어 나타난 신호를 의미한다. 아날로그 신호란 시간에 대하여 연속적으로 나타난 신호를 의미한다.

손목시계를 한 예로 살펴보면, 숫자로 시간이 표시된 시계는 전부 디지털 방식의 시계이다. 하지만 바늘로 시간을 나타내는 시계가 아날로그 시계인지 디지털 시계인지 확인하기 위하여 좀더 세심한 주의가 필요하다. 물론, 태엽으로 구동되는 시계인지 건전지에 의하여 작동하는 시계인지 확인하는 방법도 하나의 구분방법이다.

아날로그 방식의 시계는 초침이 계속적으로 일정하게 이동하면서 시간을 나타낸다. 하지만 디지털 방식의 시계는 초침이 1초에 눈금 1개씩 이동하면서 시간을 나타낸다. 바로 이러한 차이가 디지털과 아날로그의 차이인 것이다.

그러면, 왜 많은 사람들이 디지털이 아날로그보다 좀더 진보적인 형태이고 21세기에 적합한 것처럼 이야기하고 있는 원인은 무엇일까?

그 이유를 분석해보면, 현대사회의 소비형태와 밀접한 관계가 있음을 알 수 있다.

디지털 방식의 특징은 상당히 우수한 품질을 가진 제품이나 상품을 대량생산 방식으로 제조할 수 있음을 의미한다. 예를 들면, 음악의 경우 요즘 디지털 방식으로 제작되고 있는 음악 CD는 500~600백만 장을 생산 판매한다고 해도 좋은 음질의 음악을 모든 음악 CD에서 유지할 수 있다. 하지만 이전의 아날로그 신호를 이용한 생산방식을 이용했던 LP판의 경우 일정수량을 생산하게 되면 기계적인 마모로 인하여 동일한 수준의 음질을 유지하기 어려운 문제가 발생하였다.

하지만, 음악 매니아들은 아직도 디지털 방식으로 제작되어 재생된 음악 CD보다는 진공관 타입의 아날로그 앰프에서 나오는 LP 음악을 더 감성이 풍부하고 매력이 있는 음악이라고 이야기하곤 한다.

LP판의 경우 가수의 노래를 소리를 진동으로 바꾸는 기계적인 장치를 이용하여 LP판을 제작하기 위한 금형판에 홈을 세기고, 그 금형판으로부터 음반을 제작하기 때문에 깊은 음색을 느낄 수 있지만, 일정수량을 생산하게 되면 금속판의 마모로 인하여 음질이 저하되는 문제가 발생하기 때문에 요즘과 같은 대량생산 및 대량소비 시대에는 부적합하고 명품으로서만 존재를 인정받고 있다.

따라서, 디지털이 현대사회에 잘 일치하는 좋은 것이고, 아날로그 방식이 구시대적인 것인가라는 문제에 대하여 보다 냉정하게 살펴볼 필요가 있다.

디지털 방식은 대량소비 사회의 패러다임과 잘 일치하고 있기 때문에 더 선호되고 있지만 아날로그에서의 섬세함과 정교함을 재현하기에는 부족한 면이 있으며, 아날로그 방식은 좋은 품질을 가지는 제품의 대량생산에 문제가 있지만 장치가 간단하고, 신호가 원래대로 재현되는 장점도 있다. 따라서, 디지털과 아날로그 중 어느 것이 좋은가를 따지는 것보다는 각자의 장점과 단점을 잘 파악하여 요긴하게 사용하는 것이 보다 바람직하다.

지금부터 디지털 제어와 아날로그 제어에 대하여 좀더 알아보기로 하자.

집의 욕실에 있는 용변기의 수위조절 장치를 사례로 디지털 제어와 아날로그 제어의 차이에 대하여 생각해보기로 하자.

각 가정에 설치된 용변기의 수위조절 장치는 [그림 15.2]와 같다.

그림 15.2 용변기 수위조절 장치(아날로그 방식)

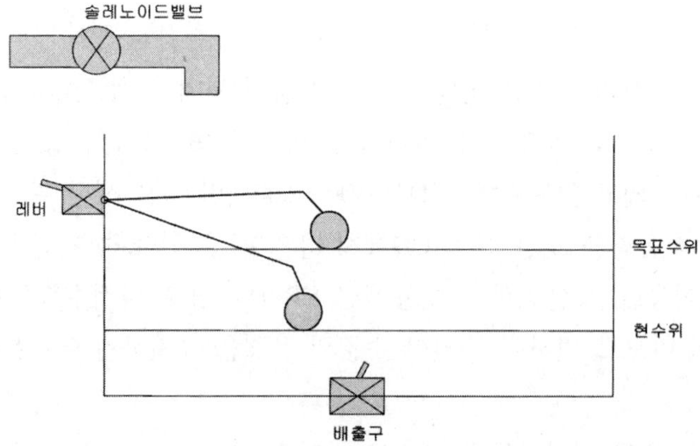

(a) 수위 조절장치

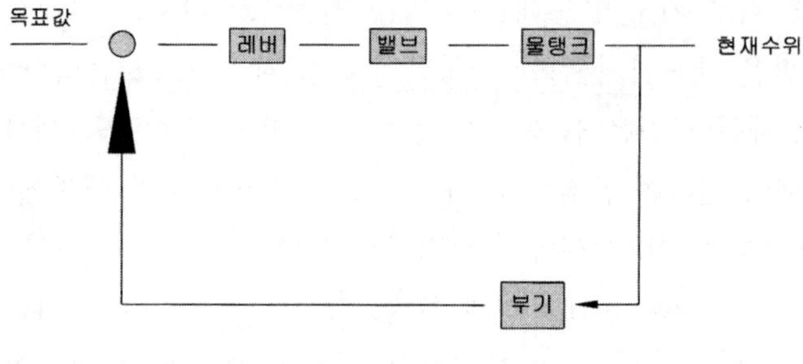

(b) 제어 블록도

용변기의 작동원리를 살펴보면, 레버를 당기거나 누르면, 아래의 배출구가 열리면서 물이 내려간다. 물이 내려가면서 용변기 내부에 장착된 부기(floator)도 같이 내려가게 된다. 그러면, 목표수위와 현재수위에 차이가 발생하게 되고, 물 공급 밸브가 열리면서 물이 탱크로 유입되기 시작한다. 그러면 자연스럽게 중력에 의하여 배출구는 닫히게 된다.

물이 점차 차오르면서 부기도 동시에 점차 떠오르게 된다. 물이 목표수위에 도달하면, 부기가 공급 밸브를 차단하여 물 공급을 중단시킨다.

이 장치는 유량 제어과정에서 목표수위와 현재수위를 부기 및 연결에 필요한 기계장치를 이용하여 연속적으로 제어가 수행되기 때문에 기계적 아날로그 제어방식이라고 부른다.

이러한 경우처럼 제어방식이 단순한 경우 기어 · 링크 · 캠 등을 이용한 기계적인 아날로그 제어장치로 쉽게 제어를 수행할 수 있지만, 복잡한 제어가 요구되는 경우에는 제어에 필요한 각종 장치제작에 어려움이 따르게 되고, 기계부품의 형상와 제어순서 등이 기계장치에 따라 고정되기 때문에 다양한 제어는 불가능하게 되고, 새로운 형태의 제어가 필요하게 되면 기존의 제어장치를 새로 제작해야 하는 어려움이 예상된다.

디지털 방식으로 제어되는 용변기용 수위조절 장치에 대하여 생각해보기로 하자.

그림 15.3 용변기의 수위조절 장치(디지털 방식)

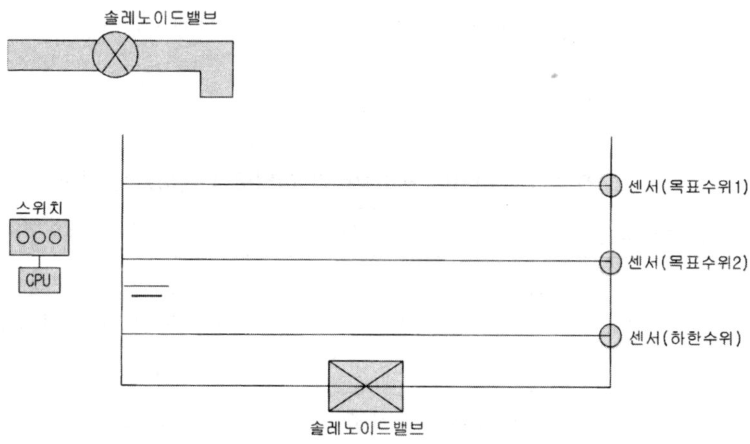

(a)

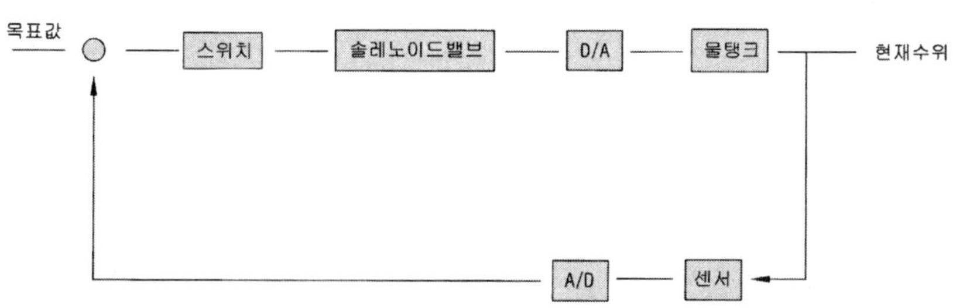

(b)

디지털 방식으로 제어가 수행되는 용변기의 수위조절 장치는 물의 수위를 측정하는 센서 몇 개, 물의 배출구와 유입구에 장착할 솔레노이드 밸브, 마이크로프로세서 및 스위치 세트로 구성되어 있다. 먼저 스위치를 누르면, 배출 솔레노이드 밸브가 열리면서 물이 내려가게 된다.

그 다음, 수위감지 센서가 수위를 감지하여 마이크로프로세서에 신호를 보내면 목표수위와 현재수위의 차이를 마이크로프로세서에서 계산한다. 그 다음 물 공급용 솔레노이드 밸브가 열리면서 물이 공급된다. 물이 차오르면서 목표수위에 도달하면 수위측정용 센서가 목표수위를 감지하여 마이크로프로세서에 신호를 보낸다. 그러면 물 공급용 솔레노이드 밸브를 차단하여 물 공급을 중단시킨다.

아날로그 제어방법과 디지털 제어방법의 차이에 대하여 생각해보기로 하자. 아날로그 제어방법의 특징은 제어에 필요한 기계장치는 가격이 저렴하고 필요한 제어만 수행할 수 있다는 점이다. 디지털 제어방식의 가격은 고가이지만, 구조가 간단하고 복잡한 제어가 가능하며, 필요시 설계변경에도 쉽게 대응할 수 있다.

〈표 15.1〉 디지털 제어방식과 아날로그 제어방식 비교

	장 점	단 점
아날로그 제어방식	• 가격 저렴	• 설계변경이 대응에 어려움 • 다양한 제어 불가능 • 제어장치 구조 복잡
디지털 제어방식	• 제어장치 구조 간단 • 설계 변경 대응 용이 • 복합제어 가능	• 초기비용 고가

15.2 제어방식

1. 고정제어 시스템

고정제어 시스템(fixed control system)은 기계장치나 릴레이 회로와 같은 고정기기로 구성된 장치가 제어를 수행한다. 이때 정보처리는 기계적 장치나 릴레이 회로에 의한 로직회로에 의하여 처리된다.

따라서, 구조가 간단하고 제작비용이 저렴할 뿐만 아니라 고장의 위험도 적다는 장점을 가지고 있다.

하지만, 다른 제어조건을 추가하거나 새로운 제어를 요구하는 경우에 기존의 기구나 릴레이 회로를 전부 신규로 제작하여야만 하기 때문에 새로운 제어 필요에 대응하는 유연성이 부족하고, 확장성이 없으며, 복잡한 제어의 경우 복잡한 기구조건이나 릴레이 과다사용으로 인하여 원가상승 압력을 받게 되는 단점을 가지고 있다.

2. 프로그램 제어 시스템

프로그램 제어 시스템(programmable control system)은 디지털 제어계에서 디지털 제어에 필요한 모든 정보처리는 디지털 제어계가 수행한다. 이때 정보처리는 순수한 논리소자로 구성된 로직 회로(logic curcuit)나 마이크로프로세서(microprocessor)에 의하여 처리되는데 로직 회로가 처리하는 경우를 로직 디지털 제어, 마이크로프로세서가 처리하는 경우를 컴퓨터 제어라고 한다.

그림 15.4 디지털 제어계

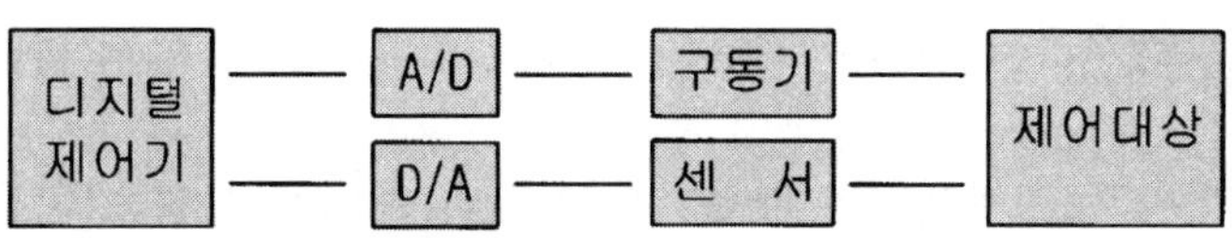

넓은 의미의 컴퓨터 제어는 제어기기의 제어분산뿐만 아니라 생산의 운용·관리·감시 등이 포함되지만, 여기서는 좁은 의미의 컴퓨터 제어를 고려해보자. 컴퓨터 제어에서는 각종 정보처리가 소프트웨어(software) 상에서 이루어지므로 소프트웨어 디지털 제어라고도 부른다.

디지털 제어계는 [그림 15.4]와 같이 나타낼 수 있다. 디지털 제어계에서는 일정한 주기로 디지털 형태의 입력과 피드백(feedback) 신호가 주어지고 정보처리가 이루어진 결과가 제어대상으로 출력된다.

이때 제어대상을 구동하는 신호와 제어대상의 상태를 나타내는 신호는 아날로그 신호이다. 따라서, 제어대상을 디지털 제어기에 연결하려면 아날로그 신호를 디지털 신호로 바꾸어주는 A/D(Analogue to Digital) 변환기와 그 반대로 작동되는 D/A(Digital to Analogue) 변환기가 필요하다.

로직 디지털 제어계에서 제어와 관련된 각종 정보처리가 전부 논리소자로 구성된 로직 회로에서 이루어진다. 따라서, 제어 알고리즘을 바꾸거나 제어대상이 변경되면 제어회로를 새로 구성해야 하는 문제가 발생한다.

이러한 문제점을 개선한 제어방식이 컴퓨터 제어계이다. 컴퓨터 제어계는 프로그램의 변경만으로 제어 알고리즘을 간단히 변경시킬 수가 있기 때문에 대상물의 특성에 맞도록 신속하게 제어 알고리즘을 변경시킬 수 있는 유연성이 있다.

컴퓨터 제어계의 경우 마이크로프로세서가 제어에 필요한 모든 정보를 처리하는 데 시간이 소요된다. 하나의 제어동작을 일으키는 시간, 즉 입력값을 바탕으로 일련의 연산을 수행하고 출력을 구할 때까지의 소요시간을 제어연산 주기라 부른다.

이 시간이 컴퓨터 제어계의 응답을 지연시키는 주요인자가 되며, 제어과정이 복잡할수록 계산량이 늘어나기 때문에 이 시간이 점점 길어져간다.

컴퓨터 제어계에서 샘플링(sampling) 주기 동안 모든 정보처리가 수행될 수 있도록 제어 알고리즘을 개선하여 계산량을 줄이거나, 마이크로프로세서의 성능을 개선하여 제어에 필요한 명령처리 속도를 높여야 한다.

마이크로프로세서의 빠르기는 컴퓨터 제어계의 성능을 결정하는 중요한 요소이다. 이때문에 컴퓨터의 처리속도를 높이기 위한 많은 연구와 노력이 수행되었고, 현재는 64비트(bit) 마이크로프로세서 및 고속연산 처리용 프로세서인

DSP(Digital Signal Processor)를 개발하여 사용하게 되었다.

특히, DSP는 연산속도가 범용 마이크로프로세서보다 한 단계 이상 빠르기 때문에 컴퓨터 제어계를 개발할 때, 가장 큰 장애요인이었던 명령처리 속도 문제를 획기적으로 개선하게 되었다.

15.3 컴퓨터 제어계의 종류

컴퓨터 제어계는 제어대상에 따라 여러 가지 형태로 구분할 수 있다. 제어형태에 따라서 기계량을 제어하는 서보 제어(servo control), 공정량을 제어하는 프로세스 제어(process control) 및 작업순서를 제어하는 시퀀스 제어(sequence control)로 각각 구분할 수 있다.

1. 서보 제어계

컴퓨터 제어 중에서 서보 제어계(servo control system)는 위치 · 속도 및 가속도 등의 기계적인 값을 제어하는 것으로 대표적인 사용처로는 수치제어 공작기계, 로봇 시스템 및 자동화기기 등을 들 수 있다. 이 중에서 외부 부하의 변동에도 불구하고 일정하고 모터의 구동속도를 유지시키는 DC 서보 모터의 서보 제어계에 대하여 살펴보기로 하자.

그림 15.5 DC 서보 모터 제어계

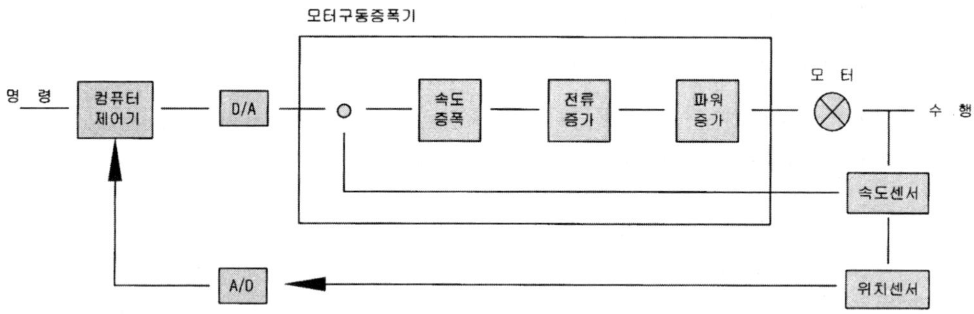

DC 서보 모터는 위치센서와 속도센서를 이용하여 위치와 속도를 각각 계측한 다음 이를 컴퓨터 제어기에 그 값을 보내어 편차를 구한 다음 편차를 수정하는 방법으로 DC 서보 모터를 제어한다.

DC 서보 모터에서는 전기자의 전류와 모터에서 발생하는 구동력(torque)이 정비례하기 때문에, 구동력을 키우기 위하여는 전류가 더 많이 흐르도록 하여야 한다. 따라서 구동력을 키우라는 명령에 의하여 전류가 더 많이 흐르도록 전류귀환 회로가 설치되어 있어 외부 부하의 변동에도 불구하고 DC 서보 모터의 회전속도가 일정하게 유지되도록 보상이 이루어지게 된다.

먼저 DC 서보 모터의 구동명령이 내려지면 모터의 속도를 높이기 위하여 전류를 많이 흘리고, 모터의 구동파워는 회로에 흐르는 전류와 정비례하여 발생하기 때문에 큰 구동력에 의하여 모터가 작동하게 된다.

그러나 운행중 DC 서보 모터에 걸리는 외부 부하가 달라지게 되면, 이에 따라서 속도와 위치가 변화하게 된다. 이러한 경우가 발생하면, 부착된 센서, 즉 속도센서와 위치센서가 그 값을 인식하여 컴퓨터 제어계에 그 값을 보내고, 원명령과 수행중인 값의 차이가 발생하면 그 차이를 보상할 수 있도록 추가의 전류를 크게 보내거나 아니면 속도를 조절하는 등의 방법을 동원하여 DC 서보 모터의 부하 변화에 따라 발생한 편차를 상쇄시키는 수정명령을 내려서 부하의 변동에도 불구하고 일정한 속도가 유지되도록 제어를 수행하게 된다.

2. 프로세스 제어계

프로세스 제어는 온도·유량·성분 및 압력 등의 공정값을 일정하게 유지하도록 제어하는 컴퓨터 제어방법이다. 주로 연속적인 공정이 많이 사용되고 있는 화학공장, 화장품공장, 제약회사, 발전소 및 식품 가공회사에서 주로 사용되고 있다.

단위시간에 일정한 유량을 병에 담을 수 있도록 유량을 제어하는 프로세스 제어계에 대하여 살펴보기로 하자.

제약회사의 드링크 포장 라인을 예로서 살펴보기로 하자. 이러한 경우 대량생산을 위하여 컨베이어 시스템에 의한 자동이송 및 자동충전과 자동포장으로 구성된 생산라인을 구성하여 드링크류를 생산하게 된다.

그런데, 드링크를 병에 충전하는 과정에서 균일한 양이 들어가도록 하기 위한 가장 기본은 일정한 압력이 유지되도록 제어하는 것이다. 일정한 압력을 유지하게 만들기 위하여는 배출량의 정확한 측정이 반드시 필요하다.

오리피스의 양단압력을 측정하면 오일러 공식에 의하여 유량을 구할수 있는 방법에 착안하여 저장탱크의 수압 차이에도 불구하고 일정량을 배출하는 제어 시스템을 사례로 살펴보기로 하자.

그림 15.6 프로세스 제어계

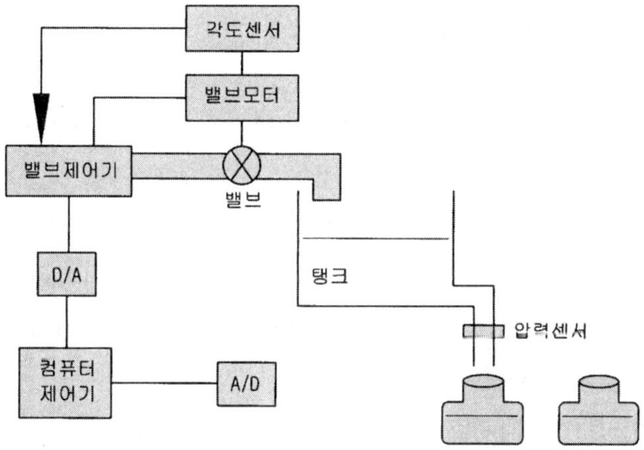

배출구의 끝단에 오리피스를 설치하고 양단의 압력을 측정하면, 오일러 공식에 의하여 유량 Q는 $Q=a\sqrt{P_1-P_2}$라는 식을 이용하여 유량을 구할 수 있다. 이 유량 Q를 검출한 다음 A/D 보드(analogue to digital board)를 통하여 컴퓨터 제어계의 마이크로프로세서에 전달되면, 이 유량과 목표유량과의 차이를 계산한다.

그 차이가 발생한 경우에는 차이를 상쇄시키기 위하여 D/A 보드(digital to analogue board)를 통하여 밸브 제어기에 밸브를 조절하여 저장탱크의 압력을 목표값에 도달하도록 제어하는 명령을 보내게 된다.

또한, 밸브 제어기는 저장탱크에 약품을 공급하는 유량 제어밸브의 열리는 값을 제어하면서 그 크기를 각도센서를 이용하여 측정하여 정확한 각도만큼 유량 제어밸브가 열리도록 폐회로 제어계(closed loop control system)를 구성하여 제어한다.

이러한 일련의 제어과정을 통하여 저장탱크 수위변화에 따른 압력의 변화를 센서가 확인하여 보상함으로써 배출구에서 일정한 압력이 유지될 수 있도록 제어를 수행한다.

3. 시퀀스 제어계

시퀀스 제어계는 목적하는 작업을 수행하기 위하여 일정한 순서에 따라 각 단계를 수행하도록 제어하는 컴퓨터 제어방법이다.

시퀀스 제어는 단순히 순서대로 on, off 명령을 반복하는 순서제어(프로그램 제어)와 일정조건을 충족하면 출력을 발생하도록 제어하는 조건제어의 두 종류로 구분할 수 있다.

예를 들면, 네온사인을 위한 제어는 단순한 순서제어에 의한 시퀀스 제어방식이다. 하지만 엘리베이터의 자동운전과 같은 경우에는 버튼의 작동여부에 따라 작업순서가 달라지는 조건부 시퀀스 제어방식이다.

조건제어에 사용되는 신호원으로는 리밋 스위치(limit switch), 레벨 스위치(level switch) 등이 있고, 타이머(timer) 혹은 카운터(counter)의 설정값에 의한 신호 등도 이용된다.

일반적으로 시퀀스 제어에서는 전체의 순서는 대충 정해져서 제어가 수행되지만, 그 도중에 여러 가지 조건에 따라서 각각 반응이 달라지기 때문에 순서제어와 조건제어가 혼합된 시퀀스 제어계를 구성하는 것이 일반적인 방법이다.

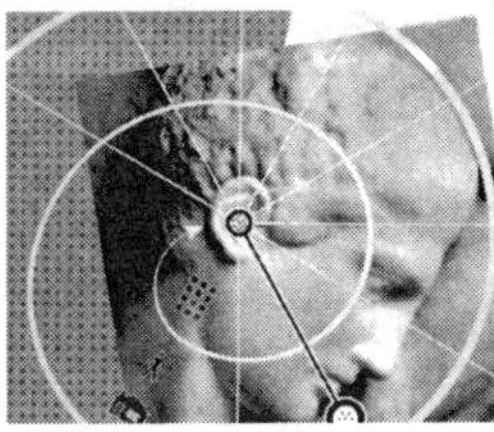

제 16 장 시퀀스 제어

길을 건너기 위해 건널목에 서면 우리는 신호등의 신호에 따라 길을 건너게 된다. 이 신호등은 일정한 주기를 가지고 신호를 반복하여 수행한다. 이렇게 일정주기를 가지고 반복적인 일을 수행하는 것을 시퀀스 제어라고 한다. 이러한 제어방식은 가장 기초적이면서 로봇 제어에 이르기까지 광범위하게 사용되기 때문에 매우 중요하다.

이 장에서는 시퀀스 제어의 구성에 대하여 알아보고, 시퀀스 제어계의 분류 및 사례에 대하여 살펴보기로 하자.

16.1 시퀀스 제어계

시퀀스 제어는 미리 정해진 순서에 따라서 작업을 수행하는 제어방식으로서 자동판매기, 엘리베이터, 교통신호등, 공장 생산자동화 및 머시닝 센터의 공구교환 등에 응용되고 있다.

시퀀스 제어 분야에서는 종래에는 기계적인 요소나 릴레이, 타이머를 주요소로 하는 하드 와이어드 로직(hard wired logic) 방식의 제어가 중심이었다. 이 방식은 유연성이 없어 다양한 제어의 요구를 위하여 새로운 로직을 만들어야 하므로 이를 보완한 방식이 프로그래머블 로직 컨트롤(PLC : Programmable Logic Control)이다. PLC는 마이크로프로세서, 타이머, 릴레이, 입출력 유닛을 갖추고 있기 때문에 계의 확장성, 보수의 용이성, 높은 신뢰성, 사용의 편리성 등의 장점이 있을 뿐만 아니라, 제어동작이나 순서를 소프트웨어로 변경이 가능하여 많이 이용되고 있다.

시퀀스 제어 내용을 기술하는 시퀀스 제어 프로그램을 표현하는 방법에는 여러 가지가 있을 수 있지만, 릴레이 표현이 그대로 프로그래밍될 수 있다는 점에서 래더 다이어그램(ladder diagram)이 주류가 되어 있다. 〈표 16.1〉은 시퀀스 제어 프로그램의 특징을 나타낸다.

〈표 16.1〉 시퀀스 제어 프로그램의 특징

방 식	특 징
래더 다이어그램	장점〉 릴레이 회로와 1 : 1 대응, 논리구성을 한눈에 파악가능 단점〉 동작순서를 이해하기 어려움
불 대수	장점〉 수학적으로 표현, 컴퓨터 사용에 편리 단점〉 회로설계에 부적절
논리회로	장점〉 디지털 회로 설계자가 이해하기 쉽다. 단점〉 변수 의존성이 높으면 복잡해진다.
동작시간표	장점〉 각 변수간의 동작상태를 파악 가능 단점〉 복잡한 제어에 부적합

16.2 시퀀스 제어회로

1. 시퀀스 제어계의 동작

간단한 점멸회로를 예로 들어 시퀀스 제어(squence control)란 어떤 것인가 알아보자. [그림 16.1]은 전자 릴레이를 이용한 램프 점멸회로이다.

그림 16.1 전자 릴레이를 이용한 램프 점멸회로

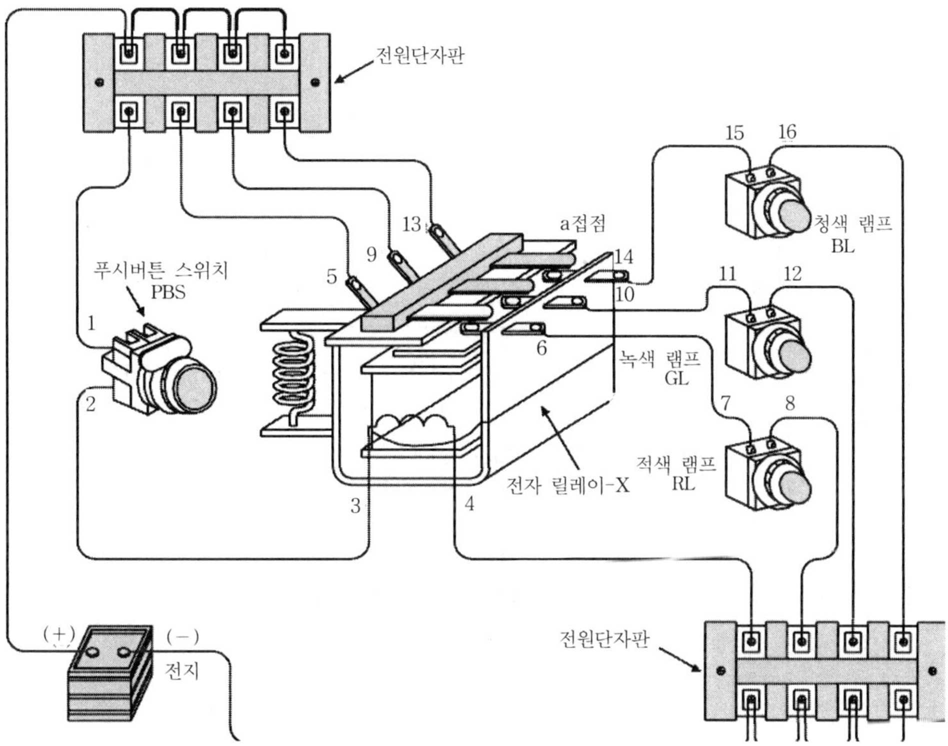

이 회로는 푸시버튼 스위치(push button switch) PBS를 누르면 전자 릴레이(electromagnetic relay)가 동작하여 청색·녹색·적색의 3색 램프가 동시에 점등하는 회로를 기구 및 배선의 상태를 실물과 같이 그린 것이다.

여기서 램프의 점등을 설명하면, 푸시버튼 스위치 PBS를 눌러서 전자 릴레이의 전자코일에 전류를 흘려 전자석을 만든다. 전자석에 의하여 전자 릴레이가 동작하여 a접점이 접촉하여 통전상태가 된다. 이로 인하여 청색램프, 녹색램프, 적색램프가 점등하게 된다.

램프의 소등은 푸시버튼 스위치 PBS를 눌린 손을 해제하면 전자코일에 흐르는 전류가 끊어져 전자 릴레이가 복귀되어 접점이 떨어지므로 램프가 소등된다.

[그림 16.2]는 [그림 16.1]의 램프 점멸도를 실제 배선도로 나타낸 것이다. 그리고 이것을 시퀀스 제어도로 그리면 [그림 16.3]과 같이 된다. 시퀀스 제어도

란 전기설비의 장치, 배전반 및 이것이 관련하는 기기, 기구의 동작, 기능을 중심으로 전개하여 나타내는 도면이다. 즉 시퀀스 제어도는 그 동작순서에 따라 배열하여 동작의 내용을 알기 쉽도록 그린 접속도라 할 수 있다.

그림 16.2 램프 점멸회로의 실제 배선도

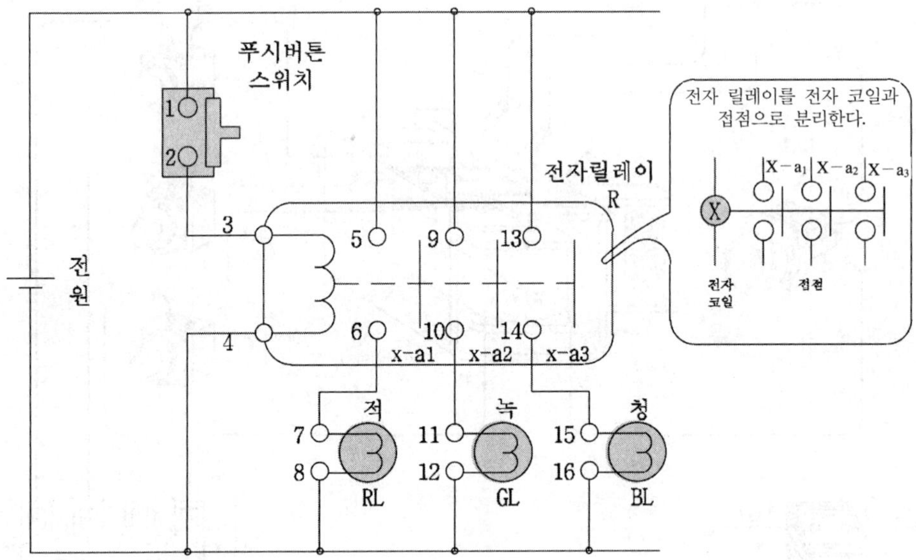

그림 16.3 램프 점멸회로의 시퀀스 제어도

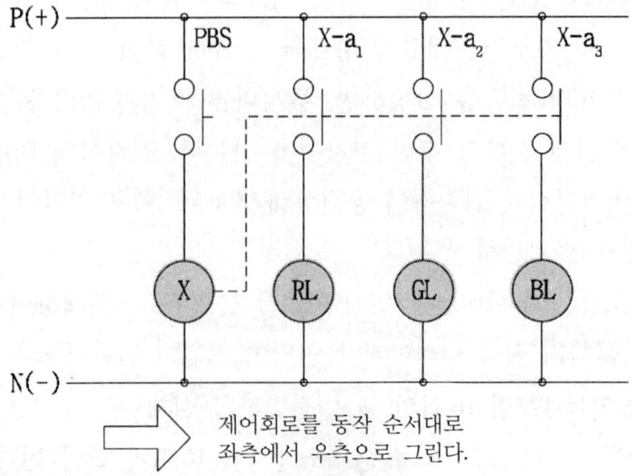

각 제어회로는 동작순서에 따라 수직으로 나타낼 경우는 좌에서 우측으로 그려나가며 위쪽이 전원의 양(+), 아래쪽이 음(−)의 전원 모선을 표시하며, 수평으로 그릴 때에는 동작순서에 따라 위쪽에서 아래쪽으로 그려나간다.

전원의 모선은 좌측이 양(+), 우측이 음(−)이 된다.

2. 시퀀스 제어계의 구성

시퀀스 제어는 자동판매기, 교통신호등, 엘리베이터, 자동세탁기 등 우리 생활에서 쉽게 많이 볼 수 있으며, 산업현장의 공작기계, 전용기계 및 자동 조립기계 등의 생산공장에서 공장자동화에 중요한 역할을 수행하고 있다.

시퀀스 제어는 그 목적, 제어대상의 규모, 제어방법 등에 의해 간단한 것부터 매우 복잡한 것까지 수없이 많이 사용되고 있다.

[그림 16.4]는 일반적인 시퀀스 제어계의 기본구성을 나타낸다. [그림 16.4]에서 사각형은 시퀀스 제어계의 각 구성요소를 표시하고, 화살표는 그 진행방향을 나타낸다. 그리고 제어계의 기본요소 기능을 〈표 16.1〉에 나타낸다.

그림 16.4 시퀀스 제어계의 일반적인 구성

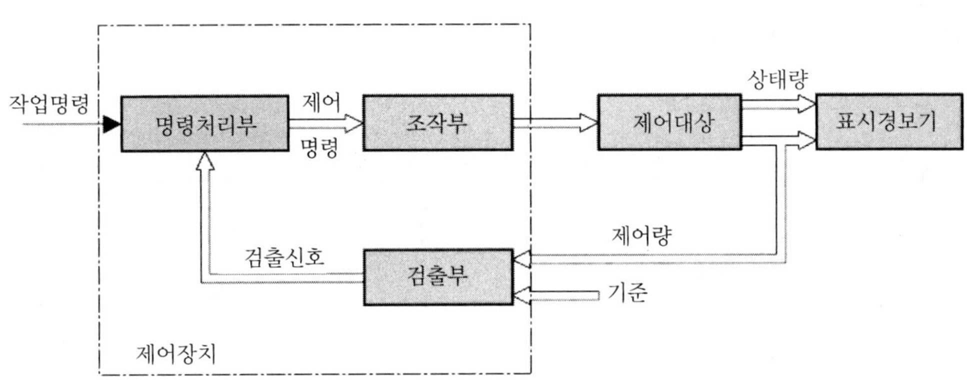

〈표 16.1〉 시퀀스 제어계의 기본요소

기본요소	요소의 기능
제어대상	제어하고자 하는 목적의 장치 또는 기계 저어량 : 제어하고자 하는 목적의 상태
검출부	제어량이 소정의 상태인가 확인하는 신호를 보냄
명령처리부	작업명령, 검출신호 및 미리 기억시켜둔 신호로 제어명령을 만드는 부분
조작부	제어명령을 증폭시켜 제어대상을 직접 제어하는 부분
표시 · 경보부	제어대상의 현재 상태를 나타내거나 경보신호를 발생시키는 부분

3. 제어계의 기본소자

시퀀스 제어계의 제어장치는 검출부, 명령처리부, 조작부로 구성되어 있다. 그 각 요소를 구성하는 대표적인 소자를 원리별로 분류하면 [그림 16.5]와 같다.

그림 16.5 구성요소의 소자

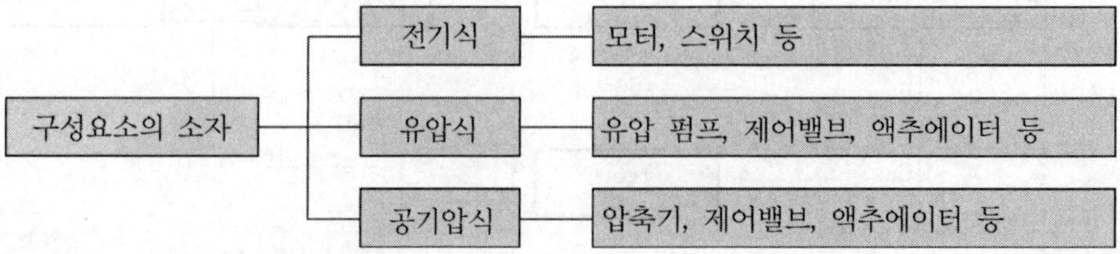

〈표 16.2〉는 각 제어용 기기의 소자로 사용되는 경우를 나타낸다.

〈표 16.2〉 제어방식의 비교

	전기식 소자	유압식 소자	공기압식 소자
조작력	과히 크지 않다	크다	약간 크다
조작속도	빠르다	약간 빠르다	빠르다
위치결정의 정도	좋다	약간 좋다	나쁘다
신호변환	용이	곤란	비교적 곤란
원격조작	양호	양호	양호
환경	영향이 작다	영향이 크다	조금 영향이 있다
배선·배관	비교적 간단	복잡	조금 복잡

〈표 16.2〉로부터 다음과 같은 사항을 알 수 있다.

- **전기식 소자** : 신호처리가 양호하며, 명령처리부 및 검출부에 적당하다.
- **유압식 소자** : 큰 힘을 얻을 수 있어 조작부에 적합하다.
- **공기압식 소자** : 전기식과 유압식의 중간적인 존재로 정확성은 조금 나쁘지만 현재 여러 분야에 많이 사용되고 있다.

이상의 소자는 단독으로도 사용하지만 조합하여 사용하는 편이 더 많다. 이것들 이외에 기계식 소자와 반도체 등에 의한 전자식 소자가 사용될 때도 있다.

16.3 시퀀스 제어계의 분류

시퀀스 제어계는 하드 와이어드 로직형(hard wired logic type)과 프로그램형(program type)으로 분류한다. 〈표 16.3〉은 그 분류를 나타낸다.

〈표 16.3〉 시퀀스 제어장치의 분류

시퀀스 제어	하드 와이어드 로직형	유접점 릴레이 방식
		무접점 릴레이 방식
	프로그램형	PLC 방식
		드럼식
		테이프식
		핀 보드식
		컴퓨터식

1. 하드 와이어드 로직형

하드 와이어드 로직형은 배선으로 논리를 만드는 것으로 프로그램형이 나오기 전 까지 시퀀스 제어는 모두 하드 와이어드 로직형으로 제작되었다. 하드 와이어드 로직형에는 접점이 있는 유접점 릴레이와 접점이 없는 무접점 릴레이로 분류된다.

하나의 시퀀스 회로를 만들기 위하여 먼저 시퀀스도를 만들어 순서대로 스위치와 릴레이를 배치하고 배선을 해나간다. 그러므로 시퀀스의 변경이 필요한 경우에는 스위치와 릴레이의 추가나 변경이 필요하다.

〈표 16.4〉 유접점 릴레이와 무접점 릴레이의 장단점 비교

	유접점 릴레이	무접점 릴레이
외형	부피가 크고 무겁다	소형이며 가볍다
수명	부하상태에서, 동작빈도에 따라 영향을 받으며 수명이 짧다	반영구적이다
소비전력	많다	적다
회로구성	조건이 증가하면 릴레이 수가 증가하고 회로가 복잡	복잡한 조건일수록 처리에 유리
환경의 영향	고온·먼지 등은 접점불량 발생	심한 온도차에서 오동작이 우려
내충격성	약하다	강하다
입출력의 융통성	회로의 변경 및 추가 용이	회로 변경이 어렵다
경제성	릴레이가 적을수록 경제적이다	복잡한 조건이 요구될수록 경제적이다

처음에는 유접점 릴레이로 제어만이 이루어졌으나 최근에는 반도체 소자의 발달로 인하여 소형화・경량화가 가능해져서 무접점 릴레이의 사용이 점차 확대되고 있는 추세이다.

두 형태 모두 장단점을 가지고 있기 때문에 사용 용도에 따라 선택을 하여야 한다. 〈표 16.4〉는 두 형태의 장단점을 비교하여 나타내었다.

2. 프로그램형

프로그램형 제어방법에는 시퀀스 컨트롤러(sequence controller) 또는 PLC로 불리는 것이 산업현장에서 주로 사용되고 있다. 이것은 복잡한 제어명령을 미리 기억시켜놓은 CPU(Central Process Unit)에 프로그램을 입력시켜 시퀀스 제어회로를 구성한 것으로서 프로그램 내용이 각각의 시퀀스에 따라 다르다.

즉, 작업명령 또는 검출신호에 의하여 제어명령이 실행될 수 있도록 한 것이다. 여기서 프로그램이라 함은 일의 처리순서, 기계를 동작시키는 순서라고 생각할 수 있다.

〈표 16.5〉는 하드 와이어드 로직형과 프로그햄형의 장단점을 비교하여 나타내었다.

〈표 16.5〉 하드 와이어드 로식형과 프로그램형의 비교

	하드 와이어드 로직형	프로그램형
구 성	릴레이 배선으로 구성	표준 CPU 내장부품 사용
제어장치	용도에 따라 각각 제작	프로그램에 따라 변동
사양변경	어렵다	용이하다
제작일수	길다	짧다
고도의 제어	불가능하다	가능하다
보수	어렵다	용이하다
신뢰성	설계 및 제조에 따라 달라짐	좋다
경제성	소규모에 유리	중・대 규모에 유리

16.4 시퀀스 제어장치의 문제점

시퀀스 제어(sequence control)를 실현하기 위하여는 여러 가지 예상 문제점을 파악하고 이에 대처하여야 한다.

1. 설계 및 제작의 문제

시퀀스도의 작성은 명령을 작성한 설계자의 개인 능력과 경험을 기초로 하여 작성되기 때문에 개인에 따라 변수도 크고, 시퀀스도 이외에도 기구간의 배선도, 기구 배치도 등 많은 일이 필요하다. 또한, 장치를 다른 용도로 변경하고자 할 때는 추가의 배선이나 장치의 이동이 필요하게 되어 많은 시간과 노력이 소요된다.

2. 시운전 문제

시퀀스도가 제대로 작성되어 있는지 여부를 확인하고, 작성된 시퀀스도와 동일하게 배선이 완성되었는지 여부를 확인하기 위하여 시험이 필요하다. 또한, 장치가 실제 설계순서대로 작동이 될 수 있도록 조정하는 데 경험이 풍부한 전문가의 도움이 요구된다.

3. 설치 · 보수 문제

설치에 많은 공간을 차지하기 때문에 레이아웃(lay out) 배치에 공간을 최소하게 차지하도록 많은 노력을 기울여야 한다. 또한, 가동부분의 장기적인 보수 및 수명을 다한 부품을 감안한 예비부품이 보관될 수 있도록 준비되어야 한다.

4. 기능문제

릴레이의 동작시간의 한계 때문에 고속으로 움직이는 장치의 제어에는 적합하지 않다. 또 일시적인 기억이나 수치를 제어하는 장치에도 적합하지 못한 한계가 있다.

16.5 시퀀스 제어의 사례

그림 16.6 셔터의 자동개폐 제어

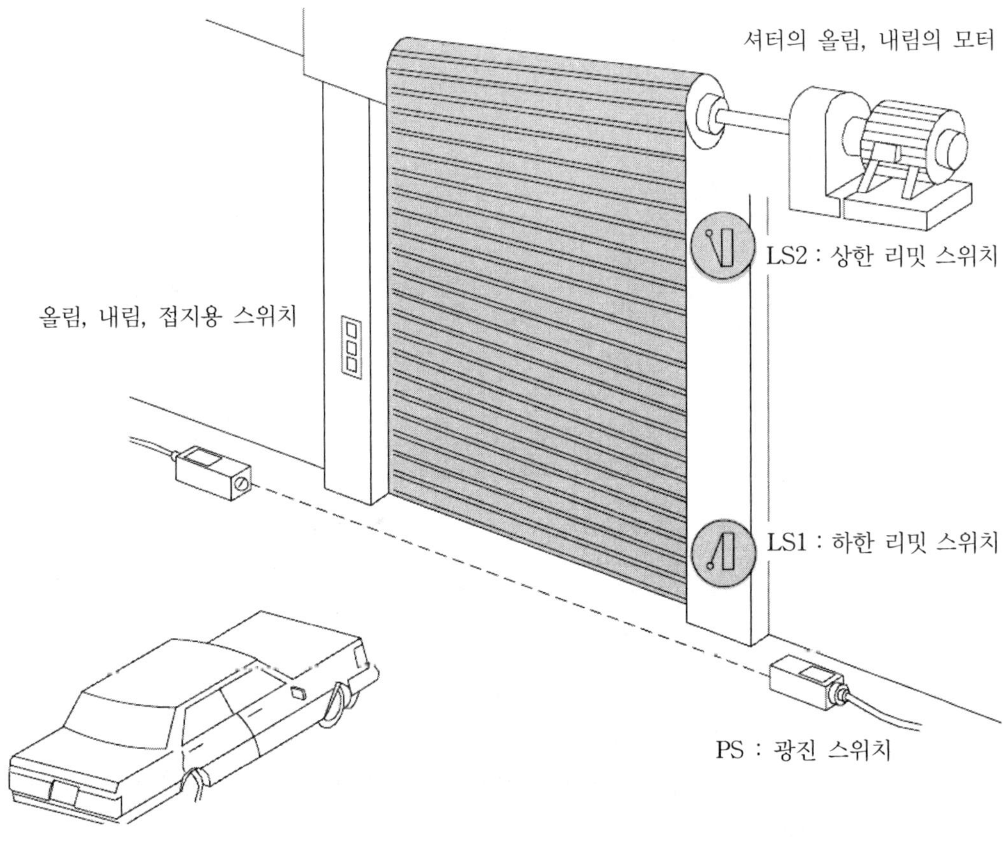

(a) 외형도

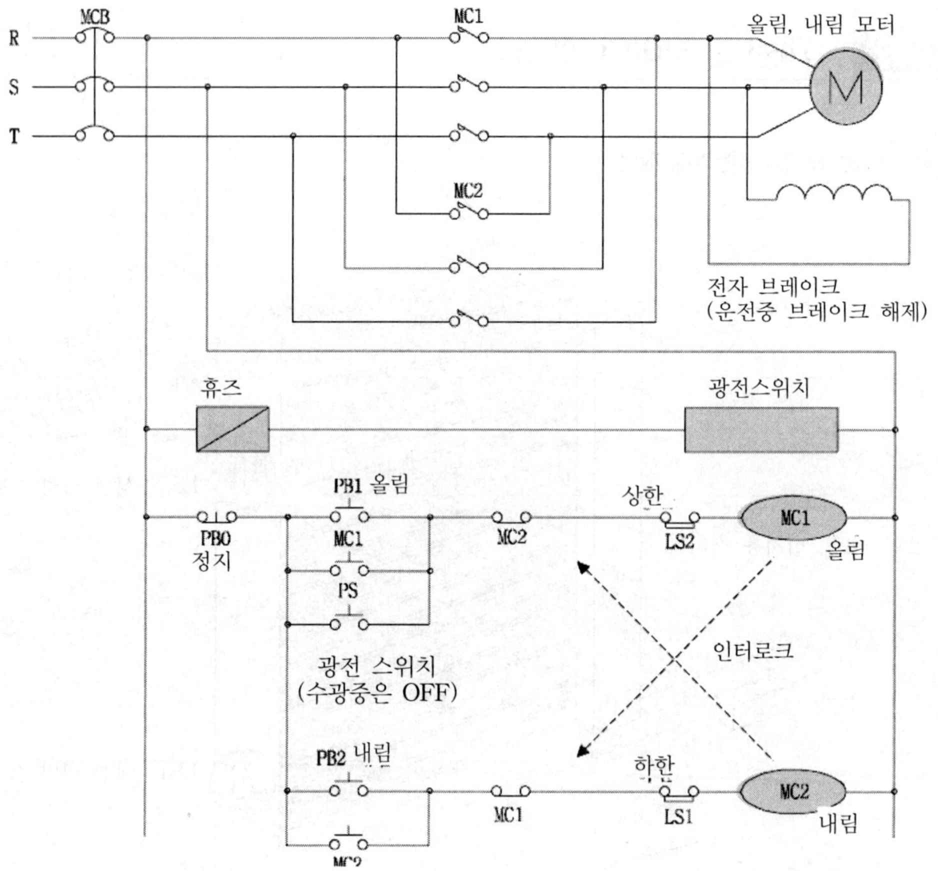

(b) 시퀀스도

실제 생활에서 자주 볼 수 있는 사례를 중심으로 시퀀스 제어의 사례를 살펴보도록 하자.

[그림 16.6]은 자동 셔터(automatic shutter)의 자동개폐 제어를 나타낸 것이다. [그림 16.6](a)는 외형의 간략도이며, [그림 16.6](b)는 시퀀스도이다.

작동순서는 대략적으로 다음과 같다.

- 광전 스위치 앞에 자동차가 정지하거나 셔터 올림 스위치 PB1을 누르면 전자 접촉기가 동작하여 셔터를 올린다.
- 셔터가 올라오다가 상한 리밋 센서 위치에 도착하면서 리밋 스위치 LS2와 접촉하면 셔터의 오름이 정지된다.
- 자동차가 주차공간으로 진입 후, 셔터 내림 스위치 PB2를 누르면 전자 접

촉기가 동작하여 셔터가 내려온다.

- 셔터가 내려오다가 하한 리밋 센서 위치에 도달하여 리밋 스위치 LS1과 접촉하면 셔터의 내림이 정지된다.

이 회로는 인터로크 회로로 구성되어 올림 스위치 PB1과 내림 스위치 PB2를 동시에 눌러도 한 쪽만 동작하도록 구성되어 있다.

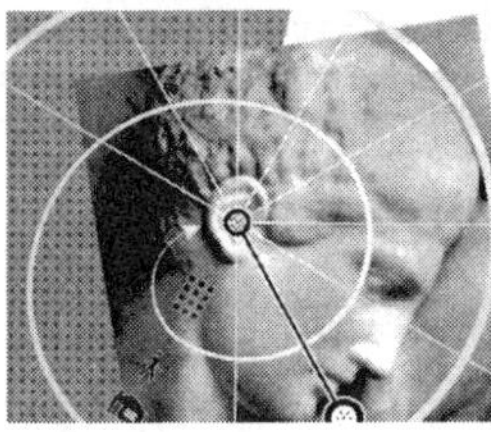

제 17 장 PLC 제어

프로그래머블 로직 컨트롤러(PLC)는 프로그램에 의하여 제어를 수행할 수 있는 장점 때문에 산업현장에서 광범위하게 사용되고 있다. 기초적인 제어장치는 아직도 릴레이 제어회로를 사용하지만, 새로운 장치의 추가나 명령의 추가 등이 불편하기 때문에 PLC 제어방식을 주로 사용하여 장비를 제어하는 방법이 일반적이다. 따라서, 제어장치 설계가 필요한 기계학도는 PLC의 장단점 및 구조와 명령어에 대한 이해가 필수적이다.

이 장에서는 프로그래머블 로직 컨트롤러(PLC)의 장단점을 알아보고, PLC를 이용하여 제어장치를 설계할 때 필요한 지식을 습득하기 위하여 PLC 구조 및 명령어의 종류에 대하여 살펴보기로 하자.

17.1 PLC 정의

PLC란 프로그래머블 로직 컨트롤러(Programmable Logic Controller)의 약자로서 산업용 설비 및 프로세서를 제어하기 위한 로직(logic), 순서(sequencing), 타이밍(timing), 카운팅(counting), 연산처리 및 데이터 처리 등과 같은 제어기능을 수행하는 명령어를 메모리에 저장하고, 디지털 및 아날로그 신호를 입출력할 수 있는 인터페이스 회로 및 중앙처리장치를 갖춘 제어용 컴퓨터이다.

1969년 미국의 자동차회사인 GM(General Motor)사에서 산업용 제어장치에 대하여 구비할 조건을 구입명세서에 명기한 것이 시퀀스 컨트롤러를 출현시킨 계기가 되었다. 이때부터 핀보드식, 로터리 캠식 등 각종 컨트롤러가 개발되었고, 1971년에 개발된 마이크로프로세서가 시퀀스 컨트롤러의 하드웨어에 많은 영향을 미치면서 논리제어가 가능하게 되었고, 프로그램을 저장할 수 있는 방식의 시퀀스 컨트롤러(stored program type sequence controller)가 제작되었다. 그때부터 이와 같은 컨트롤러를 PC(Programmer Controller)라 부르게 되었다.

그 후 PC는 컴퓨터 및 반도체 기술의 발달로 비약적인 진보를 거듭하게 되어 단순제어를 넘어서, 연산 및 계수의 기능이 보강된 전자제어 장치를 1978년 미국전기협회 규격 NEMA(National Electrical Manufacturing Association)에서 PC로 규정하였다.

컴퓨터가 호스트 컴퓨터에서 개인용 컴퓨터로 개발 및 판매시장이 변화하면서 개인용 컴퓨터를 퍼스널 컴퓨터, 즉 PC(Personal Computer)라고 불렀는데, PC가 많이 보급되자 용어의 혼란이 발생하게 되었다. 이에 용어의 중복을 피하기 위하여 최근에는 PLC(Programmerble Logic Controller)라고 부르고 있다.

17.2 PLC의 장점

PLC는 릴레이(relay) 제어장치와 달리 하드웨어와 소프트웨어로 분리가 가능하기 때문에 다음과 같은 장점을 가지고 있다.

PLC의 장점은 프로그래밍 방법이 쉽다는 것이다. 하드 와이어드 로직형(hard wired logic type)에 의한 제어기기의 구성은 상당한 전문지식이 요구될 뿐만 아니라, 이를 정확히 구성하는 데도 많은 시간이 소요된다.

또한, 제작된 제어기기가 만족스럽지 못하거나 새로운 제어행위를 추가하는 경우에는 거의 신규로 제작해야 하는 문제를 가지고 있다. PLC는 이와 같은 문제를 해결하고 있다.

제어를 프로그램으로 구성하기 때문에 제어내용의 변경이 용이할 뿐만 아니라 장비의 낭비도 거의 없는 것이 장점이다.

1. 공정 생략 및 기획성 우수

PLC 제어는 릴레이 시퀀스 제어에 비하여 납기나 공정을 크게 단축시킬 수 있고, 각 부분을 블록화시킬 수 있기 때문에 기획성이 아주 우수하다. [그림 17.1]은 PLC 제어와 릴레이 제어를 사용하는 경우의 납품공정의 차이점을 보여주고 있다.

그림 17.1 PLC 제어와 릴레이 제어의 납품공정 차이점

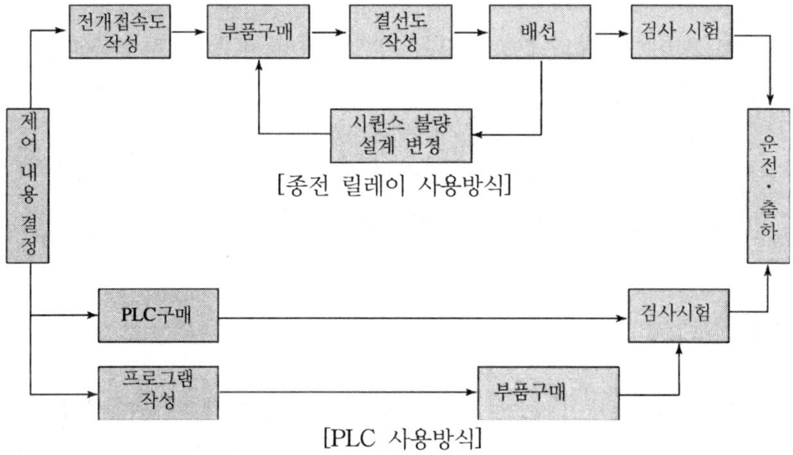

2. 높은 제어성 확보

PLC 제어는 릴레이, 타이머, 카운터, 레지스터 등의 모든 기능을 조합한 마이크로프로세서를 기반으로 하고 있기 때문에 릴레이 제어에서는 구성이 불가능한 제어는 물론이고, 고도의 기술이 요구되는 제어도 수행이 가능하다.

3. 소형화

PLC는 반도체 IC와 마이크로프로세서를 응용한 제품이기 때문에 제어기의 외형 크기를 소형화할 수 있다.

4. 에너지 절약

릴레이 제어에 소요되는 릴레이 타이머 등의 코일에서 소비되는 전력에 비하여 PLC 자체 소비전력은 무시할 수 있는 정도이기 때문에 릴레이 소요수량이 많은 제어기기인 경우 상대적으로 에너지 절약 효과가 증대된다.

5. 기밀 유지

릴레이 제어의 경우 제어 설계자가 제어기기 제작자에게 릴레이 회로의 구성을 공개해야만 제작이 가능하였지만, PLC의 경우에는 용량에 맞는 PLC를 선정하여 외부배선만 제어기기 제작자에게 의뢰한 뒤 제어 설계자가 직접 프로그램을 PLC에 입력이 가능하기 때문에 제어공정에 대한 기밀을 유지할 수 있다.

6. 단순한 배선작업

릴레이 제어의 경우 아주 복잡한 배선작업이 요구되나, PLC 제어 경우에는 프로그램으로 처리하므로 배선이 단순하다.

7. 높은 신뢰성

PLC에서는 제어회로를 프로그램으로 구성하기 때문에 접점사고에 의한 문제가 거의 발생하지 않아서 릴레이 제어방식에 비하여 높은 신뢰성을 가진다. 그러나, 낮은 전압에서 작동시 노이즈(noise)에 취약한 면이 있다.

보수성에 대하여는 직접 눈으로 판단은 불가능하기 때문에 불편할 수 있으나 내부에 동작표시 기능, 자기진단 기능 및 기능단위 고장표시 기능 및 모니터 기능을 내장하여 이런 문제점을 보완하고 있다.

8. 높은 경제성

제어규모가 작은 경우, PLC에서 설치비는 릴레이 제어에 비하여 다소 비싸지만 제어규모가 크게 되면 시설비 및 유지비용이 저렴하기 때문에 경제성이 높아진다. 특히, 최근에는 소형 시퀀스 제어기기에도 PLC를 사용하기 쉽도록 소용량, 저가격의 PLC가 개발 시판되고 있어 경제성은 더욱 높아지고 있다.

9. 컴퓨터 네트워크

분산제어나 다중제어 등 복잡한 제어가 요구될 때, 다른 컴퓨터나 다른 PLC와 연계하여 정보교환을 통신포트를 이용하여 수행할 수 있다.

PLC 제어와 릴레이 제어의 특징을 비교하면 〈표 17.1〉과 같다.

〈표 17.1〉 PLC 제어 및 릴레이 제어방식 비교

	릴레이 제어	PLC 제어
제어방식	하드웨어	소프트웨어
제어기능	• 릴레이 • 타이머 • 카운터 • 기능 한정	• 간단한 가감산 및 연산처리 가능 • 고성능, 대규모 제어를 소형화
제어요소	• 유접점 • 한정수명 • 저속제어	• 무접점 • 고신뢰성 • 고속제어
제어내용 수정	• 기구 재설계 • 설계 유연성 부족	• 프로그램 변경으로 대용 • 제어기 재사용
기술	• 전통적인 방법 • 소형화 · 저가 곤란	• 최신 전자기술 • 소형화 · 저가 용이
보존성	• 기구 배열식 • 유지보수 비용 높음	• 모듈식 • 유지보수 비용 저렴

설비의 자동화 및 고성능화의 요구에 대응하기 위하여 PLC의 적용범위도 점차 확대되고 있다. 특히 공장자동화와 유연생산 시스템(FMS : Flexible Manufacturing System)의 증가에 따라서 PLC 성능을 계속 개선해오고 있기 때문에 현재는 고기능화, 고속제어화가 이루어져서 소규모 제어 시스템에서 대규모 제어 시스템에 이르기까지 광범위하게 적용되고 있다.

〈표 17.2〉는 PLC 제어대상에 따른 분류를 보여주고 있다.

〈표 17.2〉 PLC 적용분야

	제어 대상
기계산업	산업용 로봇 제어, 펌프 제어 등
공장설비	생산라인 자동제어, 컨베이어 시스템 제어 등
공해방지산업	소각로 감시 및 제어
자동차산업	전송라인 제어, 조립라인 제어 등
물류산업	자동창고 제어, 하역설비 제어 등
발전설비	원자로 제어, 화력발전 제어 등

17.3 PLC의 구조

PLC는 시퀀스 제어를 소프트웨어로 처리하기 위한 장치를 컴퓨터와 유사한 구조로 만들었으나 외부 입출력장치를 쉽게 연결하여 제어할 수 있고, 래더 다이어그램에 의한 시퀀스 제어를 할 수 있도록 구성되어 있다.

그 구성을 살펴보면 중앙처리장치(central processing unit), 프로그램이나 데이터 저장을 위한 메모리(memory), 기기나 장치와 신호를 주고받을 수 있는 입출력장치(input/output interface), 전원공급장치(power supply) 그리고 PLC 프로그램 및 동작을 모니터링하는 주변장치로 구성되어 있다.

1) 입출력장치

PLC는 생산현장에 설치되어 기계나 장치의 운전 혹은 제어에 주로 사용되기 때문에 현장에서 획득된 신호는 외부 잡음 등이 포함되어 직접 사용할 수 없기 때문에 입출력장치는 신호변환 회로, 잡음제거 회로, 현장신호와 PLC 신호의 절연회로 등을 포함하고 있다.

입출력장치는 크게 디지털 입출력, 아날로그 입출력, 특수기능 입출력 장치 등으로 구분한다. 입출력장치에 접속되는 대표적인 기기는 〈표 17.3〉과 같다.

그림 17.2 PLC 구조

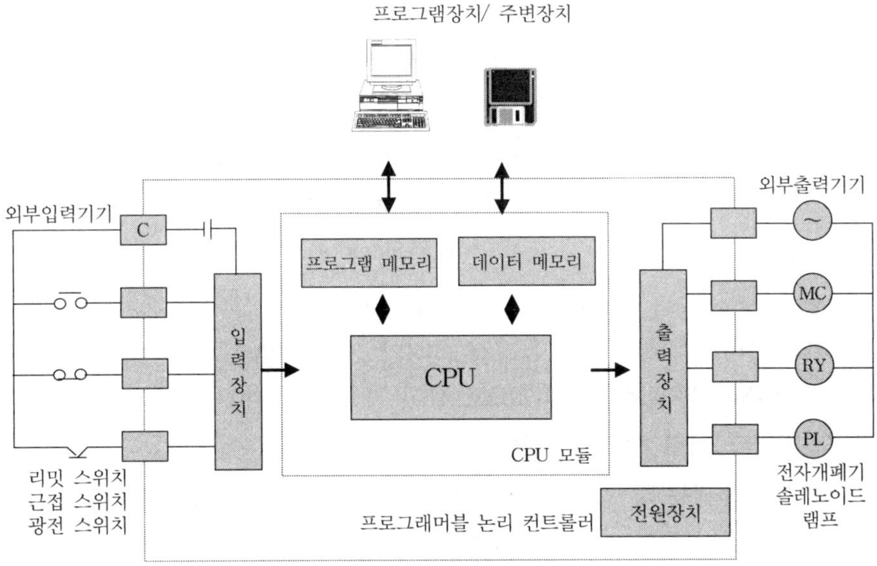

〈표 17.3〉 입출력장치의 대표적 기기

	접속기기명
입력장치	검출용 스위치 (마이크로 스위치, 리밋 스위치, 토글 스위치, 버튼 스위치, 전환 스위치, 광전 스위치, 근접 스위치, 타이머, 카운터)
출력장치	표시등, 전자 릴레이, 전자 개폐기, 전자 접촉기, 타이머, 솔레노이드, 전자 클러치, 전자 브레이크, 전자 밸브, 전동기

2. CPU 모듈

CPU 모듈은 시퀀스 프로그램을 수행하는 역할을 한다. 즉 입력장치에서 필요한 신호를 받아서 메모리에 저장되어 있는 프로그램을 해독하여 시퀀스 제어 및 연산을 수행하고 결과를 출력장치에 내보내는 업무를 수행한다. 이 절차는 매우 빠른 속도로 반복되며, 모든 정보는 2진수로 처리된다.

PLC의 심장이라고도 할 수 있는 CPU는 각종 시퀀스의 명령을 처리하고, 필요한 동작을 제어하는 기능을 담당한다. PLC용 CPU는 보통 마이크로프로세서를 사용한다.

최근 더욱 빠른 시퀀스 명령처리를 위하여 시퀀스 PLC용 CPU로 사용되는 마이크로프로세서는 Z80, 8085, 8051, 8086, 6800 등이 많이 사용되고 있으며, 반도체 기술의 발달에 따라 최근에는 PLC 개발회사에서 자체 개발한 프로세서를 채택하기도 한다.

기억장치는 PLC 자체의 동작을 제어하기 위한 실행 프로그램과 필요한 데이터를 저장하기 위한 시스템 메모리(system memory), 사용자 프로그램과 프로그램을 저장하기 위한 사용자 메모리(user memory)로 구성된다.

사용자 메모리는 사용자 프로그램 메모리와 사용자 데이터 메모리로 구분할 수 있다. 사용자 메모리는 사용자가 작성한 시퀀스 프로그램이 저장되는 메모리로서 RAM, EPROM, Flash ROM 등이 사용되고, 팩(pack)으로 만들어 교체할 수 있는 형태의 제품도 사용한다.

사용자 메모리는 각 입출력상태, 타이머 및 카운터 등의 설정값과 현재값, 출력상태 및 데이터를 저장하기 위한 메모리로서 일반적으로 RAM이 사용된다. 사용자 데이터 및 프로그램 메모리로 RAM을 사용하는 경우에는 전원차단 시에도 데이터를 유지하기 위하여 별도의 백업(back-up) 전원인 배터리가 필요하다.

3. 프로그램 장치 및 주변장치

프로그램 장치는 프로그램의 작성, 디버깅, 모니터링 및 PLC의 유지보수 등에 사용한다. 과거에는 PLC의 설치 및 운용장소가 협소한 현장이 대부분이기 때문에 소형 HHT(Hand Hold Terminal)를 많이 사용한다.

하지만, HHT는 사용상 불편함이 많이 있기 때문에 컴퓨터의 보급으로 개인용 컴퓨터가 많이 사용되어가는 추세이다. PLC의 운영조건에 따라 전용 터미널이나 그래픽 프로그래밍 터미널(GPT : Graphic Programming Terminal) 등도 사용하고 있다.

HHT와 GPT는 대부분 프로그래밍 소프트웨어를 내장하고 있으며, 개인용 컴퓨터를 이용하는 경우에는 따로 설치한 프로그램을 이용하여 RS232C 통신단자와 PLC 사이가 인터페이스가 가능하도록 되어 있다.

기타 주변장치로는 롬 라이터(ROM writer), 테이프 레코드(tape recorder), 플로피 디스크 드라이버(floppy disk driver) 및 프린터(printer) 등이 있다.

4. 전원장치

전원장치는 프로세서와 각 입출력장치들에게 전원을 공급하기 위한 장치로서 교류 100[V] 또는 220[V]의 전원을 PLC에서 사용하는 직류 5[V] 및 24[V] 전압으로 변환하는 장치이며, 잡음 등을 제거한다.

일반적으로 전원장치는 마더 보드(mother board)에 장착되어 있는 모든 장치들에게 전원을 공급해야 하므로 각 장치들의 소비전류(5[V], 24[V])에 맞추어 전원장치를 사용해야 한다.

17.4 PLC 프로그램 기초

PLC로 제어를 수행하기 위해서는 PLC용 명령어로 프로그램을 작성해야만 한다. 통상적으로 사용하는 일반적인 회로도를 PLC는 곧 바로 이해할 수 없기 때문에 PLC용 회로의 작성이 필요하다.

1. 프로그램 언어

PLC와 일반 컴퓨터가 구별되는 주요 항목 중의 하나가 프로그램 언어의 차이이다. 즉, PLC는 논리표현 및 변경의 용이성을 중요시하기 때문에 사용자와 PLC의 의사소통을 하는 언어를 매우 중요시된다.

따라서, 특별한 용도를 위한 각 기종의 특징을 발휘하기 위하여 각각 다른 언어체계를 갖는다.

IEC에서는 최근에 표준규격을 발표하였다. 그 중에서 전통적으로 사용한 프로그램 언어가 니모닉(mnemonic) 방식과 래더 다이어그램(ladder diagram) 방식이다.

또한, 고급언어 방식은 일반 컴퓨터에서 사용하는 베이직(basic)과 포트란(fortran)과 같은 형태이며, 플로 차트 방식인 시퀀스 기능 차트(SFC : Sequential Function Chart)가 있다.

IEC 규격에 따른 프로그램 언어를 구분하면 다음과 같다.

그림 17.3 PLC 프로그램 언어 분류

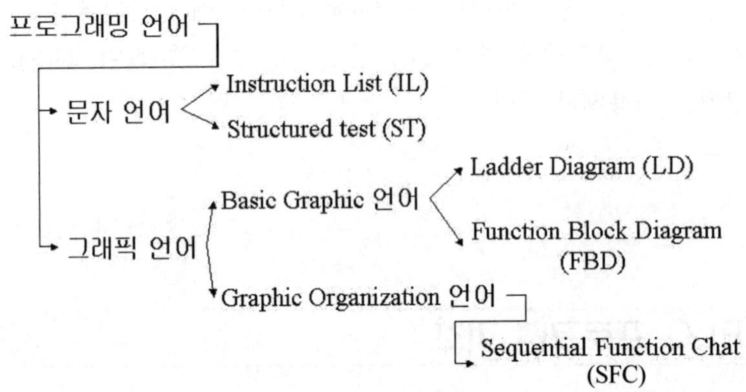

일반적으로 명령어 리스트 방법인 니모닉 프로그래밍과 래더 다이어그램 방식이 많이 사용된다. 이외에 입력신호에 대한 출력신호가 어느 시각에 출력되는지를 도식화한 것을 프로그래밍하는 타임 차트(time chart) 방식과 상태 천이도를 이용하여 기기의 동작상태를 표기하는 스텝 래더(step ladder) 방식 등이 이용되고 있다.

여기서는 니모닉 프로그래밍 방식, 래더 다이어그램 방식 및 타임 차트 방식에 대하여 알아보기로 하자.

2. 니모닉 프로그램

시퀀스의 접속상태를 특정 명령어를 이용하여 프로그램하는 방식을 말한다. 시퀀스 회로를 컴퓨터 저급언어 방식을 도입한 프로그램 방식으로 명령어 방식이라고도 한다. 현장에서는 로더를 이용하여 프로그램을 하는 경우가 많은데 이러한 경우에 주로 사용된다.

〈표 17.4〉 니모닉 프로그램 사례

어드레스	명령어	오퍼랜드
0000	STR	R0.0
0001	OUT	M0.0
0002	STN	R0.1
0003	OUT	M0.1
0004	OUT	M0.2

3. 래더 다이어그램

PLC 프로그램에서 가장 많이 사용되는 방식으로 릴레이 회로를 직접 화면에 기입하거나 표시할 수 있도록 출력하는 모니터가 필요하다. 따라서, 그래픽 로더나 개인용 컴퓨터를 많이 사용하고 있다.

래더 다이어그램 방식은 래더 심볼(ladder symbol)로 대체되는데, 이때 래더 심볼이나 접속선 등을 표시하는 키를 차례로 마우스로 작동시켜 디스플레이 화면상에 위치시킨다. 그 다음 자동 프로그램 전환에 의하여 PLC 제어 프로그램이 작성된다.

이 방식은 회로를 눈으로 확인하면서 프로그램이 가능하고, 그래픽 명령을 사용하여 손쉽게 프로그램 제작이 가능하므로 단순하면서도 명확하게 제어회로 설계에 대하여 이해할 수 있다.

그림 17.4 래더 다이어그램 사례

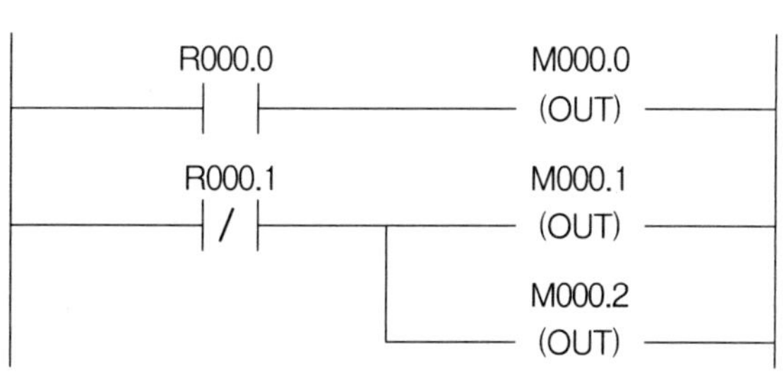

4. 타임 차트

타임 차트 방식은 입력신호에 대하여 출력신호가 어떤 시간에 변화되는지 그림을 통하여 도식화한 것으로 입출력 타이밍, 입출력 신호변화 등이 쉽게 한눈에 파악할 수 있다. 그러나 타임 차트는 실제로 PLC 제어용 프로그램을 작성하는 것은 아니고, 보조 자료로서 프로그램의 성능 및 기능을 확인하기 위하여 사용된다.

그림 17.5 타임 차트 사례

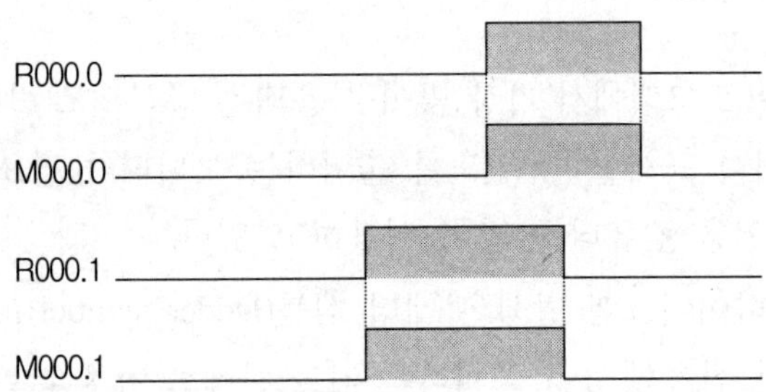

부 록

1. Greek Alphabet

Greek Letter	Greek Name	English Equivalent	Greek Letter	Greek Name	English Equivalent
$A \quad \alpha$	Alpha	a	$N \quad \nu$	Nu	n
$B \quad \beta$	Beta	b	$\Xi \quad \xi$	Xi	x
$\Gamma \quad \gamma$	Gamma	g	$O \quad o$	Omicron	o
$\Delta \quad \delta$	Delta	d	$\Pi \quad \pi$	Pi	p
$E \quad \varepsilon$	Epsilon	e	$P \quad \rho$	Rho	r
$Z \quad \zeta$	Zeta	z	$\Sigma \quad \sigma$	Sigma	s
$H \quad \eta$	Eta	$\bar{e}$	$T \quad \tau$	Tau	t
$\Theta \quad \theta$	Theta	th	$Y \quad \upsilon$	Upsilon	u
$I \quad \iota$	Lota	j	$\Phi \quad \phi$	Phi	ph
$K \quad \kappa$	Kappa	k	$X \quad \chi$	Chi	ch
$\Lambda \quad \lambda$	Lumbda	l	$\Psi \quad \psi$	Psi	ps
$M \quad \mu$	Mu	m	$\Omega \quad \omega$	Omega	$\bar{o}$

2. SI 접두어

배 수	접두어	기 호	배 수	접두어	기 호
10^{18}	엑사(exa)	E	10^{-1}	데시(deci)	d
10^{15}	페타(peta)	P	10^{-2}	센티(centi)	c
10^{12}	테라(tera)	T	10^{-3}	밀리(mili)	m
10^{9}	기가(giga)	G	10^{-6}	마이크로(micro)	μ
10^{6}	메가(mega)	M	10^{-9}	나노(nano)	n
10^{3}	킬로(kilo)	k	10^{-12}	피코(pico)	p
10^{2}	헥토(hecto)	h	10^{-15}	펨토(femto)	f
10^{1}	데카(deca)	da	10^{-18}	아토(atto)	a

3. 단위환산

1[m] = 100[cm] = 39.4[in] = 3.28[ft]

1[cm] = 10[㎜] = 0.394[in]

1[km] = 1000[m] = 0.62[mile]

1[ft] = 12[in] = 0.305[m]

1[in] = 0.0833[ft] = 2.54[cm]

1[mile] = 5.280[ft] = 1.61[km]

1[mile/sec] = 3.28[ft/sec] = 2.24[mile/hour] = 3.60[km/hour]

1[ft/sec] = 0.305[m/sec] = 0.682[mile/hour] = 1.10 [km/hour]

1[mile/hour] = 1.47[ft/sec] = 0.477[m/sec] = 1.61[km/hour]

1[rad] = 57.30° = 57° 30′

1° = 0.01745[rad]

1회전/분[revolution/min] = 0.1047[rad/sec]

1[kg] = 1000[g] = 0.0685[slug] = 2.21[lb]

1[slug] = 14.6[kg] = 32.2[lb]

1[N] = 0.225[lb]

1[lb] = 4.45[N]

1[J] = 0.738 [ft · lb] = 2.39×10-4[kcal]

1[kcal] = 4.185[J]

1 foot · pound[ft · lb] = 1.36[J]

1[W] = 1[J/s] = 0.738[ft · lb/s]

1Weber[Wb] = 1[V · s]

1[Wb/m2] = 104[gauss]

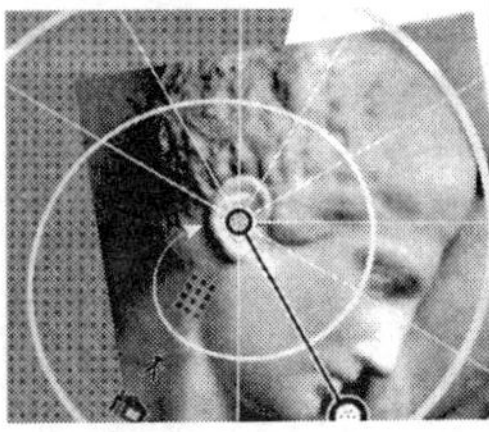

참고문헌

강명순 외 공저, 《기구학》, 문운당, 1982

정남용, 《기본기구학》, 교학연구사, 1998

정태은 외 공저, 《실용기구학》, 피어슨 에듀케이션 코리아, 2000

황호만, 《최신기구학》, 청문각, 2001

정태권 외 공저, 《기구학》, 삼성북스, 2002

박재춘 외 공저, 《신편기구학》, 청문각, 2002

이중순, 《자동화개론》, 북스힐, 2000

천의형 외 공역, 《자동제어》, 청문각, 1985

김상진, 《자동화 제어기기》, 성안당, 1999

권욱현 외 공저, 《제어시스템공학》, 청문각, 2002

천희영 외 공저, 《자동제어계통》, 청문각, 2002

이영실 역, 《알기 쉬운 릴레이와 시퀀스》, 성안당, 1997

안중한 외 공저, 《메카트로닉스실험》, 청문각, 2001

홍대의 외 공역, 《메카트로닉스와 계측시스템》, 청문각, 2000

한동순 역, 《메카트로닉스 입문》, 성안당, 1998

안중환 공저, 《메카트로닉스와 기계기술》, 청문각, 2001

《기계계열 공학도를 위한 전기전자의 기초》, 복두출판사, 2000

진상호, 《Mechatronics를 위한 기초 전기전자공학》, 복두출판사, 2000

김종부 외 공역, 《응용실험까지 PLC 이론 및 실습》, 복두출판사, 2001

원태현 외 공저, 《PLC 제어기술》, 복두출판사, 2001

김덕수 외 공저, 《PC 인터페이스를 이용한 시스템 응용》, 연이문화사, 2001

(주)웰컴소프트, 《PLC LAB user manual》, 2001

최홍문 외 공저, 《IBM-PC의 내부구조》, 방한출판사, 1988

이종락 역, 《마이크로컴퓨터 8086/8087/8088》, 성안당, 1987

찾아보기

저자약력

■ 손 일 선

[학 력]

- 1984 성균관대학교 기계공학부 졸업
- 1986 성균관대학교 대학원 기계공학부(공학석사)
- 1999 성균관대학교 대학원 기계공학부(공학박사)

[경 력]

- 1988~1989 대우종합기계 항공연구소 연구원
- 1989~1998 쌍용자동차 기술연구소 선임연구원
- 1998~2000 대우자동차 기술연구소 선임연구원
- 2000~2001 쌍용자동차 기술연구소 차장
- 2001~현 재 오산대학교 자동차계열 교수

[기 타]

- 대한기계학회 정회원
- 한국자동차공학회 정회원, 생산기술부문위원회 분과위원
- 대한용접학회 정회원
- Maquis Who's Who in the World 등재

자동화기구설계 입문

2023년 2월 25일 1판 6쇄 발행

저 자 손 일 선
발행인 남 승 우

발행처 도서출판 상尙 학學 당堂
서울특별시 동작구 사당로9가길 6
TEL : 02) 595-1692~4
FAX : 02) 595-1394
E-mail : shdbooks@naver.com
신고 : 2-155호 (1968. 11. 29)

정가 26,000원

ISBN 978-89-6587-027-2 93550

〈디자인〉 편집 엄해숙 / 표지 토틀컴